# 工程造价管理
## （第2版）

主　编　关永冰　谷莹莹　方业博

副主编　赵　莉　王　茹　成春燕

　　　　王　晓

参　编　韩晓煜　赵春红　聂书桥

主　审　冯　钢

北京理工大学出版社

BEIJING INSTITUTE OF TECHNOLOGY PRESS

# 内 容 提 要

本书在内容上结合一级造价工程师和二级造价工程师考试大纲的要求，根据《建设工程工程量清单计价规范》（GB 50500—2013）及住房和城乡建设部、财政部《关于印发〈建筑安装工程费用项目组成〉的通知》（建标〔2013〕44号）进行编写，重点介绍建设工程造价管理的基本理论及相关知识。本书基于工作过程，把工程造价管理分为8个项目进行介绍，主要内容包括工程造价管理概论、工程造价构成、工程造价的计价依据、工程决策阶段造价管理、工程设计阶段造价管理、工程施工招标投标阶段造价管理、工程施工阶段造价管理、工程竣工验收阶段造价管理等。

本书根据项目化教学进行编写，内容充实，案例丰富，可作为高等院校工程造价、工程管理等专业的教材，也可作为工程建设相关技术及管理人员参加造价工程师执业资格考试的参考书。

**图书在版编目（CIP）数据**

工程造价管理 / 关永冰，谷莹莹，方业博主编.—2版.—北京：北京理工大学出版社，2020.5

ISBN 978-7-5682-8471-4

Ⅰ.①工⋯　Ⅱ.①关⋯　②谷⋯　③方⋯　Ⅲ.①建筑造价管理　Ⅳ.①TU723.31

中国版本图书馆CIP数据核字（2020）第084170号

---

出版发行 / 北京理工大学出版社有限责任公司

社　　址 / 北京市海淀区中关村南大街5号

邮　　编 / 100081

电　　话 / （010）68914775（总编室）

　　　　　（010）82562903（教材售后服务热线）

　　　　　（010）68948351（其他图书服务热线）

网　　址 / http：//www.bitpress.com.cn

经　　销 / 全国各地新华书店

印　　刷 / 北京紫瑞利印刷有限公司

开　　本 / 787毫米×1092毫米　1/16

印　　张 / 20.5　　　　　　　　　　　　　　　责任编辑 / 陈莉华

字　　数 / 535千字　　　　　　　　　　　　　文案编辑 / 陈莉华

版　　次 / 2020年5月第2版　2020年5月第1次印刷　责任校对 / 周瑞红

定　　价 / 78.00元　　　　　　　　　　　　　责任印制 / 边心超

---

图书出现印装质量问题，请拨打售后服务热线，本社负责调换

# 第2版前言

## FOREWORD

建设工程造价管理是工程造价、工程管理等专业的核心课程之一，同时又是一级造价工程师和二级造价工程师执业资格考试的课程之一。编者结合教育部20号文件中加强学生双证书制度建设的精神，为使学生在掌握建设工程造价管理的基本理论和方法的同时，能够在工作后顺利参加二级造价工程师和一级造价工程师执业资格考试，特组织编写本书。

本书结合高等院校学生的培养目标，本着"够用、实用"的原则，系统介绍了工程造价管理的基本理论；遵循"易理解、强应用"的原则，每个教学项目后均配备有大量案例，加强学生对理论知识的理解和应用。全书基于工程造价管理工作的"工作过程"，将内容分为8个教学项目；迎合"项目化教学"，对每个项目分成相对独立而又前后呼应的若干个教学任务；加强学生"执考训练"，设有单项选择题、多项选择题、简答题和案例分析题等类型习题。

本书由关永冰、谷莹莹和方业博担任主编，由赵莉、王茹、成春燕、王晓担任副主编，韩晓煜、赵春红、聂书桥参与了本书的编写。全书由冯钢主审。本书教学学时建议为60学时，各项目学时分配见下表：

| 项目 | 项目内容 | 学时 |
|------|----------|------|
| 项目1 | 工程造价管理概论 | 4 |
| 项目2 | 工程造价构成 | 6 |
| 项目3 | 工程造价的计价依据 | 8 |
| 项目4 | 工程决策阶段造价管理 | 10 |
| 项目5 | 工程设计阶段造价管理 | 8 |
| 项目6 | 工程施工招标投标阶段造价管理 | 8 |

| 项目 | 项目内容 | 学时 |
|------|----------|------|
| 项目7 | 工程施工阶段造价管理 | 10 |
| 项目8 | 工程竣工验收阶段造价管理 | 6 |

由于编者水平有限，编写时间仓促，书中难免有不当之处，欢迎读者批评指正。

编　者

# 第1版前言
## FOREWORD

　　建设工程造价管理是工程造价、工程管理等专业的核心课程之一，同时又是国家注册造价工程师和造价员考试课程之一。编者结合教育部16号文件中加强学生双证书制度建设的精神，为使学生在掌握建设工程造价管理的基本理论和方法的同时，能够顺利通过造价员和注册造价工程师考试，特组织编写本书。

　　本书编写过程中，恰遇《住房城乡建设部、财政部关于印发〈建筑安装工程费用项目组成〉的通知》（建标〔2013〕44号）的发布，文件中对建筑安装工程费用项目的组成和计算以及计价程序重新进行了规定，本书响应文件要求，对此部分内容按照44号文件进行重新编写，以适应行业企业要求。《建设工程工程量清单计价规范》（GB 50500—2013）也已发布实施，根据新清单规范，本书对清单计价部分也做了大量的调整。

　　本书结合高校学生的培养目标，本着"够用、实用"的原则，系统介绍工程造价管理的基本理论；遵循"易理解、强应用"的原则，每个教学项目后均附有大量案例，加强学生对理论知识的理解和应用；基于工程造价管理的"工作过程"，把内容分为8个教学项目；迎合"项目化教学"，将每个项目分成相对独立而又前后呼应的若干个教学任务；加强学生"能力训练"，设有单选题、多选题、简答题和案例分析题等题型。

　　本书项目1由方业博编写；项目2、项目6由关永冰编写；项目4、项目5由谷莹莹编写；项目3、项目7由王晓编写；项目8由冯凤玲和赵莉编写。全书由冯钢担任主审。

　　本书教学学时建议为60学时，各项目学时分配见下表：

| 项　目 | 项目内容 | 学　时 |
|---|---|---|
| 项目1 | 建设工程造价管理概论 | 4 |
| 项目2 | 建设工程造价的构成 | 6 |
| 项目3 | 建设工程造价的计价依据 | 8 |

| 项　目 | 项目内容 | 学　时 |
|---|---|---|
| 项目4 | 建设工程决策阶段造价管理 | 10 |
| 项目5 | 建设工程设计阶段造价管理 | 8 |
| 项目6 | 建设工程招投标阶段造价管理 | 8 |
| 项目7 | 建设工程施工阶段造价管理 | 10 |
| 项目8 | 建设项目竣工验收阶段造价管理 | 6 |

由于编者水平有限，编写时间仓促，书中难免有不当之处，欢迎读者批评指正。

编　者

# CONTENTS
# 目　录

# ·项目1·

# 工程造价管理概论

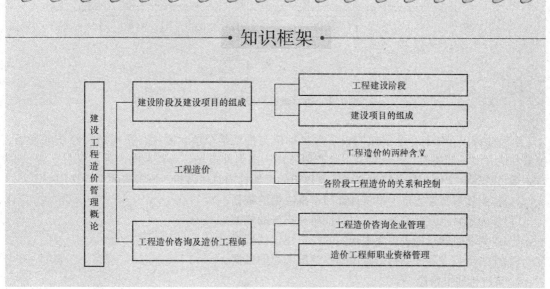

## 任务 1.1　建设阶段与建设项目的组成

### 1.1.1　工程建设阶段

建设程序是指投资经济活动中，所选择的建设项目从设想、选择、评估、决策、设计、施工到竣工验收交付生产或使用的整个建设活动的各个工作过程及其先后顺序。建设阶段的设置和各阶段的参与方如图 1.1 所示。

**1. 项目建议书阶段**

项目建议书（又称立项申请书）是项目单位就新建、扩建事项向发改委项目管理部门申报的书面申请文件。其是项目建设筹建单位或项目法人，根据国民经济的发展、国家和地方中长期规划、产业政策、生产力布局、国内外市场、所在地的内外部条件，提出的某一具体项目的建议文件，是对拟建项目提出的框架性的总体设想。往往是在项目早期，由于项目条件还不够成熟，仅有规划意见书，对项目的具体建设方案还不明晰，市政、环保、交通等专业咨询意见尚未办理。项目建议书主要论证项目建设的必要性，建设方案和投资估算也比较粗，投资误差为±30%左右。

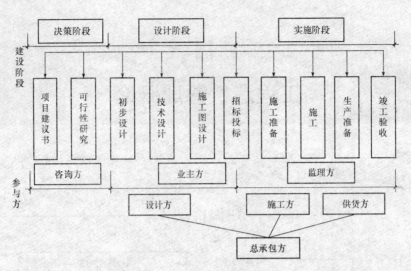

图 1.1　项目建设阶段及参与方

项目建议书是国有企业或政府投资项目单位为推动某个项目立项，根据国民经济的发展、国家和地方中长期规划、产业政策、生产力布局、国内外市场、所在地的内外部条件，提出的具体项目的建议文件，是专门对拟建项目提出的框架性的总体设想。该报告的主要作用如下：

(1)作为项目拟建主体上报审批部门审批决策的依据；

(2)作为项目批复后编制项目可行性研究报告的依据；

(3)作为项目的投资设想变为现实的投资建议的依据；

(4)作为项目发展周期初始阶段基本情况汇总的依据。

**2. 可行性研究阶段**

(1)可行性研究。可行性研究(Feasibility Study)是指在调查的基础上，通过市场分析、技术分析、财务分析和国民经济分析，对各种投资项目的技术可行性与经济合理性进行的综合评价。可行性研究的基本任务，是对新建或改建项目的主要问题，从技术和经济角度进行全面的分析研究，并对其投产后的经济效果进行预测，在既定的范围内进行方案论证的选择，以便最合理地利用资源，达到预定的社会效益和经济效益。

可行性研究必须从系统总体出发，对技术、经济、财务、商业以及环境保护、法律等多个方面进行分析和论证，以确定建设项目是否可行，为正确进行投资决策提供科学依据。项目的可行性研究是对多因素、多目标系统进行的不断分析、研究、评价和决策的过程。它需要有各方面知识的专业人才通力合作才能完成。可行性研究不仅应用于建设项目，还可应用于科学技术和工业发展的各个阶段和各个方面。例如，工业发展规划、新技术的开发、产品更新换代、企业技术改造等工作的前期，都可应用可行性研究。

可行性研究自20世纪30年代美国开发田纳西河流域时开始采用以后，已逐步形成一套较为完整的理论、程序和方法。1978年联合国工业发展组织编制了《工业可行性研究编制手册》。1980年，该组织与阿拉伯国家工业发展中心共同编写《工业项目评价手册》。我国从1982年开始，已将可行性研究列为基本建设中的一项重要程序。

(2)可行性研究报告。可行性研究报告(Feasibility Study Reports)是在制订生产、基建、科研计划的前期，通过全面的调查研究，分析论证某个建设或改造工程、某种科学研究、某项商务活动切实可行而提出的一种书面材料。

可行性研究报告主要是通过对项目的主要内容和配套条件，如市场需求、资源供应、建设规模、工艺路线、设备选型、环境影响、资金筹措、营利能力等，从技术、经济、工程等方面进行调查研究和分析比较，并对项目建成以后可能取得的财务、经济效益及社会影响进行预测，从而提出该项目是否值得投资和如何进行建设的咨询意见，为项目决策提供依据的一种综合性分析方法，如图1.2所示。可行性研究具有预见性、公正性、可靠性、科学性的特点。

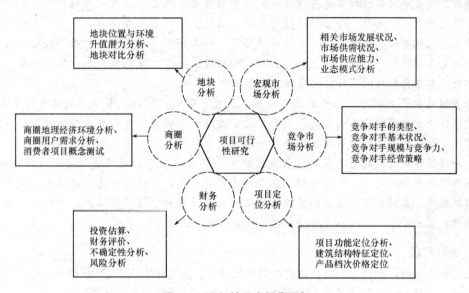

**图1.2 可行性研究报告图解**

一般来说，可行性研究是以市场供需为立足点，以资源投入为限度，以科学方法为手段，以一系列评价指标为结果，它通常处理两个方面的问题：一是确定项目在技术上能否实施；二是如何才能取得最佳效益。

可行性研究报告是确定建设项目前具有决定性意义的工作，是在投资决策之前，对拟建项目进行全面技术经济分析论证的科学方法。在投资管理中，可行性研究是指对拟建项目有关的自然、社会、经济、技术等进行调研、分析比较以及预测建成后的社会经济效益。

(3)可行性研究报告的审批。大中型项目的可行性研究报告，按隶属关系由国务院主管部门或省、区、市提出审查意见，报国家计委审批，其中重大项目由国家计委审查后报国务院审批。国务院各部门直属及下放、直供项目的可行性研究报告，上报前要征求所在省、区、市的意见。小型项目的可行性研究报告，按隶属关系由国务院主管部门或省、区、市计委审批。

可行性研究报告批准后即国家同意该项目进行建设，列入预备项目计划。列入预备项目计划并不等于列入年度计划，何时列入年度计划，要根据其前期工作的进展情况、国家宏观经济政策和对财力、物力等因素进行综合平衡后决定。

可行性研究报告批准后，建设单位可进行下列工作：

1)用地方面，开始办理征地、拆迁安置等手续。

2)委托具有承担本项目设计资质的设计单位进行扩大初步设计，引进项目开展对外询价和技术交流工作，并编制设计文件。

3)报审供水、供气、供热、下水等市政配套方案及规划、土地、人防、消防、环保、交通、园林、文物、安全、劳动、卫生、保密、教育等主管部门的审查意见，取得有关协议或批件。

4）如果是外商投资项目，还需编制合同、章程、报经贸委审批，经贸委核发了企业批准证书后，到工商局领取营业执照，办理税务、外汇、统计、财政、海关等登记手续。

**知识链接**

## 项目建议书与可行性研究报告的区别

通常，项目建议书的批复是可行性研究报告的重要依据之一；可行性研究报告是项目建议书的后续文件之一。另外，在可行性研究阶段，项目至少须有方案设计，市政、交通和环境等专业咨询意见也是必不可少的。对于房地产项目，一般还要有详规或修建性详规的批复。此阶段投资估算要求较细，原则上误差为±10%；相应地，融资方案也要详细，每年的建设投资要落到实处，有银行贷款的项目，要有银行出具的资信证明。

很多项目在报立项时，条件已比较成熟，土地、规划、环评、专业咨询意见等基本具备，特别是项目资金来源完全是项目法人自筹，没有财政资金并且不享受什么特殊政策，这类项目常常是项目建议书与可行性研究报告合为一体。

一个项目要获得政府有关扶持，首先必须先有项目建议书，项目建议书通过筛选通过后，再进行项目的可行性研究，可行性研究报告经专家论证后，才最后审定。这实际上也是一种常见的审批程序，是列入备选项目和建设前期工作计划决策的依据。项目建议书和初步可行性研究报告经批准后，才可进行以可行性研究为中心的各项工作。

**3. 设计阶段**

在工程施工前，设计者根据已批准的设计任务书，为具体实现拟建项目的技术、经济要求，拟定建筑、安装和设备制造等所需的规划、图纸、数据等技术文件的工作。

工业项目设计分为初步设计、技术设计、施工图设计。一般项目进行两阶段设计，即初步设计、施工图设计；技术复杂项目在初步设计阶段后，增加技术设计阶段，即进行初步设计、技术设计和施工图设计三阶段设计；小型项目可仅进行施工图设计。

中华人民共和国住房和城乡建设部《建筑工程设计文件编制深度规定（2016年版）》（建质函〔2016〕247号），民用项目设计分为方案设计、初步设计、施工图设计。

各类建设项目的初步设计的内容不尽相同，工业项目的初步设计内容，一般包括以下几项：

(1)建设依据和建设指导思想；

(2)建设规模、产品方案及原材料、燃料、动力的来源及用量；

(3)工艺流程、主要设备选型和配置；

(4)主要建筑物、构筑物、公共设施和生活区的建设；

(5)占地面积和土地使用情况；

(6)总体运输；

(7)外部协作配合条件；

(8)综合利用、环境保护和抗震措施；

(9)生产组织、劳动动员和各项技术经济指标；

(10)设计总概算。

初步设计由主要投资方组织审批。初步设计文件批准后，不得随意修改或变更。初步设计总概算超过可行性研究报告确定的投资估算的10%以上或其他指标需要变更时，要重新报批可行性研究报告。施工图设计编制后，应报建设主管部门审查批准，并编制施工图预算，施工图预算的工程造价应控制在设计概算以内。

#### 4. 招标投标阶段

自我国建设领域引入招标投标制度以来，工程承发包市场的交易通过招标投标活动来实现。就招标投标的目的而言，是通过市场交易的方式规范建筑市场，引导建筑市场领域资源优化配置。招标投标的实质，就是通过市场竞争机制的作用，使先进的生产力得到充分发展，落后的生产力得以淘汰，从而有力地促进经济发展和社会进步。

招标可分为公开招标和邀请招标两种。公开招标，是指招标人以招标公告的方式邀请不特定的法人或者其他组织投标；邀请招标，是指招标人以投标邀请书的方式邀请特定的法人或者其他组织投标。国务院发展计划部门确定的国家重点项目和省、自治区、直辖市人民政府确定的地方重点项目不适宜公开招标，经国务院发展计划部门或者省、自治区、直辖市人民政府批准，可以进行邀请招标。

在整个招标投标过程中，招标文件起着重要的作用。招标文件是整个招标投标活动开始的基础，是工程项目招标投标活动的重点所在，招标文件的编制质量是项目招标能否成功的前提条件。招标文件是招标人向投标人提供的，为进行招标工作所必需的文件。招标文件既是投标人编制投标文件的依据，又是招标人与中标人承包商签订合同的基础。

#### 5. 施工准备阶段

施工准备工作，是建筑施工管理的一个重要组成部分，是组织施工的前提，是顺利完成建筑工程任务的关键。按施工对象的规模和阶段，可分为全场性施工准备和单位工程施工准备。全场性施工准备指的是大中型工业建设项目、大型公共建筑或民用建筑群等带有全局性的部署，包括技术、组织、物资、劳力和现场准备，是各项准备工作的基础；单位工程施工准备是全场性施工准备的继续和具体化，要求做到细致，并预见到施工中可能出现的各种问题，能确保单位工程均衡、连续和科学合理地施工。

全场性施工准备的主要内容如下：

(1)施工单位要参与初步设计、技术设计方案的讨论，并据此组织编制施工组织设计。这是施工准备的中心环节，各项施工准备工作都必须按此进行。

(2)施工单位要与建设、设计单位签订合同和有关协议，在确定建设工期和经济效益的前提下，明确分工协作的责任和权限。几个施工单位共同施工的建设项目，由总包单位和建设单位签订总包合同，总包与分包单位签订分包合同，分包对总包负责，总包对建设单位负责，总包和分包之间的职责划分要明确详尽。施工单位要主动协助建设、设计单位做好有关工作，这也是为本身的施工准备创造条件。

(3)调整部署施工力量。根据工程任务特点，调整施工组织机构，特大的工程项目要组建新的施工机构。部署集结施工力量，既要满足工程进度的要求，又要有利于提高劳动生产率，做到工种配套、人机配套、机具配套，并根据工程布局相对固定施工和劳动组织。

(4)生产和生活基地的建设。生产基地包括预制混凝土构件、混凝土搅拌、钢筋加工、木材加工、金属加工、机修厂等的建设。在新建工业区，这项工作必须提前进行，加工厂要统一规划，分期建设。在原有城市内建设时，则要根据当地建筑构、配件的生产能力进行补充调整，签订供需合同。施工队伍的居住和生活福利建筑，要最大限度地利用永久性建筑，尽可能减少临时建筑。

(5)确定建筑材料、成品、半成品的资源和运输方式，要尽量减少中间装卸环节，充分利用当地已有生产能力和运输力量。地方材料在建筑材料中占很大比重，要特别注意安排好它们的生产和运输。还要根据"产、供、运、用"相结合的原则，经济合理地布置材料堆放场地。

（6）接通水源、电源、场内外交通道路、排水渠道。修建现场供水、排水、供电、供热干线、主要道路和防洪工程。要充分利用永久工程设施，尽量少建临时性管线工程。一般要根据先场外后场内，先室外后室内，先地下后地上的原则，合理安排各类管线工程的施工顺序和进度，尽可能减少管道工程的重复开挖。铁路专用线要和仓库、加工厂等配合建设。

（7）进行建设区域的工程测量、放线定位，设置永久性的经纬坐标和水平基桩，补做必需的现场水文、地质勘定工作，清除现场施工障碍和平整场地。土方工程要全面规划，挖填平衡，采用机械化一次性场地平整，尽可能减少重复倒运量。

**6. 施工阶段**

在建设年度计划批准后，即可组织施工。工程地质勘查，平整场地，旧建筑物拆除，临时建筑，施工用水、电、路工程的施工不算正式开工。项目新开工时间，是指设计文件中规定的任何一项永久性工程，第一次正式破土开槽开始施工的日期。铁路、公路、水库等要进行大量土、石方的工程，以开始进行土方、石方工程作为正式开工。分期建设的项目，分别从各期工程开工的时间进行填报，工程计量与工程造价，也是从各项工程开工日起，分别进行计算，不应包括前期工程的工程量和投资额。前期工程作为投资额应单列。如房屋建筑，正式开工以基础开槽或打桩时作为正式开工，工程量和造价从正式开工后进行计算。前期征地、拆迁与安置以及施工用水、电、路等工程费用应单列。后期园林绿化、道路等公用设施配套项目，也应单列，不应包括在房屋建筑安装工程的费用之中。

**7. 生产准备阶段**

该阶段主要根据建设项目或主要单项工程生产技术特点，及时组织专门班子有计划地做好生产准备工作，保证项目建成后能及时投产或投入使用。

生产性项目，生产准备的主要内容是：

（1）招收和培训人员：组织生产人员参加设备的安装调试，掌握生产技术和工艺流程。

（2）生产组织准备：做好生产管理机构的设置、管理制度的制定、生产人员的配备等工作。

（3）生产技术准备：做好国内外设计技术资料汇总建档、施工技术资料的收集整理、编制生产岗位操作规程和采用新技术的准备等工作。

（4）生产物资准备：落实产品原材料、协作配套产品、燃料、水、电、气等的来源和其他协作配合条件，组织工装、器具、备品、备件等的制造或订货。

生产准备阶段的费用列入工程建设其他费用。

**8. 竣工验收阶段**

当建设项目按设计文件规定内容全部完成施工后，按照规定的竣工验收标准，准备工作内、程序和组织的规定，经过各单项工程的验收，符合设计要求，并具备竣工图表、竣工决算、工程总结等必要文件资料，由项目主管部门或建设单位向可行性研究报告的审批单位提出竣工验收申请报告。

竣工验收是建设过程的最后一环，是投资转入生产或服务成果的标志，对促进建设项目及时投产、发挥投资效益及总结建设经验都具有重要的作用。

## 1.1.2 建设项目的组成

建设工程项目可以分为单项工程、单位工程、分部工程、分项工程和检验批，如图 1.3 所示。

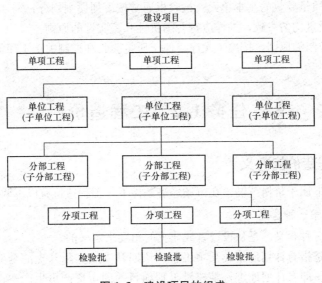

**图 1.3   建设项目的组成**

**1. 单项工程**

单项工程是指具有独立的设计文件，可以独立组织施工，建成后能够独立发挥生产能力或效益的工程。如工业项目的生产车间、设计规定的主要产品生产线等；民用项目的办公楼、影剧院、宿舍、教学楼等。单项工程是建设项目的组成部分。

**2. 单位工程**

单位工程是指具有独立的设计文件，可以独立组织施工，但建成后不能单独进行生产或发挥效益的工程。例如，某车间是一个单项工程，该车间的土建工程就是一个单位工程，该车间的设备安装工程也是一个单位工程。单位工程是单项工程的组成部分。

建筑工程包括一般土建工程、工业管道工程、电气照明工程、卫生工程、庭院工程等单位工程。

设备安装工程包括机械设备安装工程、通风设备安装工程、电气设备安装工程、电梯安装工程等单位工程。

**3. 分部工程**

分部工程是单位工程的组成部分，如一般土建工程可按其主要部分划分为基础工程、主体工程、装饰装修工程和屋面工程等；设备安装工程可按其设备种类和专业不同划分为建筑采暖工程、建筑电气工程、通风与空调工程、电梯安装工程等。

**4. 分项工程**

分项工程是分部工程的组成部分，一般按主要工种、材料、施工工艺、设备类别等进行划分。例如，钢筋工程、模板工程、混凝土工程、砌砖工程、门窗工程等都是分项工程。分项工程是建筑施工生产活动的基础，也是计量工程用工、用料和机械台班消耗量的基本单元，同时，又是工程质量形成的直接过程。分项工程是由专业工种完成的产品。

**5. 检验批**

根据《建筑结构检测技术标准》(GB/T 50344—2004)中的定义，检验批是指检测项目相同，质量要求和生产工艺等基本相同，由一定数量构件等构成的检测对象。

检验批是工程质量验收的基本单元。检验批通常按下列原则划分：

(1)检验批内质量均匀一致，抽样应符合随机性和真实性的原则。

(2)贯彻过程控制的原则，按施工次序、便于质量验收和控制关键工序的需要划分检验批。

# 任务 1.2 工程造价

## 1.2.1 工程造价的含义

工程造价本质上属于价格范畴。在市场经济条件下，工程造价有以下两种含义。

**1. 工程造价的第一种含义**

工程造价的第一种含义，是从投资者或业主的角度来定义的。

建设工程造价是指有计划地建设某项工程，预期开支或实际开支的全部固定资产投资和流动资产投资的费用。即有计划地进行某建设工程项目的固定资产再生产建设，形成相应的固定资产、无形资产和铺底流动资金的一次性投资费的总和。

工程建设的范围，不仅包括了固定资产的新建、改建、扩建、恢复工程及与之连带的工程，而且还包括整体或局部性固定资产的恢复、迁移、补充、维修、装饰装修等内容。固定资产投资所形成的固定资产价值的内容包括：建筑安装工程费，设备、工器具的购置费和工程建设其他费用等。

工程造价的第一种含义表明，投资者选定一个投资项目，为了获得预期的效益，就要通过项目评估后进行决策，然后进行设计、工程施工、竣工验收等一系列投资管理活动。在投资管理活动中，要支付与工程建造有关的全部费用，才能形成固定资产和无形资产。所有这些开支就构成了工程造价。从这个意义上说，工程造价就是工程投资费用。非生产性建设项目的工程总造价就是建设项目固定资产投资的总和。而生产性建设项目的总造价是固定资产投资和铺底流动资金投资的总和。

**2. 工程造价的第二种含义**

工程造价的第二种含义，是从承包商、供应商、设计市场供给主体来定义的。

建设工程造价是指为建设某项工程，预计或实际在土地市场、设备市场、技术劳务市场、承包市场等交易活动中，形成的工程承发包(交易)价格。

工程造价的第二种含义是以市场经济为前提的，是以工程、设备、技术等特定商品形式作为交易对象，通过招投标或其他交易方式，在各方进行反复测算的基础上，最终由市场形成的价格。其交易的对象，可以是一个建设项目，一个单项工程，也可以是建设的某一个阶段，如可行性研究报告阶段、设计工作阶段等。还可以是某个建设阶段的一个或几个组成部分。如建设前期的土地开发工程、安装工程、装饰工程、配套设施工程等。随着经济发展和技术进步，分工的细化和市场的完善，工程建设中的中间产品也会越来越多，商品交易会更加频繁，工程造价的种类和形式也会更为丰富。特别是投资体制的改革，投资主体多元化和资金来源的多渠道，使相当一部分建筑产品作为商品进入了流通。住宅作为商品已为人们所接受，普通工业厂房、仓库、写字楼、公寓、商业设施等建筑产品，一旦投资者将其推向市场就成为真实的商品而流通。无论是采取购买、抵押、拍卖、租赁，还是企业兼并形式，其性质都是相同的。

工程造价的第二种含义通常将工程造价认定为工程承发包价格。其是在建筑市场通过招标，由需求主体投资者和供给主体建筑商共同认可的价格。建筑安装工程造价在项目固定资产投资中占有份额，是工程造价中最活跃的部分，也是建筑市场交易的主要对象之一。设备采购过程，经过招投标形成的价格，土地使用权拍卖或设计招标等所形成的承包合同价，也属于第二种含义的工程造价的范围。

上述工程造价的两种含义，一种是从项目建设角度提出的建设项目工程造价，它是一个广义的概念；另一种是从工程交易或工程承包、设计范围角度提出的建筑安装工程造价，它是一个狭义的概念。

## 1.2.2 工程造价的特点

由于工程建设的特点，使工程造价具有以下特点。

**1. 大额性**

任何一项建设工程，不仅实物形态庞大，而且造价高昂，需投资几百万、几千万甚至上亿的资金。工程造价的大额性关系到多方面的经济利益，同时，也对社会宏观经济产生重大影响。

**2. 单个性**

任何一项建设工程都有特殊的用途，其功能、用途各不相同。因而，使得每一项工程的结构、造型、平面布置、设备配置和内外装饰都有不同的要求。工程内容和实物形态的个别差异性决定了工程造价的单个性。

**3. 动态性**

任何一项建设工程从决策到竣工交付使用，都有一个较长的建设期。在这一期间，如工程变更、材料价格、费率、利率、汇率等会发生变化。这种变化必然会影响工程造价的变动，直至竣工决算后才能最终确定工程的实际造价。这体现了建设工程造价的动态性。

**4. 层次性**

一个建设项目往往含有多个单项工程，一个单项工程又由多个单位工程组成。与此相适应，工程造价也由三个层次相对应，即建设项目总造价、单项工程造价和单位工程造价。

**5. 阶段性(多次性)**

建设工程规模大、周期长、造价高，随着工程建设的进展需要在建设程序的各个阶段进行计价。阶段性计价是一个逐步深化、逐步细化、逐步接近最终造价的过程。

## 1.2.3 各阶段工程造价的关系和控制

在建设工程的各个阶段，工程造价分别使用投资估算、设计概算、施工图预算、中标价、承包合同价、工程结算、竣工结算进行确定与控制。建设项目是一个从抽象到实际的建设过程，工程造价也从投资估算阶段的投资预计，到竣工决算的实际投资，形成最终的建设工程的实际造价。从估算到决算，工程造价的确定与控制存在着既相互独立又相互关联的关系。

**1. 工程建设各阶段工程造价的关系**

建设工程项目从立项论证到竣工验收、交付使用的整个周期，是工程建设各阶段工程造价由表及里、由粗到精、逐步细化、最终形成的过程，它们之间相互联系、相互印证，具有密不可分的关系。

工程建设各阶段工程造价关系如图1.4所示。

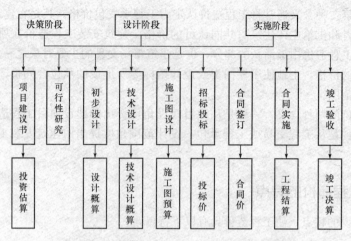

图 1.4 工程建设各阶段工程造价关系示意图

**2. 工程建设各阶段工程造价的控制**

所谓工程造价控制，就是在优化建设方案、设计方案的基础上，在建设程序的各个阶段，采用一定的方法和措施把工程造价控制在合理的范围和核定的造价限额以内。具体来说，要用投资估算价控制设计方案的选择和初步设计概算造价；用概算造价控制技术设计和修正概算造价；用概算造价或修正概算造价控制施工图设计和预算造价。以求合理使用人力、物力和财力，取得较好的投资效益。控制造价在这里强调的是控制项目投资。

工程建设各阶段工程造价的控制如图 1.5 所示。

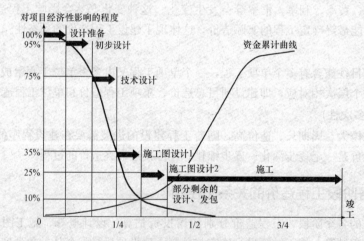

图 1.5 工程建设各阶段工程造价的控制

有效控制工程造价应体现以下原则：

（1）以设计阶段为重点的建设全过程造价控制。工程造价控制贯穿于项目建设全过程，但是必须重点突出。显然，工程造价控制的关键在于施工前的投资决策和设计阶段，而在项目作出投资决策后，控制工程造价的关键就在于设计。建设工程全寿命费用包括工程造价和工程交付使用后的经常开支费用（含经营费用、日常维护修理费用、使用期内大修理和局部更新费用）以及该项目使用期满后的报废拆除费用等。据西方一些国家分析，设计费一般只相当于建设工程全寿命费用的 1%以下，但正是这少于 1%的费用对工程造价的影响度占 75%以上。由此可见，设计质量对整个工程建设的效益是至关重要的。

长期以来，我国普遍忽视工程建设项目前期工作阶段的造价控制，而往往把控制工程造价的主要精力放在施工阶段审核施工图预算或竣工结算上。这样做尽管也有效果，但毕竟是"亡羊补牢"，事倍功半。要有效地控制工程造价，就要坚决地把控制重点转到建设前期阶段上来，尤其应抓住设计这个关键阶段，以取得事半功倍的效果。

(2)主动控制，以取得令人满意的结果。一般来说，造价工程师的基本任务是对建设项目的建设工期、工程造价和工程质量进行有效的控制，因此，应根据业主的要求及建设的客观条件进行综合研究，实事求是地确定一套切合实际的衡量准则。只要造价控制的方案符合这套衡量准则，取得令人满意的结果，则应该说造价控制达到了预期的目标。

长期以来，人们一直将控制理解为目标值与实际值的比较，当实际值偏离目标值时，分析产生偏差的原因，并确定下一步的对策。在工程项目建设全过程进行这样的工程造价控制当然是有意义的。但问题在于，这种立足于"调查—分析—决策"基础之上的"偏离—纠偏—再偏离—再纠偏"的控制方法，只能发现偏离，不能使已产生的偏离消失，不能预防可能发生的偏离，因而只能说是被动控制。自 20 世纪 70 年代初人们将系统论和控制论的研究成果运用于项目管理后，将控制立足于事先主动采取决策措施，以尽可能减少目标值与实际值的偏离，这是主动的、积极的控制方法，因此被称为主动控制。也就是说，工程造价控制不仅要反映投资决策，反映设计、发包和施工，被动地控制工程造价，更要能动地影响投资决策，影响设计、发包和施工，主动地控制工程造价。

(3)技术与经济相结合是控制工程造价最有效的手段。要有效地控制工程造价，应从组织、技术、经济等多方面采取措施。从组织上采取的措施，包括明确项目组织结构，明确造价控制者及其任务，明确管理职能分工；从技术上采取措施，包括重视设计多方案选择，严格审查监督初步设计、技术设计、施工图设计、施工组织设计，深入技术领域研究节约投资的可能；从经济上采取措施，包括动态地比较造价的计划值和实际值，严格审核各项费用支出，采取对节约投资的有力奖励措施等。

应该看到，技术与经济相结合是控制工程造价最有效的手段。长期以来，在我国工程建设领域，技术与经济相分离。我国工程技术人员的技术水平、工作能力、知识面，跟外国同行相比几乎不分上下，但缺乏经济观念，设计思想保守。国外的技术人员时刻考虑如何降低工程造价，而我国技术人员则将它看成与己无关，是财会人员的职责。而财会人员的主要责任是根据财务制度办事，他们往往不熟悉工程知识，也较少了解工程进展中的各种关系和问题，往往单纯地从财务制度角度审核费用开支，难以有效地控制工程造价。因此，迫切需要解决以提高工程投资效益为目的的，在工程建设过程中将技术与经济有机结合，通过技术比较、经济分析和效果评价，正确处理技术先进与经济合理两者之间的对立统一关系，力求在技术先进条件下的经济合理，在经济合理基础上的技术先进，把控制工程造价观念渗透到各项设计和施工技术措施之中。

工程造价的确定和控制之间，存在相互依存、相互制约的辩证关系。首先，工程造价的确定是工程造价控制的基础和载体。没有造价的确定，就没有造价的控制；没有造价的合理确定，也就没有造价的有效控制。其次，造价的控制寓于工程造价确定的全过程，造价的确定过程也就是造价的控制过程，只有通过逐项控制、层层控制才能最终合理确定造价。最后，确定造价和控制造价的最终目的是同一的，即合理使用建设资金，提高投资效益，遵守价值规律和市场运行机制，维护有关各方合理的经济利益。

# 任务 1.3 工程造价咨询及造价工程师

## 1.3.1 工程造价咨询企业管理

根据《工程造价咨询企业管理办法》，工程造价咨询企业是指接受委托，对建设项目投资、工程造价的确定与控制提供专业咨询服务的企业。工程造价咨询企业从事工程造价咨询活动，应当遵循独立、客观、公正、诚实信用的原则，不得损害社会公共利益和他人的合法权益。

**1. 工程造价咨询企业资质等级标准**

工程造价咨询企业资质等级可分为甲级、乙级。

(1)甲级企业资质标准。

1)已取得乙级工程造价咨询企业资质证书满 3 年；

2)企业出资人中，注册造价工程师人数不低于出资人总人数的 60%，且其认缴出资额不低于企业注册资本总额的 60%；

3)技术负责人已取得造价工程师注册证书，并具有工程或工程经济类高级专业技术职称，且从事工程造价专业工作 15 年以上；

4)专职从事工程造价专业工作的人员(以下简称专职专业人员)不少于 20 人，其中，具有工程或者工程经济类中级以上专业技术职称的人员不少于 16 人，取得造价工程师注册证书的人员不少于 10 人，其他人员具有从事工程造价专业工作的经历；

5)企业与专职专业人员签订劳动合同，且专职专业人员符合国家规定的职业年龄(出资人除外)；

6)专职专业人员人事档案关系国家认可的人事代理机构代为管理；

7)企业近 3 年工程造价咨询营业收入累计不低于人民币 500 万元；

8)具有固定的办公场所，人均办公建筑面积不少于 10 $m^2$；

9)技术档案管理制度、质量控制制度、财务管理制度齐全；

10)企业本单位专职专业人员办理的社会基本养老保险手续齐全；

11)在申请核定资质等级之日前 3 年内无违规行为。

(2)乙级企业资质标准。

1)企业出资人中，注册造价工程师人数不低于出资人总人数的 60%，且其认缴出资额不低于注册资本总额的 60%；

2)技术负责人已取得造价工程师注册证书，并具有工程或工程经济类高级专业技术职称，且从事工程造价专业工作 10 年以上；

3)专职专业人员不少于 12 人，其中，具有工程或者工程经济类中级以上专业技术职称的人员不少于 8 人，取得造价工程师注册证书的人员不少于 6 人，其他人员具有从事工程造价专业工作的经历；

4)企业与专职专业人员签订劳动合同，且专职专业人员符合国家规定的职业年龄(出资人除外)；

5)专职专业人员人事档案关系由国家认可的人事代理机构代为管理；

6)具有固定的办公场所，人均办公建筑面积不少于 10 $m^2$；

7)技术档案管理制度、质量控制制度、财务管理制度齐全；

8)企业为本单位专职专业人员办理的社会基本养老保险手续齐全；

9)暂定期内工程造价咨询营业收入累计不低于人民币50万元；

10)在申请核定资质等级之日前3年内无违规行为。

**2. 工程造价咨询企业业务承接**

工程造价咨询企业应当依法取得工程造价咨询企业资质，并在其资质等级许可的范围内从事工程造价咨询活动。工程造价咨询企业依法从事工程造价咨询活动，不受行政区域限制。甲级工程造价咨询企业可以从事各类建设项目的工程造价咨询业务；乙级工程造价咨询企业可以从事工程造价5 000万元人民币以下的各类建设项目的工程造价咨询业务。

(1)业务范围。工程造价咨询业务范围包括以下几项：

1)建设项目建议书及可行性研究投资估算、项目经济评价报告的编制和审核；

2)建设项目概预算的编制与审核，并配合设计方案比选、优化设计、限额设计等工作进行工程造价分析与控制；

3)建设项目合同价款的确定(包括招标工程工程量清单和标底、投标报价的编制和审核)；合同价款的签订与调整(包括工程变更、工程洽商和索赔费用的计算)与工程款支付，工程结算及竣工结(决)算报告的编制与审核等；

4)工程造价经济纠纷的鉴定和仲裁的咨询；

5)提供工程造价信息服务等。

工程造价咨询企业可以对建设项目的组织实施进行全过程或者若干阶段的管理和服务。

(2)执业。

1)咨询合同及其履行。工程造价咨询企业在承接各类建设项目的工程造价咨询业务时，可以参照《建设工程造价咨询合同(示范文本)》与委托人签订书面工程造价咨询合同。

工程造价咨询企业从事工程造价咨询业务，应当按照有关规定的要求出具工程造价成果文件，工程造价成果文件应当由工程造价咨询企业加盖有企业名称、资质等级及证书编号的执业印章，并由执行咨询业务的注册造价工程师签字、加盖执业印章。

2)执业行为准则。工程造价咨询企业在执业活动中应遵循下列执业行为准则：

①执行国家的宏观经济政策和产业政策，遵守国家和地方的法律、法规及有关规定，维护国家和人民的利益。

②接受工程造价咨询行业自律组织业务指导，自觉遵守本行业的规定和各项制度，积极参加本行业组织的业务活动。

③按照工程造价咨询单位资质证书规定的资质等级和服务范围开展业务，只承担能够胜任的工作。

④具有独立执业的能力和工作条件，竭诚为客户服务，以高质量的咨询成果和优良服务，获得客户的信任和好评。

⑤按照公平、公正和诚信的原则开展业务，认真履行合同，依法独立自主开展经营活动，努力提高经济效益。

⑥靠质量、信誉参加市场竞争，杜绝无序和恶性竞争；不得利用与行政机关、社会团体以及其他经济组织的特殊关系搞业务垄断。

⑦以人为本，鼓励员工更新知识，掌握先进的技术手段和业务知识，采取有效措施组织、督促员工接受继续教育。

⑧不得在解决经济纠纷的鉴证咨询业务中分别接受双方当事人的委托。

⑨不得阻挠委托人委托其他工程造价咨询单位参与咨询服务；共同提供服务的工程造价咨

询单位之间应分工明确，密切协作，不得损害其他单位的利益和名誉。

⑩保守客户的技术和商务秘密，客户事先允许和国家另有规定的除外。

3)禁止性行为。工程造价咨询企业不得有下列行为：

①涂改、倒卖、出租、出借资质证书，或者以其他形式非法转让资质证书；

②超越资质等级业务范围承接工程造价咨询业务；

③同时接受招标人和投标人或两个以上投标人对同一工程项目的工程造价咨询业务；

④以给予回扣、恶意压价收费等方式进行不正当竞争；

⑤转包承接的工程造价咨询业务；

⑥法律法规禁止的其他行为。

(3)企业分支机构。工程造价咨询企业设立分支机构的，应当自领取分支机构营业执照之日起30日内，持下列材料到分支机构工商注册所在地省、自治区、直辖市人民政府住房和城乡建设主管部门备案：

1)分支机构营业执照复印件；

2)工程造价咨询企业资质证书复印件；

3)拟在分支机构执业的不少于3名注册造价工程师的注册证书复印件；

4)分支机构固定办公场所的租赁合同或产权证明。

分支机构从事工程造价咨询业务，应当由设立该分支机构的工程造价咨询企业负责承接工程造价咨询业务、订立工程造价咨询合同、出具工程造价成果文件。分支机构不得以自己名义承接工程造价咨询业务、订立工程造价咨询合同、出具工程造价成果文件。

(4)跨省区承接业务。工程造价咨询企业跨省、自治区、直辖市承接工程造价咨询业务的，应当自承接业务之日起30日内到建设工程所在地省、自治区、直辖市人民政府住房和城乡建设主管部门备案。

**3. 工程造价咨询企业法律责任**

(1)资质申请或取得的违规责任。申请人隐瞒有关情况或者提供虚假材料申请工程造价咨询企业资质的，不予受理或者不予资质许可，并给予警告，申请人在1年内不得再次申请工程造价咨询企业资质。以欺骗、贿赂等不正当手段取得工程造价咨询企业资质的，由县级以上地方人民政府住房和城乡建设主管部门或者有关专业部门给予警告，并处1万元以上3万元以下的罚款，申请人3年内不得再次申请工程造价咨询企业资质。

(2)经营违规责任。未取得工程造价咨询企业资质从事工程造价咨询活动或者超越资质等级承接工程造价咨询业务的，出具的工程造价成果文件无效，由县级以上地方人民政府住房和城乡建设主管部门或者有关专业部门给予警告，责令限期改正，并处以1万元以上3万元以下的罚款。

工程造价咨询企业不及时办理资质证书变更手续的，由资质许可机关责令限期办理；逾期不办理的，可处以1万元以下的罚款。

有下列行为之一的，由县级以上地方人民政府建设主管部门或者有关专业部门给予警告，责令限期改正；逾期未改正的，可处以5 000元以上2万元以下的罚款：

1)新设立的分支机构不备案的；

2)跨省、自治区、直辖市承接业务不备案的。

(3)其他违规责任。工程造价咨询企业有下列行为之一的，由县级以上地方人民政府建设主管部门或者有关专业部门给予警告，责令限期改正，并处以1万元以上3万元以下的罚款：

1)涂改、倒卖、出租、出借资质证书，或者以其他形式非法转让资质证书；

2)超越资质等级业务范围承接工程造价咨询业务；

3)同时接受招标人和投标人或两个以上投标人对同一工程项目的工程造价咨询业务；

4)以给予回扣、恶意压低收费等方式进行不正当竞争；

5)转包承接的工程造价咨询业务；

6)法律法规禁止的其他行为。

## 1.3.2 造价工程师职业资格管理

根据《造价工程师职业资格制度规定》，国家设置造价工程师准入类职业资格，并纳入国家职业资格目录。工程造价咨询企业应配备造价工程师，工程建设活动中有关工程造价管理岗位按需要配备造价工程师。造价工程师可分为一级造价工程师和二级造价工程师。

**1. 职业资格考试**

造价工程师是指通过职业资格考试取得中华人民共和国造价工程师职业资格证书，并经注册后从事建设工程造价工作的专业技术人员。

一级造价工程师职业资格考试全国统一大纲、统一命题、统一组织；二级造价工程师职业资格考试全国统一大纲，各省、自治区、直辖市自主命题并组织实施。

(1)报考条件。

1)一级造价工程师报考条件。凡遵守中华人民共和国宪法、法律、法规，具有良好的业务素质和道德品行，具备下列条件之一者，可以申请参加一级造价工程师职业资格考试：

①具有工程造价专业大学专科(或高等职业教育)学历，从事工程造价业务工作满5年；具有土木建筑、水利、装备制造、交通运输、电子信息、财经商贸大类大学专科(或高等职业教育)学历，从事工程造价业务工作满6年。

②具有通过工程教育专业评估(认证)的工程管理、工程造价专业大学本科学历或学位，从事工程造价业务工作满4年；具有工学、管理学、经济学门类大学本科学历或学位，从事工程造价业务工作满5年。

③具有工学、管理学、经济学门类硕士学位或者第二学士学位，从事工程造价业务工作满3年。

④具有工学、管理学、经济学门类博士学位，从事工程造价业务工作满1年。

⑤具有其他专业相应学历或者学位的人员，从事工程造价业务工作年限相应增加1年。

2)二级造价工程师报考条件。凡遵守中华人民共和国宪法、法律、法规，具有良好的业务素质和道德品行，具备下列条件之一者，可以申请参加二级造价工程师职业资格考试：

①具有工程造价专业大学专科(或高等职业教育)学历，从事工程造价业务工作满2年；具有土木建筑、水利、装备制造、交通运输、电子信息、财经商贸大类大学专科(或高等职业教育)学历，从事工程造价业务工作满3年。

②具有工程管理、工程造价专业大学本科及以上学历或学位，从事工程造价业务工作满1年；具有工学、管理学、经济学门类大学本科及以上学历或学位，从事工程造价业务工作满2年。

③具有其他专业相应学历或者学位的人员，从事工程造价业务工作年限相应增加1年。

(2)考试科目。造价工程师职业资格考试设基础科目和专业科目。

1)一级造价工程师职业资格考试设4个科目，包括《建设工程造价管理》《建设工程计价》《建设工程技术与计量》和《建设工程造价案例分析》。其中，《建设工程造价管理》和《建设工程计价》为基础科目，《建设工程技术与计量》和《建设工程造价案例分析》为专业科目。

2)二级造价工程师职业资格考试设两个科目，包括《建设工程造价管理基础知识》和《建设工程计量与计价实务》。其中，《建设工程造价管理基础知识》为基础科目，《建设工程计量与计价实务》为专业科目。

造价工程师职业资格考试专业科目分为4个专业类别，即土木建筑工程、交通运输工程、水利工程和安装工程，考生在报名时可根据实际工作需要选择其一。

(3)职业资格证书。

1)一级造价工程师职业资格考试合格者，由各省、自治区、直辖市人力资源社会保障行政主管部门颁发中华人民共和国一级造价工程师职业资格证书，该证书全国范围内有效。

2)二级造价工程师职业资格考试合格者，由各省、自治区、直辖市人力资源社会保障行政主管部门颁发中华人民共和国二级造价工程师职业资格证书，该证书原则上在所在行政区域内有效。

**2. 注册**

国家对造价工程师职业资格实行执业注册管理制度。取得造价工程师职业资格证书且从事工程造价相关工作的人员，经注册方可以造价工程师名义执业住房和城乡建设部、交通运输部、水利部分别负责一级造价工程师注册及相关工作。各省、自治区、直辖市住房和城乡建设、交通运输、水利行政主管部门按专业类别分别负责二级造价工程师注册及相关工作。

经批准注册的申请人，由住房和城乡建设部、交通运输部、水利部核发《中华人民共和国一级造价工程师注册证》(或电子证书)；或由各省、自治区、直辖市住房和城乡建设、交通运输、水利行政主管部门核发《中华人民共和国二级造价工程师注册证》(或电子证书)。

造价工程师执业时应持注册证书和执业印章。注册证书、执业印章样式以及注册证书编号规则由住房和城乡建设部会同交通运输部、水利部统一制定。执业印章由注册造价工程师按照统一规定自行制作。

**3. 执业**

造价工程师在工作中，必须遵纪守法，恪守职业道德和从业规范，诚信执业，主动接受有关主管部门的监督检查，加强行业自律。造价工程师不得同时受聘于两个或两个以上单位执业，不得允许他人以本人名义执业，严禁"证书挂靠"。出租出借注册证书的，依据相关法律法规进行处罚；构成犯罪的，依法追究刑事责任。

(1)一级造价工程师执业范围。一级造价工程师执业范围包括建设项目全过程的工程造价管理与咨询等，具体工作内容有以下几项：

1)项目建议书、可行性研究投资估算与审核，项目评价造价分析；

2)建设工程设计概算、施工预算编制和审核；

3)建设工程招标投标文件工程量和造价的编制与审核；

4)建设工程合同价款、结算价款、竣工决算价款的编制与管理；

5)建设工程审计、仲裁、诉讼保险中的造价鉴定，工程造价纠纷调解；

6)建设工程计价依据、造价指标的编制与管理；

7)与工程造价管理有关的其他事项。

(2)二级造价工程师执业范围。二级造价工程师主要协助一级造价工程师开展相关工作，可独立开展以下具体工作：

1)建设工程工料分析、计划、组织与成本管理，施工图预算、设计概算编制；

2)建设工程量清单、最高投标限价、投标报价编制；

3)建设工程合同价款、结算价款和竣工决算价款的编制。

造价工程师应在本人工程造价咨询成果文件上签章，并承担相应责任。工程造价咨询成果文件应由一级造价工程师审核并加盖执业印章。

## 项目小结

　　本项目介绍了工程造价管理的相关内容，为后续内容的学习提供重要帮助。

　　为了更好地理解建设项目全过程的工程造价，首先介绍了工程造价管理的相关概念和基础知识，包括：工程项目建设阶段划分为决策、设计、实施三个阶段；建设项目可依次划分为单项工程、单位工程、分部工程、分项工程及检验批；工程造价在广义和狭义两个方面的含义和工程造价的特点；工程建设各阶段工程造价的关系以及工程建设各阶段工程造价的控制。

　　作为将来的工程造价从业人员，还需要了解我国的建设工程造价管理体制、建设工程造价咨询资质等级，工程造价咨询企业的业务承接范围等。造价工程师从业资格制度的相关规定，有关一级造价工程师和二级造价工程师资格考试的内容、从业、资格证书的管理。

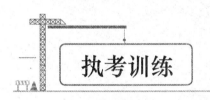

## 执考训练

**一、单选题**

1. 关于造价工程师初始注册的说法中，下列正确的是(　　)。

　A. 初始注册申请者应提交工程造价岗位工作证明

　B. 初始注册申请者应当向聘用单位所在地县级主管部门提出申请

　C. 取得资格证书之日起 1 年后不得申请注册

　D. 初始注册的有效期为 3 年

2. 根据《注册造价工程师管理办法》，属于注册造价工程师业务范围的是(　　)。

　A. 建设项目投资的批准　　　　　　B. 工程索赔费用的计算

　C. 工程款的支付　　　　　　　　　D. 工程合同纠纷的裁决

3. 按照我国相关规定，乙级工程造价咨询企业中，取得造价工程师注册证书的人员不少于(　　)人。

　A. 4　　　　　　B. 6　　　　　　C. 8　　　　　　D. 10

4. 根据《工程造价咨询企业管理办法》，属于甲级工程造价咨询企业资质标准的是(　　)。

　A. 专职专业人员中取得造价工程师注册证书的人员不少于 6 人

　B. 企业注册资本不少于 50 万元

　C. 企业近 3 年工程造价咨询营业收入累计不低于 500 万元

　D. 人均办公建筑面积不少于 6 m²

5. 根据《工程造价咨询企业管理办法》，乙级工程造价咨询企业可以从事工程造价（　　）万元以下各类建设项目工程造价咨询业务。

  A. 2 000     B. 3 000     C. 4 000     D. 5 000

6. 对于一般工业项目的办公楼而言，下列工程中属于分部工程的是（　　）。

  A. 土方开挖与回填工程     B. 通风与空调工程

  C. 玻璃幕墙工程       D. 门窗制作与安装工程

7. 建设工程造价有两种含义，从业主和承包商的角度可以分别理解为（　　）。

  A. 建设工程固定资产投资和建设工程承发包价格

  B. 建设工程总投资和建设工程承发包价格

  C. 建设工程总投资和建设工程固定资产投资

  D. 建设工程动态投资和建设工程静态投资

8. 不属于建设工程项目参建方的是（　　）。

  A. 建设行政管理部门     B. 建设单位

  C. 设计单位        D. 施工单位

9. 具有独立的设计文件，可以独立组织施工，建成后能够独立发挥生产能力或效益的工程是（　　）。

  A. 单项工程       B. 单位工程

  C. 分部工程       D. 分项工程

10. 施工项目管理的最后阶段是（　　）。

  A. 竣工验收阶段      B. 试运行阶段

  C. 工程款结算阶段     D. 使用后服务阶段

## 二、多选题

1. 下列（　　）单位工程属于建筑工程。

  A. 一般土建工程      B. 工业管道工程

  C. 机械设备安装工程     D. 通风设备安装工程

  E. 电气照明工程

2. 分项工程是分部工程的组成部分，一般按（　　）等进行划分。

  A. 主要工种   B. 材料    C. 主要部位    D. 施工工艺

  E. 专业

3. 工程造价通常是指工程的建造价格，其含义有两种。下列关于工程造价的表述中正确的有（　　）。

  A. 从投资者—业主的角度而言，工程造价是指建设一项工程预期开支或实际开支的全部固定资产投资费用

  B. 从市场交易的角度而言，工程造价是指为建成一项工程，预计或实际在交易活动中所形成的建筑安装工程价格和建设工程总价格

  C. 对于分部分项工程，没有工程造价的提法

  D. 工程造价中较为典型的价格交易形式是结算造价

  E. 建设工程造价是指有计划地建设某项工程，预期开支或实际开支的全部固定资产投资和流动资产投资的费用

4. 根据我国现行规定，注册造价工程师有下列（　　）情形的，其注册证书失效。

  A. 在两个以上的项目上执业的

B. 注册有效期满且未延续注册的

C. 不具有完全民事行为能力的

D. 在执业过程受贿的

E. 允许他人以自己名义从事工程造价业务

5. 根据我国现行规定，对注册造价工程师违规可以处以1万元以下罚款的有(　　)。

A. 以个人名义承接工程造价业务

B. 同时在两个单位执业

C. 在执业过程受贿的

D. 未按照规定办理变更注册仍继续执业的

E. 不履行注册造价工程师义务的

6. 关于甲级工程造价咨询企业资质标准的说法，下列正确的有(　　)。

A. 技术负责人必须从事工程造价专业工作20年以上

B. 企业近3年工程造价咨询营业收入累计不低于人民币200万元

C. 人均办公建筑面积不少于8 m²

D. 注册资本金不少于人民币100万元

E. 在申请核定资质等级之日前3年内无违规行为

7. 关于工程造价咨询企业的业务承接的说法，下列正确的有(　　)。

A. 工程造价咨询企业从事造价咨询活动，不受行政区域的限制

B. 乙级工程造价咨询企业只能从事工程造价3 000万元人民币以下的各类建设项目的工程造价咨询业务

C. 工程咨询企业分支机构不得以自己的名义承接工程造价业务

D. 工程咨询企业分支机构不得以自己的名义出具工程造价成果文件

E. 乙级工程造价咨询企业只能从事专业项目的工程造价咨询业务

### 三、简答题

1. 简述工程建设阶段。

2. 简述建设项目的组成。

3. 简述工程造价的含义。

4. 工程造价的特点是什么？

5. 简述建设项目各阶段工程造价的关系和控制。

# ·项目 2·
# 工程造价构成

## ·知识框架·

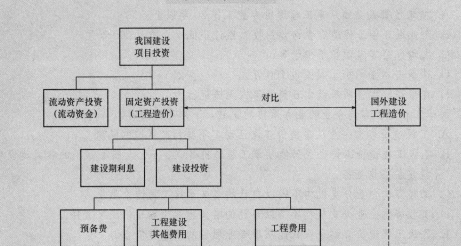

## ·引 例·

某市地税大楼工程由该市第三建筑公司中标承建,依据设计图纸、合同和招标文件等有关资料,以工料单价法经过计算汇总得到其人工费、材料费、机械费的合价为 1 354 万元。其中人工费和机械费占直接工程费的 12.0%;措施费费率为 7.5%;间接费费率为 60%,利润率为人工费和机械费的 120%,税金按规定取 3.4%。

通过本项目学习,大家能够解决以下问题。

(1)什么是直接工程费、措施费和规费?

(2)措施费、规费和企业管理费各包括那些费用?

(3)计算该工程的建安工程造价(采用以直接费为计算基数)。

# 任务 2.1  工程造价概述

## 2.1.1  我国现行投资构成和工程造价的构成

建设项目投资是指在工程项目建设阶段所需要的全部费用的总和。生产性建设项目总投资包括建设投资、建设期利息和流动资金三部分；非生产性建设项目总投资包括建设投资和建设期利息两部分。

工程造价的构成按工程项目建设过程中各类费用支出或花费的性质、途径等来确定，是通过费用划分和汇集所形成的工程造价的费用分解结构。工程造价基本构成包括用于购买工程项目所含各种设备的费用，用于建筑施工和安装施工所需支出的费用，用于委托工程勘察设计应支付的费用，用于购置土地所需的费用，也包括用于建设单位自身进行项目筹建和项目管理所花费的费用等。总之，工程造价是工程项目按照确定的建设内容、建设规模、建设标准、功能要求和使用要求等全部建成并验收合格交付使用所需的全部费用。

我国现行工程造价的构成主要划分为设备及工、器具购置费用，建筑安装工程费用，工程建设其他费用，换备费，建设期贷款利息，固定资产投资方向调节税等几项。具体构成内容如图 2.1 所示。

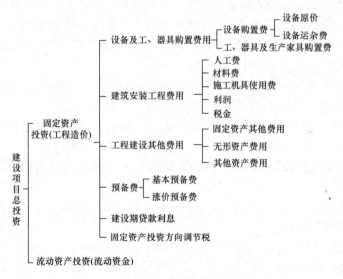

图 2.1  我国现行建设项目总投资构成

关于我国建设项目投资，下列说法正确的是(　　)。

A. 非生产性建设项目总投资由固定资产投资和铺地流动资金组成

B. 生产性建设项目总投资由工程费用、工程建设其他费用和预备费三部分组成

C. 建设投资是为了完成工程项目建设，在建设期内投入且形成现金流出的全部费用

D. 建设投资由固定资产投资和建设期利息组成

## 2.1.2　国外建设工程造价构成

国外各个国家的建设工程造价构成均有所不同，具有代表性的是世界银行、国际咨询工程师联合会对建设工程造价构成的规定。这些国际组织对工程项目的总建设成本(相当于我国的工程造价)作了统一规定，工程项目总建设成本包括直接建设成本、间接建设成本、应急费用和建设成本上升费等。各部分详细内容如下。

**1. 项目直接建设成本**

项目直接建设成本包括以下内容：

(1)土地征购费。

(2)场外设施费用。如道路、码头、桥梁、机场、输电线路等设施费用。

(3)场地费用。场地费用是指用于场地准备、厂区道路、铁路、围栏、场内设施等的建设费用。

(4)工艺设备费。工艺设备费是指主要设备、辅助设备及零配件的购置费用，包括海运包装费用、交货港离岸价，但不包括税金。

(5)设备安装。设备安装费是指设备供应商的监理费用，本国劳务及工资费用，辅助材料、施工设备，消耗品和工具等费用，以及安装承包商的管理费和利润等。

(6)管道系统费用。管道系统费用是指与系统的材料及劳务相关的全部费用。

(7)电气设备费。电气设备费的内容与第(4)项相似。

(8)电气安装。电气安装费是指设备供应商的监理费用，本国劳务与工资费用，辅助材料、电缆、管道和工具费用，以及营造承包商的管理费和利润。

(9)仪器仪表费。仪器仪表费是指所有自动仪表、控制板、配线和辅助材料的费用以及供应商的监理费用、外国或本国劳务及工资费用、承包商的管理费和利润。

(10)机械的绝缘和油漆费。机械的绝缘和油漆费是指与机械及管道的绝缘和油漆相关的全部费用。

(11)工艺建筑费。工艺建筑费是指原材料、劳务费以及与基础、建筑结构、屋顶、内外装修、公共设施有关的全部费用。

(12)服务性建筑费用。服务性建筑费用的内容与第(11)项相似。

(13)工厂普通公共设施费。工厂普通公共设施费是指包括材料和劳务费以及与供水、燃料供应、通风、蒸汽发生及分配、下水道、污物处理等与公共设施有关的费用。

(14)车辆费。车辆费是指工艺操作必需的机动设备零件费用，包括海运包装费用以及交货港的离岸价，但不包括税金。

(15)其他当地费用。其他当地费用是指那些不能归类于以上任何一个项目，不能计入项目间接成本，但在建设期间又是必不可少的当地费用。如临时设备、临时公共设施及场地的维持费，营地设施及其管理、建筑保险和债券、杂项开支等费用。

**2. 项目间接建设成本**

项目间接建设成本包括以下内容：

(1)项目管理费。

1)总部人员的薪金和福利费，以及用于初步和详细工程设计、采购、时间和成本控制、行政和其他一般管理的费用。

2)施工管理现场人员的薪金、福利费和用于施工现场监督、质量保证、现场采购、时间及成本控制、行政及其他施工管理机构的费用。

3)零星杂项费用，如返工、旅行、生活津贴、业务支出等。

4)各种酬金。

(2)开工试车费。开工试车费是指工厂投料试车必需的劳务和材料费用。

(3)业主的行政性费用。业主的行政性费用是指业主的项目管理人员费用及支出。

(4)生产前费用。生产前费用是指前期研究、勘测、建矿、采矿等费用。

(5)运费和保险费。运费和保险费是指海运、国内运输、许可证及佣金、海洋保险、综合保险等费用。

(6)地方税。地方税是指关税、地方税及对特殊项目征收的税金。

**3. 应急费用**

应急费用包括以下内容：

(1)未明确项目准备金。此项准备金用于在估算时不可能明确的潜在项目，包括那些在做成本估算时因为缺乏完整、准确和详细的资料而不能完全预见和不能注明的项目，并且这些项目是必须完成的，或它们的费用是必定要发生的。在每一个组成部分中均单独以一定的百分比确定，并作为估算的一个项目单独列出。

此项准备金不是为了支付工作范围以外可能增加的项目，不是用以应付天灾、非正常经济情况及罢工等情况，也不是用来补偿估算的任何误差，而是用来支付那些几乎可以肯定要发生的费用。因此，它是估算不可缺少的一个组成部分。

(2)不可预见准备金。此项准备金(在未明确项目准备金之外)用于在估算达到了一定的完整性并符合技术标准的基础上，由于物质、社会和经济的变化，导致估算增加的情况。此种情况可能发生，也可能不发生。不可预见准备金只是一种储备，可能不动用。

**4. 建设成本上升费**

通常，估算中使用的构成工资率、材料和设备价格基础的截止日期就是"估算日期"。必须对该日期或已知成本基础进行调整，以补偿直至工程结束时的未知价格增长。

工程各个主要组成部分(国内劳务和相关成本、本国材料、外国材料、本国设备、外国设备、项目管理机构)的细目划分决定以后，便可确定每一个主要组成部分的增长率。这个增长率是一项判断因素，它以已发表的国内和国际成本指数、公司记录的历史数据等为依据，并与实际供应商进行核对，然后根据确定的增长率和从工程进度表中获得的每项活动的各主要组成部分的中位数值，计算出每项主要组成部分的成本上升值。

🔖 知识小结

未明确项目准备金、不可预见准备金和建设成本上升费用的区别。

(1)未明确项目准备金是用于在估算时不可能明确的潜在项目，这些项目是必须完成的，或它们的费用是必定要发生的。它是估算不可缺少的一个组成部分。

(2)不可预见准备金用于在估算达到了一定的完整性并符合技术标准的基础上，由于物质、社会和经济的变化，导致估算增加的情况。不可预见准备金只是一种储备，可能不动用。

(3)建设成本上升费用于补偿直至工程结束时的未知价格增长。

根据世界银行对建设工程造价构成的规定，只能作为一种储备，可能不动用的费用是（　　）。

A. 未明确项目准备金　　　　　　　B. 基本预备费

C. 不可预见准备金　　　　　　　　D. 建设成本上升费

# 任务 2.2　设备及工、器具购置费

设备及工、器具购置费由设备购置费和工、器具及生产家具购置费组成。其是固定资产投资中的组成部分。在生产性工程建设中，设备及工、器具购置费与资本的有机构成相联系。设备及工、器具购置费占工程造价比重的增大，意味着生产技术的进步和资本有机构成的提高。

## 2.2.1　设备购置费的构成和计算

设备购置费是指为建设项目购置或自制的达到固定资产标准的各种国产或进口设备、工具、器具的购置费用，由设备原价和设备运杂费构成。其计算公式为

$$设备购置费＝设备原价＋设备运杂费 \tag{2.1}$$

式中，设备原价指国内采购设备的出厂（场）价格，或国外采购设备的抵岸价格，设备原价通常包括设备备品、备件费在内；设备运杂费指除设备原价外的关于设备采购、运输、途中包装及仓库保管等方面支出费用的总和。

**1. 国产设备原价的构成及计算**

国产设备原价一般指的是设备制造厂的交货价或订货合同价，即出厂（场）价格。其一般根据生产厂或供应商的询价、报价、合同价确定，或采用一定的方法计算确定。国产设备原价可分为国产标准设备原价和国产非标准设备原价。

（1）国产标准设备原价。国产标准设备是指按照主管部门颁布的标准图纸和技术要求，由我国设备生产厂批量生产的，符合国家质量检测标准的设备。国产标准设备一般有完善的设备交易市场，因此可通过查询相关交易市场价格或向设备生产厂家询价得到国产标准设备原价。

（2）国产非标准设备原价。国产非标准设备是指国家尚无定型标准，各设备生产厂不可能在工艺过程中采用批量生产，只能按订货要求并根据具体的设计图纸制造的设备。非标准设备由于单价生产、无定型标准，所以无法获取市场交易价格，只能按其成本构成或相关技术参数估算其价格。非标准设备原价有多种不同的计算方法，如成本计算估价法、系列设备插入估价法、分部组合估价法、定额估价法等。但无论采用哪种方法，都应该使非标准设备计价接近实际出厂价，并且计算方法要简便。

国产非标准设备
原价计算

**2. 进口设备原价的构成及计算**

进口设备原价是指进口设备的抵岸价，即抵达买方边境港口或边境车站，且交完关税等税

费后形成的价格。

抵岸价通常是由进口设备到岸价(CIF)和进口从属费构成。进口设备到岸价，即设备抵达买方边境港口或边境车站所形成的价格。进口设备从属费是指进口设备在办理手续过程中发生的应计入设备原价的银行财务费、外贸手续费、进口关税、消费税、进口环节增值税及进口车辆的车辆购置税等。

(1)进口设备的交易价格。在国际贸易中，交易双方所使用的交货类别不同，则交易价格的构成内容也有所差异，常用的交易价格术语有 FOB、CFR 和 CIF。

1)FOB(free on board)。FOB 意为装运港船上交货价，也称为离岸价。FOB 术语是指当货物在装运港被装上指定船时，卖方即完成交货义务。风险转移以在指定的装运港货物被装上制定船时为分界点。费用划分与风险转移的分界点相一致。

2)CFR(cost and freight)。CFR 意为成本加运费，或称为运费在内价。CFR 是指货物在装运港被装上指定船时卖方即完成交货，卖方必须支付将货物运至制定的目的港所需的运费和费用，但交货后货物灭失或损坏的风险，以及由于各种事件造成的任何额外费用，即由卖方转移到买方。与 FOB 价格相比，CFR 的费用划分与风险转移的分界点是不一致的。

3)CIF(cost insurance and freight)。CIF 意为成本加保险费、运费，习惯称到岸价格。在 CIF 术语中，卖方除负有与 CFR 相同的义务外，还应办理货物在运输途中最低险别的海运保险，并应支付保险费。如买方需要更高的保险险别，则需要与卖方明确地达成协议，或者自行做出额外的保险安排。除保险这项义务外，买方的义务与 CFR 相同。

(2)进口设备到岸价的构成及计算。进口设备到岸价的计算公式为

$$进口设备到岸价(CIF)=离岸价格(FOB)+国际运费+运输保险费$$

$$=运费在内价(CFR)+运输保险费$$

1)货价。货价一般是指装运港船上交货价(FOB)。设备货价可分为原币货价和人民币货价。原币货价一律折算为美元表示；人民币货价按原币货价乘以外汇市场美元兑换人民币汇率中间价确定。进口设备货价按有关生产厂商询价、报价、订货合同价计算。

2)国际运费。国际运费即从装运港(站)到达我国抵达港(站)的运费。我国进口设备大部分采用海洋运输，小部分采用铁路运输，个别采用航空运输。进口设备国际运费计算公式为

$$国际运费(海、陆、空)=原币货价(FOB)×运费费率 \qquad (2.2)$$

或

$$国际运费(海、陆、空)=运量×单位运价 \qquad (2.3)$$

式中，运费费率或单位运价参照有关部门或进出口公司的规定执行。

3)运输保险费。对外贸易货物运输保险是由保险人(保险公司)与被保险人(出口人或进口人)订立保险契约，在被保险人交付议定的保险费后，保险人根据保险契约的规定对货物在运输过程中发生的承保责任范围内的损失给予经济上的补偿。这是一种财产保险。其计算公式为

$$运输保险费=\frac{原币货价(FOB)+国外运费}{1-保险费费率}×保险费费率 \qquad (2.4)$$

式中，保险费费率按保险公司规定的进口货物保险费费率计算。

(3)进口从属费的构成及计算。进口从属费的计算公式为

进口从属费=银行财务费+外贸手续费+关税+增值税+消费税+进口环节增值税+
车辆购置税

1)银行财务费。一般是指在国际贸易结算中，中国银行为进出口商提供金融结算服务所收取的费用，可按下式简化计算：

$$银行财务费=离岸价格(FOB)×人民币外汇汇率×银行财务费费率 \qquad (2.5)$$

2)外贸手续费。外贸手续费是指按对外经济贸易部规定的外贸手续费费率计取的费用，外贸手续费费率一般取 1.5%。其计算公式为

$$外贸手续费 = 到岸价格(CIF) \times 人民币外汇汇率 \times 外贸手续费费率 \qquad (2.6)$$

3)关税。由海关对进出国境或关境的货物和物品征收的一种税。其计算公式为

$$关税 = 到岸价格(CIF) \times 人民币外汇汇率 \times 进口关税税率 \qquad (2.7)$$

到岸价格作为关税的计征基数时，通常又可称为关税完税价格。进口关税税率可分为优惠和普通两种。优惠税率适用于与我国签订关税互惠条款的贸易条约或协定的国家的进口设备；普通税率适用于与我国未签订关税互惠条款的贸易条约或协定的国家的进口设备。进口关税税率按我国海关总署发布的进口关税税率计算。

4)消费税。仅对部分进口设备(如轿车、摩托车等)征收，一般计算公式为

$$应纳消费税额 = \frac{到岸价 + 关税}{1 - 消费税税率} \times 消费税税率 \qquad (2.8)$$

式中，消费税税率根据规定的税率计算。

**知识链接**

我国目前仅对四类货物征收消费税。

第一类：过度消费会对身体健康、社会秩序、生态环境等方面造成危害的特殊消费品，如烟、酒、酒精、鞭炮、焰火。

第二类：奢侈品等非生活必需品，如贵重首饰及珠宝玉石、化妆品以及护肤护发品。

第三类：高能耗的高档消费品，如小轿车、摩托车、汽车轮胎。

第四类：不可再生和替代的石油类消费品，如汽油、柴油。

5)进口环节增值税。进口环节增值税是对从事进口贸易的单位和个人，在进口商品报关进口后征收的税种。我国增值税条例规定，进口应税产品均按组成计税价格和增值税税率直接计算应纳税额。即

$$进口环节增值税额 = 组成计税价格 \times 增值税税率(\%) \qquad (2.9)$$
$$组成计税价格 = 关税完税价格 + 关税 + 消费税 \qquad (2.10)$$

增值税税率根据规定的税率计算。

**知识链接**

我国的增值税应税货物全部按从价定率计征，其基本税率为 17%，但对于一些关系到国计民生的重要物资，其增值税税率较低，为 13%。下列各类货物增值税税率为 13%。

①粮食、食油植物油。

②自来水、暖气、冷气、热水、煤气、石油液化气、天然气、沼气、居民用煤炭制品。

③图书、报纸、杂志。

④饲料、化肥、农药、农机、农膜。

⑤金属矿和非金属矿等产品(不包括金粉、锻造金，它们为零税率)。

⑥国务院规定的其他货物。

6)车辆购置税。进口车辆需缴进口车辆购置税。其计算公式为

$$进口车辆购置税 = (关税完税价格 + 关税 + 消费税) \times 车辆购置税税率(\%) \qquad (2.11)$$

进口设备原价的计算应该注意以下两点：

(1)区别几组概念——离岸价、到岸价、抵岸价、原价；

(2)不仅要掌握进口设备原价计算公式，还需要掌握以上九项内容的计价依据。

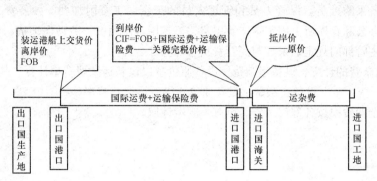

进口设备的原价是指进口设备的(　　　)。

A. 到岸价　　　　　B. 抵岸价　　　　　C. 离岸价　　　　　D. 运费在内价

**【应用案例2.1】** 从某国进口的设备，质量为1 000 t，装运港船上交货价为400万美元，工程建设项目位于国内某省会城市。如果国际运费标准为300美元/t，海上运输保险费费率为3‰，银行财务费费率为5‰，外贸手续费费率为1.5%，关税税率为22%，增值税税率为17%，消费税税率为10%，银行外汇牌价为1美元＝6.3元人民币，对该设备的原价进行估算。

**解：** 进口设备FOB＝400×6.3＝2 520(万元)

国际运费＝300×1 000×6.3＝189(万元)

海运保险费＝(2 520＋189)/(1－0.3‰)×0.3‰＝8.15(万元)

CIF＝2 520＋189＋8.15＝2 717.15(万元)

银行财务费＝2 520×5‰＝12.6(万元)

外贸手续费＝2 717.15×1.5%＝40.76(万元)

关税＝2 717.15×22%＝597.77(万元)

消费税＝(2 717.15＋597.77)/(1－10%)×10%＝368.32(万元)

增值税＝(2 717.15＋597.77＋368.32)×17%＝626.15(万元)

进口从属费＝12.6＋40.76＋597.77＋368.32＋626.15＝1 645.6(万元)

进口设备原价＝2 717.15＋1 645.6＝4 362.75(万元)

**3. 设备运杂费的构成及计算**

(1)设备运杂费的构成。设备运杂费通常由下列各项构成：

1)运费和装卸费。国产设备由设备制造厂交货地点起至工地仓库(或施工组织设计指定的需要安装设备的堆放地点)止所发生的运费和装卸费；进口设备则由我国到岸港口或边境车站起至工地仓库(或施工组织设计指定的需安装设备的堆放地点)止所发生的运费和装卸费。

2)包装费。包装费是指在设备原价中没有包含的，为运输而进行的包装支出的各种费用。

3)设备供销部门的手续费。按有关部门规定的统一费率计算。

4)采购与仓库保管费。采购与仓库保管费是指采购、验收、保管和收发设备所发生的各种费用，包括设备采购人员、保管人员和管理人员的工资、工资附加费、办公费、差旅交通费、设备供应部门办公和仓库所占固定资产使用费、工具用具使用费、劳动保护费、检验试验费等。这些费用可按主管部门规定的采购与保管费率计算。

(2)设备运杂费的计算。设备运杂费按设备原价乘以设备运杂费费率计算。其计算公式为

$$设备运杂费＝设备原价×设备运杂费费率(\%) \tag{2.12}$$

式中，设备运杂费费率按各部门及省、市有关规定计取。

执考训练

下列费用中应计入设备运杂费的有(　　　　)。

A. 设备保管人员的工资

B. 设备采购人员的工资

C. 设备自生产厂家运至工地仓库的运费、装卸费

D. 运输中的设备包装费

E. 设备仓库所占用的固定资产使用费

### 2.2.2　工、器具及生产家具购置费的构成及计算

工、器具及生产家具购置费，是指新建或扩建项目初步设计规定的，保证初期正常生产必须购置的没有达到固定资产标准的设备、仪器、工卡模具、器具、生产家具和备品备件等的购置费用。一般以设备购置费为计算基数，按照部门或行业规定的工具、器具及生产家具费费率计算。其计算公式为

$$工、器具及生产家具购置费＝设备购置费×定额费率$$

## 任务 2.3　建筑安装工程费

为了加强工程建设的管理，有利于合理确定工程造价，提高基本建设投资效益，国家统一了建筑、安装工程费用项目组成的口径。这一做法，使得工程建设各方在编制工程概预算、工程结算、工程招标投标、计划统计、工程成本核算等方面的工作有了统一的标准。

根据建设部"关于印发《建筑安装工程费用项目组成》的通知"(建标〔2013〕44号)，我国现行建筑安装工程费用项目按两种不同的方式划分，即按费用构成要素划分和按造价形成划分，如图2.2所示。

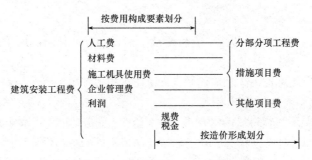

图 2.2　建筑安装工程费用项目构成

## 2.3.1　建筑安装工程费用项目组成(按费用构成要素划分)

建筑安装工程费按照费用构成要素划分，由人工费、材料(包含工程设备，下同)费、施工机具使用费、企业管理费、利润、规费和税金组成。其中，人工费、材料费、施工机具使用费、企业管理费和利润包含在分部分项工程费、措施项目费、其他项目费中，如图 2.3 所示。

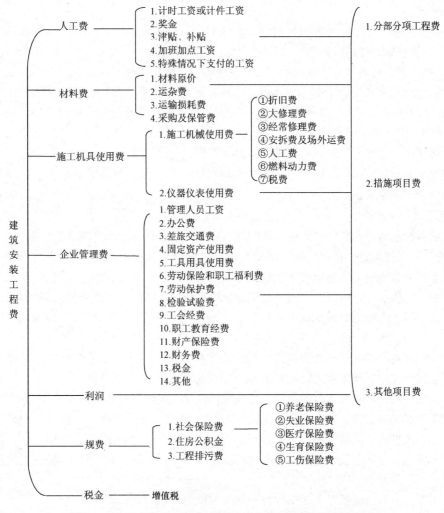

图 2.3　建筑安装工程费用项目组成表(按费用构成要素划分)

### 1. 人工费

人工费是指按工资总额构成规定，支付给从事建筑安装工程施工的生产工人和附属生产单位工人的各项费用。内容包括：

(1)计时工资或计件工资。计时工资或计件工资是指按计时工资标准和工作时间或对已做工作按计件单价支付给个人的劳动报酬。

(2)奖金。奖金是指对超额劳动和增收节支支付给个人的劳动报酬。如节约奖、劳动竞赛奖等。

(3)津贴补贴。津贴补贴是指为了补偿职工特殊或额外的劳动消耗和因其他特殊原因支付给个人的津贴，以及为了保证职工工资水平不受物价影响支付给个人的物价补贴。如流动施工津贴、特殊地区施工津贴、高温(寒)作业临时津贴、高空津贴等。

(4)加班加点工资。加班加点工资是指按规定支付的在法定节假日工作的加班工资和在法定日工作时间外延时工作的加点工资。

(5)特殊情况下支付的工资。特殊情况下支付的工资是指根据国家法律、法规和政策规定，因病、工伤、产假、计划生育假、婚丧假、事假、探亲假、定期休假、停工学习、执行国家或社会义务等原因按计时工资标准或计时工资标准的一定比例支付的工资。

### 2. 材料费

材料费是指施工过程中耗费的原材料、辅助材料、构配件、零件、半成品或成品、工程设备的费用。其包括以下内容：

(1)材料原价。材料原价是指材料、工程设备的出厂价格或商家供应价格。

(2)运杂费。运杂费是指材料、工程设备自来源地运至工地仓库或指定堆放地点所发生的全部费用。

(3)运输损耗费。运输损耗费是指材料在运输装卸过程中不可避免的损耗。

(4)采购及保管费。采购及保管费是指为组织采购、供应和保管材料、工程设备的过程中所需要的各项费用，包括采购费、仓储费、工地保管费、仓储损耗。

工程设备是指构成或计划构成永久工程一部分的机电设备、金属结构设备、仪器装置及其他类似的设备和装置。

### 3. 施工机具使用费

施工机具使用费是指施工作业所发生的施工机械、仪器仪表使用费或其租赁费。

(1)施工机械使用费。施工机械使用费以施工机械台班耗用量乘以施工机械台班单价表示，施工机械台班单价应由下列七项费用组成：

1)折旧费。折旧费是指施工机械在规定的使用年限内，陆续收回其原值的费用。

2)大修理费。大修理费是指施工机械按规定的大修理间隔台班进行必要的大修理，以恢复其正常功能所需的费用。

3)经常修理费。经常修理费是指施工机械除大修理以外的各级保养和临时故障排除所需的费用。其包括为保障机械正常运转所需替换设备与随机配备工具附具的摊销和维护费用，机械运转中日常保养所需润滑与擦拭的材料费用及机械停滞期间的维护和保养费用等。

4)安拆费及场外运费。安拆费是指施工机械(大型机械除外)在现场进行安装与拆卸所需的人工、材料、机械和试运转费用以及机械辅助设施的折旧、搭设、拆除等费用；场外运费是指施工机械整体或分体自停放地点运至施工现场或由一施工地点运至另一施工地点的运输、装卸、辅助材料及架线等费用。

5)人工费。人工费是指机上司机(司炉)和其他操作人员的人工费。

6)燃料动力费。燃料动力费是指施工机械在运转作业中所消耗的各种燃料及水、电费用等。

7)税费。税费是指施工机械按照国家规定应缴纳的车船使用税、保险费及年检费等。

(2)仪器仪表使用费。仪器仪表使用费是指工程施工所需使用的仪器仪表的摊销及维修费用。

### 4. 企业管理费

企业管理费是指建筑安装企业组织施工生产和经营管理所需的费用。内容包括：

(1)管理人员工资。管理人员工资是指按规定支付给管理人员的计时工资、奖金、津贴补贴、加班加点工资及特殊情况下支付的工资等。

(2)办公费。办公费是指企业管理办公用的文具、纸张、账表、印刷、邮电、书报、办公软件、现场监控、会议、水电、烧水和集体取暖降温(包括现场临时宿舍取暖降温)等费用。

(3)差旅交通费。差旅交通费是指职工因公出差、调动工作的差旅费、住勤补助费，市内交通费和误餐补助费，职工探亲路费，劳动力招募费，职工退休、退职一次性路费，工伤人员就医路费，工地转移费以及管理部门使用的交通工具的油料、燃料等费用。

(4)固定资产使用费。固定资产使用费是指管理和试验部门及附属生产单位使用的属于固定资产的房屋、设备、仪器等的折旧、大修、维修或租赁费。

(5)工具用具使用费。工具用具使用费是指企业施工生产和管理使用的不属于固定资产的工具、器具、家具、交通工具和检验、试验、测绘、消防用具等的购置、维修和摊销费。

(6)劳动保险和职工福利费。劳动保险和职工福利费是指由企业支付的职工退职金、按规定支付给离休干部的经费，集体福利费、夏季防暑降温费、冬季取暖补贴、上下班交通补贴等。

(7)劳动保护费。劳动保护费是指企业按规定发放的劳动保护用品的支出。如工作服、手套、防暑降温饮料以及在有碍身体健康的环境中施工的保健费用等。

(8)检验试验费。检验试验费是指施工企业按照有关标准规定，对建筑以及材料、构件和建筑安装物进行一般鉴定、检查所发生的费用，包括自设试验室进行试验所耗用的材料等费用。不包括新结构、新材料的试验费，对构件做破坏性试验及其他特殊要求检验试验的费用和建设单位委托检测机构进行检测的费用，对此类检测发生的费用，由建设单位在工程建设其他费用中列支。但对施工企业提供的具有合格证明的材料进行检测不合格的，该检测费用由施工企业支付。

(9)工会经费。工会经费是指企业按《中华人民共和国工会法》规定的全部职工工资总额比例计提的工会经费。

(10)职工教育经费。职工教育经费是指按职工工资总额的规定比例计提，企业为职工进行专业技术和职业技能培训，专业技术人员继续教育、职工职业技能鉴定、职业资格认定以及根据需要对职工进行各类文化教育所发生的费用。

(11)财产保险费。财产保险费是指施工管理用财产、车辆等的保险费用。

(12)财务费。财务费是指企业为施工生产筹集资金或提供预付款担保、履约担保、职工工资支付担保等所发生的各种费用。

(13)税金。税金是指企业按规定缴纳的房产税、车船使用税、土地使用税、印花税等。

(14)其他。其他包括技术转让费、技术开发费、投标费、业务招待费、绿化费、广告费、公证费、法律顾问费、审计费、咨询费、保险费等。

### 5. 利润

利润是指施工企业完成所承包工程获得的盈利。

### 6. 规费

规费是指按国家法律、法规规定，由省级政府和省级有关权力部门规定必须缴纳或计取的费用。其内容包括：

（1）社会保险费。

1）养老保险费：是指企业按照规定标准为职工缴纳的基本养老保险费。

2）失业保险费：是指企业按照规定标准为职工缴纳的失业保险费。

3）医疗保险费：是指企业按照规定标准为职工缴纳的基本医疗保险费。

4）生育保险费：是指企业按照规定标准为职工缴纳的生育保险费。

5）工伤保险费：是指企业按照规定标准为职工缴纳的工伤保险费。

（2）住房公积金：是指企业按规定标准为职工缴纳的住房公积金。

其他应列而未列入的规费，按实际发生计取。

根据《财政部、国家发展和改革委员会、环境保护部、国家海洋局关于停征排污费等行政事业性收费有关事项的通知》（财税〔2018〕4号），原列入规费的工程排污费已经于2018年1月停止征收。

### 7. 增值税

建筑安装工程费用中的增值税是指按照国家税法规定的应计入建筑安装工程造价内的增值税额，按税前造价乘以增值税适用税率确定。

## 2.3.2　建筑安装工程费用项目组成（按造价形成划分）

建筑安装工程费按工程造价形成划分，由分部分项工程费、措施项目费、其他项目费、规费、增值税组成。分部分项工程费、措施项目费、其他项目费包含人工费、材料费、施工机具使用费、企业管理费和利润。建筑安装工程费用项目组成（按造价形成划分）如图2.4所示。

### 1. 分部分项工程费

分部分项工程费是指各专业工程的分部分项工程应予列支的各项费用。

（1）专业工程。专业工程是指按现行国家计量规范划分的房屋建筑与装饰工程、仿古建筑工程、通用安装工程、市政工程、园林绿化工程、矿山工程、构筑物工程、城市轨道交通工程、爆破工程等各类工程。

（2）分部分项工程。分部分项工程是指按现行国家计量规范对各专业工程划分的项目。如房屋建筑与装饰工程划分的土石方工程、地基处理与桩基工程、砌筑工程、钢筋及钢筋混凝土工程等。

各类专业工程的分部分项工程划分见现行国家或行业计量规范。

### 2. 措施项目费

措施项目费是指为完成建设工程施工，发生于该工程施工前和施工过程中的技术、生活、安全、环境保护等方面的费用。内容包括：

（1）安全文明施工费

1）环境保护费。环境保护费是指施工现场为达到环保部门要求所需要的各项费用。

2）文明施工费。文明施工费是指施工现场文明施工所需要的各项费用。

3）安全施工费。安全施工费是指施工现场安全施工所需要的各项费用。

4）临时设施费。临时设施费是指施工企业为进行建设工程施工所必须搭设的生活和生产用的临时建筑物、构筑物和其他临时设施费用。包括临时设施的搭设、维修、拆除、清理费或摊销费等。

（2）夜间施工增加费。夜间施工增加费是指因夜间施工所发生的夜班补助费、夜间施工降效、夜间施工照明设备摊销及照明用电等费用。

（3）二次搬运费。二次搬运费是指因施工场地条件限制而发生的材料、构配件、半成品等一次运输不能到达堆放地点，必须进行二次或多次搬运所发生的费用。

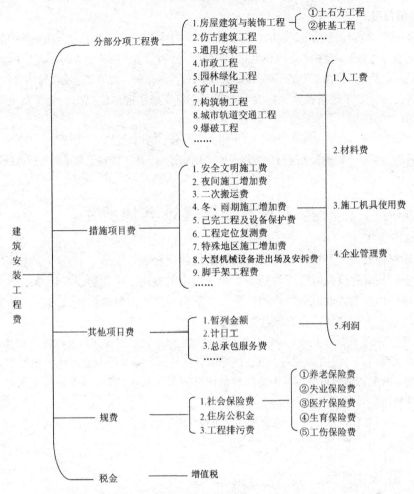

图 2.4　建筑安装工程费用项目组成表（按造价形成划分）

（4）冬、雨期施工增加费。冬、雨期施工增加费是指在冬期或雨期施工需增加的临时设施、防滑、排除雨雪，人工及施工机械效率降低等费用。

（5）已完工程及设备保护费。已完工程及设备保护费是指竣工验收前，对已完工程及设备采取的必要保护措施所发生的费用。

（6）工程定位复测费。工程定位复测费是指工程施工过程中进行全部施工测量放线和复测工作的费用。

（7）特殊地区施工增加费。特殊地区施工增加费是指工程在沙漠或其边缘地区、高海拔、高寒、原始森林等特殊地区施工增加的费用。

（8）大型机械设备进出场及安拆费。大型机械设备进出场及安拆费是指机械整体或分体自停放场地运至施工现场或由一个施工地点运至另一个施工地点，所发生的机械进出场运输及转移费用以及机械在施工现场进行安装、拆卸所需的人工费、材料费、机械费、试运转费和安装所需的辅助设施的费用。

（9）脚手架工程费。脚手架工程费是指施工需要的各种脚手架搭、拆、运输费用以及脚手架购置费的摊销（或租赁）费用。

措施项目及其包含的内容详见各类专业工程的现行国家或行业计量规范。

**3. 其他项目费**

（1）暂列金额。暂列金额是指建设单位在工程量清单中暂定并包括在工程合同价款中的一笔款项。用于施工合同签订时尚未确定或者不可预见的所需材料、工程设备、服务的采购，施工中可能发生的工程变更、合同约定调整因素出现时的工程价款调整以及发生的索赔、现场签证确认等的费用。

（2）计日工。计日工是指在施工过程中，施工企业完成建设单位提出的施工图纸以外的零星项目或工作所需的费用。

（3）总承包服务费。总承包服务费是指总承包人为配合、协调建设单位进行专业工程发包，对建设单位自行采购的材料、工程设备等进行保管以及施工现场管理、竣工资料汇总整理等服务所需的费用。

# 任务 2.4　工程建设其他费用

工程建设其他费用，是指建设期发生的与土地使用权取得、整个工程项目建设，以及未来生产经营有关的构成建设投资但不包括在工程费用中的费用。工程建设其他费用分为三类：第一类是指土地使用权购置或取得的费用；第二类是指与整个工程建设有关的各类其他费用；第三类是指与未来企业生产经营有关的其他费用。

根据《国家发展改革委关于进一步放开建设项目专业服务价格的通知》（发改价格〔2015〕299号）的规定，政府有关部门对建设项目实施审批、核准或备案管理，需委托专业服务机构等中介提供评估评审等服务的，有关评估评审费用等由委托评估评审的项目审批、核准或备案机关承担，评估评审机构不得向项目单位收取费用。

政府有关部门对建设项目管理监督所发生的，并由财政支出的费用，不得列入相应建设项目的工程造价。

## 2.4.1　建设用地费

任何一个建设项目都固定于一定地点与地面相连接，必须占用一定量的土地，也就必然要发生为获得建设用地而支付的费用，这就是建设用地费，其是指为获得工程项目建设土地的使用权而在建设期内发生的各项费用。建设用地费包括通过划拨方式取得土地使用权而支付的土地征用及迁移补偿费，或者通过土地使用出让方式取得土地使用权而支付的土地使用权出让金。

**1. 建设用地取得的基本方式**

建设用地的取得，实质是依法获取国有土地的使用权。根据《中华人民共和国城市房地产管理法》的规定，获取国有土地使用权的基本方法有两种：一是出让方式；二是划拨方式。建设土地取得的基本方式还包括租赁和转让方式。

（1）通过出让方式获取国有土地使用权。国有土地使用权出让是指国家将国有土地使用权在一定年限内出让给土地使用者，由土地使用者向国家支付土地使用权出让金的行为。土地使用权出让最高年限按下列用途确定：居住用地70年；工业用地50年；教育、科技、文化、卫生、体育用地50年；商业、旅游、娱乐用地40年；综合或者其他用地50年。

通过出让方式获取土地使用权又可以分成两种具体方式：一是通过招标、拍卖挂牌等竞争出让方式获取国有土地使用权；二是通过协议出让方式获取国有土地使用权。按照国家相关规定，工业（包括仓储用地，但不包括采矿用地）、商业、旅游、娱乐和商品住宅等各类经营性用地，必须以招标、拍卖或者挂牌方式出让；上述规定以外用途的土地供地计划公布后，同一宗地有两个以上意向用地者的，也应当采用招标、拍卖或者挂牌方式出让。

按照国家相关规定，出让国有土地使用权，除依照法律、法规和规章的规定应当采用招标、拍卖或者挂牌方式外，方可采取协议方式。以协议方式出让国有土地使用权的出让金不得低于按国家规定所确定的最低价。协议出让底价不得低于拟出让地块所在区域的协议出让最低价。

（2）通过划拨方式获取国有土地使用权。国有土地使用权划拨是指县级以上人民政府依法批准，在土地使用者缴纳补偿、安置等费用后将该幅土地交付其使用。或者将土地使用权无偿交付给土地使用者使用的行为。

国家对划拨用地有着严格的规定，下列建设用地，经县级以上人民政府依法批准，可以以划拨方式取得：国家机关用地和军事用地；城市基础设施用地和公益事业用地；国家重点扶持的能源、交通、水利等基础设施用地；法律、行政法规规定的其他用地。

依法以划拨方式取得土地使用权的，除法律、行政法规另有规定外，没有使用期限的限制。因企业改制、土地使用权转让或者改变土地用途等不再符合目录要求的，应当实行有偿使用。

**2. 建设用地取得的费用**

建设用地如通过行政划拨方式取得，则须承担征地补偿费用或对原用地单位或个人的拆迁补偿费用；若通过市场机制取得，则不但承担以上费用，还须向土地所有者支付有偿使用费，即土地出让金。

（1）征地补偿费。建设征用土地费用由以下几个部分构成：

1）土地补偿费。土地补偿费是对农村集体经济组织因土地被征用而造成经济损失的一种补偿。征用其他土地的补偿费标准由省、自治区、直辖市参照征用耕地的土地补偿费制定。土地补偿费归农村集体经济组织所有。

2）青苗补偿费和地上附着物补偿费。青苗补偿费是因征地时对其正在生长的农作物受到损害而做出的一种赔偿。在农村实行承包责任制后，农民自行承包的土地青苗补偿费应付给本人，属于集体种植的青苗补偿费可纳入当年集体收益。凡在协商征地方案后抢种的农作物、树木等，一律不予补偿。地上附着物是指房屋、水井、树木、涵洞、桥梁、公路、水利设施、林木等地面建筑物、构筑物、附着物等。地上附着物补偿费视协商征地方案前地上附着物价值与折旧情况确定，应根据"拆什么、补什么；拆多少，补多少，不低于原来水平"的原则确定。如附着物产权属个人，则该项补助费付给个人。地上附着物的补偿标准，由省、自治区、直辖市规定。

3）安置补助费。安置补助费应支付给被征地单位和安置劳动力的单位，为劳动力安置与培训的支出，以及作为不能就业人员的生活补助。征收耕地的安置补助费，按照需要安置的农业人口数计算。需要安置的农业人口数，按照被征收的耕地数量除以征地前被征收单位平均每人占有耕地的数量计算。每一个需要安置的农业人口安置补助费标准，为该耕地被征收前三年平均年产值的4～6倍。但是，每公顷被征收耕地的安置补助费，最高不得超过被征收前三年平均年产值的15倍。土地补偿费和安置补助费，尚不能使需要安置的农民保持原有生活水平的，经省、自治区、直辖市人民政府批准，可以增加安置补助费。但是，土地补偿费和安置补助费的总和不得超过土地征收前三年平均年产值的30倍。

4）新菜地开发建设基金。新菜地开发建设基金是指征用城市郊区商品菜地时支付的费用。这项费用交给地方财政，作为开发建设新菜地的投资。菜地是指城市郊区为供应城市居民蔬菜，连续三年以上常年种菜地或者养殖鱼、虾等的商品菜地和精养鱼塘。一年只种一茬或因调整茬口安排种植蔬菜的，均不作为需要收取开发基金的菜地。征用尚未开发的规划菜地，不缴纳新菜地开发建设基金。在蔬菜产销放开后，能够满足供应，不再需要开发新菜地的城市，不收取新菜地开发基金。

5）耕地占用税。耕地占用税是对占用耕地建房或者从事其他非农业建设的单位和个人征收的一种税收，目的是合理利用土地资源、节约用地，保护农用耕地。耕地占用税征收范围，不仅包括占用耕地，还包括占用鱼塘、园地、菜地及其农业用地建房或者从事其他非农业建设，均按实际占用的面积和规定的税额一次性征收。其中，耕地是指用于种植农作物的土地。占用前三年曾用于种植农作物的土地也视为耕地。

6)土地管理费。土地管理费主要作为征地工作中所发生的办公、会议、培训、宣传、差旅、借用人员工资等必要的费用。土地管理费的收取标准，一般是在土地补偿费、青苗补偿费、地上附着物补偿费、安置补助费四项费用之和的基础上提取 2%～4%。如果是征地包干，还应在四项费用之和后再加上粮食价差、副食补贴、不可预见费等费用，在此基础上提取 2%～4%作为土地管理费。

(2)拆迁补偿费用。在城市规划区内国有土地上实施房屋拆迁时，拆迁人应当对被拆迁人给予补偿、安置。

1)拆迁补偿。拆迁补偿的方式可以实行货币补偿，也可以实行房屋产权调换。货币补偿的金额根据被拆迁房屋的区位、用途、建筑面积等因素，以房地产市场评估价格确定。具体办法由省、自治区、直辖市人民政府制定实行房屋产权调换的，拆迁人与被拆迁人按照计算得到的被拆迁房屋的补偿金额和所调换房屋的价格，结清产权调换的差价。

2)搬迁、安置补助费。拆迁人应当对被拆迁人或者房屋承租人支付搬迁补助费，对于在规定的搬迁期限届满前搬迁的，拆迁人可以付给提前搬家奖励费；在过渡期限内，被拆迁人或者房屋承租人自行安排住处的，拆迁人应当支付临时安置补助费；被拆迁人或者房屋承租人使用拆迁人提供的周转房的，拆迁人不支付临时安置补助费。

搬迁补助费和临时安置补助费的标准，由省、自治区、直辖市人民政府规定。有些地区规定，拆除非住宅房屋，造成停产、停业引起经济损失的，拆迁人可以根据被拆除房屋的区位和使用性质，按照一定标准给予一次性停产停业综合补助费。

(3)土地出让金、转让金。土地使用权出让金为用地单位向国家支付的土地所有权收益，出让金标准一般参考城市基准地价并结合其他因素制定。基准地价由市土地管理局会同市物价局、市国有资产管理局、市房地产管理局等部门综合平衡后报市级人民政府审定通过，它以城市土地综合定级为基础，用某一地价或地价幅度表示某一类别用地在某一土地级别范围的地价，以此作为土地使用权出让价格的基础。

在有偿出让和转让土地时，政府对地价不作统一规定，但应坚持以下原则：地价对目前的投资环境不产生大的影响；地价与当地的社会经济承受能力相适应；地价要考虑已投入的土地开发费用、土地市场供求关系、土地用途、所在区类、容积率和使用年限等。有偿出让和转让使用权，要向土地受让者征收契税；转让土地如有增值，要向转让者征收土地增值税；土地使用者每年应按规定的标准缴纳土地使用费。土地使用权出让或转让，应先由地价评估机构进行价格评估后，再签订土地使用权出让和转让合同。

### 2.4.2　与项目建设有关的其他费用

#### 1. 建设管理费

建设管理费是指建设单位为组织完成工程项目建设，在建设期内发生的各类管理性费用。

(1)建设管理费的内容。

1)建设单位管理费。建设单位管理费是指项目建设单位从项目筹建之日起至办理竣工财务决算之日止发生的管理性质的支出。建设单位管理费包括工作人员薪酬及相关费用、办公费、办公场地租用费、差旅交通费、劳动保护费、工具用具使用费、固定资产使用费、招募生产人工费、技术图书资料费(含软件)、业务招待费、竣工验收费和其他管理性质开支。实行代建制管理的项目，计列代建管理费等同建设单位管理费，不得同时列为建设单位管理费。

建设单位管理费一般是以工程费用为基数乘以建设单位管理费费率的乘积作为建设单位管理费。

2)工程监理费。工程监理费是指建设单位委托工程监理单位实施工程监理的费用。按照《国家发展改革委关于进一步放开建设项目专业服务价格的通知》(发改价格〔2015〕299号)规定,此项费用实行市场调节价。

(2)建设单位管理费的计算。建设单位管理费按照工程费用之和(包括设备工器具购置费和建筑安装费用)乘以建设单位管理费费率计算。

$$建设单位管理费＝工程费用×建设单位管理费费率$$

建设单位管理费费率按照建设项目的不同性质、不同规模确定。有的建设项目按照建设工期和规定的金额计算建设单位管理费。如采用监理,建设单位部分管理工作量转移至监理单位。监理费应根据委托的监理工作范围和监理深度在监理合同中商定或按当地或所属行业部门有关规定计算;如建设单位采用工程总承包方式,其总包管理费由建设单位与总包单位根据总包工作范围在合同中商定,从建设管理费中支出。

**2. 可行性研究费**

可行性研究费是指在工程项目投资决策阶段,对有关建设方案、技术方案或生产经营方案进行的技术经济论证,以及编制、评审可行性研究报告等所需的费用。其包括项目建议书、预可行性研究、可行性研究等费用。此项费用应依据前期研究委托合同计列,按照《国家发展改革委关于进一步放开建设项目专业服务价格的通知》(发改价格〔2015〕299号)规定,此项费用实行市场调节价。

**3. 研究试验费**

研究试验费是指为建设项目提供或验证设计数据、资料等进行必要的研究试验及按照相关规定在建设过程中必须进行试验、验证所需的费用。其包括自行或委托其他部门研究试验所需人工费、材料费、试验设备及仪器使用费等。这项费用按照设计单位根据本工程项目的需要提出的研究试验内容和要求计算。在计算时要注意不应包括以下项目:

(1)应由科技三项费用(新产品试制费、中间试验费和重要科学研究补助费)开支的项目。

(2)应在建筑安装费用中列支的施工企业对建筑材料、构件和建筑物进行一般鉴定、检查所发生的费用及技术革新的研究试验费。

(3)应由勘察设计费或工程费用中开支的项目。

**4. 勘察费**

勘察费是指勘察人根据发包人的委托,收集已有资料、现场踏勘、制定勘察纲要,进行勘察作业,以及编制工程勘察文件和岩土工程设计文件等收取的费用。按照《国家发展改革委关于进一步放开建设项目专业服务价格的通知》(发改价格〔2015〕299号)的规定,此项费用实行市场调节价。

**5. 设计费**

设计费是指设计人根据发包人的委托,提供编制建设项目初步设计文件、施工图设计文件、非标准设备设计文件、竣工图文件等服务所收取的费用。

**6. 专项评价费**

专项评价费是指建设单位按照国家规定委托相关单位开展专项评价及有关验收工作发生的费用。具体建设项目应按实际发生的专项评价项目计列,不得虚列项目费用。

专项评价费包括环境影响评价费、安全预评价费、职业病危害预评价费、地震安全性评价费、地质灾害危险性评价费、水土保持评价评估费、压覆矿产资源评价费、节能评估费、危险与可操作性分析和安全完整性评价费以及其他专项评价费。

(1)环境影响评价费是指为全面、详细评价建设项目对环境可能产生的污染或造成的重大影响，而编制环境影响报告书(含大纲)、环境影响报告表和评估等所需的费用。此项费用包括编制环境影响报告书(含大纲)、环境影响报告表，以及对环境影响报告书(含大纲)、环境影响报告表进行评估等所需的费用。

(2)安全预评价费是指为预测和分析建设项目存在的危害因素种类和危险危害程度，提出先进、科学、合理可行的安全技术和管理对策，而编制评价大纲、安全评价报告书和评估等所需的费用。

(3)职业病危害预评价费是指建设项目因可能产生职业病危害，而编制职业病危害预评价书、职业病危害控制效果评价书和评估所需的费用。

(4)地震安全性评价费是指通过对建设场地和场地周围的地震活动与地震、地质环境的分析，而进行的地震活动环境评价、地震地质构造评价、地震地质灾害评价，编制地震安全评价报告书和评估所需的费用。

(5)地质灾害危险性评价费是指在灾害易发区对建设项目可能诱发的地质灾害和建设项目本身可能遭受的地质灾害危险程度的预测评价，编制评价报告书和评估所需的费用。

(6)水土保持评价评估费是指对建设项目在生产建设过程中可能造成水土流失进行预测，编制水土保持方案和评估所需的费用。

(7)压覆矿产资源评价费是指对需要压覆重要矿产资源的建设项目，编制压覆重要矿床评价和评估所需的费用。

(8)节能评估费是指对建设项目的能源利用是否科学合理进行分析评估，并编制节能评估报告以及评估所发生的费用。

(9)危险与可操作性分析和安全完整性评价费是指对应用于生产具有流程性工艺特征的新建、改建、扩建项目进行工艺危害分析和对安全仪表系统的设置水平及可靠性进行定量评估所发生的费用。

(10)其他专项评价费是指除以上9项评价费外，根据国家法律法规、建设项目所在省(直辖市、自治区)人民政府有关规定，以及行业规定需要进行的其他专项评价、评估、咨询(如重大投资项目社会稳定风险评估费、防洪评价费、交通影响评价费、消防性能化设计评估费等)所需的费用。

**7. 场地准备及临时设施费**

(1)场地准备及临时设施费的内容。

1)场地准备费是指为使工程项目的建设场地达到开工条件，由建设单位组织进行的场地平整等准备工作而发生的费用。

建设项目为达到工程开工条件所发生的、未列入工程费用的场地平整，以及对建设场地余留的有碍于施工建设的设施进行拆除清理所发生的费用。改建扩建项目一般只计拆除清理费。

2)临时设施费是指建设单位为满足施工建设需要而提供的未列入工程费用的临时水、电、路、通信、气、热等工程和临时仓库等建(构)筑物的建设、维修、拆除、摊销费用或租赁费用，以及货场、码头租赁等费用。

(2)场地准备及临时设施费的计算。

1)场地准备及临时设施应尽量与永久性工程统一考虑。建设场地的大型土石方工程应进入工程费用中的总图运输费用中。

2)新建项目的场地准备和临时设施费应根据实际工程量估算，或按工程费用的比例计算。改建、扩建项目一般只计拆除清理费。场地准备和临时设施费的计算公式为

$$场地准备和临时设施费＝工程费用×费率＋拆除清理费$$

3)发生拆除清理费时可按新建同类工程造价或主材费、设备费的比例计算。凡可回收材料的拆除工程采用以料抵工方式冲抵拆除清理费。

4)此项费用不包括已列入建筑安装工程费用中的施工单位临时设施费用。

**8. 工程保险费**

工程保险费是指在建设期内对建筑工程、安装工程和设备等进行投保而发生的费用。工程保险费包括建筑安装工程一切险、工程质量保险、进口设备财产保险和人身意外伤害险等。

工程保险费是为转移工程项目建设的意外风险而发生的费用，不同的建设项目可根据工程特点选择投保险种。

**9. 特殊设备安全监督检验费**

特殊设备安全监督检验费是指对在施工现场安装的列入国家特种设备范围内的设备（设施）进行检验检测和监督检查所发生的应列入项目开支的费用。

特殊设备安全监督检验费的特殊设备包括锅炉及压力容器、消防设备、燃气设备、起重设备、电梯、安全阀等特殊设备和设施。

此项费用按照建设项目所在省（市、自治区）安全监察部门的规定标准计算。无具体规定的，在编制投资估算和概算时可按受检设备现场安装费的比例估算。

**10. 市政公用配套设施费**

市政公用配套设施费是指使用市政公用设施的工程项目，按照项目所在地政府有关规定建设或缴纳的市政公用设施建设配套费用。

市政公用配套设施可以是界区外配套的水、电、路、通信等，包括绿化、人防等缴纳的费用。此项费用按工程所在地人民政府规定标准计列。

## 2.4.3 与未来生产经营有关的其他费用

**1. 联合试运转费**

联合试运转费是指新建或新增加生产能力的工程项目，在交付生产前按照设计文件规定的工程质量标准和技术要求，对整个生产线或装置进行负荷联合试运转所发生的费用净支出（试运转支出大于收入的差额部分费用）。试运转支出包括试运转所需原材料、燃料及动力消耗、低值易耗品、其他物料消耗、工具用具使用费、机械使用费、保险金、施工单位参加试运转人员工资，以及专家指导费等；试运转收入包括试运转期间的产品销售收入和其他收入。联合试运转费不包括应由设备安装工程费用开支的调试与试车费用，以及在试运转中暴露出来的因施工原因或设备缺陷等发生的处理费用。

**2. 专利及专有技术使用费**

（1）专利及专有技术使用费的主要内容。

1）国外设计及技术资料费，引进有效专利、专有技术使用费和技术保密费。

2）国内有效专利、专有技术使用费用。

3）商标权、商誉和特许经营权费等。

（2）专利及专有技术使用费的计算。在进行专利及专有技术使用费的计算时应注意以下问题：

1）按专利使用许可协议和专有技术使用合同的规定计列。

2）专有技术的界定应以省级、部级鉴定批准为依据。

3）项目投资中只计需在建设期支付的专利及专有技术使用费。协议或合同规定在生产期支付的使用费应在生产成本中核算。

4）一次性支付的商标权、商誉及特许经营权费按协议或合同规定计列。协议或合同规定在生产期支付的商标权或特许经营权费应在生产成本中核算。

5）为项目配套的专用设施投资，包括专用铁路线、专用公路、专用通信设施、送变电站、地下管道、专用码头等，如由项目建设单位负责投资但产权不归属本单位的，应作无形资产处理。

**3. 生产准备费**

(1)生产准备费的内容。在建设期内，建设单位为保证项目正常生产而发生的人员培训费、提前进厂费，以及投产使用必备的办公、生活家具用具等的购置费用，包括以下几项：

1)人员培训费及提前进厂费。包括自行组织培训或委托其他单位培训的人员工资、工资性补贴、职工福利费、差旅交通费、劳动保护费、学习资料费等。

2)为保证初期正常生产(或营业、使用)所必需的办公、生活家具用具购置费。

(2)生产准备费的计算。

1)新建项目按设计定员为基数计算，改建、扩建项目按新增设计定员为基数计算：

$$生产准备费＝设计定员×生产准备费指标(元/人)$$

2)可采用综合的生产准备费指标进行计算，也可以按费用内容的分类指标计算。

# 任务 2.5　预备费和建设期贷款利息

## 2.5.1　预备费

按我国现行规定，预备费包括基本预备费和价差预备费。

**1. 基本预备费**

(1)基本预备费的内容。基本预备费是在初步设计及概算阶段预留的，由于工程实施中不可预见的工程变更及洽商、一般自然灾害处理、地下障碍物处理、超规超限设备运输等可能增加的费用。费用内容包括以下几部分：

1)在批准的基础设计和概算范围内增加的设计变更、局部地基处理等费用。

2)一般自然灾害造成的损失和预防自然灾害所采取的措施费用。

3)竣工验收时为鉴定工程质量对隐蔽工程进行必要的挖掘和修复费用。

(2)基本预备费的计算。基本预备费是指按设备及工、器具购置费，建筑安装工程费用和工程建设其他费用三者之和为计取基础，乘以基本预备费费率进行计算。

　　基本预备费＝(设备及工、器具购置费＋建筑安装工程费用＋工程建设其他费用)×

　　　　　　　基本预备费费率

基本预备费费率的取值应执行国家及部门的有关规定。

**2. 价差预备费**

(1)价差预备费的内容。价差预备费是指为建设期间内利率、汇率或价格等因素的变化而预留的可能增加的费用。费用内容包括：人工、设备、材料、施工机械的价差费，建筑安装工程费及工程建设其他费用调整，利率、汇率调整等增加的费用。

(2)价差预备费的测算方法。

$$PF = \sum_{t=1}^{n} I_t [(1+f)^m (1+f)^{0.5} (1+f)^{t-1} - 1] \tag{2.13}$$

式中　$PF$——价差预备费；

　　　$n$——建设期年份数；

　　　$I_t$——建设期中第 $t$ 年的投资计划额，包括工程费用、工程建设其他费用及基本预备费；

　　　$f$——年涨价率；

　　　$m$——建设前期年限(从编制估算到开工建设，单位：年)。

**【应用案例2.2】** 某建设项目建筑安装工程费为8 000万元，设备购置费为4 500万元，工程建设其他费用为3 000万元，已知基本预备费费率为5%，项目建设前期年限为1年，建设期为3年，各年投资计划额为：第一年完成投资30%，第二年完成50%，第三年完成20%。年均投资价格上涨率为5%，求建设项目建设期间价差预备费。

**解**：基本预备费＝(8 000＋4 500＋3 000)×5%＝775(万元)

建设总投资额＝8 000＋4 500＋3 000＋775＝16 275(万元)

建设期每年投资额：

第一年完成投资＝16 275×30%＝4 882.5(万元)

第二年完成投资＝16 275×50%＝8 137.5(万元)

第三年完成投资＝16 275×20%＝3 255(万元)

建设期每年涨价预备费：

第一年涨价预备费为：$P_1 = I_1[(1+f)(1+f)^{0.5}-1] = 370.73$(万元)

第二年涨价预备费为：$P_2 = I_2[(1+f)(1+f)^{0.5}(1+f)-1] = 1\ 055.65$(万元)

第三年涨价预备费为：$P_3 = I_3[(1+f)(1+f)^{0.5}(1+f)^2-1] = 606.12$(万元)

所以，建设期的价差预备费为

$$PF = 370.73 + 1\ 055.65 + 606.12 = 2\ 032.5(万元)$$

### 2.5.2 建设期贷款利息

在建设投资分年计划的基础上可设定初步融资方案，对采用债务融资的项目应估算建设期利息。建设期利息是指筹措债务资金时在建设期内发生并按规定允许在投产后计入固定资产原值的利息，即资本化利息。建设期利息包括向国内银行和其他非银行金融机构贷款、出口信贷、外国政府贷款、国际商业银行贷款以及在境内外发行的债券等在建设期间应计的借款利息。

对于多种借款资金来源，每笔借款的年利率各不相同，既可分别计算每笔借款的利息，也可先计算出各笔借款加权平均的年利率，并以此利率计算全部借款的利息。

建设期贷款利息的估算，根据建设期资金用款计划，可按当年借款在当年年中支用考虑，即当年借款按半年计息，上年借款按全年计息。国外贷款利息的计算中，还应包括国外贷款，银行根据贷款协议向贷款方以年利率的方式收取的手续费、管理费、承诺费；以及国内代理机构向贷款单位收取的转贷费、担保费、管理费等。

当总贷款是分年均额发放时，建设期利息的计算可按当年借款在年终支用考虑，即当年贷款按半年计息，上年贷款按全年计息。其计算公式为

$$q_j = \left(P_{j-1} + \frac{1}{2}A_j\right) \cdot i \tag{2.14}$$

式中   $q_j$——建设期第$j$年应计利息；

$P_{j-1}$——建设期第$(j-1)$年年末贷款累计金额与利息累计金额之和；

$A_j$——建设期第$j$年贷款金额；

$i$——年利率；

$j$——建设期年份数。

**【应用案例2.3】** 某新建项目，建设期为3年，分年均衡进行贷款，第一年贷款600万元，第二年贷款900万元，第三年贷款500万元，年利率为6%，建设期内利息只计息不支付，试计算建设期利息。

**解**：在建设期，各年利息计算如下：

$$q_1 = \frac{1}{2}A_1 \cdot i = \frac{1}{2} \times 600 \times 6\% = 18(万元)$$

$$q_2 = \left(P_1 + \frac{1}{2}A_2\right) \cdot i = \left(600 + 18 + \frac{1}{2} \times 900\right) \times 6\% = 64.08(万元)$$

$$q_3 = \left(P_2 + \frac{1}{2}A_3\right) \cdot i = \left(618 + 900 + 64.08 + \frac{1}{2} \times 500\right) \times 6\% = 109.92(万元)$$

所以，建设期利息 $= q_1 + q_2 + q_3 = 18 + 64.08 + 109.92 = 192(万元)$

# 任务 2.6　案例分析

**【案例分析 2.1】**　某项目拟全套引进国外设备，有关数据如下：

(1)设备总重为 100 t，离岸价格(FOB)为 200 万美元(美元对人民币汇率按 1 : 6.2 计算)；

(2)海运费费率为 6%；

(3)国际运输保险费费率为 0.266%；

(4)关税税率为 13%；

(5)增值税税率为 17%；

(6)银行财务费费率为 0.4%；

(7)外贸手续费费率为 1.5%；

(8)到货口岸至安装现场 500 km，运输费为 0.6 元/(t・km)，装卸费均为 50 元/t；

(9)国内运输保险费费率为 0.1%；

(10)现场保管费费率为 0.2%。

试计算进口设备的预算价格。

**解：** 依据题目中所给出的数据。其上述各项构成的计算如下：

1. 计算设备抵岸价

货价(FOB) $= 200 \times 6.2 = 1\,240(万元)$

国际运费(海运费) $=$ 货价 $\times$ 海运费费率 $= 1\,240 \times 6\% = 74.4(万元)$

运输保险费(海运保险费) $=$ (货价 $+$ 国际运费)/(1$-$保险费费率) $\times$ 保险费费率
$$= (1\,240 + 74.4)/(1 - 0.266\%) \times 0.266\% = 3.51(万元)$$

到岸价格(CIF) $=$ 货价 $+$ 国际运费 $+$ 运输保险费 $= 1\,240 + 74.4 + 3.51 = 1\,317.91(万元)$

关税 $=$ 到岸价格 $\times$ 关税税率 $= 1\,317.91 \times 13\% = 171.33(万元)$

增值税 $=$ 组成计税价格 $\times$ 增值税税率 $=$ (关税完税价格 $+$ 关税) $\times$ 增值税税率
$$= (1\,317.91 + 171.33) \times 17\% = 253.17(万元)$$

银行财务费 $=$ 货价 $\times$ 财务费费率 $= 1\,240 \times 0.4\% = 4.96(万元)$

外贸手续费 $=$ 到岸价格 $\times$ 外贸手续费费率 $= 1\,317.91 \times 1.5\% = 19.77(万元)$

设备原价 $= 1\,240 + 74.4 + 3.51 + 171.33 + 253.17 + 4.96 + 19.77 = 1\,767.14(万元)$

2. 计算国内运杂费

运输及装卸费 $= 100 \times (500 \times 0.6 + 50 \times 2) = 4(万元)$

运输保险费 $=$ (设备原价 $+$ 国内运输及装卸费) $\times$ 保险费费率
$$= (1\,767.14 + 4) \times 0.1\% = 1.77(万元)$$

现场保管费 $=$ (设备原价 $+$ 国内运输及装卸费 $+$ 运输保险费) $\times$ 保管费费率
$$= (1\,767.14 + 4 + 1.77) \times 0.2\% = 3.55(万元)$$

国内运杂费 $= 4 + 1.77 + 3.55 = 9.32(万元)$

3. 计算进口设备的预算价格

预算价格＝设备原价＋国内运杂费＝1 767.14＋9.32＝1 776.46(万元)

**【案例分析 2.2】** 某新建项目，建设期为 3 年，分年均衡进行贷款，第一年贷款 300 万元，第二年贷款 600 万元，第三年贷款 400 万元，年利率为 12%，建设期内利息只计息不支付，试计算建设期利息。

**解:** 在建设期，各年利息计算如下：

第一年: $q_1=\dfrac{1}{2}A_1 \cdot i=\dfrac{1}{2}\times300\times12\%=18(万元)$

$\qquad P_1=300+18=318(万元)$

第二年: $q_2=\left(P_1+\dfrac{1}{2}A_2\right)\cdot i=\left(318+\dfrac{1}{2}\times600\right)\times12\%=74.16(万元)$

$\qquad P_2=318+600+74.16=992.16(万元)$

第三年: $q_3=\left(P_2+\dfrac{1}{2}A_3\right)\cdot i=\left(992.16+\dfrac{1}{2}\times400\right)\times12\%=143.06(万元)$

$\qquad P_3=992.16+400+143.06=1\ 535.22(万元)$

建设期利息＝$q_1+q_2+q_3$＝18＋74.16＋143.06＝235.22(万元)

**【案例分析 2.3】** 某建设项目，设备购置费为 5 000 万元，工、器具及生产家具定额费费率为 5%，建筑安装工程费为 580 万元，工程建设其他费用为 150 万元，基本预备费费率为 3%，建设期为 2 年，各年投资比例分别为 40%、60%，建设期内年均投资价格上涨率为 6%，如果 3 000 万元为银行贷款，其余为自由资金，各年贷款比例分别为 70%、30%，试计算建设期涨价预备费、建设期贷款利息。假设贷款年利率为 10%，项目建设前期年息为 1 年，如果本工程为鼓励发展的项目，试计算本工程造价。

**解:**

1. 计算设备购置费

设备购置费＝5 000(万元)

工、器具及生产家具购置费＝5 000×5%＝250(万元)

设备购置费＝5 000＋250＝5 250(万元)

2. 计算建筑安装工程费

建筑安装工程费＝580(万元)

3. 计算工程建设其他费用

工程建设其他费用＝150(万元)

4. 计算预备费

(1)基本预备费＝(5 250＋580＋150)×3%＝179.4(万元)

(2)涨价预备费：

建设总投资 $I$＝5 250＋580＋150＋179.4＝6 159.4(万元)

建设期每年投资额：

第一年投资 $I_1$＝6 159.4×40%＝2 463.76(万元)

第二年投资 $I_2$＝6 159.4×60%＝3 695.64(万元)

建设期每年涨价预备费：

第一年涨价预备费为: $P_1$＝2 463.76×[(1＋6%)×(1＋6%)$^{0.5}$－1]＝225.03(万元)

第二年涨价预备费为: $P_2$＝3 695.64×[(1＋6%)×(1＋6%)$^{0.5}$×(1＋6%)－1]＝579.54(万元)

涨价预备费＝225.03＋579.54＝804.57(万元)

预备费＝179.4＋804.57＝983.97(万元)

5. 计算建设期贷款利息

每年贷款额：$A_1 = 3\,000 \times 70\% = 2\,100$（万元）

$\qquad\qquad A_2 = 3\,000 \times 30\% = 900$（万元）

第一年：$q_1 = \dfrac{1}{2}A_1 \cdot i = \dfrac{1}{2} \times 2\,100 \times 10\% = 105$（万元）

$\qquad\quad P_1 = 2\,100 + 105 = 2\,205$（万元）

第二年：$q_2 = \left(P_1 + \dfrac{1}{2}A_2\right) \cdot i = \left(2\,205 + \dfrac{1}{2} \times 900\right) \times 10\% = 265.5$（万元）

$\qquad\quad P_2 = 2\,205 + 900 + 265.5 = 3\,370.5$（万元）

建设期贷款利息 $= q_1 + q_2 = 105 + 265.5 = 370.5$（万元）

6. 计算工程造价

工程造价＝设备购置费＋建筑安装工程费＋工程建设其他费用＋预备费＋建设期贷款利息

$\qquad = 5\,250 + 580 + 150 + 983.97 + 370.5 = 7\,334.47$（万元）

## 项目小结

　　通过本项目的学习，能够掌握建设工程造价的构成及计算，为后面工程造价各阶段的管理提供基础。

　　本项目参考了全国造价工程师执业资格考试培训教材《工程造价管理基础理论与相关法规》《工程造价计价与控制》，结合建设部财政部"关于印发《建筑安装工程费用项目组成》的通知"（建标〔2013〕44号文）的具体内容，全面叙述了建设工程造价构成的主要内容，包括：

　　（1）我国现行投资和工程造价由设备及工、器具购置费，建筑安装工程费，工程建设其他费，预备费，建设期贷款利息和流动资金构成；同时介绍了世界银行工程造价的构成，便于比较学习。

　　（2）建筑安装工程费按照费用构成要素划分，由人工费、材料费、施工机具使用费、企业管理费、规费、措施费、利润、税金组成；建筑安装工程费按照工程造价形成由分部分项工程费、措施项目费、其他项目费、规费、税金组成；还介绍了建筑安装工程费计算方法和计价程序。本部分内容根据建设部、财政部"关于印发《建筑安装工程费用项目组成》的通知"（建标〔2013〕44号文）编制，与旧的费用构成差别较大，需要着重学习。

　　（3）设备及工、器具购置费由设备原价和设备运杂费构成，国产标准设备和国产非标准设备原价的构成及计算方法，进口设备原价的构成及计算方法，运杂费的计算方法。工程建设其他费用包括固定资产其他费用、无形资产费用和其他资产费用（递延资产）。预备费包括涨价预备费和基本预备费的计算，建设期银行贷款利息的计算方法。

## 执考训练

### 一、单选题

1. 根据世界银行对工程项目总建设成本的规定,下列费用应计入项目间接建设成本的是( )。
   A. 临时公共设施及场地的维持费　　　B. 建设保险和债券费
   C. 开工试车费　　　　　　　　　　　D. 工地征购费

2. 工程项目的多次计价是一个( )的过程。
   A. 逐步分解和组合,逐步汇总概算造价
   B. 逐步深化和细化,逐步接近实际造价
   C. 逐步分析和测算,逐步确定投资估算
   D. 逐步确定和控制,逐步积累竣工结算价

3. 建筑产品的单件性特点决定了每项工程造价都必须( )。
   A. 分布组合　　　B. 多层组合　　　C. 多次计算　　　D. 单独计算

4. 从投资者(业主)角度分析,工程造价是指建设一项工程预期或实际开支的( )。
   A. 全部建筑安装工程费用　　　　　　B. 建设工程费用
   C. 全部固定资产投资费用　　　　　　D. 建设工程动态投资费用

5. 某批进口设备离岸价格为 1 000 万元人民币,国际运费为 100 万元人民币,运输保险费费率为 1%。则该批设备到岸价应为( )万元人民币。
   A. 1 100.00　　　B. 1 110.00　　　C. 1 111.00　　　D. 1 111.11

6. 根据我国现行建筑安装工程费用项目组成的规定,直接从事建筑安装工程施工的生产工人的福利费应计入( )。
   A. 人工费　　　B. 规费　　　C. 企业管理费　　　D. 现场管理费

7. 以下各项费用中,属于措施项目中的安全文明施工费的是( )。
   A. 工程排污费　　　　　　　　　　　B. 夜间施工增加费
   C. 二次搬运费　　　　　　　　　　　D. 临时设施费

### 二、多选题

1. 《建筑安装工程费用项目组成》(建标〔2013〕44 号文)规定,分部分项工程费包括( )。
   A. 人工费　　　　　　　　　　　　　B. 材料费
   C. 施工机具使用费　　　　　　　　　D. 企业管理费
   E. 利润

2. 以下属于企业管理费的是( )。
   A. 管理人员工资　　　　　　　　　　B. 办公费
   C. 差旅交通费　　　　　　　　　　　D. 固定资产使用费
   E. 施工机具使用费

3. 社会保险费包括( )。
   A. 养老保险费　　　　　　　　　　　B. 失业保险费

        C. 医疗保险费                        D. 生育保险费
        E. 工伤保险费
    4. 下列应计入措施项目费的是(        )。
        A. 塔式起重机基础的混凝土费用
        B. 现场预制构件地胎膜的混凝土费用
        C. 保护已完石材地面而铺设的大芯板费用
        D. 独立柱基础混凝土垫层费用

    三、简答题
    1. 建设项目总投资由哪些费用组成?
    2. 建筑安装工程造价由哪些费用组成?
    3. 简述世界银行工程造价的构成。
    4. 简述直接工程费的组成。
    5. 什么是基本预备费和价差预备费?

    四、计算题
    1. 某建设项目建筑安装工程费为5 000万元,设备购置费为3 000万元,工程建设其他费用为2 000万元,已知基本预备费费率为5%,项目建设前期年限为1年,建设期为3年,各年投资计划额为:第一年完成投资20%,第二年完成投资60%,第三年完成投资20%。年均投资价格上涨率为6%。求
    (1)建设项目基本预备费;
    (2)建设项目静态投资费用;
    (3)建设项目建设期间涨价预备费。

    2. 某建设项目工程费用为7 200万元,工程建设其他费用为1 800万元,基本预备费为400万元,项目前期年限为1年,建设期为2年,各年度完成静态投资额的比例分别为60%与40%,年均投资价格上涨率为6%,求建设项目建设期间涨价预备费。

    3. 某新建项目,建设期为2年,建设期内贷款分年度均衡发放,且只计息不还款,第1年贷款600万元,第2年贷款400万元,年利率为7%。求该项目的建设期利息。

# ·项目 3·
# 工程造价的计价依据

## ·知识框架·

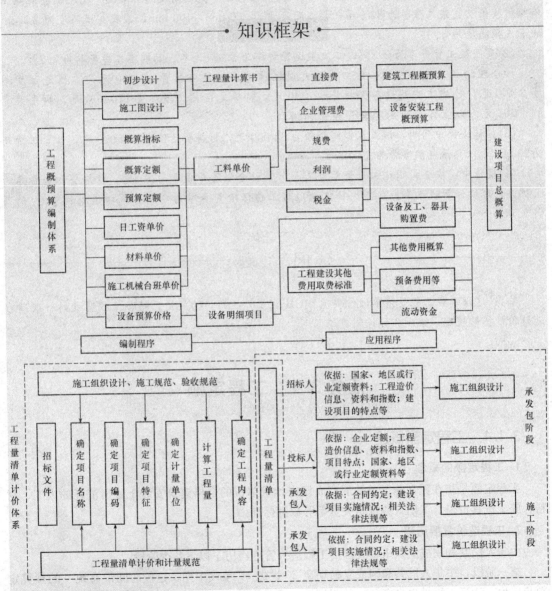

某工程采用工程量清单招标。按工程所在地的计价依据规定，措施费和规费均以分部分项工程费中的人工费(已包含管理费和利润)为计算基础，经计算，该工程的分部分项工程费总计为 6 300 000 元，其中人工费为 1 260 000 元。其他有关工程造价方面的背景资料如下：

(1)条形砖基础工程量为 160 m³，基础深为 3 m，采用 M5 水泥砂浆砌筑，防潮层采用 1∶2 水泥砂浆掺 0.5 防水剂，多孔砖的规格为 240 mm×115 m×90 mm。实心砖内墙工程量为 1 200 m³，采用 M5 混合砂浆砌筑，蒸压灰砂砖的规格为 240 mm×15 mm×53 mm，墙厚为 240 mm。

现浇钢筋混凝土矩形梁模板及支架工程量为 420 m²，支模高度为 2.6 m。现浇钢筋混凝土有梁板模板及支架工程量为 800 m²，梁截面尺寸为 250 mm×400 mm，梁底支模高度为 2.6 m，板底支模高度为 3 m。

(2)夜间施工费费率为 2.8%，二次搬运费费率为 2.4%，冬、雨期施工费费率为 3.2%。

按合理的施工组织设计，该工程需大型机械进出场及安拆费 26 000 元，工程定位复测费 2 400 元，已完工程及设备保护费 22 000 元，特殊地区施工增加费 120 000 元，脚手架费 166 000 元。以上各项费用包含管理费和利润。

(3)招标文件中列明，该工程暂列金额为 33 000 元，材料暂估价为 100 000 元，计日工费用为 20 000 元，总承包服务费为 20 000 元。

(4)规费中：安全文明施工费费率为 3.52%，社会保险费费率为 1.4%；住房公积金费率为 0.19%；环境保护税税率为 0.24%；建设项目工伤保险费费率为 0.09%；增值税税率为(简易计税)3%。

依据《建设工程工程量请单计价规范》(GB 50500—2013)的规定，结合工程背景材料及所在地计价依据的规定，编制招标控制价。

# 任务 3.1　工程定额

## 3.1.1　工程定额概述

### 1. 工程定额的概念

工程定额是指在正常施工条件下完成规定计量单位的合格建筑安装工程所消耗的人工、材料、施工机具台班、工期天数及相关费率等数量标准。

### 2. 工程造价发展历程

中华人民共和国成立以来，我国的工程造价管理经历了以下几个阶段：

第一阶段，中华人民共和国成立初期至 20 世纪 50 年代中期。这段时间没有统一的预算定额与单价，计算工程量也没有统一的规则，主要是根据企业累计资料和工作经验，通过设计图来计算工程量，再结合市场进行工程报价，然后以工程量为基础确定最终工程造价。

第二阶段，从 20 世纪 50 年代至 20 世纪 90 年代初期。政府统一预算定额与单价情况下的工程造价计价模式，基本属于政府决定造价。这一阶段延续的时间最长，并且影响最为深远。当时的工程计价基本上是在统一预算定额与单价情况下进行的，因此，工程造价的确定主要是按设计图及统一的工程量计算规则计算工程量，并套用统一的预算定额与单价，计算出工程直接费，再按规定计算间接费及有关费用，最终确定工程的概算造价或预算造价，并在竣工后编制决算，经审核后的决算即为工程的最终造价。

第三阶段，从 20 世纪 90 年代至 2003 年。这段时间是我国工程造价管理全面改革的质变阶段，承接着以前的造价模式。为了更加适应我国市场经济的发展，我国传统定额计价模式以"控制量，放开价，引入竞争"作为基本思路进行了改革。在这个过渡时期，各地编制了新的预算定额，并规定了定额单价中有关人工、材料、机械价格作为编制期的基期价，还对当月市场价格信息定期进行动态指导，在合适的范围内予以调整，同时引入竞争机制进行新的尝试。

第四阶段，2003 年我国颁布了《建设工程工程量清单计价规范》(GB 50500—2003)［现行为《建设工程工程量清单计价规范》(GB 50500—2013)］，并在 2003 年 7 月 1 日起全国实施，工程量清单计价模式开始在建设工程项目中建立并发展起来，这种量价分离的计价模式经过长期发展已然成为一种主流，不过定额计价由于长期的使用以及方便稳定性，仍然有着广泛使用，双轨制造价模式还将会持续一段时间。

### 3.1.2  工程定额的分类

工程建设定额是工程建设中各类定额的总称。它包括许多种类的定额。为了对工程建设定额能有一个全面的了解，可以按照不同的原则和方法对其进行科学的分类。

**1. 按定额反映的生产要素消耗内容分类**

按定额反映的生产要素消耗内容分类，可以将工程定额划分为劳动消耗定额、材料消耗定额和机具消耗定额三种，如图 3.1 所示。

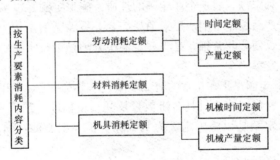

**图 3.1  定额按生产要素消耗内容分类**

(1)劳动消耗定额。劳动消耗定额简称劳动定额(也称为人工定额)，是指在正常的施工技术和组织条件下，完成规定计量单位合格的建筑安装产品所消耗的人工工日的数量标准。劳动定额的主要表现形式是时间定额，但同时也表现为产量定额。时间定额与产量定额互为倒数。

(2)材料消耗定额。材料消耗定额简称材料定额，是指在正常的施工技术和组织条件下，完成规定计量单位合格的建筑安装产品所需消耗的原材料、成品、半成品、构配件、燃料，以及水、电等动力资源的数量标准。

(3)机具消耗定额。机具消耗定额由机械消耗定额与仪器仪表消耗定额组成。机械消耗定额是以一台机械一个工作班为计量单位，所以又称为机械台班定额。机械消耗定额是指在正常的施工技术和组织条件下，完成规定计量单位合格的建筑安装产品所消耗的施工机械台班的数量标准，机械消耗定额的主要表现形式是机械时间定额，同时也以机械产量定额表现。仪器仪表消耗定额的表现形式与机械消耗定额类似。

**2. 按定额的编制程序和用途分类**

按定额的编制程序和用途分类，可以将工程定额分为施工定额、预算定额、概算定额、概算指标、投资估算指标等，如图3.2所示。

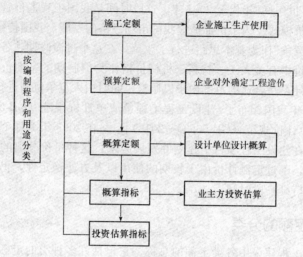

**图3.2 定额按编制程序和用途分类**

(1)施工定额。施工定额是指完成一定计量单位的某一施工过程或基本工序所需消耗的人工、材料和施工机具台班的数量标准。施工定额是施工企业(建筑安装企业)组织生产和加强管理在企业内部使用的一种定额，属于企业定额的性质。施工定额是以某一施工过程基本工序作为研究对象，表示生产产品数量与生产要素消耗综合关系编制的定额。为了应组织生产和管理的需要，施工定额的项目划分非常细，是工程定额中分项最细、定额子目最多的一种定额，也是工程定额中的基础性定额。

(2)预算定额。预算定额是指在正常的施工条件下，完成一定计量单位合格分项工程或结构构件所需消耗的人工、材料、施工机具台班数量及其费用标准。预算定额是一种计价性定额。从编制程序上看，预算定额是以施工定额为基础综合扩大编制的，同时也是编制概算定额的基础。

(3)概算定额。概算定额是指完成单位合格扩大分项工程或扩大结构构件所需消耗的人工、材料和施工机具台班的数量及其费用标准，是一种计价性定额。概算定额是编制扩大初步设计概算、确定建设项目投资额的依据。概算定额的项目划分粗细，与扩大初步设计的深度相适应，一般是在预算定额的基础上综合扩大而成的，每一扩大分项概算定额都包含了数项预算定额。

(4)概算指标。概算指标是以单位工程为对象，反映完成一个规定计量单位建筑安装产品的经济指标。概算指标是概算定额的扩大与合并，以更为扩大的计量单位来编制的。概算指标的内容包括人工、材料和机具台班三个基本部分。同时，还列出了分部工程量及单位工程的造价，是一种计价定额。

(5)投资估算指标。投资估算指标是以建设项目、单项工程、单位工程为对象，反映建设总投资及其各项费用构成的经济指标。它是在项目建议书和可行性研究阶段编制投资估算、计算投资需要量时使用的一种定额。它的概略程度与可行性研究阶段相适应。投资估算指标往往根据历史的预、决算资料和价格变动等资料编制，但其编制基础仍然离不开预算定额、概算定额。

上述五种定额的相互关系可参见表3.1。

**表 3.1　五种定额相互关系**

| 关系 | 施工定额 | 预算定额 | 概算定额 | 概算指标 | 投资估算指标 |
|---|---|---|---|---|---|
| 编制对象 | 施工过程或基本工序 | 分项工程或结构构件 | 扩大的分项工程或扩大的结构构件 | 单位工程 | 建设项目、单项工程、单位工程 |
| 用途 | 编制施工预算 | 编制施工图预算 | 编制扩大初步设计概算 | 编制初步设计概算 | 编制投资估算 |
| 编制基础 | 观测资料 | 施工定额 | 预算定额 | 概、预算定额 | 历史资料 |
| 项目划分粗细 | 最细 | 细 | 较粗 | 粗 | 很粗 |
| 定额水平 | 平均先进 | 平均 | | | |
| 定额性质 | 生产性定额 | 计价性定额 | | | |

执考训练

1. 关于投资估算指标，下列说法中正确的有(　　)。

A. 应以单项工程为编制对象

B. 是反映建设总投资的经济指标

C. 概略程度与可行性研究工作深度相适应

D. 编制基础包括概算定额，不包括预算定额

E. 可根据历史预算资料、价格变动资料等编制

答案：BCE

【解析】投资估算指标是以建设项目、单项工程、单位工程为对象，反映建设总投资及其各项费用构成的经济指标。它是在项目建议书和可行性研究阶段编制投资估算、计算投资需要量时使用的一种定额。它的概略程度与可行性研究阶段相适应。投资估算指标往往根据历史的预、决算资料和价格变动等资料编制，但其编制基础仍然离不开预算定额、概算定额。

2. 有关概算定额与概算指标关系的表述中，下列正确的有(　　)。

A. 概算定额以单位工程为对象，概算指标以单项工程为对象

B. 概算定额以预算定额为基础，概算指标主要来自各种预算和结算资料

C. 概算定额适用于初步设计阶段，概算指标不适用于初步设计阶段

D. 概算指标比概算定额更加综合与扩大

E. 概算定额是编制概算指标的依据

答案：BD

【解析】建筑安装工程概算定额与概算指标的主要区别如下：

1)确定各种消耗量指标的对象不同。概算定额是以单位扩大分项工程或单位扩大结构构件为对象，而概算指标则是以单位工程为对象。因此概算指标比概算定额更加综合与扩大。

2)确定各种消耗量指标的依据不同。概算定额以现行预算定额为基础，通过计算之后才综合确定出各种消耗量指标，而概算指标中各种消耗量指标的确定，则主要来自各种预算或结算资料。

### 3. 按专业分类

由于工程建设涉及众多的专业，不同的专业所含的内容也不同，因此就确定人工、材料和机具台班消耗数量标准的工程定额来说，也需按不同的专业分别进行编制和执行。

(1)建筑工程定额按专业对象分类，可分为建筑及装饰工程定额、房屋修缮工程定额、市政工程定额、铁路工程定额、公路工程定额、矿山井巷工程定额等。

(2)安装工程定额按专业对象分类，可分为电气设备安装工程定额、机械设备安装工程定额、热力设备安装工程定额、通信设备安装工程定额、化学工业设备安装工程定额、工业管道安装工程定额、工艺金属结构安装工程定额等。

### 4. 按主编单位和管理权限分类

按主编单位和管理权限分类，工程定额可以分为全国统一定额、行业统一定额、地区统一定额、企业定额、补充定额等，如图3.3所示。

(1)全国统一定额是由国家住房和城乡建设主管部门综合全国工程建设中技术和施工组织管理的情况编制，并在全国范围内执行的定额。

(2)行业统一定额是考虑到各行业专业工程技术特点，以及施工生产和管理水平编制的。一般只在本行业和相同专业性质的范围内使用。

(3)地区统一定额包括省、自治区、直辖市定额。地区统一定额主要是考虑地区性特点和全国统一定额水平作适当调整和补充编制的。

(4)企业定额是施工单位根据本企业的施工技术、机械装备和管理水平编制的人工、材料、机械台班等消耗标准。企业定额在企业内部使用，是企业综合素质的标志。企业定额水平一般应高于国家现行定额，才能满足生产技术发展、企业管理和市场竞争的需要。在工程量清单计价方法下，企业定额是施工企业进行建设工程投标报价的计价依据。

(5)补充定额是指随着设计、施工技术的发展，现行定额不能满足需要的情况下，为了补充缺陷所编制的定额。补充定额只能在指定的范围内使用，可以作为以后修订定额的基础。

上述各种定额虽然适用于不同的情况和用途，但是它们是一个互相联系的、有机的整体，在实际工作中可配合使用。

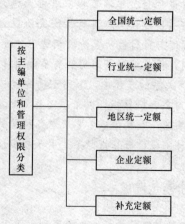

**图3.3 定额按主编单位和管理权限分类**

关于工程定额的说法，下列正确的是(　　　)。

A. 劳动定额的主要表现形式为产量定额

B. 机械消耗定额的主要表现形式为产量定额

C. 补充定额只能在指定范围内使用

D. 地区统一定额应依据地区工程技术特点、施工生产和管理水平独立编制

答案：C

【解析】劳动定额的主要表现形式是时间定额，机械消耗定额的主要表现形式是机械时间定额，同时也以机械产量定额表现，故 AB 错误；地区统一定额主要是考虑地区性特点和全国统一定额水平作适当调整和补充编制的，故 D 错误。

### 3.1.3　工程定额的制定与修订

工程定额的制定与修订包括制定、全面修订、局部修订、补充等工作，应遵循以下原则：

(1)对新型工程及建筑产业现代化、绿色建筑、建筑节能等工程建设新要求，应及时制定新定额。

(2)对相关技术规程和技术规范已全面更新但不能满足工程计价需要的定额，发布实施已满五年的定额，应全面修订。

(3)对技术规程和技术规范发生局部调整而且不能满足工程计价需要的定额，部分子目已不适应工程计价需要的定额，应及时局部修订。

(4)对定额发布后工程建设中出现的新技术、新工艺、新材料、新设备等情况，应根据工程建设需求及时编制补充定额。

### 3.1.4　工程定额的特点

**1. 科学性**

工程定额的科学性包括两重含义，一重含义，是指工程定额和生产力发展水平相适应，反映出工程建设中生产消费的客观规律；另一重含义，是指工程定额管理在理论、方法和手段上适应现代科学技术和信息社会发展的需要。

工程定额的科学性，第一表现在用科学的态度制定定额，尊重客观实际，力求定额水平合理；第二表现在制定定额的技术方法上，利用现代科学管理的成就，形成一套系统的、完整的、在实践中行之有效的方法；第三表现在定额制定和贯彻的一体化，制定是为了提供贯彻的依据，贯彻是为了实现管理的目标，也是对定额的信息反馈。

**2. 系统性**

工程定额是相对独立的系统。它是由多种定额结合而成的有机的整体。它的结构复杂，有鲜明的层次，有明确的目标。

工程定额的系统性是由工程建设的特点决定的。按照系统论的观点，工程建设就是庞大的

实体系统。工程建设定额是为这个实体系统服务的。因而，工程建设本身的多种类、多层次就决定了以它为服务对象的工程建设定额的多种类、多层次。从整个国民经济来看，进行固定资产生产和再生产的工程建设，是一个有多项工程集合体的整体。其中包括农林水利、轻纺、机械、煤炭、电力、石油、冶金、化工、建材工业、交通运输、邮电工程，以及商业物资、科学教育文化、卫生体育、社会福利、住宅工程等。这些工程的建设都有严格的项目划分，如建设项目、单项工程、单位工程、分部分项工程；在计划和实施过程中有严密的逻辑阶段，如规划、可行性研究、设计、施工、竣工交付使用，以及投入使用后的维修。与此相适应必然形成工程建设定额的多种类、多层次。

### 3. 统一性

工程定额的统一性，主要是由国家对经济发展有计划的宏观调控职能决定的。为了使国民经济按照既定的目标发展，就需要借助某些标准、定额、参数等，对工程建设进行规划、组织、调节、控制。而这些标准、定额、参数必须在一定的范围内是一种统一的尺度，才能实现上述职能，才能利用它对项目的决策、设计方案、投标报价、成本控制进行比选和评价。

工程建设定额的统一性按照其影响力和执行范围来看，有全国统一定额、地区统一定额和行业统一定额等；按照定额的制定、颁布和贯彻使用来看，有统一的程序、统一的原则、统一的要求和统一的用途。

### 4. 权威性

工程定额具有权威性，这种权威性在一些情况下具有经济法规性质。权威性反映统一的意志和统一的要求，也反映信誉和信赖程度以及反映定额的严肃性。

工程定额权威性的客观基础是定额的科学性。只有科学的定额才具有权威性。但是在社会主义市场经济条件下，它必然涉及各有关方面的经济关系和利益关系。赋予工程建设定额以一定的权威性，就意味着在规定的范围内，对于定额的使用者和执行者来说，无论主观上愿意或不愿意，都必须按定额的规定执行。在当前市场不规范的情况下，赋予工程建设定额以权威性是十分重要的。但是在竞争机制引入工程建设的情况下，定额的水平必然会受市场供求状况的影响，从而在执行中可能产生定额水平的浮动。

### 5. 稳定性与时效性

工程定额中的任何一种都是一定时期技术发展和管理水平的反映，因而，在一段时间内都表现出稳定的状态。保持定额的稳定性是维护定额的权威性所必需的，更是有效地贯彻定额所必要的。工程建设定额的稳定性是相对的。

## 3.1.5 定额计价的基本程序和特点

### 1. 定额计价的基本程序

在我国，长期以来在工程价格形成中采用定额计价模式，即先按预算定额规定的分部分项子目，逐项计算工程量，套用预算定额单价(或单位估价表)确定直接费，然后按规定的取费标准确定其他直接费、现场经费、间接费、计划利润和税金，加上材料调差系数和适当的不可预见费，经汇总后即工程预算或标底，而标底则作为评标定标的主要依据。

以定额单价法确定工程造价，是我国采用的一种与计划经济相适应的工程造价管理制度。定额计价实际上是国家通过颁布统一的估算指标、概算指标以及概算、预算和有关定额，来对建筑产品价格进行有计划的管理。国家以假定的建筑安装产品为对象，制定统一的预算和概算定额。计算出每一单元子项的费用后，再综合形成整个工程的价格。

编制建设工程造价最基本的过程有工程量计算和工程计价两个。

可以用公式进一步表明确定建筑产品价格定额计价的基本方法和程序：

(1)每一计量单位建筑产品的基本构造要素(假定建筑安装产品)的工料单价＝人工费＋材料费＋施工机具使用费。

式中

$$人工费 = \sum(人工工日数量 \times 人工单价)$$

$$材料费 = \sum(材料用量 \times 材料单价) + 工程设备费$$

$$施工机具使用费 = \sum(机械台班用量 \times 台班单价)$$

(2)单位直接工程费＝$\sum$(假定建筑产品工程量×直接费单价)＋其他直接费＋现场经费。

(3)单位工程概预算造价＝单位直接工程费＋间接费＋利润＋税金。

(4)单项工程概算造价＝$\sum$单位工程概预算造价＋设备及工、器具购置费。

(5)建设项目全部工程概算造价＝$\sum$单项工程的概算造价＋有关的其他费用＋预备费。

**2. 定额消耗量在工程计价中的作用**

(1)定额消耗量及其存在的必要性。定额消耗量是指在施工企业科学组织施工生产和资源要素合理配置的条件下，规定消耗在单位假定建筑产品上的劳动、材料和机械的数量标准。其必要性体现在以下三个方面：

1)定额消耗量是市场经济规律的客观要求。

2)定额消耗量是资源合理配置的必然要求。

3)定额消耗量是提高劳动生产率的需要。

(2)定额消耗量在工程计价中的作用。

1)定额消耗量是编制工程概预算时确定和计算单位产品实物消耗量的重要依据，同时，也是控制投资和合理计算建筑产品价格的基础。

2)定额消耗量是工程项目设计采用新材料、新工艺，实现资源要素合理配置，进行方案技术经济比较与分析的依据。

3)定额消耗量是确定以编制概预算为前提的招标标底价与投标报价的基础。

4)定额消耗量是进行工程项目金融贷款与项目建设竣工结算的依据。

5)定额消耗量是施工企业降低成本费用，节约非生产性费用支出，提高经济效益，进行经济核算和经济活动分析的依据。

(3)定额消耗量在工程造价计价中的应用。定额消耗量在编制概预算造价或价格中的具体应用，主要体现在对概预算定额结构与内容、正确套用定额项目和正确计算工程量三个方面的把握与应用。

1)概预算定额的结构与内容。现行的概预算定额结构与内容通常包括三个部分，即定额说明部分、定额(节)表部分和定额附录部分。

在概预算定额手册中，虽然在应用时都是必须把握的，但是定额消耗量即定额(节)表内容是更核心的部分。

2)正确套用定额项目。正确套用定额项目是准确计算拟建工程量不可忽视的环节，选用所需定额项目时，应注意把握以下几个方面：

①在学习概预算定额的总说明、分章说明等基础上，要将实际拟套用的工程量项目，从定额章、节中查出并要特别注意定额编号的应用，否则，就会出现差错和混乱。因此，在应用定

额时一定要注意套用的定额项目编号是否准确无误。

②要了解定额项目中所包括的工程内容与计量单位，以及附注的规定，要通过日常工作实践逐步加深了解。

③套用定额项目时，当在定额中查到符合拟建工程设计要求的项目，应对工程技术特征、所用材料、施工方法等进行核对，是否与设计一致，是否符合定额的规定。这是正确套用定额项目必须做到的。

3）正确计算工程量。工程量的计算必须符合概预算定额规定的计算规则。第一，是计算单位要和套用的定额项目的计算单位一致；第二，是要注意相同计量单位的不同计算方法，例如，按面积平方米计算要区分建筑面积、投影面积、展开面积、外围面积等；第三，是要注意计算包括的范围，如砖外墙按体积立方米计算，应扣除门窗框外围面积、过人洞等面积；第四，计算标准要符合定额的规定，如砖石基础与墙身的分界线以防潮层为准，无防潮层者以室内设计地面为准。

要注意哪些定额可以合并计算。

上述三个方面的把握与运用是正确运用定额消耗量，做好工程计价工作的基础。

**3. 工程定额计价方法的性质及工程定额计价方法的改革**

(1)工程定额计价方法的性质。我国建筑产品价格市场化经历了"国家定价—国家指导价—国家调控价"三个阶段。定额计价是以概预算定额、各种费用定额为基础依据，按照规定的计算程序确定工程造价的特殊计价方法。因此，利用工程建设定额计算工程造价就价格形成而言，介于国家指导价和国家调控价之间。

1)第一阶段，国家定价阶段。主要特征如下：

①这种"价格"可分为设计概算、施工图预算、工程费用签证和竣工结算。

②这种"价格"属于国家定价的价格形式，国家是这一价格形式的决策主体。

2)第二阶段，国家指导价阶段。其价格形成的特征如下：

①计划控制性。作为评标基础的标底价格要按照国家工程造价管理部门规定的定额和有关取费标准制定，标底价格的最高数额受到国家批准的工程概算控制。

②国家指导性。国家工程招标管理部门对标底的价格进行审查，由管理部门组成的监督小组直接监督、指导大中型工程招标、投标、评标和决标过程。

③竞争性。投标单位可以根据本企业的条件和经营状况确定投标报价，并以价格作为竞争承包工程手段。招标单位可以在标底价格的基础上，择优确定中标单位和工程中标价格。

3)第三阶段，国家调控价阶段。国家调控招标投标价格形成特征如下：

①自发形成。自发形成应由工程承发包双方根据工程自身的物质劳动消耗、供求状况等协商议定，不受国家计划调控。

②自发波动。随着工程市场供求关系的不断变化，工程价格经常处于上升或者下降的波动之中。

③自发调节。通过价格的波动，自发调节建筑产品的品种和数量，以保持工程投资与工程生产能力的平衡。

(2)工程定额计价方法的改革及发展方向。在计划经济体制下的定额计价制度，国内工程造价管理体现出以下特点：

1)政府特别是中央政府是工程项目的唯一投资主体。

2)建筑业不是生产部门，而是消费部门。

3)工程造价管理被简单地理解为投资的节约。

市场经济体制下的定额计价制度的改革：工程定额计价制度改革的第一阶段的核心思想是"量价分离"，即由国务院住房和城乡建设主管部门制定符合国家有关标准、规范，并反映一定时期施工水平的人工、材料、机械等消耗量标准，实现国家对消耗量标准的宏观管理。对人工、材料、机械的单价等，由工程造价管理机构依据市场价格的变化发布工程造价相关信息和指数，将过去完全由政府计划统一管理的定额计价改变为"控制量、指导价、竞争费"。

工程定额计价制度改革的第二阶段的核心问题是工程造价计价方式的改革。在建设市场的交易过程中，传统的定额计价制度与市场主体要求拥有自主定价权之间发生了矛盾和冲突，主要表现在以下几个方面：

1)浪费了大量的人力、物力，招标投标双方存在着大量的重复劳动。

2)投标单位的报价按统一定额计算，不能按照自己的具体施工条件、施工设备和技术专长来确定报价；不能按照自己的采购优势来确定材料预算价格；不能按照企业的管理水平来确定工程的费用开支；企业的优势体现不到投标报价中。

政府主管部门推行了工程量清单计价制度，以适应市场定价的改革目标。在这种定价方式下，工程量清单报价由招标者给出工程清单，投标者填单价，单价完全依据企业技术、管理水平的整体实力而定，充分发挥工程建设市场主体的主动性和能动性，是一种与市场经济相适应的工程计价方式。

# 任务 3.2　人工、材料及机具台班定额

## 3.2.1　施工过程分解

### 1. 施工过程的含义

施工过程就是为完成某一项施工任务，在施工现场所进行的生产过程。其最终目的是要建造、改建、修复或拆除工业及民用建筑物和构筑物的全部或一部分。

建筑安装施工过程与其他物质生产过程一样，也包括生产力三要素，即劳动者、劳动对象和劳动工具。也就是说，施工过程是由不同工种、不同技术等级的建筑安装工人使用各种劳动工具(手动工具、小型工具、大中型机械和仪器仪表等)，按照一定的施工工序和操作方法，直接或间接地作用于各种劳动对象(各种建筑、装饰材料，半成品，预制品和各种设备、零配件等)，使其按照人们预定的目的，生产出建筑、安装及装饰合格产品的过程。

每个施工过程的结束都会获得一定的产品，这种产品或者是改变了劳动对象的外表形态、内部结构或性质(由于制作和加工的结果)，或者是改变了劳动对象在空间的位置(由于运输和安装的结果)。

### 2. 施工过程的分类

根据不同的标准和需要，施工过程有以下分类：

(1)根据施工过程组织上的复杂程度，可以分为工序、工作过程和综合工作过程。

1)工序是指施工过程中在组织上不可分割，在操作上属于同一类的作业环节，其特征是劳动对象和使用的劳动工具均不发生变化。如果其中一个因素发生变化，就意味着由一项工序转入另一项工序。如钢筋制作，由平直钢筋、钢筋除锈、切断钢筋、弯曲钢筋等工序组成。

从施工的技术操作和组织观点来看，工序是工艺方面最简单的施工过程，在编制施工定额

时，工序是主要的研究对象。测定定额时只需分解和标定到工序为止。

工序可以由一个人来完成，也可以由小组或施工队内的几名工人协同完成；可以手动完成，也可以由机械操作完成。在机械化的施工工序中，还可以包括由工人自己完成各项操作和由机器完成的工作两部分。

2)工作过程是由同一工人或同一小组所完成的在技术操作上相互有机联系的工序的总合体。其特点是劳动者和劳动对象不发生变化，而使用的劳动工具可以变化，如砌墙和勾缝、抹灰和粉刷等。

3)综合工作过程是同时进行的，在组织上有直接联系的，为完成一个最终产品结合起来的各个施工过程的总和。例如，砌砖墙这一综合工作过程，由调制砂浆、运砂浆、运砖、砌墙等工作过程构成，它们在不同的空间同时进行，在组织上有直接联系，并最终形成的工程产品是一定数量的砖墙。

(2)按施工工序是否重复循环分类，施工过程可以分为循环施工过程和非循环施工过程两类。

如果施工过程的工序或其组成部分以同样的内容和顺序不断循环，并且每重复一次可以生产出同样的产品，则称为循环施工过程；反之，则称为非循环施工过程。

(3)按施工过程的完成方法和手段分类，施工过程可以分为手工操作过程(手动过程)、机械化过程(机动过程)和机手并动过程(半自动化过程)。

(4)按劳动者、劳动工具、劳动对象所处位置和变化分类，施工过程可以分为工艺过程、搬运过程和检验过程。

1)工艺过程。工艺过程是指直接改变劳动对象的性质、形状、位置等，使其成为预期的施工产品的过程，如房屋建筑中的挖基础、砌砖墙、粉刷墙面、安装门窗等。由于工艺过程是施工过程中最基本的内容，因而是工作时间研究和制定定额的重点。

2)搬运过程。搬运过程是指将原材料、半成品、构件、机具设备等从某处移动到另一处，保证施工作业顺利进行的过程。但操作者在作业中随时拿起或存放在工作面上的材料等，是工艺过程的一部分，不应视为搬运过程。例如，砌筑工将已堆放在砌筑地点的砖块拿起砌在砖墙上，这一操作就属于工艺过程，而不应视为搬运过程。

3)检验过程。检验过程主要包括对原材料、半成品、构配件等的数量、质量进行检验，判定其是否合格、能否使用；对施工活动的成果进行检测，判别其是否符合质量要求；对混凝土试块、关键零部件进行测试，以及作业前对准备工作和安全措施的检查等。

**3. 施工过程的影响因素**

对施工过程的影响因素进行研究，其目的是正确确定单位施工产品所需要的作业时间消耗。施工过程的影响因素包括技术因素、组织因素和自然因素。

(1)技术因素。技术因素包括产品的种类和质量要求，所用材料、半成品、构配件的类别、规格和性能，所用工具和机械设备的类别、型号、性能及完好情况等。

(2)组织因素。组织因素包括施工组织与施工方法、劳动组织、工人技术水平、操作方法和劳动态度、工资分配方式、劳动竞赛等。

(3)自然因素。自然因素包括酷暑、大风、雨、雪、冰冻等。

## 3.2.2　工作时间分类

研究施工中的工作时间最主要的目的是确定施工的时间定额和产量定额。其前提是对工作时间按其消耗性质进行分类，以便研究工时消耗的数量及特点。

工作时间指的是工作班延续时间，例如，8小时工作制的工作时间就是8 h，午休时间不包括在内。对工作时间消耗的研究，可以分为两个系统进行，即工人工作时间的消耗和工人所使用的机器工作时间的消耗。

**1. 工人工作时间消耗的分类**

工人在工作班内消耗的时间，按其消耗的性质，基本可以分为必需消耗的时间和损失时间两大类。工人工作时间的一般分类如图3.4所示。

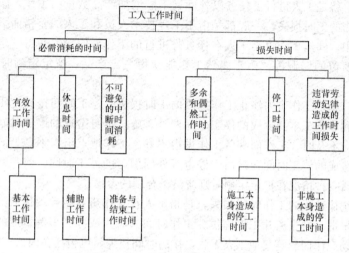

**图3.4 工人工作时间的一般分类**

（1）必需消耗的工作时间是工人在正常施工条件下，为完成一定合格产品（工作任务）所消耗的时间，是制定定额的主要依据，包括有效工作时间、休息时间和不可避免的中断时间消耗。

1）有效工作时间是从生产效果来看与产品生产直接有关的时间消耗。其中包括基本工作时间、辅助工作时间、准备与结束工作时间的消耗。

①基本工作时间是工人完成生产一定产品的施工工艺过程所消耗的时间，通过这些工艺过程可以使材料改变外形，如钢筋煨弯等；可以使预制构配件安装组合成型；也可以改变产品外部及表面的性质，如粉刷、油漆等，基本工作时间所包括的内容依工作性质各不相同。基本工作时间的长短和工作量大小成正比例。

②辅助工作时间是为保证基本工作能顺利完成所消耗的时间。在辅助工作时间里，不能使产品的形状大小、性质或位置发生变化。辅助工作时间的结束，往往就是基本工作时间的开始，辅助工作一般是手工操作，但如果在机手并动的情况下，辅助工作是在机械运转过程中进行的，为避免重复则不应再计入辅助工作时间的消耗。辅助工作时间长短与工作量大小有关。

③准备与结束工作时间是执行任务前或任务完成后所消耗的工作时间，如工作地点、劳动工具和劳动对象的准备工作时间，工作结束后的整理工作时间等。准备和结束工作时间的长短与所担负的工作量大小无关，但往往与工作内容有关。这项时间消耗可以分为班内的准备与结束工作时间和任务的准备与结束工作时间。其中，任务的准备和结束时间是在一批任务的开始与结束时产生的，如熟悉图纸、准备相应的工具、事后清理场地等，通常不反映在每一个工作班里。

2）休息时间是工人在工作过程中为恢复体力所必需的短暂休息和生理需要的时间消耗。这种时间是为了保证工人精力充沛地进行工作，所以，在定额时间中必须进行计算。休息时间的长短与劳动性质、劳动条件、劳动强度、劳动危险性等密切相关。

3)不可避免的中断时间消耗是由于施工工艺特点引起的工作中断所必需的时间,与施工过程工艺特点有关的工作中断时间,应包括在定额时间内。应尽量缩短此项时间消耗。

(2)损失时间是与产品生产无关,而与施工组织和技术上的缺点有关,与工人在施工过程中的个人过失或某些偶然因素有关的时间消耗。损失时间包括多余和偶然工作时间、停工时间、违背劳动纪律造成的工作时间损失。

1)多余工作,就是工人进行了任务以外而又不能增加产品数量的工作,如重砌质量不合格的墙体。多余工作的工时损失,一般都是由于工程技术人员和工人的差错而引起的。因此,不应计入定额时间中。偶然工作也是工人在任务外进行的工作,但能够获得一定产品,如抹灰工不得不补上偶然遗留的墙洞等。由于偶然工作能获得一定产品,拟定定额时要适当考虑它的影响。

2)停工时间,就是工作班内停止工作造成的工时损失。停工时间按其性质可分为施工本身造成的停工时间和非施工本身造成的停工时间两种。施工本身造成的停工时间,是由于施工组织不善、材料供应不及时、工作面准备工作做得不好、工作地点组织不良等情况引起的停工时间。非施工本身造成的停工时间,是由于停电等外因引起的停工时间。前一种情况在拟定定额时不应该计算;后一种情况在拟定定额时则应给予合理的考虑。

3)违背劳动纪律造成的工作时间损失,是指工人在工作班开始和午休后的迟到、午饭前和工作班结束前的早退、擅自离开工作岗位、工作时间内聊天或办私事等造成的工时损失。由于个别工人违背劳动纪律而影响其他工人无法工作的时间损失,也包括在内。

**执考训练**

下列施工工作时间分类选项中,属于工人有效工作时间的有(　　　　)。

A. 基本工作时间

B. 休息时间

C. 辅助工作时间

D. 准备与结束工作时间

E. 不可避免的中断时间

答案:ACD

【解析】有效工作时间是从生产效果来看与产品生产直接有关的时间消耗。其中包括基本工作时间、辅助工作时间、准备与结束工作时间的消耗。

**2. 机器工作时间消耗的分类**

在机械化施工过程中,对工作时间消耗的分析和研究,除了要对工人工作时间的消耗进行分类研究外,还需要分类研究机器工作时间的消耗。

机器工作时间的消耗,按其性质也可分为必需消耗的时间和损失时间两大类,如图 3.5 所示。

(1)在必需消耗的时间里,包括有效工作时间、不可避免的无负荷工作时间和不可避免的中断工作时间三项。而在有效工作的时间消耗中又包括正常负荷下、有根据地降低负荷下的工时消耗。

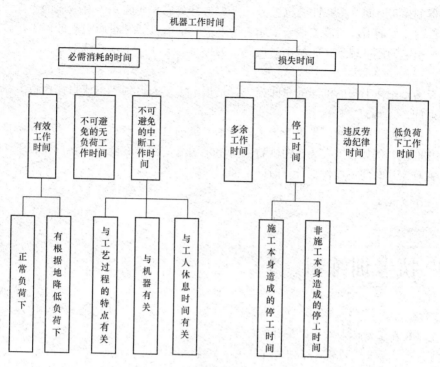

**图 3.5 机器工作时间的消耗分类**

1)正常负荷下的工作时间，是机器在与机器说明书规定的额定负荷相符的情况下进行工作的时间。

2)有根据地降低负荷下的工作时间，是在个别情况下由于技术上的原因，机器在低于其计算负荷下工作的时间。例如，汽车运输质量轻而体积大的货物时，不能充分利用汽车的载重吨位因而不得不降低其计算负荷。

3)不可避免的无负荷工作时间，是由施工过程的特点和机械结构的特点造成的机械无负荷工作时间，如筑路机在工作区末端调头等。

4)不可避免的中断工作时间是与工艺过程的特点、机器、工人休息有关的中断时间。

①与工艺过程的特点有关的不可避免中断工作时间，有循环的和定期的两种。循环的不可避免中断，是在机器工作的每一个循环中重复一次，如汽车装货和卸货时的停车；定期的不可避免中断，是经过一定时期重复一次。例如，把灰浆泵由一个工作地点转移到另一个工作地点时的工作中断。

②与机器有关的不可避免中断工作时间，是由于工人进行准备与结束工作或辅助工作时，机器停止工作而引起的中断工作时间。其是与机器的使用与保养有关的不可避免中断时间。

③与工人休息有关的不可避免中断工作时间，前面已经做了说明。这里要注意的是，应尽量利用与工艺过程有关的和与机器有关的不可避免中断时间进行休息，以充分利用工作时间。

(2)损失的工作时间包括机器的多余工作时间、机器的停工时间、违反劳动纪律引起的机器的时间损失和低负荷下的工作时间。

1)机器的多余工作时间，一是机器进行任务内和工艺过程内未包括的工作而延续的时间，如工人没有及时供料而使机器空运转的时间；二是机械在负荷下所做的多余工作，如混凝土搅拌机搅拌混凝土时超过规定搅拌时间，即属于多余工作时间。

2)机器的停工时间，按其性质也可分为施工本身造成和非施工本身造成的停工。前者是由于施工组织得不好而引起的停工现象，如由于未及时供给机器燃料而引起的停工；后者是由于气候条件所引起的停工现象，如暴雨时压路机的停工。上述停工中延续的时间，均为机器的停工时间。

3)违反劳动纪律引起的机器的时间损失，是指由于工人迟到早退或擅离岗位等原因引起的机器停工时间。

4)低负荷下的工作时间，是由于工人或技术人员的过错所造成的施工机器在降低负荷的情况下的工作时间。例如，工人装车的砂石数量不足引起的汽车在降低负荷的情况下工作所延续的时间。此项工作时间不能作为计算时间定额的基础。

下列机器工作时间中，属于有效工作时间的是（　　　　）。

A. 筑路机在工作区末端的调头时间

B. 体积达标而未达到载重吨位的货物汽车运输时间

C. 机械在工作地点之间的转移时间

D. 装车数量不足而在低负荷工作的时间

答案：B

【解析】筑路机在工作区末端的调头时间，属于不可避免的无负荷工作时间，故 A 错误；机械转移属于不可避免的中断工作时间，故 C 错误；装车数量不足属于损失的工作时间，故 D 错误。

**3. 计时观察法**

定额测定是制定定额的一个主要步骤。测定定额是用科学的方法观察、记录、整理、分析施工过程，为制定工程定额提供可靠依据。测定定额通常使用计时观察法。计时观察法是测定时间消耗的基本方法。

计时观察法，是研究工作时间消耗的一种技术测定方法。它以研究工时消耗为对象，以观察测时为手段，通过密集抽样和粗放抽样等技术进行直接的时间研究。计时观察法以现场观察为主要技术手段，所以也称为现场观察法。

计时观察法的种类如图 3.6 所示。

```
                                      ┌─── 选择法测时
                        ┌── 测时法 ───┤
                        │             └─── 接续法测时
                        │
                        │             ┌─── 数示法
  计时观察法 ───────────┼── 写实记录法─┼─── 图示法
                        │             └─── 混合法
                        │
                        └── 工作日写实法
```

图 3.6  计时观察法的种类

(1)测时法。测时法主要适用于测定定时重复的循环工作的工时消耗，是精确度比较高的一种计时观察法。测时法只用来测定施工过程中循环组成部分工作时间消耗，不研究工人休息、准备与结束及其他非循环的工作时间。测时法根据具体测时手段不同，可分为选择法测时和接续法测时两种。

(2)写实记录法。写实记录法是一种研究各种性质的工作时间消耗的方法。它包括基本工作时间、辅助工作时间、不可避免中断时间、准备与结束时间以及各种损失时间。采用这种方法，可以获得分析工作时间消耗和制定定额所必需的全部资料。这种测定方法比较简便、易于掌握，并能保证必需的精确度，因此，写实记录法在实际中得到了广泛应用。写实记录法按记录时间的方法不同，可分为数示法、图示法和混合法三种，计时一般采用有秒针的普通计时表即可。

(3)工作日写实法。工作日写实法是一种研究整个工作班内的各种工时消耗的方法。运用工作日写实法主要有两个目的，一是取得编制定额的基础资料；二是检查定额的执行情况，找出缺点，改进工作。

工作日写实法与测时法、写实记录法相比较，具有技术简便、不费力、应用面广和资料全面的优点，在我国是一种采用较广的编制定额的方法。工作日写实法的缺点是由于有观察人员在场，即使在观察前做了充分准备，仍不免在工时利用上有一定的虚假性。

## 3.2.3 确定人工定额消耗量的基本方法

时间定额和产量定额是人工定额的两种表现形式，拟定出时间定额，也就可以计算出产量定额。

在全面分析了各种影响因素的基础上，通过计时观察资料，可以获得定额的各种必需消耗时间。将这些时间进行归纳，有的是经过换算，有的是根据不同的工时规范附加，最后把各种定额时间加以综合和类比就是整个工作过程的人工消耗的时间定额。

### 1. 工序作业时间

根据计时观察资料的分析和选择，可以获得各种产品的基本工作时间和辅助工作时间，将这两种时间合并，可以称为工序作业时间，它是各种因素的集中反映，决定着整个产品的定额时间。

(1)基本工作时间。基本工作时间在必需消耗的工作时间中占的比重最大，在确定基本工作时间时，必须细致、精确。基本工作时间消耗一般应根据计时观察资料来确定。其做法是，首先确定工作过程每一组成部分的工时消耗，然后再综合出工作过程的工时消耗。如果组成部分的产品计量单位和工作过程的产品计量单位不符，需先求出不同计量单位的换算系数，进行产品计量单位的换算，然后再相加，求得工作过程的工时消耗。

【应用案例3.1】 砌砖墙勾缝的计量单位是 $m^2$，但若将勾缝作为砌砖墙施工过程的一个组成部分对待，即将勾缝时间按砌墙厚度按砌体体积计算，设每平方米墙面所需的勾缝时间为 10 min，试求各种一砖墙厚和一砖半墙厚每立方米砌体所需的勾缝时间。

**解**：标准砖规格为 240 mm×115 mm×53 mm，灰缝宽为 10 mm。

一砖厚的墙：

每立方米体墙面面积的换算系数＝1/0.24＝4.17($m^2$)

则每立方米扇体所需的勾缝时间＝4.17×10＝41.7(min)

一砖半厚的墙：

其墙的厚度＝0.24＋0.115＋0.01＝0.365(m)

每立方米体墙面面积的换算系数＝1/0.365＝2.74($m^2$)

则每立方米砌体所需的勾缝时间＝2.74×10＝27.4(min)

（2）辅助工作时间。辅助工作时间的确定方法与基本工作时间相同。如果在计时观察时不能取得足够的资料，也可采用工时规范或经验数据来确定。如具有现行的工时规范，可以直接利用工时规范中规定的辅助工作时间的百分比来计算，举例见表3.2。

表3.2　木作工程各类辅助工作时间的百分率参考表

| 工作项目 | 占工序作业时间/% | 工作项目 | 占工序作业时间/% |
|---|---|---|---|
| 磨刨刀 | 12.3 | 磨线刨 | 8.3 |
| 磨槽刨 | 5.9 | 挫锯 | 8.2 |
| 磨凿子 | 3.4 | | |

**2. 规范时间**

规范时间的内容包括工序作业时间以外的准备与结束工作时间、不可避免的中断时间以及休息时间。

（1）准备与结束工作时间。准备与结束工作时间可分为班内和任务两种。任务的准备与结束时间通常不能集中在某一个工作日中，而要采取分摊计算的方法，分摊在单位产品的时间定额里。

如果在计时观察资料中不能取得足够的准备与结束时间的资料，也可根据工时规范或经验数据来确定。

（2）不可避免的中断时间。在确定不可避免中断时间的定额时，必须注意由工艺特点所引起的不可避免中断才可列入工作过程的时间定额。

不可避免的中断时间也需要根据测时资料通过整理分析获得，也可以根据经验数据或工时规范，以占工作日的百分比表示此项工时消耗的时间定额。

（3）休息时间。休息时间应根据工作班作息制度、经验资料、计时观察资料，以及对工作的疲劳程度作全面分析来确定。同时，应考虑尽可能利用不可避免的中断时间作为休息时间。

**3. 定额时间**

确定的基本工作时间、辅助工作时间、准备与结束工作时间、不可避免的中断时间与休息时间之和，就是劳动定额的时间定额。根据时间定额可计算出产量定额，时间定额和产量定额互成倒数。

利用工时规范，可以计算劳动定额的时间定额。其计算公式为

$$工序作业时间＝基本工作时间＋辅助工作时间 \tag{3.1}$$

$$规范时间＝准备与结束工作时间＋不可避免的中断时间＋休息时间 \tag{3.2}$$

$$工序作业时间＝基本工作时间＋辅助工作时间$$

$$＝\frac{基本工作时间}{1－辅助时间\%} \tag{3.3}$$

$$定额时间＝\frac{工序作业时间}{1－规范时间\%} \tag{3.4}$$

**【应用案例3.2】**　通过计时观察资料得知：人工挖二类土 1 m³ 的基本工作时间为 6 h，辅助工作时间占工序作业时间的2%。准备与结束工作时间、不可避免的中断时间、休息时间分别占工作日的3%、2%、18%。求该人工挖二类土的时间定额是多少？

**解：** 基本工作时间＝6 h＝0.75(工日/m²)

工序作业时间＝0.75/(1－2%)＝0.765(工日/m³)

时间定额＝0.765/(1－3%－2%－18%)＝0.994(工日/m³)

### 3.2.4 确定材料定额消耗量的基本方法

**1. 材料的分类**

合理确定材料消耗定额，必须研究和区分材料在施工过程中的类别。

(1)根据材料消耗的性质划分。施工中材料的消耗可分为必需的材料消耗和损失的材料两类性质。

必需的材料消耗，是指在合理用料的条件下，生产合格产品所需消耗的材料。

必需消耗的材料属于施工正常消耗，是确定材料消耗定额的基本数据。它包括直接用于建筑和安装工程的材料，编制材料净用量定额；不可避免的施工废料和材料损耗，编制材料损耗定额。

(2)根据材料消耗与工程实体的关系划分。施工中的材料可分为实体材料和非实体材料两类。

1)实体材料。实体材料是指直接构成工程实体的材料。它包括工程直接性材料和辅助性材料。工程直接性材料主要是指一次性消耗、直接用于工程构成建筑物或结构本体的材料，如钢筋混凝土柱中的钢筋、水泥、砂、碎石等；辅助性材料主要是指虽然也是施工过程中所必需的，但并不构成建筑物或结构本体的材料，如土石方爆破工程中所需的炸药、引信、雷管等。主要材料用量大，辅助材料用量少。

2)非实体材料。非实体材料是指在施工中必须使用但又不能构成工程实体的施工措施性材料。非实体材料主要是指周转性材料，如模板、脚手架、支撑等。

**2. 确定材料消耗量的基本方法**

确定实体材料的净用量定额和材料损耗定额的计算数据，是通过现场技术测定、实验室试验、现场统计、理论计算等方法获得的。

(1)现场技术测定法，又称观测法，是根据对材料消耗过程的测定与观察，通过完成产品数量和材料消耗量的计算，而确定各种材料消耗定额的一种方法。现场技术测定法主要适用于确定材料损耗量，因为该部分数值用统计法或其他方法较难得到。通过现场观察，还可以区别出哪些是可以避免的损耗，哪些是属于难以避免的损耗，明确定额中不应列入可以避免的损耗。

(2)实验室试验法，主要用于编制材料净用量定额。通过试验，能够对材料的结构、化学成分和物理性能以及按强度等级控制的混凝土、砂浆、沥青、油漆等配合比做出科学的结论，给编制材料消耗定额提供有技术根据的、比较精确的计算数据。这种方法的优点是能更深入、更详细地研究各种因素对材料消耗的影响。其缺点在于无法估计到施工现场某些因素对材料消耗量的影响。

(3)现场统计法，是以施工现场积累的分部分项工程使用材料数量、完成产品数量、完成工作原材料的剩余数量等统计资料为基础，经过整理分析，获得材料消耗的数据。这种方法比较简单易行，但也有缺陷：一是该方法一般只能确定材料总消耗量，不能确定净用量和损耗量；二是其准确程度受到统计资料和实际使用材料的影响。因而，其不能作为确定材料净用量定额和材料损耗定额的依据，只能作为编制定额的辅助性方法使用。

(4)理论计算法，是根据施工图和建筑构造要求，用理论计算公式计算出产品的材料净用量的方法。这种方法较适合于不易产生损耗，且容易确定废料的材料消耗量的计算。

1)标准砖墙材料用量计算。每立方米砖墙的用砖数和砌筑砂浆的用量可用下列理论计算公式计算各自的净用量。

用砖数：

$$A=\frac{1}{墙厚\times(砖长+灰缝)\times(砖厚+灰缝)}\times k \tag{3.5}$$

式中 $k$——墙厚的砖数×2。

砂浆用量：

$$B=1-砖数\times每块砖体积 \tag{3.6}$$

材料的损耗一般以损耗率表示。材料损耗率可以通过观察法或统计法确定。材料损耗率及材料损耗量的计算公式为

$$损耗率=\frac{损耗量}{净用量}\times100\% \tag{3.7}$$

$$消耗量=净用量+损耗量=净用量\times(1+损耗率) \tag{3.8}$$

下列定额测定方法中，主要用于测定材料净用量的有（　　）。

A. 现场技术测定法     B. 实验室试验法

C. 现场统计法       D. 理论计算法

E. 写实记录法

答案：BD

【解析】实验室试验法、理论计算法，主要用于编制材料净用量定额，故 B、D 正确。

**【应用案例 3.3】** 计算 1 m³ 标准砖一砖外墙砌体砖数和砂浆的净用量。标准砖尺寸为 240 mm×115 mm×53 mm，灰缝为 10 mm。

**解：** 砖净用量$=\dfrac{1}{0.24\times(0.24+0.01)\times(0.053+0.01)}\times1\times2=529$（块）

砂浆净用量$=1-529\times(0.24\times0.115\times0.053)=0.226$（m³）

2）块料面层材料用量计算。

每 100 m² 面层块料数量、灰缝及结合层材料用量公式为

$$100\ m²\ 块料净用量=\frac{100}{(块料长+灰缝宽)\times(块料宽+灰缝宽)} \tag{3.9}$$

$$100\ m²\ 灰缝材料净用量=[100-(块料长\times块料宽\times100\ m²\ 块料用量)]\times灰缝深 \tag{3.10}$$

$$结合层材料用量=100\ m²\times结合层厚度 \tag{3.11}$$

**【应用案例 3.4】** 用 1∶1 水泥砂浆贴 150 mm×150 mm×5 mm 瓷砖墙面，结合层厚度为 10 mm，试计算每 100 m² 瓷砖墙面中瓷砖和砂浆的消耗量（灰缝宽为 2 mm）。假设瓷砖损耗率为 1.5%，砂浆损耗率为 1%。

**解：** 每 100 m² 瓷砖墙面中瓷砖的净用量$=\dfrac{100}{(0.15+0.002)\times(0.15+0.002)}=4\ 328.25$（块）

每 100 m² 瓷砖墙面中瓷砖的总消耗量$=4\ 328.25\times(1+1.5\%)=4\ 393.17$（块）

每 100 m² 瓷砖墙面中结合层砂浆净用量$=100\times0.01=1$（m³）

每 100 m² 瓷砖墙面中灰缝砂浆净用量$=[100-(4\ 328.25\times0.15\times0.15)]\times0.005=0.013$（m³）

每 100 m² 瓷砖墙面中水泥砂浆总消耗量$=(1+0.013)\times(1+1\%)=1.02$（m³）

### 3.2.5 确定机具台班定额消耗量的基本方法

机具台班定额消耗量包括机械台班定额消耗量和仪器仪表台班定额消耗量。二者的确定方法大体相同，本部分主要介绍机械台班定额消耗量的确定。

**1. 确定机械纯工作 1 h 的正常生产率**

机械纯工作时间，就是指机械的必需消耗时间。机械纯工作 1 h 的正常生产率，就是在正常施工组织条件下，具有必需的知识和技能的技术工人操纵机械 1 h 的生产率。

根据机械工作特点的不同，机械纯工作 1 h 的正常生产率的确定方法，也有所不同。

(1)对于循环动作机械，确定机械纯工作 1 h 正常生产率的计算公式为

$$机械一次循环的正常延续时间 = \sum(循环各组成部分正常延续时间) - 交叠时间 \quad (3.12)$$

$$机械纯工作 1 h 循环次数 = \frac{60 \times 60(s)}{一次循环的正常延续时间} \quad (3.13)$$

$$机械纯工作 1 h 正常生产率 = 机械纯工作 1 h 正常循环次数 \times 一次循环生产的产品数量 \quad (3.14)$$

(2)对于连续动作机械，确定机械纯工作 1 h 正常生产率要根据机械的类型和结构特征，以及工作过程的特点来进行。其计算公式为

$$连续动作机械纯工作 1 h 正常生产率 = \frac{工作时间生产的产品数量}{工作时间(h)} \quad (3.15)$$

工作时间内的产品数量和工作时间的消耗，要通过多次现场观察和机械说明书来取得数据。

**2. 确定施工机械的时间利用系数**

确定施工机械的时间利用系数，是指机械在一个台班内的净工作时间与工作班延续时间之比。机械的时间利用系数和机械在工作班内的工作状况有着密切的关系。所以，要确定机械的时间利用系数，首先要拟定机械工作班的正常工作状况，保证合理利用工时。机械时间利用系数的计算公式为

$$机械时间利用系数 = \frac{机械在一个工作班内纯工作时间}{一个工作班延续时间(8 h)} \quad (3.16)$$

**3. 计算施工机械台班定额**

计算施工机械台班定额是编制机械定额工作的最后一步。在确定了机械工作正常条件、机械纯工作 1 h 的正常生产率和机械时间利用系数之后，采用下列公式计算施工机械的产量定额：

$$施工机械台班产量定额 = 机械纯工作 1 h 的正常生产率 \times 工作班纯工作时间$$

或 施工机械台班产量定额 = 机械纯工作 1 h 的正常生产率 × 工作班延续时间 × 机械时间利用系数

$$\quad (3.17)$$

$$施工机械时间定额 = \frac{1}{机械台班产量定额指标} \quad (3.18)$$

**【应用案例 3.5】** 某工程现场采用出料容量 500 L 的混凝土搅拌机，每一次循环中，装料、搅拌、卸料、中断需要的时间分别为 1 min、3 min、1 min、1 min，机械时间利用系数为 0.9，求该机械的台班产量定额。

**解：** 该搅拌机一次循环的正常延续时间 = 1+3+1+1 = 6(min) = 0.1(h)

该搅拌机纯工作 1 h 循环次数 = 10(次)

该搅拌机纯工作 1 h 正常生产率 = 10×500 = 5 000(L) = 5(m³)

该搅拌机台班产量定额 = 5×8×0.9 = 36(m³/台班)

# 任务 3.3  人工、材料及机具台班单价及定额基价

## 3.3.1  人工日工资单价的组成和确定方法

人工日工资单价是指施工企业平均技术熟练程度的生产工人在每个工作日（国家法定工作时间内）按规定从事施工作业应得的日工资总额。合理确定人工工日单价是正确计算人工费和工程造价的前提和基础。

**1. 人工日工资单价的组成**

人工日工资单价由计时工资或计件工资、奖金、津贴补贴以及特殊情况下支付的工资组成。

（1）计时工资或计件工资。按计时工资标准和工作时间或对已做工作按计件单价支付给个人的劳动报酬。

（2）奖金。对超额劳动和增收节支支付给个人的劳动报酬，如节约奖、劳动竞赛奖等。

（3）津贴补贴。为了补偿职工特殊或额外的劳动消耗和因其他原因支付给个人的津贴，以及为了保证职工工资水平不受物价影响支付给个人的物价补贴，如流动施工津贴、特殊地区施工津贴、高温（寒）作业临时津贴、高空津贴等。

（4）特殊情况下支付的工资。根据国家法律、法规和政策规定，因病、工伤、产假、计划生育假、婚丧假、事假、探亲假、定期休假、停工学习、执行国家或社会义务等原因按计时工资标准或计件工资标准的一定比例支付的工资。

**2. 人工日工资单价的确定方法**

（1）年平均每月法定工作日。由于人工日工资单价是每一个法定工作日的工资总额，因此需要对年平均每月法定工作日进行计算。其计算公式为

$$年平均每月法定工作日 = \frac{全年日历日 - 法定假日}{12} \tag{3.19}$$

式（3.19）中，法定假日是指双休日和法定节日。

（2）人工日工资单价的计算。确定了年平均每月法定工作日后，将上述工资总额进行分摊，即形成了人工日工资单价。其计算公式为

$$人工日工资单价 = \frac{\begin{array}{c}生产工作平均月工资\\（计时、计件）\end{array} + 平均月（奖金+津贴补贴+特殊情况下支付的工资）}{年平均每月法定工作日} \tag{3.20}$$

（3）人工日工资单价的管理。虽然施工企业投标报价时可以自主确定人工费，但由于人工日工资单价在我国具有一定的政策性，因此工程造价管理机构确定人工日工资单价应根据工程项目的技术要求，通过市场调查并参考实物的工程量人工单价综合分析确定，发布的最低人工日工资单价不得低于工程所在地人力资源和社会保障部门所发布的最低工资标准的：普工 1.3 倍、一般技工 2 倍、高级技工 3 倍。

知识链接

### 影响人工日工资单价的因素

影响人工日工资单价的因素很多，归纳起来有以下几个方面：

(1)社会平均工资水平。建筑安装工人人工日工资单价必然和社会平均工资水平趋同。社会平均工资水平取决于经济发展水平。由于经济的增长，社会平均工资也会增长。

(2)生活消费指数。生活消费指数的提高会影响人工日工资单价的提高，以减少生活水平的下降，或维持原来的生活水平，生活消费指数的变动取决于物价的变动，尤其取决于生活消费品物价的变动。

(3)人工日工资单价的组成内容。《关于印发〈建筑安装工程费用项目组成〉的通知》(〔2013〕44号文)将职工福利费和劳动保护费从人工日工资单价中删除，这也必然影响人工日工资单价的变化。

(4)劳动力市场供需变化。劳动力市场如果需求大于供给，人工日工资单价就会提高；供给大于需求，市场竞争激烈，人工日工资单价就会下降。

(5)政府推行的社会保障和福利政策也会影响人工日工资单价的变动。

### 3.3.2　材料单价的组成和确定方法

在建筑工程中，材料费占总造价的60%～70%，在金属结构工程中所占比重还要大。因此，合理确定材料价格构成，正确计算材料单价，有利于合理确定和有效控制工程造价。材料单价是指建筑材料从其来源地运到施工地仓库，直到出库形成的综合单价。材料单价的编制依据和确定方法如下：

(1)材料原价(或供应价格)。材料原价是指国内采购材料的出厂价格，国外采购材料抵达买方边境、港口或车站并缴纳完各种手续费、税费(不含增值税)后形成的价格。在确定原价时，凡同一种材料因来源地、交货地、供货单位、生产厂家不同，而有几种价格(原价)时，根据不同来源地供货数量比例，采取加权平均的方法确定其综合原价。

若材料供货价格为含税价格，则材料原价应以购进货物适用的税率(16%或10%)或征收率(3%)扣减增值税进项税额。

(2)材料运杂费。材料运杂费是指国内采购材料自来源地、国外采购材料自到岸港运至工地仓库或指定堆放地点发生的费用(不含增值税)。含外埠中转运输过程中所发生的一切费用和过境过桥费用，包括调车和驳船费、装卸费、运输费及附加工作费等。

**知识链接**

#### "两票制"和"一票制"

若运输费用为含税价格，则需要按"两票制"和"一票制"两种支付方式分别调整。

(1)"两票制"支付方式。"两票制"材料是指材料供应商就收取的货物销售价款和运杂费向建筑业企业分别提供货物销售和交通运输两张发票的材料。在这种方式下，运杂费以接受交通运输与服务适用税率10%扣减增值税进项税额。

(2)"一票制"支付方式。"一票制"材料是指材料供应商就收取的货物销售价款和运杂费合计金额向建筑业企业仅提供一张货物销售发票的材料。在这种方式下，运杂费采用与材料原价相同的方式扣减增值税进项税额。

(3)运输损耗。在材料的运输中应考虑一定的场外运输损耗费用。这是指材料在运输装卸过程中不可避免的损耗。运输损耗的计算公式为

$$运输损耗＝(材料原价＋运杂费)\times 运输损耗率(\%)$$

(4)采购及保管费。采购及保管费是指为组织采购、供应和保管材料过程中所需要的各项费

用，包括采购费、仓储费、工地保管费和仓储损耗。

采购及保管费一般按照材料到库价格以费率取定。其计算公式为

$$采购及保管费＝材料运到工地仓库价格×采购及保管费费率（％）\qquad (3.21)$$

或　　　　$$采购及保管费＝（材料原价＋运杂费＋运输损耗费）×采购及保管费费率（％）\qquad (3.22)$$

综上所述，材料单价的一般计算公式为

$$材料单价＝[（供应价格＋运杂费）×（1＋运输损耗率（％）]×[（1＋采购及保管费费率（％）]\qquad (3.23)$$

由于我国幅员广阔，建筑材料产地与使用地点的距离各地差异很大，采购、保管、运输方式也不尽相同，因此，材料单价原则上按地区范围编制。

### 知识链接

## 影响材料单价变动的因素

(1)市场供需变化。材料原价是材料单价中最基本的组成。市场供大于求时价格就会下降；反之，价格就会上升。从而也就会影响材料单价的涨落。

(2)材料生产成本的变动直接影响材料单价的波动。

(3)流通环节的多少和材料供应体制也会影响材料单价。

(4)运输距离和运输方法的改变会影响材料运输费用的增减，从而也会影响材料单价。

(5)国际市场行情会对进口材料单价产生影响。

### 3.3.3 施工机械台班单价的组成和确定方法

施工机械使用费是根据施工中耗用的机械台班数量和机械台班单价确定的。施工机械台班耗用量按有关定额规定计算；施工机械台班单价是指一台施工机械，在正常运转条件下一个工作班中所发生的全部费用，每台班按8 h工作制计算。正确制定施工机械台班单价是合理确定和控制工程造价的重要方面。

根据《建设工程施工机械台班费用编制规则》的规定，施工机械划分为土石方及筑路机械、桩工机械、起重机械、水平运输机械、垂直运输机械、混凝土及砂浆机械、加工机械、泵类机械、焊接机械、动力机械、地下工程机械和其他机械十二个类别。

施工机械台班单价由折旧费、检修费、维护费、安拆费及场外运费、人工费、燃料动力费和其他费用组成。

**1. 折旧费**

折旧费是指施工机械在规定的耐用总台班内，陆续收回其原值的费用。其计算公式为

$$台班折旧费＝\frac{机械预算价格×（1－残值率）}{耐用总台班}\qquad (3.24)$$

(1)机械预算价格。

1)国产施工机械的预算价格。国产施工机械的预算价格按照机械原值、相关手续费和一次运杂费以及车辆购置税之和计算。

2)进口施工机械的预算价格。进口施工机械的预算价格按照到岸价格、关税、消费税、相关手续费和国内一次运杂费、银行财务费、车辆购置税之和计算。

(2)残值率。残值率是指机械报废时回收其残余价值占施工机械预算价格的百分数。残值率应按编制期国家有关规定确定，目前各类施工机械均按5％计算。

（3）耐用总台班。耐用总台班是指施工机械从开始投入使用至报废前使用的总台班数，应按相关技术指标取定。

年工作台班是指施工机械在一个年度内使用的台班数量。年工作台班应在编制期制度工作日基础上扣除检修、维护天数及考虑机械利用率等因素综合取定。

机械耐用总台班的计算公式为

$$耐用总台班 = 折旧年限 \times 年工作台班 = 检修间隔台班 \times 检修周期 \qquad (3.25)$$

检修间隔台班是指机械自投入使用起至第一次检修止或自上一次检修后投入使用起至下一次检修止，应达到的使用台班数。

检修周期是指机械正常的施工作业条件下，将其寿命期（即耐用总台班）按规定的检修次数划分为若干个周期。其计算公式为

$$检修周期 = 检修次数 + 1$$

**2. 检修费**

检修费是指施工机械在规定的耐用总台班内，按规定的检修间隔进行必要的检修，以恢复其正常功能所需的费用。检修费是机械使用期限内全部检修费之和在台班费用中的分摊额，它取决于一次检修费、检修次数和耐用总台班的数量。其计算公式为

$$台班检修费 = \frac{一次检修费 \times 检修次数}{耐用总台班} \times 除税系数 \qquad (3.26)$$

**知识链接**

## 检修费用的组成

（1）一次检修费是指施工机械发生的工时费、配件费、辅料费、油燃料费等一次检修的费用。一次检修费应按施工机械的相关技术指标和参数为基础，结合编制期市场价格综合确定，可按其占预算价格的百分率取定。

（2）检修次数是指施工机械在其耐用总台班内的检修次数。检修次数应按施工机械的技术指标取定。

（3）除税系数 = 自行检修比例 + 委外检修比例/（1 + 税率）。

自行检修比例、委外检修比例是指施工机械自行检修、委托专业修理修配部门检修占检修费比例。具体比值应结合本地区（部门）施工机械检修实际综合取定。税率按增值税修理修配劳务适用税率计取。

**3. 维护费**

维护费是指施工机械在规定的耐用总台班内，按规定的维护间隔进行各级维护和临时故障排除所需的费用，保障机械正常运转所需替换与随机配备工具附具的摊销和维护费用、机械运转及日常保养维护所需润滑与擦拭的材料费用及机械停滞期间的维护费用等。各项费用分摊到台班中，即维护费。

**4. 安拆费及场外运费**

安拆费是指施工机械在现场进行安装与拆卸所需的人工、材料、机械和试运转费用以及机械辅助设施的折旧、搭设、拆除等费用；场外运费是指施工机械整体或分体自停放地点运至施工现场或由一施工地点运至另一施工地点的运输、装卸、辅助材料及架线等费用。

安拆费及场外运费根据施工机械不同可分为计入台班单价、单独计算和不需计算三种类型。

## 安拆费及场外运费的三种类型

(1)安拆简单、移动需要起重及运输机械的轻型施工机械，其安拆费及场外运费计入台班单价，安拆费及场外运费应按下列公式计算：

$$台班安拆费及场外运费 = \frac{一次安拆费及场外运费 \times 年平均安拆次数}{年工作台班}$$

1)一次安拆费应包括施工现场机械安装和拆卸一次所需的人工费、材料费、机械费、安全监测部门的检测费及试运转费；

2)一次场外运费应包括运输、装卸、辅助材料和回程等费用；

3)年平均安拆次数按施工机械的相关技术指标，结合具体情况综合确定；

4)运输距离均按平均30 km计算。

(2)单独计算的情况包括以下几项：

1)安拆复杂、移动需要起重及运输机械的重型施工机械，其安拆费及场外运费单独计算；

2)利用辅助设施移动的施工机械，其辅助设施(包括轨道和枕木)等的折旧、搭设和拆除等费用可单独计算。

(3)不需计算的情况包括以下几项：

1)不需安拆的施工机械，不计算一次安拆费；

2)不需相关机械辅助运输的自行移动机械，不计算场外运费；

3)固定在车间的施工机械，不计算安拆费及场外运费。

(4)自升式塔式起重机、施工电梯安拆费的超高起点及其增加费，各地区、部门可根据具体情况确定。

### 5. 人工费

人工费是指机上司机(司炉)和其他操作人员的人工费。

## 人工费的计算

人工费的计算公式为

$$台班人工费 = 人工消耗量 \times \left(1 + \frac{年制度工作日 - 年工作台班}{年工作台班}\right) \times 人工单价 \qquad (3.27)$$

(1)人工消耗量是指机上司机(司炉)和其他操作人员工日消耗量。

(2)年制度工作日应执行编制期国家有关规定。

(3)人工单价应执行编制期工程造价管理机构发布的信息价格。

【应用案例3.6】 某载重汽车配司机1人，当年制度工作日为250天，年工作台班为230台班，人工单价为100元，求该载重汽车的人工费为多少？

解： $$人工费 = 1 \times \left(1 + \frac{250 - 230}{230}\right) \times 100 = 108.70(元/台班)$$

### 6. 燃料动力费

燃料动力费是指施工机械在运转作业中所耗用的燃料及水、电等费用。

**7. 其他费用**

其他费用是指施工机械按照国家规定应缴纳的车船税、保险费及检测费等。

## 3.3.4 施工仪器仪表台班单价的组成和确定方法

根据《建设工程施工仪器仪表台班费用编制规则》的规定，施工仪器仪表划分为自动化仪表及系统、电工仪器仪表、光学仪器、分析仪表、试验机、电子和通信测量仪器仪表、专用仪器仪表。

施工仪器仪表台班单价由折旧费、维护费、校验费和动力费组成。施工仪器仪表台班单价中的费用组成不包括检测软件的相关费用。

**1. 折旧费**

施工仪器仪表台班折旧费是指施工仪器仪表在耐用总台班内，陆续收回其原值的费用。其计算公式为

$$台班折旧费 = \frac{施工仪器仪表原值 \times (1 - 残值率)}{耐用总台班} \tag{3.28}$$

(1)施工仪器仪表原值。施工仪器仪表原值应按以下方法取定：

1)对施工企业采集的成交价格，各地区、部门可结合本地区、部门实际情况综合确定施工仪器仪表原值；

2)对从施工仪器仪表展销会采集的参考价格或从施工仪器仪表生产厂、经销商采集的销售价格，各地区、部门可结合实际情况，测算价格调整系数取定施工仪器仪表原值；

3)对类别、名称、性能规格相同而生产厂家不同的施工仪器仪表，各地区、部门可根据施工企业实际购进情况，综合取定施工仪器仪表原值；

4)对进口与国产施工仪器仪表性能规格相同的，应以国产为准取定施工仪器仪表原值；

5)进口施工仪器仪表原值应按编制期国内市场价格取定；

6)施工仪器仪表原值应按不含一次运杂费和采购保管费的价格取定。

(2)残值率。残值率是指施工仪器仪表报废时回收其残余价值占施工仪器仪表原值的百分比。残值率应按国家有关规定取定。

(3)耐用总台班。耐用总台班是指施工仪器仪表从开始投入使用至报废前所积累的工作总台班数量。耐用总台班应按相关技术指标取定。其计算公式为

$$耐用总台班 = 年工作台班 \times 折旧年限$$

1)年工作台班是指施工仪器仪表在一个年度内使用的台班数量。其计算公式为

$$年工作台班 = 年制度工作日 \times 年使用率$$

年制度工作日应按国家规定制度工作日执行，年使用率应按实际使用情况综合取定。

2)折旧年限是指施工仪器仪表逐年计提折旧费的年限。折旧年限应按国家有关规定取定。

**2. 维护费**

施工仪器仪表台班维护费是指施工仪器仪表各级维护、临时故障排除所需的费用及为保证仪器仪表正常使用所需备件(备品)的维护费用。其计算公式为

$$台班维护费 = \frac{年维护费用}{年工作台班}$$

年维护费用是指施工仪器仪表在一个年度内发生的维护费用。年维护费用应按相关技术指标，结合市场价格综合取定。

**3. 校验费**

施工仪器仪表台班校验费是指按国家与地方政府规定的标定与检验的费用。其计算公式为

$$台班校验费=\frac{年校验费用}{年工作台班}$$

年校验费用是指施工仪器仪表在一个年度内发生的校验费用。年校验费用应按相关技术指标取定。

**4. 动力费**

施工仪器仪表台班动力费是指施工仪器仪表在施工过程中所耗用的电费。其计算公式为

$$台班动力费=台班耗电量×电价$$

(1)台班耗电量应根据施工仪器仪表不同类别，按相关技术指标综合取定。

(2)电价应执行编制期工程造价管理机构发布的信息价格。

### 3.3.5 定额基价

定额基价是指反映完成定额项目规定的单位建筑安装产品，在定额编制基期所需的人工费、材料费、施工机具使用费或其总和。

定额基价相对比较稳定，有利于简化概(预)算的编制工作。因为只包含了人工、材料、机械台班的费用，所以是不完全价格。

《建设工程工程量清单计价规范》(GB 50500—2013)的综合单价是不完全费用单价，这种单价虽然包括人工、材料、机械台班、管理费、利润等费用，但规费、增值税等费用仍未被包含其中。目前，我国已有不少省、市编制了工程量清单项目的综合单价的基价，为发承包双方组成工程量清单项目综合单价构建了平台，取得了成效。

**1. 定额基价的构成**

定额基价是由人工费、材料费、施工机具费构成的。其计算公式为

$$定额基价=人工费+材料费+施工机具费$$

$$人工费=定额项目工日数×人工单价$$

$$材料费=\sum(定额项目材料用量×材料单价)$$

$$施工机具费=\sum(定额项目台班量×台班单价)$$

**2. 定额基价的套用**

当施工图的设计要求与预算定额的项目内容一致时，可直接套用预算定额。

在编制单位工程施工图预算的过程中，大多数项目可以直接套用预算定额。套用预算定额时应注意以下几点：

(1)根据施工图纸，设计说明和做法说明选择定额项目；

(2)要从工程内容、技术特征和施工方法上仔细核对，才能准确地确定相对应的定额项目；

(3)分项工程项目名称和计量单位要与预算定额相一致。

**3. 定额基价的换算**

当施工图中的分项工程项目不能直接套用预算定额时，就产生了定额的换算。

(1)换算类型。预算定额的换算类型有以下三种：

1)当设计要求与定额项目配合比、材料不同时的换算；

2)乘以系数的换算，按定额说明规定对定额中的人工费、材料费、机械费乘以各种系数的换算；

3)其他换算。

(2)换算的基本思路。根据某一相关定额，按定额规定换入增加的费用，扣除减少的费用。这一思路用下列表达式表述：

换算后的定额基价＝原定额基价＋换入的费用－换出的费用

(3)适用范围。适用于砂浆强度等级、混凝土强度等级、抹灰砂浆及其他配合比材料与定额不同时的换算。

# 任务 3.4　工程计价定额

工程计价定额是指工程定额中直接用于工程计价的定额或指标。它包括预算定额、概算定额、概算指标、估算指标等。工程计价定额主要用来在建设项目的不同阶段作为确定和计算工程造价的依据。

## 3.4.1　预算定额

### 1. 预算定额的概念

预算定额是在正常的施工条件下，完成一定计量单位质量合格的分项工程和结构构件所需消耗的人工、材料、机械台班数量及其相应费用标准。预算定额是工程建设中的一项重要的技术经济文件，是编制施工图预算的主要依据，是确定和控制工程造价的基础，如图 3.7 所示。

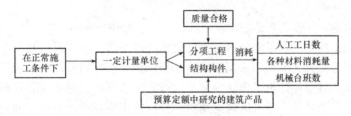

图 3.7　预算定额的概念

### 2. 预算定额的用途和作用

(1)预算定额是编制施工图预算、确定建筑安装工程造价的基础。施工图设计一经确定，工程预算造价就取决于预算定额水平和人工、材料及施工机具台班的价格。预算定额起着控制劳动消耗、材料消耗和机具台班使用的作用，进而起着控制建筑产品价格的作用。

(2)预算定额是编制施工组织设计的依据。施工组织设计的重要任务之一，是确定施工中所需人力、物力的供求量，并做出最佳安排。施工单位在缺乏本企业的施工定额的情况下，根据预算定额，也能够比较精确地计算出施工中各项资源的需要量，为有计划地组织材料采购和预制件加工、劳动力和施工机具的调配，提供了可靠的计算依据。

(3)预算定额是工程结算的依据。工程结算是建设单位和施工单位按照工程进度对已完成的分部分项工程实现货币支付的行为。按进度支付工程款，需要根据预算定额将已完成的分部分项工程的造价算出。单位工程验收后，再按竣工工程量、预算定额和施工合同规定进行结算，以保证建设单位建设资金的合理使用和施工单位的经济收入。

(4)预算定额是施工单位进行经济活动分析的依据。预算定额规定的物化劳动和劳动消耗指标，是施工单位在生产经营中允许消耗的最高标准。施工单位必须以预算定额作为评价企业工作的重要标准，作为努力实现的目标。施工单位可根据预算定额对施工中的人工、材料、机具的消耗情况进行具体的分析，以便找出并克服低功效、高消耗的薄弱环节，提高竞争能力，只有在施工中尽量降低劳动消耗，采用新技术、提高劳动者素质，提高劳动生产率，才能取得较好的经济效益。

(5)预算定额是编制概算定额的基础。概算定额是在预算定额基础上综合扩大编制的。利用预算定额作为编制依据，不但可以节省编制工作的大量人力、物力和时间，收到事半功倍的效果，还可以使概算定额在水平上与预算定额保持一致，以免造成执行中的不一致。

(6)预算定额是合理编制招标控制价、投标报价的基础。在深化改革中，预算定额的指令性作用将日益削弱，而对施工单位按照工程个别成本报价的指导性作用仍然存在，因此，预算定额作为编制招标控制价的依据和施工企业报价的基础性作用仍将存在，这也是由预算定额本身的科学性和指导性决定的。

**3. 预算定额的编制原则和依据**

(1)预算定额的编制原则。

1)按社会平均水平确定预算定额的原则。即按照"在现有的社会正常的生产条件下，在社会平均的劳动熟练程度和劳动强度下制造某种使用价值所需要的劳动时间"来确定定额水平。所以，预算定额的平均水平，是在正常的施工条件，合理的施工组织和工艺条件、平均劳动熟练程度和劳动强度下，完成单位分项工程基本构造要素所需的劳动时间。

预算定额的水平以施工定额水平为基础。预算定额中包含了更多的可变因素，需要保留合理的幅度差。预算定额是平均水平，施工定额是平均先进水平。所以，两者相比预算定额水平要相对低一些。

2)简明适用原则。一是指在编制预算定额时，对于那些主要的、常用的、价值量大的项目，分项工程划分宜细；次要的、不常用的、价值量相对较小的项目则可以粗一些。二是指预算定额要项目齐全，要注意补充那些因采用新技术、新结构、新材料而出现的新的定额项目；如果项目不全，缺项多，就会使计价工作缺少充足的可靠的依据。三是还要合理确定预算定额的计量单位，简化工程量的计算，尽可能地避免同一种材料用不同的计量单位和一量多用，尽量减少定额附注和换算系数。

3)坚持统一性和差别性相结合原则。所谓统一性，就是从培育全国统一市场规范计价行为出发；所谓差别性，就是在统一性基础上，各部门和省、自治区、直辖市主管部门可以在自己的管辖范围内，根据本部门和地区的具体情况，制定部门和地区性定额、补充性制度和管理办法。

(2)预算定额的编制依据。

1)现行施工定额。预算定额是在现行施工定额的基础上编制的。预算定额中人工、材料、机具台班消耗水平，需要根据施工定额取定；预算定额计量单位的选择，也要以施工定额为参考，从而保证两者的协调性和可比性，减轻预算定额的编制工作量，缩短编制时间。

2)现行设计规范、施工及验收规范，质量评定标准和安全操作规程。

3)具有代表性的典型工程施工图及有关标准图。

对这些图纸进行仔细分析研究，并计算出工程数量，作为编制定额时选择施工方法确定定额含量的依据。

4)成熟推广的新技术、新结构、新材料和先进的施工方法等。

这类资料是调整定额水平和增加新的定额项目所必需的依据。

5)有关科学试验、技术测定和统计、经验资料，这类工程是确定定额水平的重要依据。

6)现行的预算定额、材料单价、机具台班单价及有关文件规定等。它包括过去定额编制过程中积累的基础资料,也是编制预算定额的依据和参考。

**4. 预算定额消耗量的编制方法**

确定预算定额人工、材料、机具台班消耗量指标时,必须先按施工定额的分项逐项计算出消耗量指标,然后再按预算定额的项目加以综合。但是,这种综合不是简单的合并和相加,而需要在综合过程中增加两种定额之间的适当的水平差。预算定额的水平,首先取决于这些消耗量的合理确定。

人工、材料和机具台班消耗量指标,应根据定额编制原则和要求,采用理论与实际相结合、图纸计算与施工现场测算相结合、编制人员与现场工作人员相结合等方法进行计算和确定,使定额既符合政策要求,又与客观情况一致,便于贯彻执行。

(1)人工工日消耗量。预算定额中人工工日消耗量可以有两种确定方法,一种是以劳动定额为基础确定;另一种是以现场观察测定资料为基础计算,主要用于遇到劳动定额缺项时,采用现场工作日写实等测时方法测定和计算定额的人工耗用量。

预算定额中人工工日消耗量是指在正常施工条件下,生产单位合格产品所必需消耗的人工工日数量,是由分项工程所综合的各个工序劳动定额包括的基本用工、其他用工两部分组成的。

1)基本用工。基本用工是指完成一定计量单位的分项工程或结构构件的各项工作过程的施工任务所必需消耗的技术工种用工。按技术工种相应劳动定额工时定额计算,以不同工种列出定额工日。基本用工包括以下几项:

①完成定额计量单位的主要用工。按综合取定的工程量和相应劳动定额进行计算。其计算公式为

$$基本用工 = \sum(综合取定的工程量 \times 劳动定额) \tag{3.29}$$

例如,工程实际中的砖基础,有一砖厚,一砖半厚,二砖厚等之分,用工各不相同,在预算定额中由于不区分厚度,需要按照统计的比例,加权平均得出综合的人工消耗。

②按劳动定额规定应增(减)计算的用工量。例如,在砖墙项目中,分项工程的工作内容包括附墙烟囱孔、垃圾道、壁橱等零星组合部分,其人工消耗量相应增加附加人工消耗。由于预算定额是在施工定额子目的基础上综合扩大的,包括的工作内容较多,施工的工效视具体部位而不一样,所以需要另外增加人工消耗,而这种人工消耗也可以列入基本用工内。

2)其他用工。其他用工是辅助基本用工消耗的工日,包括辅助用工、超运距用工和人工幅度差用工,如图3.8所示。

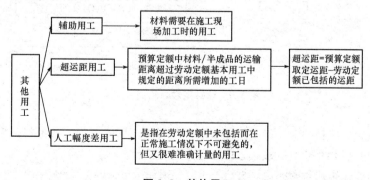

**图3.8 其他用工**

①辅助用工。辅助用工是指技术工种劳动定额内不包括而在预算定额内又必须考虑的用工。例如,机械土方工程配合用工、材料加工(筛砂、洗石、淋化石膏),电焊点火用工等。其计算

公式为

$$辅助用工 = \sum (材料加工数量 \times 相应的加工劳动定额) \tag{3.30}$$

②超运距用工。超运距是指劳动定额中已包括的材料、半成品场内水平搬运距离与预算定额所考虑的现场材料、半成品堆放地点到操作地点的水平运输距离之差。其计算公式为

$$超运距 = 预算定额取定运距 - 劳动定额已包括的运距 \tag{3.31}$$

$$超运距用工 = \sum (超运距材料数量 \times 时间定额) \tag{3.32}$$

需要指出的是，实际工程现场运距超过预算定额取定运距时，可另行计算现场二次搬运费。

③人工幅度差用工。人工幅度差即预算定额与劳动定额的差额，主要是指在劳动定额中未包括而在正常施工情况下不可避免的，但又很难准确计量的用工和各种工时损失。其内容包括以下几项：

a. 各工种间的工序搭接及交叉作业相互配合或影响所发生的停歇用工；

b. 在施工过程中，移动临时水电线路而造成的影响工人操作的时间；

c. 工程质量检查和隐蔽工程验收工作而影响工人操作的时间；

d. 同一现场内单位工程之间因操作地点转移而影响工人操作的时间；

e. 工序交接时对前一工序不可避免的修整用工；

f. 施工中不可避免的其他零星用工。

人工幅度差用工计算公式为

$$人工幅度差用工 = (基本用工 + 辅助用工 + 超运距用工) \times 人工幅度差系数 \tag{3.33}$$

人工幅度差系数一般为10%～15%。在预算定额中，人工幅度差的用工量列入其他用工量中。

(2)材料消耗量。预算定额中的材料消耗量，是指在合理和节约使用材料的条件下，生产单位假定建筑安装产品(即分部分项工程或结构构件)必需消耗的一定品种规格的材料、半成品、构配件等数量标准，如现场内材料运输损耗及施工操作过程中的损耗等。它包括材料净耗量和材料不可避免损耗量。

$$材料的消耗量 = 材料的净耗量 + 材料的损耗量$$

预算定额的材料按用途划分，可分为主要材料、辅助材料、周转性材料和其他材料四种，如图3.9所示。

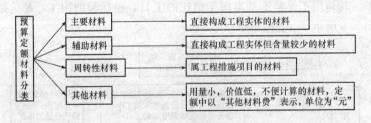

**图3.9 预算定额材料的分类**

1)材料净耗量。材料的净耗量是指直接用到工程中，构成工程实体的材料消耗量。它可以采用计算法、换算法和实验室试验法进行测定。

2)材料不可避免损耗量的测定。材料不可避免损耗量包括以下几项：

①施工操作中的材料损耗量，包括操作过程中不可避免的废料和损耗量。

②领料时材料从工地仓库、现场堆放地点或施工现场内的加工地点运至施工操作地点的不可避免的场内运输损耗量、装卸损耗量。

③材料在施工操作地点的不可避免的堆放损耗量。

④材料预算价格中没有考虑的场外运输损耗量。

各分部分项工程材料净耗量(又称材料净耗定额)与材料不可避免损耗量(又称材料损耗定额)之和构成材料必需消耗量(材料预算定额量)。材料不可避免损耗量与材料必需消耗量之比,称为材料损耗率。其计算公式为

损耗量:

$$材料损耗率 = \frac{材料损耗量}{材料净用量} \times 100\%$$

净用量:

$$材料损耗量 = 材料净用量 \times 损耗率$$

$$材料消耗量 = 材料净用量 + 损耗量$$

或

$$材料消耗量 = 材料净用量 \times (1 + 损耗率)$$

材料消耗量计算方法主要有以下几项:

1)凡有标准规格的材料,按规范要求计算定额计量单位耗用量。

2)凡设计图纸标注尺寸及下料要求的按设计图纸尺寸计算材料净用量。

3)换算法。

4)测定法包括实验室试验法和现场观察法。

【应用案例3.7】 计算100 m² 的10 mm 厚水泥砂浆结合层镶贴300 mm×300 mm×5 mm 瓷砖墙面中瓷砖和砂浆的消耗量(灰缝宽为2 mm,瓷砖损耗率为1.5%,砂浆损耗率为1%)。

**解:**

100 m² 墙面瓷砖净用量 = 100/[(0.3+0.002)×(0.3+0.002)] = 1 096.44(块)

100 m² 墙面瓷砖 = 1 096.44×(1+1.5%) = 1 112.89(块)

100 m² 墙面中结合层砂浆净用量 = 100×0.01 = 1(m³)

100 m² 墙面中灰缝砂浆净用量 = [100-(1 096.44×0.3×0.3)]×0.005 = 0.007(m³)

100 m² 墙面中水泥砂浆消耗量 = (1+0.007)×(1+1%) = 1.02(m³)

(3)机具台班消耗量。预算定额中的机具台班消耗量是指在正常施工条件下,生产单位合格产品(分部分项工程或结构构件)必需消耗的某种型号施工机具的台班数量。机械台班消耗量包括施工定额中机械台班产量加机械台班幅度差。

机械台班幅度差是指在施工定额中所规定的范围内没有包括,而在实际施工中又不可避免产生的影响机械或使机械停歇的时间。其内容包括以下几项:

1)施工机械转移工作面及配套机械相互影响损失的时间;

2)在正常施工条件下,机械在施工中不可避免的工序间歇;

3)工程开工或收尾时工作量不饱满所损失的时间;

4)检查工程质量影响机械操作的时间;

5)临时停机、停电影响机械操作的时间;

6)机械维修引起的停歇时间。

综上所述,预算定额的机械台班消耗量按式(3.34)计算:

预算定额机械耗用台班 = 施工定额机械耗用台班×(1+机械幅度差系数) (3.34)

【应用案例3.8】 已知某挖土机挖土,一次正常循环工作时间是40 s,每次循环平均挖土量为0.3 m³,机械时间利用系数为0.8,机械幅度差系数为25%。求该机械挖土方1 000 m³ 的预算定额机械耗用台班量。

**解：** 机械纯工作 1 h 循环次数 = 3 600/40 = 90(次/台时)

机械纯工作 1 h 正常生产率 = 90×0.3 = 27(m³/台时)

施工机械台班产量定额 = 27×8×0.8 = 172.8(m³/台班)

施工机械台班时间定额 = 1/172.8 = 0.005 79(台班/m³)

预算定额机械耗用台班 = 0.005 79×(1+25%) = 0.007 23(台班/m³)

挖土方 1 000 m³ 的预算定额机械耗用台班量 = 1 000×0.007 23 = 7.23(台班)

**5. 预算定额基价**

预算定额基价就是预算定额分项工程或结构构件的单价，只包括人工费、材料费和施工机具使用费，也称工料单价。

预算定额基价一般通过编制单位估价表、地区单位估价表及设备安装价目表确定单价，用于编制施工图预算，在预算定额中列出的"预算价值"或"基价"，应视作该定额编制时的工程单价。

预算定额基价的编制方法，简单说就是人工、材料、施工机具的消耗量和人工、材料、施工机具单价的结合过程。其中，人工费是由预算定额中每一分项工程各种用工数乘以地区人工工日单价之和算出；材料费是由预算定额中每一分项工程的各种材料消耗量乘以地区相应材料预算价格之和算出；施工机具使用费是由预算定额中每一分项工程的各种机械台班消耗量乘以地区相应施工机械台班预算价格之和，以及仪器仪表使用费汇总后算出。上述单价均为不含增值税进项税额的价格。

分项工程预算定额基价的计算公式为

$$分项工程预算定额基价 = 人工费 + 材料费 + 施工机具使用费 \qquad (3.35)$$

其中
$$人工费 = \sum (现行预算定额中各种人工工日用量×人工日工资单价)$$

$$材料费 = \sum (现行预算定额中各种材料耗用量×相应材料单价)$$

$$施工机具使用费 = \sum (现行预算定额中机械台班用量×机械台班单价) +$$
$$\sum (仪器仪表台班用量×仪器仪表台班单价)$$

预算定额基价是根据现行定额和当地的价格水平编制的，具有相对的稳定性，但是为了适应市场价格的变动，在编制预算时必须根据工程适价管理部门发布的调价文件对固定的工程预算单价进行修正，修正后的工程单价乘以根据图纸计算出来的工程量，就可以获得符合实际市场情况的人工、材料、施工机具使用费。

预算定额基价的
编制方法

**【应用案例 3.9】** 砌筑一砖墙的有关技术资料如下：

(1)完成 1 m³ 砖砌体所需基本工作时间为 15.5 h，辅助工作时间、准备与结束工作时间、不可避免的中断时间和休息时间分别占工作延续时间的 3%、3%、2% 和 16%，人工幅度差系数为 10%，超运距运砖每千块需耗时 2.5 h；

(2)砖砌体采用 M5 水泥砂浆砌筑，标准机砖和砂浆的损耗率均为 1%，完成每 m³ 砌体施工需耗水 0.8 m³，其他材料费占上述材料费的 2%；

(3)砂浆采用 400 L 搅拌机进行现场搅拌：装料需 50 s，搅拌需 100 s，卸料需 30 s，不可避免的中断时间为 20 s，搅拌机的投料系数为 0.65，机械利用系数为 0.8，机械幅度差系数为 15%；

(4)人工单价为 110 元/工日，M5 水泥砂浆单价为 250 元/m³，机制砖单价为 300 元/千块，水为 5 元/m³，400 L 搅拌机的单价为 130 元/台班。

试计算：(1)砌筑每 1 m³ 砖墙的施工定额；

(2)砌筑每 10 m³ 砖墙的预算定额的消耗量指标和定额基价。

**解：**

1. 施工定额的编制

(1)劳动定额。

时间定额＝15.5/[(1－3‰－3‰－2‰－16‰)×8]＝2.55(工日/m³)

产量定额＝1/时间定额＝1/2.55＝0.39(m³/工日)

(2)材料消耗定额。

每 m³ 一砖墙中：

标准砖的净用量(块)＝2×墙厚砖数/[墙厚×(砖长＋灰缝)×(砖厚＋灰缝)]

　　　　　　　　＝2/[0.24×(0.24＋0.01)×(0.053＋0.01)]

　　　　　　　　＝529(块)

砂浆的净用量＝1－砖净用量×(砖长×砖宽×砖厚)

　　　　　　＝1－529×(0.24×0.115×0.053)

　　　　　　＝0.226(m³)

标准砖消耗量＝标准砖净用量×(1＋损耗率)

　　　　　　＝529×(1＋1‰)

　　　　　　＝534(块)

砂浆消耗量＝砂浆净用量×(1＋损耗率)

　　　　　＝0.226×(1＋1‰)

　　　　　＝0.228(m³)

水消耗量＝0.8(m³)

(3)机械台班消耗定额。

搅拌机循环一次所需时间＝50＋100＋30＋20＝200(s)

机械纯工作 1 h 的循环次数＝$\dfrac{3\,600}{200}$＝18(次)

搅拌机纯工作 1 h 正常生产率＝机械纯工作 1 h 的循环次数×一次循环生产的产品数量×投
　　　　　　　　　　　　　料系数

　　　　　　　　　　　　＝18×0.4×0.65

　　　　　　　　　　　　＝4.68(m³)

搅拌机台班产量定额＝机械纯工作 1 h 正常生产率×工作班延续时间×机械利用系数

　　　　　　　　　＝4.68×8×0.8

　　　　　　　　　＝29.95(m³/台班)

砌筑每 m³ 一砖墙搅拌机消耗量＝0.228/29.95＝0.008(台班)

2. 预算定额的编制

(1)预算定额消耗量的确定。

每 10 m³ 一砖墙中：

人工消耗量＝(基本用工＋超运距用工＋辅助用工)×(1＋人工幅度差系数)

　　　　　＝(2.55＋0.534×2.5/8)×10×(1＋10‰)＝29.89(工日)

材料消耗量：标准砖 5.34 千块；砂浆 2.28 m³，水 8 m³。

机械台班消耗量＝0.008×(1+15％)×10＝0.092(台班)

(2)预算定额单价的确定。

每 10 m³ 一砖墙中：

人工费＝29.89×110＝3 287.9(元)

材料费＝(5.34×300＋2.28×250＋8×5)×(1+2％)＝2 256.24(元)

机械使用费＝0.092×130＝11.96(元)

预算定额单价＝人工费＋材料费＋机械使用费＝3 287.9＋2 256.24＋11.96＝5 556.10(元)

### 3.4.2 概算定额

**1. 概算定额的编制原则和编制步骤**

(1)概算定额的概念，如图 3.10 所示。

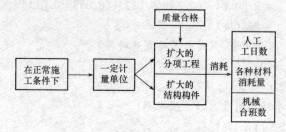

**图 3.10　概算定额的概念**

概算定额，是在预算定额基础上，确定完成合格的单位扩大分项工程或单位扩大结构构件所需消耗的人工、材料和机械台班的数量标准，所以，概算定额又称扩大结构定额。

概算定额是预算定额的合并与扩大。其将预算定额中有联系的若干个分项工程项目综合为一个概算定额项目。

概算定额与预算定额的相同之处在于，它们都是以建(构)筑物各个结构部分和分部分项工程为单位表示的，内容也包括人工、材料和机械台班使用量定额三个基本部分，并列有基准价。概算定额表达的主要内容、主要方式及基本使用方法都与预算定额相近。

定额基准价＝定额单位人工费＋定额单位材料费＋定额单位机械费

$$=\sum(人工概算定额消耗量×人工日工资单价)+\sum(材料概算定额消耗量×$$

$$材料预算价格)+\sum(施工机械概算定额消耗量×机械台班费用单价)$$

概算定额与预算定额的不同之处在于，项目划分和综合扩大程度上的差异，同时，概算定额主要用于设计概算的编制。由于概算定额综合了若干分项工程的预算定额，因此使概算工程量计算和概算表的编制，都比编制施工图预算简化一些。

🔲知识链接

1)砖基础概算定额项目，就是以砖基础为主，综合了平整场地、挖地槽、铺设垫层、砌砖基础、铺设防潮层、回填土及运土等预算定额中分项工程项目。

2)现浇钢筋混凝土柱概算定额项目工程内容包括模板制作、安装、拆除，钢筋制作、安装，混凝土浇捣、抹灰、刷浆。

(2)概算定额的作用。

1)概算定额是初步设计阶段编制概算、扩大初步设计阶段编制修正概算的主要依据。

2)概算定额是对设计项目进行技术经济分析比较的基础资料之一。

3)概算定额是建设工程主要材料计划编制的依据。

4)概算定额是编制概算指标的依据。

5)概算定额是施工企业在准备施工期间，编制施工组织总设计或总规划时，对生产要素提出需要量计划的依据。

6)概算定额是工程结束后，进行竣工决算和评价的依据。

7)概算定额是编制概算指标的依据。

(3)概算定额的编制原则和编制依据。

1)概算定额的编制原则。概算定额应该贯彻社会平均水平和简明适用的原则。由于概算定额和预算定额都是工程计价的依据，所以应符合价值规律和反映现阶段大多数企业的设计、生产及施工管理水平。但在概预算定额水平之间应保留必要的幅度差。概算定额的内容和深度是以预算定额为基础的综合和扩大。在合并中不得遗漏或增加项目，以保证其严密性和正确性。概算定额务必达到简化、准确和适用的原则。

2)概算定额的编制依据。概算定额的编制依据因其使用范围不同而不同。其编制依据一般有以下几种：

①有关的国家和地区文件；

②现行的设计规范、施工验收技术规范和各类工程预算定额、施工定额；

③具有代表性的标准设计图纸和其他设计资料；

④有关的施工图预算及有代表性的工程决算资料；

⑤现行的人工日工资单价标准、材料单价、机具台班单价及其他的价格资料。

(4)概算定额的编制步骤。概算定额的编制一般分三个阶段进行，即准备阶段、编制初稿阶段和审查定稿阶段。

1)准备阶段。准备阶段主要是确定编制机构和人员组成，进行调查研究，了解现行概算定额执行情况和存在问题，明确编制的目的，制订概算定额的编制方案和确定概算定额的项目。

2)编制初稿阶段。编制初稿阶段是根据已经确定的编制方案和概算定额项目，收集和整理各种编制依据，对各种资料进行深入细致的测算和分析，确定人工、材料和机械台班的消耗量指标，最后编制概算定额初稿。

3)审查定稿阶段。审定稿阶段的主要工作是测算概算定额水平，即测算新编制概算定额与原概算定额及现行预算定额之间的水平。测算的方法既要分项进行测算，又要通过编制单位工程概算以单位工程为对象进行综合测算。概算定额水平与预算定额水平之间应有一定的幅度差，幅度差一般在5%以内。

**2. 概算定额手册的内容**

按专业特点和地区特点编制的概算定额手册，内容基本上是由文字说明、定额项目表和附录三个部分组成。

(1)文字说明部分。文字说明部分有总说明和分部工程说明。在总说明中，主要阐述概算定额的性质和作用、概算定额编纂形式和应注意的事项、概算定额编制目的和使用范围、有关定额的使用方法的统一规定。

(2)定额项目表。

①定额项目的划分。概算定额项目一般按以下两种方法划分：一种是按工程结构划分为土

石方、基础、墙、梁板柱、门窗、楼地面、屋面、装饰、构筑物等；另一种是按工程部位（分部）划分为基础、墙体、梁柱、楼地面、屋盖、其他工程部位等，如基础工程中包括砖、石、混凝土基础等项目。

山东省建筑工程概算定额示例

②定额项目表。定额项目表是概算定额手册的主要内容，由若干分节定额组成。各节定额由工程内容、定额表及附注说明组成。定额表中列有定额编号、计量单位、概算价格、人工、材料、机具台班消耗量指标，综合了预算定额的若干项目与数量。

**3. 概算定额应用规则**

(1)符合概算定额规定的应用范围；

(2)工程内容、计量单位及综合程度应与概算定额一致；

(3)必要的调整和换算应严格按定额的文字说明和附录进行；

(4)避免重复计算和漏项；

(5)参考预算定额的应用规则。

**4. 概算定额计价的编制**

山东省建筑工程概算定额基价示例

概算定额计价和预算定额基价一样，都只包括人工费、材料费和施工机具使用费。概算定额计价是通过编制扩大单位估价表所确定的单价，用于编制设计概算。概算定额基价和预算定额基价的编制方法相同，单价均为不含增值税进项税额的价格。

### 3.4.3 投资估算指标

**1. 投资估算指标的概念及其作用**

工程建设投资估算指标是编制建设项目建议书、可行性研究报告等前期工作阶段投资估算的依据，也可以作为编制固定资产长远规划投资额的参考。与概算定额相比较，投资估算指标以独立的建设项目、单项工程或单位工程为对象，综合项目全过程投资和建设中的各类成本和费用，反映其扩大的技术经济指标，既是定额的一种表现形式，但又不同于其他的计价定额。投资估算指标既具有宏观指导作用，又能为编制项目建议书和可行性研究阶段投资估算提供依据。

(1)在编制项目建议书阶段，投资估算指标是项目主管部门审批项目建议书的依据之一，并对项目的规划及规模起参考作用。

(2)在可行性研究报告阶段，投资估算指标是项目决策的重要依据，也是多方案比选、优化设计方案、正确编制投资估算、合理确定项目投资额的重要基础。

(3)在建设项目评价及决策过程中，投资估算指标是评价建设项目投资可行性、分析投资效益的主要经济指标。

(4)在项目实施阶段，投资估算指标是限额设计和工程造价确定与控制的依据。

(5)投资估算指标是核算建设投资需要额和编制建设投资计划的重要依据。

(6)合理准确地确定投资估算指标是进行工程造价管理改革，实现工程造价事前管理和主动控制的前提条件。

**2. 投资估算指标的编制原则和依据**

(1)投资估算指标的编制原则。由于投资估算指标属于项目建设前期进行估算投资的技术经济指标，它不但要反映实施阶段的静态投资，还必须反映项目建设前期和交付使用期内发生的动态投资，以投资估算指标为依据编制的投资估算，包含项目建设的全部投资额。这就要求投资估算指标比其他各种计价定额具有更大的综合性和概括性。因此，投资估算指标的编制工作，除应遵循一般定额的编制原则外，还必须坚持以下原则：

1)投资估算指标项目的确定，应考虑以后几年编制建设项目建议书和可行性研究报告投资估算的需要。

2)投资估算指标的分类、项目划分、项目内容、表现形式等要结合各专业的特点，并且要与项目建议书、可行性研究报告的编制深度相适应。

3)投资估算指标的编制内容，典型工程的选择，必须遵循国家的有关建设方针政策，符合国家技术发展方向，贯彻国家高科技政策和发展方向原则，使投资估算指标的编制既能反映正常建设条件下的造价水平，也能适应今后若干年的科技发展水平。坚持技术上先进、可行和经济上的合理，力争以较少的投入取得最大的投资效益。

4)投资估算指标的编制要反映不同行业、不同项目和不同工程的特点，投资估算指标要适应项目前期工作深度的需要，而且具有更大的综合性。投资估算指标要密切结合行业特点，项目建设的特定条件，在内容上既要贯彻指导性、准确性和可调性原则，又要有一定的深度和广度。

5)投资估算指标的编制要贯彻静态和动态相结合的原则。要充分考虑在市场经济条件下，由于建设条件、实施时间、建设期限等因素的不同，考虑到建设期的动态因素，即价格、建设期利息及涉外工程的汇率等因素的变动，导致指标的量差、价差、利息差、费用差等"动态"因素对投资估算的影响，对上述动态因素给予必要的调整，尽可能减少这些动态因素对投资估算准确度的影响，使指标具有较强的实用性和可操作性。

(2)投资估算指标的编制依据。

1)依照不同的产品方案、工艺流程和生产规模，确定建设项目主要生产、辅助生产、公用设施与生活福利设施等单项工程内容、规模、数量以及结构形式，选择相应具有代表性、符合技术发展方向、数量足够的已经建成或正在建设的并具有重复使用可能的设计图样及其工程量清册、设备清单、主要材料用量表和预算资料、决算资料，经过分类、筛选，整理出编制依据。

2)国家和主管部门制定颁发的建设项目用地定额、建设项目工期定额、单项工程施工工期定额及生产定员标准等。

3)编制年度现行全国统一、地区统一的各类工程概预算定额、各种费用标准。

4)编制年度的各类工资标准、材料单价、机具台班单价及各类工程造价指数，应以所处地区的标准为准。

5)设备价格。

### 3. 投资估算指标的内容

投资估算指标是确定和控制建设项目全过程各项投资支出的技术经济指标，其范围涉及建设前期、建设实施期和竣工验收交付使用期等各个阶段的费用支出。投资估算指标的内容因行业不同而各异，一般可分为建设项目综合指标、单项工程指标和单位工程指标三个层次。

山东省建设工程
投资估算指标示例

(1)建设项目综合指标。建设项目综合指标是指按规定应列入建设项目总投资的从立项筹建开始至竣工验收交付使用的全部投资额，包括单项工程投资、工程建设其他费用、预备费等。

建设项目综合指标一般以项目的综合生产能力单位投资表示，如"元/t""元/kW"，或以使用功能表示，如医院床位"元/床"。

(2)单项工程指标。单项工程指标是指按规定应列入能独立发挥生产能力或使用效益的单项工程内的全部投资额，包括建筑工程费、安装工程费、设备购置费、工器具及生产家具购置费和可能包含的其他费用。单项工程指标一般划分原则如下：

1)主要生产设施。主要生产设施是指直接参加生产产品的工程项目。它包括生产车间或生产装置。

2)辅助生产设施。辅助生产设施是指为主要生产车间服务的工程项目。它包括集中控制室，中央实验室，机修、电修、仪器仪表修理及木工(模)等车间，原材料、半成品、成品及危险品等仓库。

3)公用工程。公用工程包括给水排水系统、供热系统、供电系统、通信系统以及热电站、热力站、煤气站、空压站、冷冻站、冷却塔、全厂官网等。

4)环境保护工程。环境保护工程包括废气、废渣、废水等处理和综合利用设施及全厂性绿化。

5)总图运输工程。总图运输工程包括厂区防洪、围墙大门、传达及收发室、汽车库、消防车库、厂区道路、桥涵、厂区码头及厂区大型土石方工程。

6)厂区服务设施。厂区服务设施包括厂部办公室、厂区食堂、医务室、浴室、哺乳室、自行车棚等。

7)生活福利设施。生活福利设施包括住宅、生活区食堂、职工医院、俱乐部、托儿所、幼儿园、子弟学校、商业服务点以及与之配套的设施。

8)厂外工程。如水源、厂外输电、输水、排水、通信、输油等管线以及公路、铁路专用线等。

单项工程指标一般以单项工程生产能力单位投资，如"元/t"或其他单位表示。变配电站以"元/(kV·A)"表示；锅炉房以"元/蒸汽吨"表示；供水站以"元/m³"表示；办公室、仓库、宿舍、住宅等房屋则区别不同结构形式以"元/m²"表示。

（3）单位工程指标。单位工程指标按规定应列入能独立设计、施工的工程项目的费用，即建筑安装工程费用。

单位工程指标一般表示方式为：房屋区别不同结构形式以"元/m²"表示；道路区别不同结构层、面层以"元/m²"表示；水塔区别不同结构层、容积以"元/座"表示；管道区别不同材质、管径以"元/m"表示。

## 执考训练

关于投资估算指标反映的费用内容和计价单位的说法，下列正确的有(　　)。

A. 单位工程指标反映建筑安装工程费，以每 m²、m³、m、座等单位投资表示

B. 单项工程指标反映工程费用，以每 m²、m³、m、座等单位投资表示

C. 单项工程指标反映建筑安装工程费，以单项工程生产能力单位投资表示

D. 建设项目综合指标反映项目固定资产投资，以项目综合生产能力单位投资表示

E. 建设项目综合指标反映项目总投资，以项目综合生产能力单位投资表示

答案：AE

【解析】单项工程指标反映工程费用，通常以单项工程生产能力单位投资表示，故 B 错误；单项工程指标能够独立发挥生产能力或使用效益的单项工程内的全部投资额，包括建筑工程费、安装工程费、设备购置费、工器具购置费及生产家具购置费，故 C 错误；建设项目综合指标是指从立项筹建开始至竣工验收交付使用的全部投资额，一般以项目的综合生产能力单位投资表示，故 D 错误。

**4. 投资估算指标的编制方法**

投资估算指标的编制应当成立专业齐全的编制小组，编制人员应具备较高的专业素质，并应制订一个包括编制原则、编制内容、指标的层次相互衔接、项目划分、表现形式、计量单位、计算、复核、审查程序等内容的编制方案或编制细则，以便编制工作有章可循。投资估算指标的编制一般可分为以下三个阶段进行：

(1)收集整理资料阶段。收集整理已建成或正在建设的，符合现行技术政策和技术发展方向、有可能重复采用的、有代表性的工程设计施工图、标准设计以及相应的竣工决算或施工图预算资料等。这些资料是编制工作的基础，资料收集得越广泛，反映出的问题越多，编制工作考虑得越全面，就越有利于提高投资估算指标的实用性和覆盖面。同时，对调查收集到的资料要选择占投资比重大、相互关联多的项目进行认真的分析整理，由于已建成或正在建设的工程的设计意图、建设时间和地点、资料的基础等不同，相互之间的差异很大，需要去粗取精、去伪存真地加以整理，才能重复利用。将整理后的数据资料按项目划分栏目加以归类，按照编制年度的现行定额、费用标准和价格，调整成编制年度的造价水平及相互比例。

(2)平衡调整阶段。由于调查收集的资料来源不同，虽然经过一定的分析整理，但难免会由于设计方案、建设条件和建设时间上的差异带来的某些影响，使数据失准或漏项等，必须对有关资料进行综合平衡调整。

(3)测算审查阶段。测算是将新编制的指标和选定工程的概预算，在同一价格条件下进行比较，检验其"量差"的偏离程度是否在允许偏差的范围之内，如偏差过大，则要查找原因，进行修正，以保证指标的确切、实用。同时，测算也是对指标的编制质量进行的一次系统检查，应由专人进行，以保持测算口径的统一，在此基础上组织有关专业人员予以全面审查定稿。

由于投资估算指标的计算工作量非常大，在现阶段计算机已经广泛普及的条件下，应尽可能应用电子计算机进行投资估算指标的编制工作。

# 任务 3.5　工程量清单计价及工程量计算规范

工程量清单是载明建设工程分部分项工程项目、措施项目和其他项目的名称与相应数量以及规费和税金项目等内容的明细清单。其中由招标人根据国家标准、招标文件、设计文件以及施工现场实际情况编制的称为招标工程量清单；而作为投标文件组成部分的已标明价格并经承包人确认的称为已标价工程量清单。招标工程量清单应具有编制能力的招标人或受其委托，具有相应资质的工程造价咨询人或招标代理人编制。采用工程量清单方式招标，招标工程量清单必须作为招标文件的组成部分，其准确性和完整性由招标人负责。招标工程量清单应以单位(项)工程为单位编制，由分部分项工程项目清单、措施项目清单、其他项目清单、规费项目和税金项目清单组成。

## 3.5.1　工程量清单计价与工程量计算规范概述

目前，工程量清单计价主要遵循的依据是工程量清单计价与工程量计算规范，包括以下几项：
(1)《建设工程工程量清单计价规范》(GB 50500—2013)；
(2)《房屋建筑与装饰工程工程量计算规范》(GB 50854—2013)；
(3)《仿古建筑工程工程量计算规范》(GB 50855—2013)；
(4)《通用安装工程工程量计算规范》(GB 50856—2013)；

(5)《市政工程工程量计算规范》(GB 50857—2013);

(6)《园林绿化工程工程量计算规范》(GB 50858—2013);

(7)《矿山工程工程量计算规范》(GB 50859—2013);

(8)《构筑物工程工程量计算规范》(GB 50860—2013);

(9)《城市轨道交通工程工程量计算规范》(GB 50861—2013);

(10)《爆破工程工程量计算规范》(GB 50862—2013)。

其中,《建设工程工程量清单计价规范》(GB 50500—2013)(以下简称计价规范)包括总则、术语、一般规定、工程量清单编制、招标控制价、投标报价、合同价款约定、工程计量、合同价款调整、合同价款期中支付、竣工结算与支付、合同解除的价款结算与支付、合同价款争议的解决、工程造价鉴定、工程计价资料与档案、工程计价表格及 11 个附录。

《建设工程工程
量清单计价规范》
GB 50500—2013

各专业工程量计算规范包括总则、术语、工程计量、工程量清单编制与附录。

**1. 工程量清单计价的使用范围**

计价规范适用于建设工程承发包及其实施阶段的计价活动。使用国有资金投资的建设工程发承包,必须采用工程量清单计价;非国有资金投资的建设工程,宜采用工程量清单计价;不采用工程量清单计价的建设工程,应执行计价规范中除工程量清单等专门性规定外的其他规定。

国有资金投资的项目包括全部使用国有资金(含国家融资资金)投资或国家资金投资为主的工程建设项目。

(1)国有资金投资的工程建设项目包括以下几项:

1)使用各级财政预算资金的项目;

2)使用纳入财政管理的各种政府性专项建设资金的项目;

3)使用国有企事业单位自有资金,并且国有资产投资者实际拥有控制权的项目。

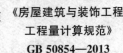

《房屋建筑与装饰工程
工程量计算规范》
GB 50854—2013

(2)国家融资资金投资的工程建设项目包括以下几项:

1)使用国家发行债券所筹资金的项目;

2)使用国家对外借款或者担保所筹资金的项目;

3)使用国家政策性贷款的项目;

4)国家授权投资主体融资的项目;

5)国家特许的融资项目。

(3)以国有资金(含国家融资资金)为主的工程建设项目是指国有资金占投资总额 50% 以上,或虽足 50% 但国有投资者实质上拥有控股权的工程建设项目。

**2. 工程量清单计价的作用**

(1)提供一个平等的竞争条件。采用施工图预算来投标报价,由于设计图纸的缺陷,不同施工企业的人员理解不同,计算出的工程量也不同,报价就更相去甚远,也容易产生纠纷。而工程量清单报价就为投标者提供了一个平等竞争的条件,相同的工程量,由企业根据自身的实力来填不同的单价。投标人的这种自主报价,使得企业的优势体现到投标报价中,可在一定程度上规范建筑市场秩序,确保工程质量。

(2)满足市场经济条件下竞争的需要。招投标过程就是竞争的过程,招标人提供工程量清单,投标人根据自身情况确定综合单价,利用单价与工程量逐项计算每个项目的合价,再分别填入工程量清单表内,计算出投标总价。单价成了决定性的因素,定高了不能中标,定低了又要承担过大的风险。单价的高低直接取决于企业管理水平和技术水平的高低，这种局面促成了企业整体实力的竞争，有利于我国建设市场的快速发展。

（3）有利于提高工程计价效率，能真正实现快速报价。采用工程量清单计价方式，避免了传统计价方式下招标人与投标人在工程量计算上的重复工作，各投标人以招标人提供的工程量清单为统一平台，结合自身的管理水平和施工方案进行报价，促进了各投标人企业定额的完善和工程造价信息的积累和整理，体现了现代工程建设中快速报价的要求。

（4）有利于工程款的拨付和工程造价的最终结算。中标后，业主要与中标单位签订施工合同，中标价就是确定合同价的基础，投标清单上的单价就成了拨付工程款的依据。业主根据施工企业完成的工程量，可以很容易地确定进度款的拨付额。工程竣工后，根据设计变更、工程量增减等，业主也很容易确定工程的最终造价，可在某种程度上减少业主与施工单位之间的纠纷。

（5）有利于业主对投资的控制。采用现在的施工图预算形式，业主对因设计变更、工程量的增减所引起的工程造价变化不敏感，往往等到竣工结算时才知道这些变更对项目投资的影响有多大，但此时常常是为时已晚。而采用工程量清单报价的方式则可对投资变化一目了然，在要进行设计变更时，能马上知道它对工程造价的影响，业主就能根据投资情况来决定是否变更，或进行方案比较以决定最恰当的处理方法。

### 3.5.2 分部分项工程项目清单

分部分项工程是分部工程和分项工程的总称。分部工程是单位工程的组成部分，是按结构部位、路段长度及施工特点或施工任务将单位工程划分为若干分部的工程。例如，砌筑工程可分为砖砌体、砌砖砌体、石砌体、垫层分部工程。分项工程是分部工程的组成部分，是按不同施工方法、材料、工序及路段长度等将分部工程划分为若干个分项或项目的工程。例如，砖砌体可分为砖基础、砖砌挖孔桩护壁、实心砖墙、多空砖墙、空心砖墙、空斗墙、空花墙、填充墙、实心砖柱、多空砖柱、砖检查井、零星砌筑、砖散水、砖地坪、砖地沟、砖明沟等分项工程。

分部分项工程—砌筑工程示例

分部分项工程项目清单必须载明项目编码、项目名称、项目特征、计量单位和工程量。分部分项工程项目清单必须根据各专业工程工程量计算规范规定的项目编码、项目名称、项目特征、计量单位和工程量计算规则进行编制，其格式见表3.3。在分部分项工程量清单的编制过程中，由招标人负责前六项内容填列，金额部分在编制招标控制价或投标报价时填列。

**表 3.3 分部分项工程和单价措施项目清单与计价表**

工程名称：　　　　　　　　　　　标段：　　　　　　　　　　　　第　页　共　页

| 序号 | 项目编码 | 项目名称 | 项目特征 | 计量单位 | 工程量 | 金额/元 | | |
| --- | --- | --- | --- | --- | --- | --- | --- | --- |
| | | | | | | 综合单价 | 合价 | 其中 |
| | | | | | | | | 暂估价 |
| | | | | | | | | |
| | | | | | | | | |
| | | | | | | | | |
| 本页小计 | | | | | | | | |
| 合计 | | | | | | | | |
| 注：为计取规费等的使用，可在表中增设"其中：定额人工费"。 | | | | | | | | |

**1. 项目编码**

项目编码是分部分项工程和措施项目清单名称的阿拉伯数字标识。清单项目编码以五级编码设置，用十二位阿拉伯数字表示。一、二、三、四级编码为全国统一，即一至九位应按工程量计算规范附录的规定设置；第五级即十至十二位为清单项目编码，应根据拟建工程的工程量清单项目名称设置，不得有重号，这三位清单项目编码由招标人针对招标工程项目具体编制，并应自001起顺序编制。

各级编码代表的含义如下：

(1)第一级表示专业工程代码(分二位)；

(2)第二级表示附录分类顺序码(分二位)；

(3)第三级表示分部工程顺序码(分二位)；

(4)第四级表示分项工程项目名称顺序码(分三位)；

(5)第五级表示清单项目名称顺序码(分三位)。

工程量清单项目编码结构如图3.11所示(以房屋建筑与装饰工程为例)。

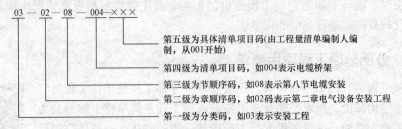

**图3.11　工程量清单项目编码结构图**

当同一标段(或合同段)的一份工程量清单中含有多个单位工程且工程量清单是以单位工程为编制对象时，在编制工程量清单时应特别注意对项目编码十至十二位的设置不得有重码的规定。例如，一个标段(或合同段)的工程量清单中含有三个单位工程，每一个单位工程中都有项目特征相同的实心砖墙砌体，在工程量清单中又需反映三个不同单位工程的实心砖墙砌体工程量时，则第一个单位工程的实心砖墙的项目编码应为010401003001，第二个单位工程的实心砖墙的项目编码应为010401003002，第三个单位工程的实心砖墙的项目编码应为010401003003，并分别列出各单位工程实心砖墙的工程量。

**2. 项目名称**

分部分项工程量清单的项目名称应按各专业工程量计算规范附录的项目名称结合拟建工程实际确定。附录表中的"项目名称"为分项工程项目名称，是形成分部分项工程量清单项目名称的基础。即在编制分部分项工程量清单时，以附录中的分项工程项目名称为基础，考虑该项目的规格、型号、材质等特征要求，结合拟建工程的实际情况，使其工程量清单项目名称具体化、细化，以反映影响工程造价的主要因素。例如，

**特种门项目名称示例**

"门窗工程"中"特种门"应区分"冷藏门""冷冻闸门""保温门""变电室门""隔音门""防射线门""人防门""金库门"等。清单项目名称应表达详细、准确，各专业工程量计算规范中的分项工程项目名称如有缺陷，招标人可作补充，并报当地工程造价管理机构(省级)备案。

**3. 项目特征**

项目特征是构成分部分项工程项目、措施项目自身价值的本质特征。项目特征是对项目的

准确描述，是确定一个清单项目综合单价不可缺少的重要依据，是区分清单项目的依据，是履行合同义务的基础。分部分项工程量清单的项目特征应按各专业工程工程量计算规范附录中规定的项目特征，结合技术规范、标准图集、施工图纸，按照工程结构、使用材质及规格或安装位置等，予以详细而准确的表述和说明。凡项目特征中未描述到的其他独有特征，由清单编制人视项目具体情况确定，以准确描述清单项目为准。

在各专业工程工程量计算规范附录中，还有关于各清单项目"工程内容"的描述。工程内容是指完成清单项目可能发生的具体工作和操作程序。但应注意的是，在编制分部分项工程项目清单时，工程内容通常无须描述，因为在工程量计算规范中，工程量清单项目与工程量计算规则、工程内容有一一对应关系，当采用工程量计算规范这一标准时，工程内容均有规定。

**4. 计量单位**

计量单位应采用基本单位，除各专业另有特殊规定外均按以下单位计量：

(1)以重量计算的项目——吨或千克(t或kg)；

(2)以体积计算的项目——立方米($m^3$)；

(3)以面积计算的项目——平方米($m^2$)；

(4)以长度计算的项目——米(m)；

(5)以自然计量单位计算的项目——个、套、块、樘、组、台等；

(6)没有具体数量的项目——宗、项等。

门窗工程计量
单位示例

各专业有特殊计量单位的，另外加以说明，当计量单位有两个或两个以上时，应根据所编制工程量清单项目的特征要求，选择最适宜表现该项目特征并方便计量的单位。

例如，门窗工程计量单位为"樘/$m^2$"两个计量单位，在实际工作中，就应选择最适宜、最方便计量和组价的单位来表示。

计量单位的有效位数应遵守下列规定：

(1)以"t"为单位，应保留三位小数，第四位小数四舍五入。

(2)以"$m^3$""$m^2$""m""kg"为单位，应保留两位小数，第三位小数四舍五入。

(3)以"个""项"等为单位，应取整数。

**5. 工程数量的计算**

工程数量主要通过工程量计算规则计算得到。工程量计算规则是指对清单项目工程量的计算规定。除另有说明外，所有清单项目的工程量应以实体工程量为准，并以完成后的净值计算；投标人投标报价时，应在单价中考虑施工中的各种损耗和需要增加的工程量。

根据工程量清单计价与工程量计算规范的规定，工程量计算规则可以分为房屋建筑与装饰工程、仿古建筑工程、通用安装工程、市政工程、园林绿化工程、构筑物工程、矿山工程、城市轨道交通工程、爆破工程九大类。

以房屋建筑与装饰工程为例，其工程量计算规范中规定的分类项目包括土石方工程、地基处理与边坡支护工程、桩基工程、砌筑工程、混凝土及钢筋混凝土工程、金属结构工程、木结构工程、门窗工程、屋面及防水工程、保温、隔热、防腐工程、楼地面装饰工程、墙、柱面装饰与隔断、幕墙工程、天棚工程、油漆、涂料、裱糊工程、其他装饰工程、拆除工程、措施项目等，分别制定了它们的项目设置和工程量计算规则。

随着工程建设中新材料、新技术、新工艺等不断涌现，工程量计算规范附录所列的工程量清单项目不可能包含所有项目。在编制工程量清单时，当出现工程量计算规范附录中未包括的清单项目时，编制人应作补充。

在编制补充项目时应注意以下三个方面：

(1)补充项目的编码应按工程量计算规范的规定确定。其具体做法如下：补充项目的编码由工程量计算规范的代码与B和三位阿拉伯数字组成，并应从001开始起顺序编制，同一招标工程的项目不得重码。

例如，房屋建筑与装饰工程如需补充项目，则其补充编码应从01B001开始起顺序编制。

(2)在工程量清单中应附补充项目的项目名称、项目特征、计量单位、工程量计算规则和工作内容。

(3)将编制的补充项目报省级或行业工程造价管理机构备案。

执考训练

根据《建设工程工程量清单计价规范》(GB 50500—2013)的规定，关于工程量清单项目编码的说法中，下列正确的是(    )。

A. 第三级编码为分部工程顺序码，由三位数字表示

B. 第五级编码应根据拟建工程的工程量清单项目名称设置，不得重码

C. 同一标段含有多个单位工程，不同单位工程中项目特征相同的工程应采用相同编码

D. 补充项目编码以"B"加上计量规范代码后跟三位数字表示

答案：B

【解析】第三级表示分部工程顺序码，由两位数表示(分二位)，故A错误；当同标段(或合同段)的一份工程量清单中含有多个单位工程，在编制工程量清单时应特别注意对项目编码十至十二位的设置不得有重码，故B正确，C错误；补充项目的编码由计量规范的代码与B和三位阿拉伯数字组成，故D错误。

### 3.5.3 措施项目清单

**1. 措施项目列项**

措施项目是指为完成工程项目施工，发生于该工程施工准备和施工过程中的技术、生活、安全、环境保护等方面的项目。

措施项目清单应根据相关工程现行国家工程量计算规范的规定编制，并应根据拟建工程的实际情况列项。例如，《房屋建筑与装饰工程工程量计算规范》(GB 50854—2013)中规定的措施项目，包括脚手架工程，混凝土模板及支架(撑)，垂直运输，超高施工增加，大型机械设备进出场及安拆，施工排水、降水，安全文明施工及其他措施项目。

**2. 措施项目清单的格式**

(1)措施项目清单的类别。措施项目费用的发生与使用时间、施工方法或者两个以上的工序相关，如安全文明施工，夜间施工，非夜间施工照明，二次搬运，冬、雨期施工，地上、地下设施和建筑物的临时保护设施，已完工程及设备保护等。但是有些措施项目则是可以计算工程量的

项目,如脚手架工程,混凝土模板及支架(撑),垂直运输,超高施工增加,大型机械设备进出场及安拆,施工排水、降水等,这类措施项目按照分部分项工程项目清单的方式采用综合单价计价,更有利于措施费的确定和调整。措施项目中可以计算工程量的项目(单价措施项目)宜采用分部分项工程项目清单的方式编制,列出项目编码、项目名称、项目特征、计量单位和工程量(见表3.3);不能计算工程量的项目(总价措施项目),以"项"为计量单位进行编制(见表3.4)。

### 表 3.4 总价措施项目清单与计价表

| 序号 | 项目编码 | 项目名称 | 计算基础 | 费率/% | 金额/元 | 调整费率/% | 调整后金额/元 | 备注 |
|---|---|---|---|---|---|---|---|---|
| | | 安全文明施工费 | | | | | | |
| | | 夜间施工增加费 | | | | | | |
| | | 二次搬运费 | | | | | | |
| | | 冬、雨期施工增加费 | | | | | | |
| | | 已完工程及设备保护费 | | | | | | |
| | | ... | | | | | | |
| | | | | | | | | |
| 合计 | | | | | | | | |

注:1. "计算基础"中安全文明施工费可为"定额基价""定额人工费"或"定额人工费+定额施工机具使用费",其他项目可为"定额人工费"或"定额人工费+定额施工机具使用费"。

2. 按施工方案计算的措施费,若无"计算基础"和"费率"的数值,也可只填"金额"数值,但应在备注栏说明施工方案出处或计算方法。

编制人(造价人员): 　　　　　　　　　　　　　　　　复核人(造价工程师):

## 执考训练

为了便于措施项目费的确定和调整,通常采用分部分项工程量清单方式编制的措施项目有( )。

A. 脚手架工程　　　　　　　　　　　B. 垂直运输工程

C. 二次搬运工程　　　　　　　　　　D. 已完工程及设备保护

E. 施工排水、降水

答案:ABE

【解析】措施项目中可以计算工程量的项目清单宜采用分部分项工程量清单的方式编制。它包括脚手架工程,混凝土模板及支架(撑),垂直运输,超高施工增加,大型机械设备进出场及安拆,施工排水、降水等。

(2)措施项目清单的编制依据。措施项目清单的编制需考虑多种因素,除工程本身的因素外,还涉及水文、气象、环境、安全等因素。措施项目清单应根据拟建工程的实际情况列项。若出现工程量计算规范中未列的项目,可根据工程实际情况补充。

措施项目清单的编制依据主要有以下几项：

1)施工现场情况、地勘水文资料、工程特点；

2)常规施工方案；

3)与建设工程有关的标准、规范、技术资料；

4)拟定的招标文件；

5)建设工程设计文件及相关资料。

对于不能计算工程量的措施项目，当按施工方案计算措施费时，若无"计算基础"和"费率"数值，则（　　　）。

A. 以定额计价为计算基础，以国家、行业、地区定额中相应的费率计算金额

B. 以"定额人工费＋定额机械费"为计算基础，以国家、行业、地区定额中相应的费率计算金额

C. 只填写"金额"数值，在备注栏中说明施工方案出处或计算方法

D. 备注中说明计算方法，补充填写"计算基础"和"费率"

答案：C

【解析】按施工方案计算的措施费，若无"计算基础"和"费率"的数值，也可只填"金额"数值，但应在备注栏说明施工方案出处或计算方法，故C选项正确。

### 3.5.4 其他项目清单

其他项目清单是指分部分项工程项目清单、措施项目清单所包含的内容以外，因招标人的特殊要求而发生的与拟建工程有关的其他费用项目和相应数量的清单。工程建设标准的高低、工程的复杂程度、工程的工期长短、工程的组成内容、发包人对工程管理的要求等都直接影响其他项目清单的具体内容。其他项目清单包括：暂列金额；暂估价(包括材料暂估单价、工程设备暂估单价、专业工程暂估价)；计日工；总承包服务费。其他项目清单宜按照表3.5的格式编制，出现未包含在表格中内容的项目，可根据工程实际情况补充。

**表3.5 其他项目清单与计价汇总表**

工程名称：　　　　　　　　　　　标段：　　　　　　　　　第 页 共 页

| 序号 | 项目名称 | 金额/元 | 结算金额/元 | 备注 |
|---|---|---|---|---|
| 1 | 暂列金额 | | | 明细详见表3.6 |
| 2 | 暂估价 | | | |
| 2.1 | 材料(工程设备)暂估单价/结算价 | — | | 明细详见表3.7 |
| 2.2 | 专业工程暂估价/结算价 | | | 明细详见表3.8 |
| 3 | 计日工 | | | 明细详见表3.9 |

| 序号 | 项目名称 | 金额/元 | 结算金额/元 | 备注 |
|---|---|---|---|---|
| 4 | 总承包服务费 | | | 明细详见表3.10 |
| 5 | 索赔与现场签证 | | | |
| 合计 | | | | — |
| 注：材料（工程设备）暂估单价进入清单项目综合单价，此处不汇总。 | | | | |

### 1. 暂列金额

暂列金额是指招标人在工程量清单中暂定并包括在合同价款中的一笔款项。它用于工程合同签订时还未确定或者不可预见的所需材料、工程设备、服务的采购，施工中可能发生的工程变更、合同约定调整因素出现时的合同价款调整，以及发生的索赔、现场签证确认等费用。无论采用何种合同形式，其理想的标准是，一份合同的价格就是其最终的竣工结算价格，或者至少两者应尽可能接近。我国规定对政府投资工程实行概算管理，经项目审批部门批复的设计概算是工程投资控制的刚性指标，即使商业性开发项目也有成本的预先控制问题，否则，无法相对准确预测投资的收益和科学合理地进行投资控制。但工程建设自身的特性决定了工程的设计需要根据工程进展不断地进行优化和调整，业主需求可能会随工程建设进展出现变化，工程建设过程还会存在一些不能预见、不能确定的因素。消化这些因素必然会影响合同价格的调整，暂列金额正是因这类不可避免的价格调整而设立，以便达到合理确定和有效控制工程造价的目标。设立暂列金额并不能保证合同结算价就不会再出现超过合同价格的情况，是否超出合同价格完全取决于工程量清单编制人对暂列金额预测的准确性，以及工程建设过程是否出现了其他事先未能预测到的事件。

暂列金额应根据工程特点，按有关计价规定估算。暂列金额可按照表3.6的格式列示。

#### 表3.6　暂列金额明细表

工程名称：　　　　　　　　　标段：　　　　　　　　　第　页　共　页

| 序号 | 项目名称 | 计量单位 | 暂定金额/元 | 备注 |
|---|---|---|---|---|
| 1 | | | | |
| 2 | | | | |
| 3 | | | | |
| 合计 | | | | — |
| 注：此表由招标人填写，如不能详列，也可只列暂定金额总额，投标人应将上述暂列金额计入投标总价中。 | | | | |

### 2. 暂估价

暂估价是指招标人在工程量清单中提供的用于支付必然发生但暂时不能确定价格的材料、工程设备的单价以及专业工程的金额，包括材料暂估单价、工程设备暂估单价和专业工程暂估价；暂估价类似于FDC合同条款中的Prime Cost Items，在招标阶段预见肯定要发生，只是因为标准不明确或者需要由专业承包人完成，暂时无法确定的价格。暂估价数量和拟用项目应当结合工程量清单中的"暂估价表"予以补充说明。为方便合同管理，需要纳入分部分项工程量清单项目综合单价中的暂估价应只是材料、工程设备暂估单价，以方便投标人组价。

专业工程的暂估价一般应是综合暂估价，应包括人工费、材料费、施工机具使用费、企业管理费和利润，不包括规费和税金。总承包招标时，专业工程设计深度往往是不够的，一般需要交由专业设计人设计。在国际社会，出于对提高可建造性考虑，一般由专业承包人负责设计，以发挥其专业技能和专业施工经验的优势。这类专业工程交由专业分包人完成，在国际工程施工中有良好实践，目前在我国工程建设领域也已经比较普遍。公开透明地合理确定这类暂估价的实际金额的最佳途径，就是通过施工总承包人与工程建设项目招标人共同组织的招标。

暂估价中的材料、工程设备暂估单价应根据工程造价信息或参照市场价格估算，列出明细表；专业工程暂估价应分不同专业，按有关计价规定估算，列出明细表。暂估价可按照表3.7、表3.8的格式列示。

### 表3.7 材料(工程设备)暂估单价及调整表

工程名称：　　　　　　　　　　　标段：　　　　　　　　　　　第 页 共 页

| 序号 | 材料(工程设备)名称、规格、型号 | 计量单位 | 数量 | | 暂估/元 | | 确认/元 | | 差额±/元 | | 备注 |
|---|---|---|---|---|---|---|---|---|---|---|---|
| | | | 暂估 | 确认 | 单价 | 合价 | 单价 | 合价 | 单价 | 合价 | |
| | | | | | | | | | | | |
| | | | | | | | | | | | |
| | | | | | | | | | | | |
| | 合计 | | | | | | | | | | |

注：此表由招标人填写"暂估单价"，并在备注栏说明暂估价的材料、工程设备拟用在哪些清单项目上，投标人应将上述材料、工程设备暂估单价计入工程量清单综合单价报价中。

### 表3.8 专业工程暂估价及结算价表

工程名称：　　　　　　　　　　　标段：　　　　　　　　　　　第 页 共 页

| 序号 | 工程名称 | 工程内容 | 暂估金额/元 | 结算金额/元 | 差额±/元 | 备注 |
|---|---|---|---|---|---|---|
| | | | | | | |
| | | | | | | |
| | | | | | | |

注：此表"暂估金额"由招标人填写，投标人应将"暂估金额"计入投标总价中。结算时按合同约定结算金额填写。

**执考训练**

关于暂估价的计算和填写的说法，下列正确的有(　　　)。

A. 暂估价数量和拟用项目应结合工程量清单中的"暂估价表"予以补充说明

B. 材料暂估价应由招标人填写暂估单价，无须指出拟用于哪些清单项目

C. 工程设备暂估价不应纳入分部分项工程综合单价

D. 专业工程暂估价应分不同专业，列出明细表

E. 专业工程暂估价由招标人填写，并计入投标总价

答案：ADE

【解析】材料(工程设备)暂估价由招标人填写"暂估单价"，并在备注栏说明暂估价的材料、工程设备拟用在哪些清单项目上，故 B 错误；工程设备暂估价计入工程量清单综合单价报价中，故 C 错误。

### 3. 计日工

计日工是在施工过程中，承包人完成发包人提出的工程合同范围以外的零星项目或工作，按合同中约定的单价计价的一种方式。计日工是为了解决现场发生的零星工作的计价而设立的。国际上常见的标准合同条款中，大多数都设立了计日工(Daywork)计价机制。计日工对完成零星工作所消耗的人工工时、材料数量、施工机械台班进行计量，并按照计日工表中填报的适用项目的单价进行计价支付。计日工适用的所谓零星项目或工作一般是指合同约定之外的或者因变更而产生的、工程量清单中没有相应项目的额外工作，尤其是那些难以事先商定价格的额外工作。

计日工应列出项目名称、计量单位和暂定数量。计日工可按表 3.9 的格式列示。

#### 表 3.9  计日工表

工程名称：　　　　　　　　　　　标段：　　　　　　　　　　　第 　页 共 　页

| 编号 | 项目名称 | 计量单位 | 暂定数量 | 实际数量 | 综合单价 /元 | 合价/元 | |
|---|---|---|---|---|---|---|---|
| | | | | | | 暂定 | 实际 |
| 一 | 人工 | | | | | | |
| 1 | | | | | | | |
| 2 | | | | | | | |
| … | | | | | | | |
| 人工小计 | | | | | | | |
| 二 | 材料 | | | | | | |
| 1 | | | | | | | |
| 2 | | | | | | | |
| … | | | | | | | |
| 材料小计 | | | | | | | |
| 三 | 施工机械 | | | | | | |
| 1 | | | | | | | |
| 2 | | | | | | | |
| … | | | | | | | |
| 施工机械小计 | | | | | | | |
| 四、企业管理费和利润 | | | | | | | |
| 总计 | | | | | | | |

注：此表的项目名称、暂定数量由招标人填写，编制招标控制价时，单价由招标人按有关计价规定确定；投标时，单价由投标人自主报价，按暂定数量计算合价计入投标总价中。结算时，按发承包双方确认的实际数量计算合价。

关于工程量清单中的计日工的说法，下列正确的是(      )。

A. 即指零星工作所消耗的人工工时

B. 在投标时计入总价，其数量和单价由投标人填报

C. 应按投标文件载明的数量和单价进行结算

D. 在编制招标工程量清单时，暂定数量由招标人填写

答案：D

【解析】计日工表的项目名称、暂定数量由招标人填写，编制招标控制价时，单价由招标人按有关计价规定确定；投标时，单价由投标人自主报价，按暂定数量计算合价计入投标总价中。

**4. 总承包服务费**

总承包服务费是指总承包人为配合协调发包人进行的专业工程发包，对发包人自行采购的材料、工程设备等进行保管以及施工现场管理、竣工资料汇总整理等服务所需的费用。招标人应预计该项费用并按投标人的投标报价向投标人支付该项费用。

总承包服务费应列出服务项目及其内容等。总承包服务费按照表3.10的格式列示。

**表 3.10 总承包服务费计价表**

工程名称：　　　　　　　　　　　标段：　　　　　　　　　第 页 共 页

| 序号 | 项目名称 | 项目价值/元 | 服务内容 | 计算基础 | 费率/% | 金额/元 |
|---|---|---|---|---|---|---|
| 1 | 发包人发包专业工程 | | | | | |
| 2 | 发包人提供材料 | | | | | |
| ... | | | | | | |
| | 合计 | — | | — | | — |

注：此表的项目名称、服务内容由招标人填写，编制招标控制价时，费率及金额由招标人按有关计价规定确定；投标时，费率及金额由投标人自主报价，计入投标总价中。

1. 关于总承包服务费的支付的说法，下列正确的是(      )。

A. 建设单位向总承包单位支付　　　　B. 分包单位向总承包单位支付

C. 专业承包单位向总承包单位支付　　D. 专业承包单位向建设单位支付

答案：A

【解析】总承包服务费是指总承包人为配合、协调建设单位进行的专业工程发包，对建设单

位自行采购的材料、工程设备等进行保管以及施工现场管理、竣工资料汇总整理等服务所需的费用。

2.采用工程量清单计价的总承包服务费计价表中，应由投标人填写的内容是( )。

A.项目价值　　　B.服务内容　　　C.计算基础　　　D.费率和金额

答案：D

【解析】总承包服务费计价表项目名称、服务内容由招标人填写，编制招标控制价时，费率及金额由招标人按有关计价规定确定；投标时，费率及金额由投标人自主报价，计入投标总价中，故 D 正确。

**5. 规费、税金项目清单**

规费项目清单应按照下列内容列项：社会保险费包括养老保险费、失业保险费、医疗保险费、工伤保险费、生育保险费；住房公积金；工程排污费；出现计价规范中未列的项目，应根据省级政府或省级有关权力部门的规定列项。

税金项目清单应包括增值税。出现计价规范未列的项目，应根据税务部门的规定列项。

规费、税金项目计价表见表 3.11。

**表 3.11　规费、税金项目计价表**

工程名称：　　　　　　　　　　标段：　　　　　　　　　第　页　共　页

| 序号 | 项目名称 | 计算基础 | 计算基数 | 计算费率/% | 金额/元 |
|------|---------|---------|---------|-----------|--------|
| 1 | 规费 | 定额人工费 | | | |
| 1.1 | 社会保险费 | 定额人工费 | | | |
| (1) | 养老保险费 | 定额人工费 | | | |
| (2) | 失业保险费 | 定额人工费 | | | |
| (3) | 医疗保险费 | 定额人工费 | | | |
| (4) | 工伤保险费 | 定额人工费 | | | |
| (5) | 生育保险费 | 定额人工费 | | | |
| 1.2 | 住房公积金 | 定额人工费 | | | |
| 1.3 | 工程排污费 | 按工程所在地环境保护部门收取标准，按实计入 | | | |
| | | | | | |
| 2 | 税金 | 分部分项工程费＋措施项目费＋其他项目费＋规费－按规定不计税的工程设备金额 | | | |
| 合计 | | | | | |

编制人(造价人员)：　　　　　　　　　　　　　　复核人(造价工程师)：

# 任务 3.6　案例分析

【案例分析 3.1】　某外墙面挂贴花岗岩工程，定额测定资料如下：

(1)完成每平方米挂贴花岗岩的基本工作时间为 4.5 h；

(2)辅助工作时间、准备与结束工作时间、不可避免中断时间和休息时间分别占工作延续时间的比例为 3%、2%、1.5%和 16%，人工幅度差为 10%；

（3）每挂贴 100 m² 花岗岩需消耗水泥砂浆 5.55 m³，600 mm×600 mm 花岗岩板 102 m²，白水泥15 kg，铁件 34.87 kg，塑料薄膜 28.05 m²，水 1.53 m³；

（4）每挂贴 100 m² 花岗岩需 200 L 灰浆搅拌机 0.93 台班；

（5）该地区人工工日单价： 　　　20.5 元/工日；

花岗岩预算价格： 　　　300.00 元/m²；

白水泥预算价格： 　　　0.43 元/kg；

铁件预算价格： 　　　5.33 元/kg；

塑料薄膜预算价格： 　　　0.9 元/m²；

水预算价格： 　　　1.24 元/m³；

200 L砂浆搅拌机台班单价：42.84 元/台班；

水泥砂浆单价： 　　　153.00 元/m³。

问题：

（1）确定挂贴平方米花岗岩墙面的人工时间定额和人工产量定额；

（2）确定该分项工程的补充定额单价；

（3）若设计变更为进口印度红花岗岩，若该花岗岩单价为 500 元/m²，应如何换算定额单价，换算后新单价是多少？

**解：**问题1：定额劳动消耗计算：

（1）挂贴花岗岩墙面人工时间定额的确定：

$$挂贴花岗岩墙面人工时间定额 = \frac{4.5}{(1-3\%-2\%-1.5\%-16\%)\times 8} = 0.726（工日/m²）$$

（2）挂贴花岗岩墙面人工产量定额的确定：

挂贴花岗岩人工产量定额＝1/时间定额＝1/0.726＝1.378（m²/工日）

问题2：挂贴花岗岩墙面补充定额单价计算：

（1）定额人工费＝时间定额×（1+人工幅度差）×计量单位×人工工日单价

　　　　　＝0.726×（1+10%）×100×20.50＝1 637.13（元/100 m²）

（2）定额材料费＝砂浆耗量×砂浆单价＋花岗岩耗量×花岗岩单价＋铁件耗量×铁件单价＋

　　　　　白水泥耗量×白水泥单价＋水耗量×水单价＋薄膜耗量×薄膜单价

　　　　　＝5.55×153＋102×300＋34.87×5.33＋15×0.43＋1.53×1.24＋

　　　　　28.05×0.9

　　　　　＝31 668.60（元/100 m²）

（3）定额机械费＝200 L砂浆搅拌机台班消耗量×台班单价

　　　　　＝0.93×42.84

　　　　　＝39.84（元/100 m²）

挂贴花岗岩墙面补充定额单价＝1 637.13＋31 668.60＋39.84

　　　　　　　　　＝33 345.57（元/100 m²）

问题3：挂贴印度红花岗岩墙面换算定额单价计算：

换算单价＝原单价＋花岗岩定额用量×（印度红花岗岩价格－普通花岗岩预算价格）

　　　　＝33 345.57＋102×（500－300）

　　　　＝53 745.57（元/100 m²）

**【案例分析3.2】** 某工程采用工程量清单招标。按工程所在地的计价依据规定，措施费和规费均以分部分项工程费中的人工费(已包含管理费和利润)为计算基础,经计算,该工程的分部分项工程费总计为 6 300 000 元,其中人工费为 1 260 000 元。其他有关工程造价方面的背景资料如下:

(1)条形砖基础工程量为 160 m³,基础深 3 m,采用 M5 水泥砂浆砌筑,防潮层采用 1∶2 水泥砂浆掺 0.5 防水剂,多孔砖的规格为 240 mm×115 m×90 mm。实心砖内墙工程量为 1 200 m³,采用 M5 混合砂浆砌筑,蒸压灰砂砖的规格为 240 mm×15 mm×53 mm,墙厚为240 mm。

现浇钢筋混凝土矩形梁模板及支架工程量为 420 m²,支模高度为 2.6 m。现浇钢筋混凝土有梁板模板及支架工程量为 800 m²,梁截面尺寸为 250 mm×400 mm,梁底支模高度为 2.6 m,板底支模高度为 3 m。

(2)夜间施工费费率为 2.8%,二次搬运费费率为 2.4%,冬、雨期施工费费率为 3.2%。

按合理的施工组织设计,该工程需大型机械进出场及安拆费为 26 000 元,工程定位复测费为 2 400 元,已完工程及设备保护费为 22 000 元,特殊地区施工增加费为 120 000 元,脚手架费为 166 000 元。以上各项费用包含管理费和利润。

(3)招标文件中列明,该工程暂列金额为 33 000 元,材料暂估价为 100 000 元,计日工费用为 20 000 元,总承包服务费为 20 000 元。

(4)规费中:安全文明施工费费率为 3.52%,社会保险费费率为 1.4%;住房公积金费率为 0.19%;环境保护税税率为 0.24%;建设项目工伤保险费费率为 0.09%;增值税税率为(简易计税)3%。

问题:依据《建设工程工程量清单计价规范》(GB 50500—2013)的规定,结合工程背景材料及所在地计价依据的规定,编制招标控制价。

(1)编制砖基础和实心砖内墙的分部分项清单及计价,填入表 3.12 分部分项工程量清单与计价表。项目编码:砖基础为 010401001,实心砖墙为 010401003;综合单价:砖基础为 240.18 元/m³,实心砖内墙为 249.11 元/m³。

(2)编制工程措施项目清单及计价,填入表 3.13 措施项目清单与计价表(一)和表 3.14 措施项目清单与计价表(二)。现浇钢筋混凝土模板及支架项目编码:梁模板及支架 011702006,有梁板模板及支架 011702004。综合单价:梁模板及支架为 25.60 元/m²,有梁板模板及支架为 23.20 元/m²。

(3)编制工程其他项目清单及计价,填入表 3.15 其他项目清单与计价汇总表。

(4)编制工程规费和税金项目清单及计价,填入表 3.16 规费、税金项目清单与计价表。

(5)编制工程招标控制价汇总表及计价,根据以上计算结果,计算该工程的招标控制价,填入表 3.17 单位工程招标控制价汇总表。

(计算结果均保留两位小数)

本案例编制依据:

(1)《山东省建设工程费用项目组成及计算规则》(2016 年)。

(2)《济南市人民政府办公厅关于降低工程建设成本的实施意见》(济政办发〔2019〕1 号)文件,建设工程规费中的建设项目工伤保险费费率为 0.09%。

(3)《中华人民共和国环境保护税法》(2018 年 1 月 1 日实施)规定,征收环境保护税,不再征收工程排污费。增值税一般计税下按规费前工程造价×0.27%。增值税简易计税下按规费前工程造价×0.24%。

**解:** 问题(1):

**表 3.12 分部分项工程量清单与计价表**

| 项目编码 | 项目名称 | 项目特征 | 计量单位 | 工程量 | 金额/元 | | |
|---|---|---|---|---|---|---|---|
| | | | | | 综合单价 | 合价 | 暂估价其中 |
| 010401001001 | 砖基础 | M5 水泥砂浆砌筑多孔砖条形基础,砖规格为 240 mm×115 mm×90 mm,基础深 3 m | m³ | 160 | 240.18 | 38 428.80 | |
| 010401003001 | 实心砖墙 | M5 水泥砂浆砌筑多孔砖条形基础,砖规格为 240 mm×115 mm×53 mm,墙厚 240 mm | m³ | 1 200 | 249.11 | 298 932.00 | |
| 合计 | | | | | | 33 7360.80 | |

问题(2):

**表 3.13 措施项目清单与计价表(一)**

| 序号 | 项目名称 | 计算基础 | 费率/% | 金额/元 |
|---|---|---|---|---|
| 1 | 夜间施工费 | | 2.8 | 35 280.00 |
| 2 | 二次搬运费 | 人工费 1 260 000 | 2.4 | 30 240.00 |
| 3 | 冬、雨期施工费 | | 3.2 | 40 320.00 |
| 4 | 大型机械进出场及安拆费 | | | 26 000.00 |
| 5 | 工程定位复测费 | | | 2 400.00 |
| 6 | 已完工程及设备保护费 | | | 22 000.00 |
| 7 | 特殊地区施工增加费 | | | 120 000.00 |
| 8 | 脚手架费 | | | 166 000.00 |
| 合计 | | | | 442 240.00 |

**表 3.14 措施项目清单与计价表(二)**

| 项目编码 | 项目名称 | 项目特征 | 计量单位 | 工程量 | 金额/元 | |
|---|---|---|---|---|---|---|
| | | | | | 综合单价 | 合价 |
| 011702006001 | 梁模板及支架 | 矩形梁,支模高度 2.6 m | m² | 420 | 25.6 | 10 752.00 |
| 011702004001 | 有梁板模板及支架 | 矩形梁,梁截面为 250 mm×400 mm,梁底支模高度 2.6 m,板底支模高 3 m | m² | 800 | 23.2 | 18 560.00 |
| 合计 | | | | | | 29 312.00 |

问题(3):

**表 3.15 其他项目清单与计价汇总表**

| 序号 | 项目名称 | 计量单位 | 金额/元 |
|---|---|---|---|
| 1 | 暂列金额 | 元 | 33 000.00 |

| 序号 | 项目名称 | 计量单位 | 金额/元 |
|---|---|---|---|
| 2 | 材料暂估价 | 元 | 100 000.00 |
| 3 | 计日工 | 元 | 20 000.00 |
| 4 | 总承包服务费 | 元 | 20 000.00 |
| | 合计 | | 173 000.00 |

问题(4)：

表 3.16　规费、税金项目清单与计价表

| 序号 | 项目名称 | 计算基础 | 费率/% | 金额/元 |
|---|---|---|---|---|
| 1 | 安全文明施工费 | | 3.52 | 244 448.23 |
| 1.1 | 其中：(1)安全施工费 | 分部分项工程费＋措施项目费＋其他项目费＝6 300 000＋442 240.00＋29 312.00＋173 000.00＝6 944 552 | 2.16 | 150 002.32 |
| 1.2 | (2)环境保护费 | | 0.11 | 7 639.01 |
| 1.3 | (3)文明施工费 | | 0.54 | 37 500.58 |
| 1.4 | (4)临时设施费 | | 0.71 | 49 306.32 |
| 2 | 社会保险费 | 分部分项工程费＋措施项目费＋其他项目费(按工程所在地济南市的规定) | 1.40 | 97 233.73 |
| 3 | 住房公积金 | 分部分项工程费＋措施项目费＋其他项目费(按工程所在地济南市的规定) | 0.19 | 13 194.65 |
| 4 | 环境保护税 | 分部分项工程费＋措施项目费＋其他项目费(按工程所在地济南市的规定) | 0.24 | 16 666.92 |
| 5 | 建设项目工伤保险 | 分部分项工程费＋措施项目费＋其他项目费(按工程所在地济南市的规定) | 0.09 | 6 250.10 |
| 6 | 税金 | 分部分项工程费＋措施项目费＋其他项目费＋规费＝6 944 552＋388 500.43＝7 333 052.43 | 3 | 219 991.57 |

问题(5)：

表 3.17　单位工程招标控制价汇总表

| 序号 | 汇总内容 | 金额/元 |
|---|---|---|
| 1 | 分部分项工程 | 6 300 000 |
| 2 | 措施项目 | 471 552.00 |
| 2.1 | 总价措施项目 | 442 240.00 |
| 2.2 | 单价措施项目 | 29 312.00 |
| 3 | 其他项目 | 173 000.00 |
| 4 | 规费 | 388 500.43 |
| 5 | 税金 | 219 991.57 |
| 6 | 招标控制价合计 | 8 024 596.00 |

# 项目小结

　　本项目介绍了工程造价的计价依据,详细阐述了定额计价、预算定额、概算定额、投资估算指标、工程量清单计价、项目设置规则、项目编码、项目名称、项目特征、分部分项工程量清单、措施项目清单等重要概念。

　　(1)建设工程定额。本任务主要介绍了工程定额的分类和工程定额的特点,建筑安装工程人工、机械台班、材料定额消耗量的确定方法,定额计价的基本程序和特点。

　　(2)投资估算指标、预算定额和概算定额。本任务重点介绍了投资估算指标、预算定额和概算定额的概念、编制原则、编制步骤和方法。

　　(3)工程量清单。本任务主要介绍了工程量清单的概念、特点。工程量清单的项目设置规则、分项工程单价、措施费单价的构成、其他项目清单构成。

　　项目设置规则中要重点掌握项目编码、计量单位和工程量的计算。计量单位和工程量的计算主要注意与定额计价的区别。

　　其他项目清单构成包括暂列金额、暂估价、计日工、总承包服务费,并注意暂列金额和暂估价的区别。

## 一、单选题

1. 关于工程量清单的编码的说法,下列正确的是(　　)。

　　A. 项目编码以五级全国统一编码设置,用十二位阿拉伯数字表示

　　B. 编制分部分项工程量清单时,必须对工作内容进行描述

　　C. 补充项目的编码由计量规范的代码与 B 和三位阿拉伯数字组成

　　D. 按施工方案计算的措施费,必须写明"计算基础""费率"的数值

2. 作为工程定额体系的重要组成部分,预算定额是(　　)。

　　A. 完成一定计价单位的某一施工过程所需要消耗的人工、材料和机械台班数量标准

　　B. 完成一定计量单位合格分项工程和结构构件所需消耗的人工、材料、施工机械台班数量及其费用标准

　　C. 完成单位合格扩大分项工程所需消耗的人工、材料和施工机械台班数量及其费用标准

　　D. 完成一个规定计量单位建筑安装产品的费用消耗标准

3. 工程计价基本原理是(　　)。

　　A. 工程计价的基本原理在于项目划分与工程量计算

　　B. 工程计价分为项目的分解与组合两个阶段

C. 工程计价包括工程单价的确定和总价的计算

D. 工程单价包括生产要素单价、工料单价和综合单价

4. 工程计量工作包括工程项目的划分和工程量的计算，关于工程计量工作的说法，下列正确的是(　　)。

　　A. 项目划分必须按预算定额规定的定额子项进行

　　B. 通过项目划分确定单位工程基本构造单元

　　C. 工程量的计算须按工程量清单计算规范的规则进行计算

　　D. 工程量的计算应依据施工图设计文件，不应依据施工组织设计文件

5. 下列用工项目中，属于预算定额与劳动定额人工幅度差的是(　　)。

　　A. 施工机械辅助用工

　　B. 超过预算定额取定运距增加的运输用工

　　C. 班组操作地点转移用

　　D. 机械维修引起的操作人员停工

6. 下列施工机械，其安拆及场外运费应计入施工机械台班单价中的是(　　)。

　　A. 利用辅助设施移动的施工机械

　　B. 移动需要起重及运输机械的轻型施工机械

　　C. 固定在车间的施工机械

　　D. 不需安拆的施工机械

7. 在计算预算定额人工消耗量时，基本用工中除包括完成定额计量单位的主要用工外，还应包括(　　)。

　　A. 劳动定额规定应增(减)计算的用工

　　B. 劳动定额内不包括的材料加工用工

　　C. 施工中不可避免的其他零星用工

　　D. 质量检查和隐蔽工程验收用工

8. 在计算材料单价时，若同一种材料因来源地、交货地、供货单位、生产厂家不同，而有几种价格时，根据(　　)进行加权平均。

　　A. 不同来源地供货距离　　　　　　　　B. 不同来源地供货范围

　　C. 不同来源地供货数量比例　　　　　　D. 不同来源地供货方式

9. 下列施工机械的费用项目中，不能计入施工机械台班单价的是(　　)。

　　A. 施工机械年检测费

　　B. 小型施工机械现场安装费

　　C. 随机配备工具附具的摊销和维护费用

　　D. 机上司机劳动保险费

10. 根据《建设工程工程量清单计价规范》(GB 50500—2013)的规定，在合同约定之外的或者因变更而产生的、工程量清单中没有相应的项目的额外工作，尤其是那些难以事先商定价格的额外工作，应计入(　　)之中。

　　A. 暂列金额　　　　B. 暂估价　　　　C. 计日工　　　　D. 总承包服务费

11. 在工人工作时间分类中，由于材料供应不及时引起工作班内的工时损失应列入(　　)。

　　A. 施工本身造成的停工时间　　　　　　B. 非施工本身造成的停工时间

　　C. 准备与结束工作时间　　　　　　　　D. 不可避免的中断时间

12. 有关工程计价的标准和依据，下列说法正确的是(　　)。

A. 工程定额主要应用于工程建设交易阶段

B. 工程量清单计价依据主要适用于合同价格形成以及后续的合同价格管理阶段

C. 已完工程信息不属于工程造价信息的内容

D. 工程计价标准和依据主要包括工程量清单计价和计量规范、工程定额和相关造价信息

13. 关于工程量清单计价的说法，下列正确的是(　　)。

A. 清单项目综合单价是指人工、材料、施工机具单价

B. 清单综合单价是一种与全费用综合单价不同的综合单价

C. 单位工程报价包含除规费、税金外的其他建筑安装工程费构成内容

D. 清单计价的过程也就是清单编制的过程

14. 下列费用项目中，应由投标人确定额度，并计入其他项目清单与计价汇总表中的是(　　)。

A. 暂列金额　　　　　　　　　　　B. 材料暂估价

C. 专业工程暂估价　　　　　　　　D. 总承包服务费

15. 根据单项工程的一般划分原则，下列单项工程中属于辅助生产设施的是(　　)。

A. 废水处理站　　B. 水塔　　　　C. 机修车间　　　D. 职工医院

16. 依法必须采用工程量清单招标的建设项目，投标人需要采用而招标人不需要采用的计价依据是(　　)。

A. 国家、地区或行业定额资料　　　B. 工程造价信息、资料和指数

C. 计价活动相关规章规程　　　　　D. 企业定额

17. 关于工程计价的说法，下列正确的是(　　)。

A. 工程计价包含计算工程量和套定额两个环节

B. 建筑安装工程费＝$\sum$ 基本构造单元工程量×相应单价

C. 工程计价包括工程单价的确定和总价的计算

D. 工程计价中的工程单价仅指综合单价

18. 招标工程量清单是招标文件的组成部分，其准确性由(　　)负责。

A. 招标代理机构　　　　　　　　　B. 招标人

C. 编制工程量清单的造价咨询机构　D. 招标工程量清单的编制人

19. 编制工程量清单出现计算规范附录中未包括的清单项目时，编制人应作补充，下列有关编制补充项目的说法中正确的是(　　)。

A. 补充项目编码应由B与三位阿拉伯数字组成

B. 补充项目应报县级工程造价管理机构备案

C. 补充项目的工作内容应予以明确

D. 补充项目编码应顺序编制，起始序号由编制人根据需要自主确定

20. 在工程量清单中，最能体现分部分项工程项目自身价值的本质是(　　)。

A. 项目特征　　　　　　　　　　　B. 项目编码

C. 项目名称　　　　　　　　　　　D. 项目计量单位

21. 招标人在工程量清单中提供的用于支付必然发生但暂不能确定价格的材料、工程设备单价及专业工程金额的是(　　)。

A. 暂列金额　　　　　　　　　　　B. 暂估价

C. 总承包服务费　　　　　　　　　D. 价差预备费

22. 根据施工过程工时研究结果，与工人所担负的工作量大小无关的必需消耗时间是(　　)。

A. 基本工作时间　　　　　　　　B. 辅助工作时间

C. 准备与结束工作时间　　　　　D. 多余工作时间

23. 关于测时法的特征描述中，下列正确的是(　　　)。

A. 测时法既适用于测定重复的循环工作时间，也适用于测定非循环工作时间

B. 选择测时法比接续测时法准确、完善，但观察技术也较之复杂

C. 当所测定的各工序的延续时间比较短时，接续测时法较选择测时法方便

D. 测时法的观察次数应根据误差理论和经验数据相结合的方法来确定

24. 在对材料消耗过程测定与观察的基础上，通过完成产品数量和材料消耗量的计算而确定各种材料消耗定额的方法是(　　　)。

A. 实验室试验法　　　　　　　　B. 现场技术测定法

C. 现场统计法　　　　　　　　　D. 理论计算法

25. 某大型施工机械需配机上司机、机上操作人员各一名，若年制度工作日为250天，年工作台班为200台班，人工日工资单价均为100元，则该施工机械的台班人工费为(　　　)元/台班。

A. 100　　　　　　B. 125　　　　　　C. 200　　　　　　D. 250

26. 根据国家相关法律、法规和政策规定，因停工学习、执行国家或社会义务等原因，按计时工资标准支付的工资属于人工日工资单价中的(　　　)。

A. 基本工资　　　　　　　　　　B. 奖金

C. 津贴补贴　　　　　　　　　　D. 特殊情况下支付的工资

27. 某施工机械设备司机2人，若年制度工作日为254天，年工作台班为250台班，人工日工资单价为80元，则该施工机械的台班人工费为(　　　)元/台班。

A. 78.72　　　　　B. 81.28　　　　　C. 157.44　　　　　D. 162.56

28. 下列材料损耗，应计入预算定额材料损耗量的是(　　　)。

A. 场外运输损耗　　　　　　　　B. 工地仓储损耗

C. 一般性检验鉴定损耗　　　　　D. 施工加工损耗

29. 下列施工机械中，在计算预算定额机械台班消耗量时，不另增加机械幅度差的是(　　　)。

A. 打桩机械　　　　　　　　　　B. 混凝土搅拌机

C. 水磨石机　　　　　　　　　　D. 吊装机械

30. 某挖土机挖土一次正常循环工作时间为50 s，每次循环平均挖土量为0.5 m³，机械正常利用系数为0.8，机械幅度差系数为25%，按8 h工作制考虑，挖土方预算定额的机械台班消耗量为(　　　)台班/1 000 m³。

A. 5.43　　　　　　B. 7.2　　　　　　C. 8　　　　　　D. 8.68

## 二、多选题

1. 按定额的编制程序和用途，建设工程定额可划分为(　　　)。

A. 施工定额　　　　　　　　　　B. 企业定额

C. 预算定额　　　　　　　　　　D. 补充定额

E. 投资估算指标

2. 下列与施工机械工作相关的时间中，应包括在预算定额机械台班消耗量中，但不包括在施工定额中的有(　　　)。

A. 低负荷下工作时间　　　　　　B. 机械施工不可避免的工序间歇

C. 机械维修引起的停歇时间　　　　D. 开工时工作量不饱满所损失的时间

E. 不可避免的中断时间

3. 关于分部分项工程量清单的编制的说法中，下列正确的有(　　)。

A. 以清单计算规范附录中的名称为基础，结合具体工作内容补充细化项目名称

B. 清单项目的工程内容在招标工程量清单的项目特征中加以描述

C. 有两个或两个以上计量单位时，选择最适宜表现项目特征并方便计量的单位

D. 除另有说明外，清单项目的工程量应以实体工程量为准，各种施工中的损耗和需要增加的工程量应在单价中考虑

E. 在工程量清单中应附补充项目名称、项目特征、计量单位和工程量

4. 根据《建设工程工程量清单计价规范》(GB 50500—2013)的规定，在其他项目清单中，应由投标人自主确定价格的有(　　)。

A. 暂列金额　　　　　　　　　　　B. 专业工暂估价

C. 材料暂估单价　　　　　　　　　D. 计日工单价

E. 总承包服务费

5. 下列措施项目中，应按分部分项工程量综合单价方式编制的有(　　)。

A. 超高施工增加　　　　　　　　　B. 建筑物的临时保护设施

C. 大型机械设备进出场及安拆　　　D. 已完工程及设备保护

E. 施工排水、降水

6. 关于措施项目工程量清单编制与计价说法中，下列正确的有(　　)。

A. 不能计算工程量的措施项目也可以采用分部分项工程量清单方式编制

B. 安全文明施工费按总价方式编制，其计算基础可为"定额基价""定额人工费"

C. 总价措施项目清单表应列明计量单位、费率、金额等内容

D. 除安全文明施工费外的其他总价措施项目的计算基础可为"定额人工费"

E. 按施工方案计算的总价措施项目可以只需填"金额"数值

7. 关于材料单价的构成和计算说法中，下列正确的有(　　)。

A. 材料单价是指材料由其来源地运达工地仓库的入库价

B. 运输损耗是指材料在场外运输装卸及施工现场内搬运发生的不可避免损耗

C. 采购及保管费包括组织材料检验、供应过程中发生的费用

D. 材料单价中包括材料仓储费和工地管理费

E. 材料生产成本的变动直接影响材料单价的波动

8. 关于各类工程计价定额的说法中，下列正确的有(　　)。

A. 预算定额以现行劳动定额和施工定额为编制基础

B. 概、预算定额的基价一般由人工、材料和机械台班费用组成

C. 概算指标可分为建筑工程概算指标、设备及安装工程概算指标

D. 投资估算指标主要以概算定额和概算指标为编制基础

E. 单位工程投资估算指标中仅包括建筑安装工程费

9. 影响定额动态人工日工资单价的因素包括(　　)。

A. 人工日工资单价的组成内容

B. 社会工资差额

C. 劳动力市场供需变化

D. 社会最低工资水平

E. 政府推行的社会保障与福利政策

10. 下列费用项目中，应计入人工日工资单价的有(　　)。

A. 计件工资　　　　　　　　B. 劳动竞赛奖金

C. 劳动保护费　　　　　　　D. 流动施工津贴

E. 职工福利费

## 三、计算题

1. 某挖土机挖土一次正常循环工作时间为 50 s，每次循环平均挖土量为 0.5 m³，机械正常利用系数为 0.8，机械幅度差系数为 25%，按 8 h 工作制考虑，试计算挖土方预算定额的机械台班消耗量。

2. 若完成 1 m³ 墙体砌筑工作的基本工时为 0.5 工日，辅助工作时间占工序作业时间的 4%，准备与结束工作时间、不可避免的中断时间、休息时间分别占工作时间的 6%、3% 和 12%，试计算该工程时间定额。

3. 用水泥砂浆砌筑 2 m³ 砖墙，标准砖(240 mm×115 mm×53 mm)的总耗用量为 1 113 块，已知砖的损耗率为 5%，则标准砖、砂浆的净用量分别为多少？

4. 在正常施工条件下，完成单位合格建筑产品所需某材料的不可避免损耗量为 0.90 kg，已知该材料的损耗率为 7.20%，试计算总消耗量。

5. 完成某分部分项工程 1 m³ 需基本用工 0.5 工日，超运距用工 0.05 工日，辅助用工 0.1 工日，如人工幅度差系数为 10%，试计算该工程预算定额人工工日消耗量。

6. 在正常施工条件下，完成 10 m³ 混凝土梁浇捣需 4 个基本用工，0.5 个辅助用工，0.3 个超运距用工，若人工幅度差系数为 10%，试计算该梁混凝土浇捣预算定额人工消耗量。

7. 某出料容量为 750 L 的砂浆搅拌机，每一次循环工作中，运料、装料、搅拌、卸料、中断需要的时间分别为 150 s、40 s、250 s、50 s、40 s，运料和其他时间的交叠时间为 50 s，机械利用系数为 0.8，试计算该机械的台班产量定额。

8. 根据计时观测资料得知，每 m² 标准砖墙勾缝时间为 10 min，辅助工作时间占工序作业时间的比例为 5%，准备结束时间、不可避免中断时间、休息时间占工作班时间的比例分别为 3%、2%、15%。试计算每 m³ 砌体 1 标准砖厚砖墙勾缝的产量定额。

9. 某材料(适用 17% 增值税税率)自甲地采购，采购量为 400 t，原价为 180 元/t(不含税)，运杂费为 30 元/t(不含税)，该材料运输损耗率和采购保管费费率分别为 1%、2%，材料均采用"一票制"支付方式，若采取简易计税方法时，试计算该材料的单价。

10. 某出料容量为 750 L 的混凝土搅拌机，每循环一次的正常延续时间为 9 min，机械正常利用系数为 0.9，按 8 h 工作制考虑，试计算该机械的台班产量定额。

# ·项目4·
## 工程决策阶段造价管理

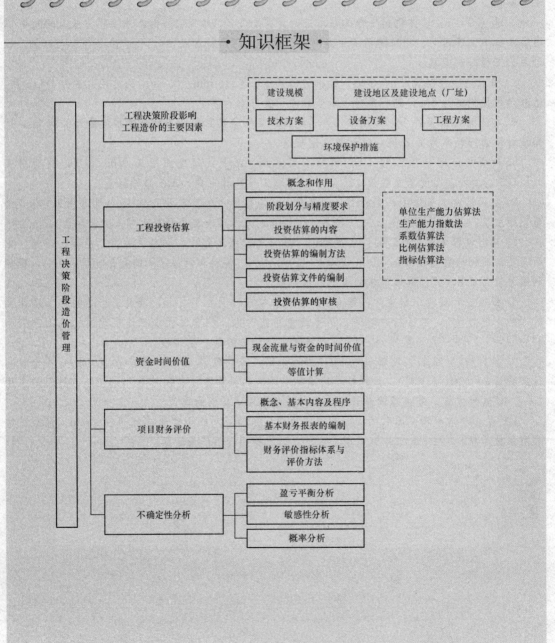

·知识框架·

工程决策阶段造价管理
- 工程决策阶段影响工程造价的主要因素
  - 建设规模
  - 建设地区及建设地点（厂址）
  - 技术方案
  - 设备方案
  - 工程方案
  - 环境保护措施
- 工程投资估算
  - 概念和作用
  - 阶段划分与精度要求
  - 投资估算的内容
  - 投资估算的编制方法
    - 单位生产能力估算法
    - 生产能力指数法
    - 系数估算法
    - 比例估算法
    - 指标估算法
  - 投资估算文件的编制
  - 投资估算的审核
- 资金时间价值
  - 现金流量与资金的时间价值
  - 等值计算
- 项目财务评价
  - 概念、基本内容及程序
  - 基本财务报表的编制
  - 财务评价指标体系与评价方法
- 不确定性分析
  - 盈亏平衡分析
  - 敏感性分析
  - 概率分析

　　某建设项目的宏观目标是推动我国建筑产业国际化，促进建筑信息产业发展，采用新材料、新能源、新设计，减少国家外汇支出；其具体目标：效益目标是项目投资所得税后财务内部收益率达到15％，6年回收全部投资；功能目标是降低生产成本，提高企业的财务效益，减少企业的经营风险；市场目标是达到优质高效，使用国产设备、材料、能源，减少原材料进口。

　　建设项目在正式施工建设之前都必须经过决策阶段，决策是指人们为了实现特定的目标，在掌握大量有关信息基础上，运用科学的理论和方法，系统地分析主客观条件，进行最终选择的过程。建设工程决策阶段的工程造价控制，是造价管理的第一个环节，也是首要环节。

　　思考：建设工程决策阶段的工程造价管理需要进行哪些具体的工作？

# 任务 4.1　项目决策阶段影响工程造价的主要因素

## 4.1.1　项目决策的概念

　　项目决策是指投资者在调查分析、研究的基础上，选择和决定投资行动方案的过程，是对拟建项目的必要性和可行性进行技术经济论证，对不同建设方案进行技术经济比较并作出判断和决定的过程。项目决策的正确与否，直接关系到项目建设的成败，关系到工程造价的高低及投资效果的好坏。总之，项目决策是投资行动的准则，正确的项目投资行动来源于正确的项目决策，正确的决策是正确估算和有效控制工程造价的前提。

## 4.1.2　项目决策与工程造价的关系

### 1. 项目决策的正确性是工程造价合理性的前提

　　项目决策正确，意味着对项目建设作出科学的决断，优选出最佳投资行动方案，达到资源的合理配置，在此基础上合理地估算工程造价，在实施最优投资方案过程中，有效控制工程造价。项目决策失误，如项目选择的失误、建设地点的选择错误，或者建设方案的不合理等，会带来不必要的资金投入，甚至造成不可弥补的损失。因此，为达到工程造价的合理性，事先就要保证项目决策的正确性，避免决策失误。

### 2. 项目决策的内容是决定工程造价的基础

　　决策阶段是项目建设全过程的起始阶段，决策阶段的工程计价对项目全过程的造价起着宏观控制的作用。决策阶段各项技术经济决策，对该项目的工程造价具有重大影响，特别是建设标准的确定、建设地点的选择、工艺的评选、设备的选用等，其直接关系到工程造价的高低。据有关资料统计，在项目建设各阶段中，投资决策阶段影响工程造价的程度最高，达到70％～90％。因此，决策阶段是决定工程造价的基础阶段。

### 3. 项目决策的深度影响投资估算的精确度

　　投资决策是一个由浅入深、不断深化的过程，不同阶段决策的深度不同，投资估算的精确度也不同。如在项目规划和项目建议书阶段，投资估算的误差率为±30％；而在详细可行性研究阶段，投资估算的误差率为±10％。在项目建设的各个阶段，通过工程造价的确定与控制，形成相应的投资估算、设计概算、施工图预算、合同价、结算价和竣工决算价，各造价形式之间存在着前者控制后者，后者补充前者的相互作用关系。因此，只有加强项目决策的深度，采用科学的估算方法和可靠的数据资料，合理地计算投资估算，才能保证其他阶段的造价被控制在合理范围，避免"三超"现象的发生，继而实现投资控制目标。

**4. 工程造价的数额影响项目决策的结果**

项目决策影响着项目造价的高低以及拟投入资金的多少；反之亦然。项目决策阶段形成的投资估算是进行投资方案选择的重要依据之一，同时，也是决定项目是否可行及主管部门进行项目审批的参考依据。因此，项目投资估算的数额，从某种程度上也影响着项目决策。

关于项目决策和工程造价的关系的说法，下列正确的是(  )。

A. 工程造价的正确性是项目决策合理性的前提

B. 项目决策的内容是决定工程造价的基础

C. 投资估算的深度影响项目决策的精确度

D. 投资决策阶段对工程造价的影响程度不大

答案：B

【解析】项目决策与工程造价的关系：项目决策的正确性是工程造价合理性的前提；项目决策的内容是决定工程造价的基础；项目决策的深度影响投资估算的精确度；工程造价的数额影响项目决策的结果。

### 4.1.3 影响工程造价的主要因素

在项目决策阶段，影响工程造价的主要因素包括建设规模、建设地区及建设地点(厂址)、技术方案、设备方案、工程方案、环境保护措施等。

**1. 建设规模**

建设规模也称项目生产规模，是指项目在其设定的正常生产营运年份可能达到的生产能力或者使用效益。在项目决策阶段应选择合理的建设规模，以达到规模经济的要求。但规模扩大所产生的效益不是无限的，它受到技术进步、管理水平、项目经济技术环境等多种因素的制约。

(1)制约项目规模合理化的主要因素。制约项目规模合理化的主要因素包括市场因素、技术因素及环境因素等。合理地处理好这三个因素之间的关系，对确定项目合理的建设规模，从而控制好投资十分重要。

1)市场因素。市场因素是确定建设规模需考虑的首要因素。

①市场需求状况是确定项目生产规模的前提。通过对产品市场需求的科学分析与预测，在准确把握市场需求状况、及时了解竞争对手情况的基础上，最终确定项目的最佳生产规模。一般情况下，项目的生产规模应以市场预测的需求量为限，并根据项目产品市场的长期发展趋势作相应调整，确保所建项目在未来能够保持合理的盈利水平和持续发展的能力。

②原材料市场、资金市场、劳动力市场等对建设规模的选择起着不同程度的制约作用。例如，项目规模过大可能导致原材料供应紧张和价格上涨，造成项目所需投资资金的筹集困难和

资金成本上升等，将制约项目的规模。

③市场价格分析是制定营销策略和影响竞争力的主要因素。市场价格预测应综合考虑影响预期价格变动的各种因素，对市场价格作出合理的预测。根据项目具体情况，可选择采用回归法或比价法进行预测。

④市场风险分析是确定建设规模的重要依据。在可行性研究中，市场风险分析是指对未来某些重大不确定因素发生的可能性及其对项目可能造成的损失进行的分析，并提出风险规避措施。市场风险分析可采用定性分析或定量分析的方法。

2)技术因素。先进适用的生产技术及技术装备是项目规模效益赖以存在的基础，而相应的管理技术水平则是实现规模效益的保证。若与经济规模生产相适应的先进技术及其装备的来源没有保障，或获取技术的成本过高，或管理水平跟不上，不仅达不到预期的规模效益，还会给项目的生存和发展带来危机，导致项目投资效益低下、工程造价支出严重浪费。

3)环境因素。项目的建设、生产和经营都离不开一定的社会经济环境，项目规模确定中需要考虑的主要环境因素有政策因素、燃料动力供应、协作及土地条件、运输及通信条件。其中，政策因素包括产业政策、投资政策、技术经济政策，以及国家、地区及行业经济发展规划等。特别是，为了取得较好的规模效益，国家对部分行业的新建项目规模作了下限规定，选择项目规模时应予以遵照执行。

### 知识链接

不同行业、不同类型项目确定建设规模，还应分别考虑以下因素：

(1)对于煤炭、金属与非金属矿山、石油、天然气等矿产资源开发项目，在确定建设规模时，应充分考虑资源合理开发利用要求和资源可采储量、赋存条件等因素。

(2)对于水利水电项目，在确定建设规模时，应充分考虑水的资源量、可开发利用量、地质条件、建设条件、库区生态影响、占用土地以及移民安置等因素。

(3)对于铁路、公路项目，在确定建设规模时，应充分考虑建设项目影响区域内一定时期运输量的需求预测，以及该项目在综合运输系统和本系统中的作用确定线路等级、线路长度和运输能力等因素。

(4)对于技术改造项目，在确定建设规模时，应充分研究建设项目生产规模与企业现有生产规模的关系；新建生产规模属于外延型还是外延内涵复合型，以及利用现有场地、公用工程和辅助设施的可能性等因素。

(2)建设规模方案比选。在对以上三个方面进行充分考核的基础上，应确定相应的产品方案、产品组合方案和项目建设规模。可行性研究报告应根据经济合理性、市场容量、环境容量以及资金、原材料和主要外部协作条件等方面的研究，对项目建设规模进行充分论证，必要时进行多方案技术经济比较。大型、复杂项目的建设规模论证应研究合理、优化的工程分期，明确初期规模和远景规模。不同行业、不同类型项目在研究确定其建设规模时还应充分考虑其自身特点。项目合理建设规模的确定方法包括：

1)盈亏平衡产量分析法。通过分析项目产量与项目费用和收入的变化关系，找出项目的盈亏平衡点，以探求项目合理建设规模。当产量提高到一定程度，如果继续扩大规模，项目就出现亏损，此点称为项目的最大规模盈亏平衡点。当规模处于这两点之间时项目营利，所以，这两点是合理建设规模的下限和上限，可作为确定合理经济规模的依据之一。

2)平均成本法。最低成本和最大利润属"对偶现象"。成本最低，利润最大；成本最大，利润最低。因此，可以通过争取达到项目最低平均成本，来确定项目的合理建设规模。

3)生产能力平衡法。在技改项目中，可采用生产能力平衡法来确定合理生产规模。最大工序生产能力法是以现有最大生产能力的工序为标准，逐步填平补齐，成龙配套，使之满足最大生产能力的设备要求。最小公倍数法是以项目各工序生产能力或现有标准设备的生产能力为基础，并以各工序生产能力的最小公倍数为准，通过填平补齐，成龙配套，形成最佳的生产规模。

4)政府或行业规定。为了防止投资项目效率低下和资源浪费，国家对某些行业的建设项目规定了规模界限。投资项目的规模，必须满足这些规定。

经过多方案比较，在项目建议书阶段，应提出项目建设(或生产)规模的倾向意见，报上级机构审批。

执考训练

建设规模是影响工程造价的主要因素之一，项目决策阶段合理确定建设规模的主要方法有（　　　）。

A. 盈亏平衡产量分析法　　　　　B. 平均成本法
C. 生产能力平衡法　　　　　　　D. 单位生产能力估算法
E. 回归分析法

答案：ABC

【解析】不同行业、不同类型项目在研究确定其建设规模时还应充分考虑其自身特点。项目合理建设规模的确定方法包括盈亏平衡产量分析法、平均成本法、生产能力平衡法、政府或行业规定。

**2. 建设地区及建设地点(厂址)**

在一般情况下，确定某个建设项目的具体地址(或厂址)，需要经过建设地区选择和建设地点(厂址)选择两个不同层次、相互联系又相互区别的工作阶段，二者之间是一种递进关系。其中，建设地区选择是指在几个不同地区之间对拟建项目适宜配置的区域范围的选择；建设地点选择则是对项目具体坐落位置的选择。

(1)建设地区的选择。建设地区选择的合理与否，在很大程度上决定着拟建项目的命运，影响着工程造价的高低、建设工期的长短、建设质量的好坏，还影响到项目建成后的运营状况。因此，建设地区的选择要充分考虑各种因素的制约，具体要考虑以下因素：

1)要符合国民经济发展战略规划、国家工业布局总体规划和地区经济发展规划的要求；

2)要根据项目的特点和需要，充分考虑原材料条件、能源条件、水源条件、各地区对项目产品需求及运输条件等；

3)要综合考虑气象、地质、水文等建厂的自然条件；

4)要充分考虑劳动力来源、生活环境、协作、施工力量、风俗文化等社会环境因素的影响。

因此，在综合考虑上述因素的基础上，建设地区的选择应遵循以下两个基本原则：

1)靠近原料、燃料提供地和产品消费地的原则。满足这一原则，在项目建成投产后，可以避免原料、燃料和产品的长期远途运输，减少运输费用，降低产品的生产成本，并且缩短流通时间，加快流动资金的周转速度。但这一原则并不意味着将项目安排在距原料、燃料提供地和产品消费地的等距离范围内，而是根据项目的技术经济特点和要求，具体对待。例如，对农产品、矿产品的初步加工项目，由于大量消耗原料，应尽可能靠近原料产地；对于能耗高的项目，如铝厂、电石厂等，宜靠近电厂，由此带来的减少电能输送损失所获得的利益，通常大大超过原料、半成品调运中的劳动耗费；而对于技术密集型的建设项目，由于大中城市工业和科学技术力量雄厚，协作配套条件完备、信息灵通，所以其选址宜在大中城市。

2）工业项目适当聚集的原则。在工业布局中，通常是将一系列相关的项目聚成适当规模的工业基地和城镇，从而有利于发挥"集聚效益"。对各种资源和生产要素充分利用，便于形成综合生产能力，便于统一建设比较齐全的基础结构设施，避免重复建设，节约投资。另外，还能为不同类型的劳动者提供多种就业机会。

但当工业聚集超越客观条件时，也会带来许多弊端，促使项目投资增加，经济效益下降。这主要是因为：第一，各种原料、燃料需要量大增，原料、燃料和产品的运输距离延长，流通过程中的劳动耗费增加；第二，城市人口相应集中，形成对各种农副产品的大量需求，势必增加城市农副产品供应的费用；第三，生产和生活用水量大增，在本地水源不足时，需要开辟新的水源，远距离引水，耗资巨大；第四，大量生产和生活排泄物集中排放，势必造成环境污染、生态平衡破坏，为保持环境质量，不得不增加环境保护费用。当工业聚集带来的"外部不经济性"的总和超过生产聚集带来的利益时，综合经济效益反而下降，这就表明聚集程度已超过经济合理的界限。

（2）建设地点（厂址）的选择。遵照上述原则确定建设区域范围后，具体的建设地点（厂址）的选择又是一项极为复杂的技术经济综合性很强的系统工程。它不仅涉及项目建设条件、产品生产要素、生态环境和未来产品销售等重要问题，受社会、政治、经济、国防等诸多因素的制约；而且还直接影响到项目建设投资、建设速度和施工条件，以及未来企业的经营管理及所在地点的城乡建设规划与发展。因此，必须从国民经济和社会发展的全局出发，运用系统观点和方法分析决策。

1）选择建设地点（厂址）的要求：

①节约土地，少占耕地，降低土地补偿费用。项目的建设应尽量将厂址选择在荒地、劣地、山地和空地，不占或少占耕地，力求节约用地。与此同时，还应注意节省土地的补偿费用，降低工程造价。

②减少拆迁移民数量。项目建设的选址、选线应着眼少拆迁、少移民，尽可能不靠近、不穿越人口密集的城镇或居民区，减少或不发生拆迁安置费，降低工程造价。若必须拆迁移民，则应制定详尽的征地拆迁移民安置方案，充分考虑移民数量、安置途径、补偿标准、拆迁安置工作量和所需资金等，作为前期费用计入项目投资成本。

③应尽量选在工程地质、水文地质条件较好的地段，土壤耐压力应满足拟建厂的要求，严防选在断层、熔岩、流沙层与有用矿床上，以及洪水淹没区、已采矿坑塌陷区、滑坡区。建设地点（厂址）的地下水水位应尽可能低于地下建筑物的基准面。

④要有利于厂区合理布置和安全运行。厂区土地面积与外形能满足厂房与各种构筑物的需要，并适合按科学的工艺流程布置厂房与构筑物，满足生产安全要求。厂区地形力求平坦而略有坡度（一般以 5%～10% 为宜），以减少平整土地的土方工程量，节约投资，又便于地面排水。

⑤应尽量靠近交通运输条件和水电供应等条件好的地方。建设地点（厂址）应靠近铁路、公路、水路，以缩短运输距离，减少建设投资和未来的运营成本；建设地点（厂址）应在供电、供热和其他协作条件便于取得的地方，有利于施工条件的满足和项目运营期间的正常运作。

⑥应尽量减少对环境的污染。对于排放大量有害气体和烟尘的项目，不能建在城市的上风口，以免对整个城市造成污染；对于噪声大的项目，建设地点（厂址）应远离居民集中区，同时，要设置一定宽度的绿化带，以减弱噪声的干扰；对于生产或使用易燃、易爆、辐射产品的项目，

建设地点(厂址)应远离城镇和居民密集区。

上述条件的满足与否，不仅关系到建设工程造价的高低和建设期限，还关系到项目投产后的运营状况。因此，在确定厂址时，也应对方案进行技术经济分析、比较，选择最佳建设地点(厂址)。

在选择建设地点(厂址)时，应尽量满足(　　)要求。

A. 节约土地，尽量少占耕地，降低土地补偿费用

B. 建设地点(厂址)的地下水水位应与地下建筑物的基准面持平

C. 尽量选择人口相对稀疏的地区，减少拆迁移民数量

D. 尽量选择在工程地质、水文地质较好的地段

E. 厂区地形平坦，避免山地

答案：ACDE

【解析】选择建设地点(厂址)的要求：节约土地，少占耕地，降低土地补偿费用；减少拆迁移民数量；应尽量选在工程地质、水文地质条件较好的地段；要有利于厂区合理布置和安全运行；应尽量靠近交通运输条件和水电供应等条件好的地方；应尽量减少对环境的污染。

2)建设地点(厂址)选择时的费用分析。在进行厂址多方案技术经济分析时，除比较上述建设地点(厂址)条件外，还应具有全寿命周期的理念，从项目投资费用和项目投产后生产经营费用两个方面进行分析。

①项目投资费用比较。它包括土地征购费、拆迁补偿费、土石方工程费、运输设施费、排水及污水处理设施费、动力设施费、生活设施费、临时设施费、建材运输费等。

②项目投产后生产经营费用比较。它包括原材料、燃料运入及产品运出费用，给水、排水、污水处理费用，动力供应费用等。

3)建设地点(厂址)方案的技术经济论证。建设地点(厂址)选址方案的技术经济论证，不仅是寻求合理的经济和技术决策的必要手段，还是项目选址工作的重要组成部分。在项目选址工作中，通过实地调查和基础资料的搜集，拟订项目选址的备选方案，并对各种方案进行技术经济论证，确定最佳厂址方案。建设地点(厂址)方案比较的主要内容有建设条件比较、建设费用比较、经营费用比较、运输费用比较、环境影响比较和安全条件比较。

建设地点选择时需要进行费用分析，下列费用应列入项目投资费用比较的是(　　)。

A. 动力供应费　　　B. 燃料运输费　　　C. 产品运出费　　　D. 建材运输费

答案：D

【解析】在进行厂址多方案技术经济分析时，除比较上述建设地点（厂址）条件外，还应具有全寿命周期的理念，从项目投资费用和项目投产后生产经营费用两个方面进行分析。项目投资费用包括土地征购费、拆迁补偿费、土石方工程费、运输设施费、排水及污水处理设施费、动力设施费、生活设施费、临时设施费、建材运输费等。

### 3. 技术方案

技术方案是指产品生产所采用的工艺流程和生产方法。在建设规模和建设地区及地点确定后，具体的工程技术方案的确定，在很大程度上影响着工程建设成本以及建成后的运营成本。技术方案的选择直接影响项目的工程造价，因此，必须遵照以下原则，认真评价和选择拟采用的技术方案。

（1）技术方案选择的基本原则。

1）先进适用。先进适用是评定技术方案最基本的标准。保证工艺技术的先进性是首先要满足的，它能够带来产品质量、生产成本的优势。但在技术方案选择时不能单独强调先进而忽略适用，而应在满足先进的同时，结合我国国情和国力，考察工艺技术是否符合我国的技术发展政策。总之，要根据国情和建设项目的经济效益，综合考虑先进与适用的关系。对于拟采用的工艺，除必须保证能用指定的原材料按时生产出符合数量、质量要求的产品外，还要考虑与企业的生产和销售条件（包括原有设备能否配套、技术和管理水平、市场需求、原材料种类等）是否相适应，特别要考虑到原有设备能否利用，技术和管理水平能否跟上。

2）安全可靠。项目所采用的技术或工艺，必须经过多次试验和实践证明是成熟的，技术过关，质量可靠，安全稳定，有详尽的技术分析数据和可靠性记录，并且生产工艺的危害程度控制在国家规定的标准之内，才能确保生产安全、高效运行，发挥项目的经济效益。对于核电站、产生有毒有害和易燃易爆物质的项目（比如油田、煤矿等）及水利水电枢纽等项目，更应重视技术的安全性和可靠性。

3）经济合理。经济合理是指所用的技术或工艺应讲求经济效益，以最小的消耗取得最佳的经济效果，要求综合考虑所用工艺所能产生的经济效益和国家的经济承受能力。在可行性研究中可能提出几种不同的技术方案，各方案的劳动需要量、能源消耗量、投资数量等可能不同，在产品质量和产品成本等方面可能也有差异，应反复进行比较，从中挑选最经济合理的技术或工艺。

（2）技术方案选择的内容。

1）生产方法选择。生产方法是指产品生产所采用的制作方法，生产方法直接影响生产工艺流程的选择。一般在选择生产方法时，一是研究分析与项目产品相关的国内外生产方法的优缺点，并预测未来发展趋势，积极采用先进适用的生产方法；二是研究拟采用的生产方法是否与采用的原材料相适应，避免出现生产方法与供给原材料不匹配的现象；三是研究拟采用生产方法的技术来源的可得性，若采用引进技术或专利，应比较所需费用；四是研究拟采用生产方法是否符合节能和清洁的要求，应尽量选择节能环保的生产方法。

2）工艺流程方案选择。工艺流程是指投入物（原料或半成品）经过有序的生产加工，成为产出物（产品或加工品）的过程。选择工艺流程方案的具体内容包括研究工艺流程方案对产品质量的保证程度；研究工艺流程各工序间的合理衔接，工艺流程应通畅、简捷；研究选择先进合理的物料消耗定额，提高收益；研究选择主要工艺参数；研究工艺流程的柔性安排，既能保证主要工序生产的稳定性，又能根据市场需求变化，使生产的产品在品种规格上保持一定的灵活性。

3）工艺方案的比选。工艺方案比选的内容包括技术的先进程度、可靠程度和技术对产品质量性能的保证程度、技术对原材料的适应性、工艺流程的合理性、自动化控制水平、估算本国及外国各种工艺方案的成本、成本耗费水平、对环境的影响程度等技术经济指标。工艺改造项目工艺方案的比选论证，还应与原有的工艺方案进行比较。

比选论证后提出的推荐方案，应绘制主要的工艺流程图，编制主要物料平衡表，主要原材料、辅助材料以及水、电、气等消耗量图表。

建设项目投资决策阶段，在技术方案中选择生产方法时应重点关注（　　）。

A. 是否选择了合理的物料消耗定额

B. 是否符合工艺流程的柔性安排

C. 是否使工艺流程中的工序合理衔接

D. 是否符合节能清洁要求

答案：D

【解析】一般在选择生产方法时，一是积极采用先进适用的生产方法；二是采用的生产方法是否与采用的原材料相适应；三是采用生产方法的技术来源的可得性；四是研究拟采用生产方法是否符合节能和清洁的要求。只有D选项属于技术方案中生产方法的选择。A、B、C选项均属于工艺流程方案选择的内容。

**4. 设备方案**

在确定生产工艺流程和生产技术后，应根据工厂生产规模和工艺过程的要求，选择设备的型号和数量。设备的选择与技术密切相关，二者必须匹配。没有先进的技术，再好的设备也没用，没有先进的设备，技术的先进性无法体现。

（1）设备方案选择应符合的要求。

1）主要设备方案应与确定的建设规模、产品方案和技术方案相适应，并满足项目投产后生产或使用的要求。

2）主要设备之间、主要设备与辅助设备之间的生产或使用性能要相互匹配。

3）设备质量应安全可靠、性能成熟，保证生产和产品质量稳定。

4）在保证设备性能的前提下，力求经济合理。

5）选择的设备应符合政府部门或专门机构发布的技术标准要求。

（2）设备选用应注意的问题。

1）要尽量选用国产设备。凡国内能够制造，且能保证质量、数量和按期供货的设备，或者进口一些技术资料就能仿制的设备，原则上必须国内生产，不必从国外进口；凡只要引进关键设备就能由国内配套使用的，就不必成套引进。

2）要注意进口设备之间以及国内外设备之间的衔接配套问题。有时一个项目从国外引进设备时，为了考虑各供应厂家的设备特长和价格等问题，可能分别向几家制造厂购买，这时，就必须注意各厂所供设备之间技术、效率等方面的衔接配套问题。为了避免各厂所供设备不能配套衔接，引进时最好采用总承包的方式。还有一些项目，一部分为进口国外设备；另一部分则引进技术由国内制造。这时，也必须注意国内外设备之间的衔接配套问题。

3）要注意进口设备与原有国产设备、厂房之间的配套问题。主要应注意本厂原有国产设备的质量、性能与引进设备是否配套，以免因国内外设备能力不平衡而影响生产。对于利用原有厂房安装引进设备的项目，应全面掌握原有厂房的结构、面积、高度以及原有设备的情况，以免设备到厂后安装不下或互不适应而造成浪费。

4) 要注意进口设备与原材料、备品备件及维修能力之间的配套问题。应尽量避免引进设备所用的主要原料需要进口，如果必须从国外引进时，应安排国内有关厂家尽快研制这种原料。采用进口设备，还必须同时组织国内研制所需备品备件问题，避免有些备件在厂家输出技术或设备之后不久就被淘汰，从而保证设备长期发挥作用。另外，对于进口的设备，还必须懂得设备的操作和维修，否则设备的先进性就可能达不到充分发挥。在外商派人调试安装时，可培训国内技术人员及时学会操作，必要时也可派人出国培训。

### 5. 工程方案

工程方案选择是在已选定项目建设规模、技术方案和设备方案的基础上，研究论证主要建筑物、构筑物的建造方案，包括对于建筑标准的确定。

(1) 工程方案选择应满足的基本要求。

1) 满足生产使用功能要求。确定项目的工程内容、建筑面积和建筑结构时，应满足生产和使用的要求。分期建设的项目，应留有适当的发展余地。

2) 适应已选定的场址(线路走向)。在已选定的场址(线路走向)范围内，合理布置建筑物、构筑物，以及地上、地下管网的位置。

3) 符合工程标准规范要求。建筑物、构筑物的基础、结构和所采用的建筑材料，应符合政府部门或者专门机构发布的技术标准规范要求，确保工程质量。

4) 经济合理。工程方案在满足使用功能、确保质量的前提下，力求降低造价、节约建设资金。

(2) 工程方案研究内容。

1) 一般工业项目的厂房、工业窑炉、生产装置等建筑物、构筑物的工程方案，主要研究其建筑特征(面积、层数、高度、跨度)，建筑物、构筑物的结构形式，以及特殊建筑要求(防火、防爆、防腐蚀、隔声、隔热等)，基础工程方案，抗震设防等。

2) 矿产开采项目的工程方案主要研究开拓方式，根据矿体分布、形态、地质构造等条件，结合矿产品位、可采资源量，确定井下开采或者露天开采的工程方案。这类项目的工程方案将直接转化为生产方案。

3) 铁路项目工程方案的主要研究内容包括线路、路基、轨道、桥涵、隧道、站场及通信信号等方案。

4) 水利水电项目工程方案的主要研究内容包括防洪、治涝、灌溉、供水、发电等工程方案。水利水电枢纽和水库工程主要研究坝址、坝型、坝体建筑结构、坝基处理以及各种建筑物、构筑物的工程方案。同时，还应研究提出库区移民安置的工程方案。

### 6. 环境保护措施

建设项目一般会引起项目所在地自然环境、社会环境和生态环境的变化，对环境状况、环境质量产生不同程度的影响。因此，需要在确定厂址方案和技术方案时，对所在地的环境条件进行充分的调查研究，识别和分析拟建项目影响环境的因素，并提出治理和保护环境的措施，比选和优化环境保护方案。

(1) 环境保护的基本要求。工程建设项目应注意保护厂址及其周围地区的水土资源、海洋资源、矿产资源、森林植被、文物古迹、风景名胜等自然环境和社会环境。其环境保护措施应坚持以下原则：

1) 符合国家环境保护相关法律、法规以及环境功能规划的整体要求；

2)坚持污染物排放总量控制和达标排放的要求；

3)坚持"三同时原则"，即环境治理措施应与项目的主体工程同时设计、同时施工、同时投产使用；

4)力求环境效益与经济效益相统一，工程建设与环境保护必须同步规划、同步实施、同步发展，全面规划，合理布局，统筹安排好工程建设和环境保护工作，力求环境保护治理方案技术可行和经济合理；

5)注重资源综合利用和再利用，对项目在环境治理过程中产生的废气、废水、固体废弃物等，应提出回水处理和再利用方案。

(2)环境治理措施方案。对于在项目建设过程中涉及的污染源和排放的污染物等，应根据其性质的不同，采用有针对性的治理措施。

1)废气污染治理，可采用冷凝、活性炭吸附法、催化燃烧法、催化氧化法、酸碱中和法、等离子法等方法。

2)废水污染治理，可采用物理法(如重力分离、离心分离、过滤、蒸发结晶、高磁分离等)、化学法(如中和、化学凝聚、氧化还原等)、物理化学法(如离子交换、电渗析、反渗透、气泡悬上分离、汽提吹脱、吸附萃取等)、生物法(如自然氧池、生物滤化、活性污泥、厌氧发酵)等方法。

3)固体废弃物污染治理，有毒废弃物可采用防渗漏池堆存；放射性废弃物可采用封闭固化；无毒废弃物可采用露天堆存；生活垃圾可采用卫生填埋、堆肥、生物降解或者焚烧方式处理；利用无毒害固体废弃物加工制作建筑材料或者作为建材添加物，进行综合利用。

4)粉尘污染治理，可采用过滤除尘、湿式除尘、电除尘等方法。

5)噪声污染治理，可采用吸声、隔声、减振、隔振等措施。

6)建设和生产运营引起环境破坏的治理。对岩体滑坡、植被破坏、地面塌陷、土壤劣化等，也应提出相应治理方案。

(3)环境治理方案比选。对环境治理的各局部方案和总体方案进行技术经济比较，作出综合评价，并提出推荐方案。环境治理方案比选的主要内容包括以下几项：

1)技术水平对比，分析对比不同环境保护治理方案所采用的技术和设备的先进性、适用性、可靠性和可得性。

2)治理效果对比，分析对比不同环境保护治理方案在治理前及治理后环境指标的变化情况，以及能否满足环境保护法律法规的要求。

3)管理及监测方式对比，分析对比各种治理方案所采用的管理和监测方式的优缺点。

4)环境效益对比，将环境治理保护所需投资和环保措施运行费用与所获得的收益相比较，并将分析结果作为方案比选的重要依据。

# 任务 4.2　工程投资估算

## 4.2.1　工程投资估算的概念和作用

### 1. 投资估算的概念

投资估算是在投资决策阶段，以方案设计或可行性研究文件为依据，按照规定的程序、方法和依据，对拟建项目所需总投资及其构成进行的预测和估计，是在研究并确定项目的建设规模、产品方案、技术方案、工艺技术、设备方案、厂址方案、工程建设方案以及项目进度计划等基础上，依据特定的方法，估算项目从筹建、施工直至建成投产所需全部建设资金总额并测算建设期各年资金使用计划的过程。投资估算的成果文件称作投资估算书，简称投资估算。投资估算书是项目建议书或可行性研究报告的重要组成部分，是项目决策的重要依据。

**2. 投资估算的作用**

投资估算作为论证拟建项目的重要经济文件，既是建设项目技术经济评价和投资决策的重要依据，又是该项目实施阶段投资控制的目标值。投资估算在建设工程的投资决策、造价控制、筹集资金等方面都有重要的作用。

(1)项目建议书阶段的投资估算，是项目主管部门审批项目建议书的依据之一，也是编制项目规划、确定建设规模的参考依据。

(2)项目可行性研究阶段的投资估算，是项目投资决策的重要依据，也是研究、分析、计算项目投资经济效果的重要条件。当可行性研究报告被批准后，其投资估算额将作为设计任务书中下达的投资限额，即建设项目投资的最高限额，不得随意突破。

(3)项目投资估算是设计阶段造价控制的依据，投资估算一经确定，即成为限额设计的依据，用以对各设计专业实行投资切块分配，作为控制和指导设计的尺度。

(4)投资估算可作为项目资金筹措及制定建设贷款计划的依据，建设单位可根据批准的项目投资估算额，进行资金筹措和向银行申请贷款。

(5)投资估算是核算建设项目固定资产投资需要额和编制固定资产投资计划的重要依据。

(6)投资估算是建设工程设计招标、优选设计单位和设计方案的重要依据。在工程设计招标阶段，投标单位报送的投标书中包括项目设计方案、项目的投资估算和经济性分析，招标单位根据投资估算对各项设计方案的经济合理性进行分析、衡量、比较，在此基础上择优确定设计单位和设计方案。

## 4.2.2　投资估算的阶段划分与精度要求

**1. 国外项目投资估算的阶段划分与精度要求**

在英、美等国，对一个建设项目从开发设想直至施工图设计期间各阶段项目投资的预计额均称为投资估算，只是因各阶段设计深度、技术条件的不同，对投资估算的准确度要求有所不同。英、美等国可将建设项目的投资估算分为以下五个阶段：

(1)投资设想阶段的投资估算。在尚无工艺流程图、平面布置图，也未进行设备分析的情况下，即根据假想条件比照同类已投产项目的投资额，并考虑涨价因素编制项目所需投资额，这一阶段称为毛估阶段，或称比照估算。这一阶段投资估算的意义是判断一个项目是否需要进行下一步工作，此阶段对投资估算精度的要求较低，允许误差大于±30%。

(2)投资机会研究阶段的投资估算。此时应有初步的工艺流程图、主要生产设备的生产能力及项目建设的地理位置等条件，故可套用相近规模厂的单位生产能力建设费用来计算拟建项目所需的投资额，据此初步判断项目是否可行，或审查项目引起投资兴趣的程度。这一阶段称为粗估阶段，或称为因素估算，其对投资估算精度的要求为误差控制在±30%以内。

(3)初步可行性研究阶段的投资估算。此时，已具有设备规格表、主要设备的生产能力和尺寸、项目的总平面布置、各建筑物的大致尺寸、公用设施的初步位置等条件。此时期的投资估算额，可据此决定拟建项目是否可行，或据此列入投资计划。这一阶段称为初步估算阶段，或称为认可估算，其对投资估算精度的要求为误差控制在±20%以内。

(4)详细可行性研究阶段的投资估算。此时，项目的细节已清楚，并已进行了建筑材料、设备的询价，也已进行了设计和施工的咨询，但工程图纸和技术说明尚不完备，可根据此时期的投资估算额进行筹款。这一阶段称为确定估算，或称为控制估算，其对投资估算精度的要求为误差控制在±10%以内。

(5)工程设计阶段的投资估算。此时应具有工程的全部设计图纸、详细的技术说明、材料清单、工程现场勘察资料等，故可根据单价逐项计算，从而汇总出项目所需的投资额，可据此投资估算控制项目的实际建设。这一阶段称为详细估算，或称为投标估算，其对投资估算精度的要求为误差控制在±5%以内。

**2. 我国项目投资估算的阶段划分与精度要求**

投资估算是进行建设项目技术经济评价和投资决策的基础。在项目建议书、初步可行性研究、可行性研究、方案设计阶段(包括概念方案设计和报批方案设计)以及项目申报报告中应编制投资估算。投资估算的准确性不仅影响可行性研究工作的质量和经济评价结果，还直接关系到下一阶段设计概算和施工图预算的编制。因此，应全面、准确地对建设项目建设总投资进行投资估算。

(1)项目建议书阶段的投资估算。项目建议书阶段的投资估算是指按项目建议书中的产品方案、项目建设规模、产品主要生产工艺、企业车间组成、初选建厂地点等，估算建设项目所需投资额。此阶段的项目投资估算是审批项目建议书的依据，是判断项目是否需要进行下一个阶段工作的依据，其对投资估算精度的要求为误差控制在±30%以内。

(2)预可行性研究阶段的投资估算。预可行性研究阶段的投资估算是指在掌握更详细、更深入的资料的条件下，估算建设项目所需投资额。此阶段的项目投资估算是初步明确项目方案，为项目进行技术经济论证提供依据，同时是判断是否进行详细可行性研究的依据，其对投资估算精度的要求为误差控制在±20%以内。

(3)可行性研究阶段的投资估算。可行性研究阶段的投资估算较为重要。它是对项目进行较详细的技术经济分析，决定项目是否可行，并比选出最佳投资方案的依据。此阶段的投资估算经审查批准后，即为工程设计任务书中规定的项目投资限额，对工程设计概算起控制作用，其对投资估算精度的要求为误差控制在±10%以内。

具体的投资估算的阶段划分与精度要求见表4.1。

表4.1 投资估算阶段划分及其对比表

| 工作阶段 | | 工作性质 | 投资估算方法 | 投资估算误差率 | 投资估算作用 |
|---|---|---|---|---|---|
| 项目决策阶段 | 项目建议书阶段 | 项目设想 | 生产能力指数法<br>系数估算法 | ±30% | 鉴别投资方向<br>寻找投资机会提出项目投资建议 |
| | 预可行性研究阶段 | 项目初选 | 比例系数法<br>指标估算法 | ±20% | 广泛分析，筛选方案<br>确定项目初步可行<br>确定专题研究课题 |
| | 可行性研究阶段 | 项目拟订 | 模拟概算法 | ±10% | 多方案比较，提出结论性建议，确定项目投资的可行性 |

## 4.2.3 投资估算的内容

根据我国建设工程造价管理协会标准《建设项目投资估算编审规程》(CECA/GC1—2015)的规定，投资估算按照编制估算的工程对象划分，分为建设项目投资估算、单项工程投资估算、单位工程投资估算等。投资估算文件一般由封面、签署页、编制说明、投资估算分析、总投资估算表、单项工程估算表、主要技术经济指标等内容组成。

**1. 投资估算编制说明**

投资估算编制说明一般包括以下内容：

(1)工程概况。

(2)编制范围。说明建设项目总投资估算中所包括的和不包括的工程项目和费用；如有几个单位共同编制时，说明分工编制的情况。

(3)编制方法。

(4)编制依据。

(5)主要技术经济指标。它包括投资、用地和主要材料用量指标。当设计规模有远、近期不同的考虑时，或者土建与安装的规模不同时，应分别计算后再综合。

(6)有关参数、率值的选定。如征地拆迁、供电供水、考察咨询等费用的费率标准选用情况。

(7)特殊问题的说明(包括采用新技术、新材料、新设备、新工艺)；必须说明的价格的确定；进口材料、设备、技术费用的构成与技术参数；采用特殊结构的费用估算方法；安全、节能、环保、消防等专项投资占总投资的比重；建设项目总投资中未计算项目或费用的必要说明等。

(8)采用限额设计的工程还应对投资限额和投资分解作进一步说明。

(9)采用方案比选的工程还应对方案比选的估算和经济指标作进一步说明。

(10)资金筹措方式。

**2. 投资估算分析**

投资估算分析应包括以下内容：

(1)工程投资比例分析。一般民用项目要分析土建及装饰、给水排水、消防、采暖、通风空调、电气等主体工程和道路、广场、围墙、大门、室外管线、绿化等室外附属/总体工程占建设项目总投资的比例；一般工业项目要分析主要生产系统(需列出各生产装置)、辅助生产系统、公用工程(给水排水、供电和通信、供气、总图运输等)、服务性工程、生活福利设施、厂外工程等占建设项目总投资的比例。

(2)各类费用构成占比分析。分析设备及工器具购置费、建筑工程费、安装工程费、工程建设其他费用、预备费占建设项目总投资的比例；分析引进设备费用占全部设备费用的比例等。

(3)分析影响投资的主要因素。

(4)与国内类似工程项目的比较，分析说明投资高低的原因。

**3. 总投资估算**

总投资估算包括汇总单项工程估算、工程建设其他费用、基本预备费、价差预备费、计算建设期利息等。

**4. 单项工程投资估算**

单项工程在投资估算中，应按建设项目划分的各个单项工程分别计算组成工程费用的建筑工程费、设备及工器具购置费和安装工程费。

**5. 工程建设其他费用估算**

工程建设其他费用估算应按预期将要发生的工程建设其他费用种类，逐项详细估算其费用金额。

**6. 主要技术经济指标**

工程造价人员应根据项目特点，计算并分析整个建设项目、各单项工程和主要单位工程的主要技术经济指标。

### 4.2.4 投资估算的编制

**1. 建设工程投资估算的构成**

投资估算的内容，从费用构成来讲应包括该项目从筹建、设计、施工直至竣工投产所需的全部费用，可分为建设投资和流动资金两个部分。

(1)建设投资内容按照费用的性质划分，分为建筑安装工程费用，设备及工、器具购置费用，工程建设其他费用，预备费用，建设期利息等。

(2)流动资金是指生产经营性项目投产后，用于购买原材料、燃料、支付工资及其他经营费用等所需的周转资金。流动资金是伴随着建设投资而发生的长期占用的流动资产投资，即财务中的营运资金。

**2. 建设工程投资估算的编制依据**

建设工程投资估算的编制依据是指在编制投资估算时所遵循的计量规则、市场价格、费用标准及工程计价有关参数、率值等基础资料。其主要有以下几个方面：

(1)国家、行业和地方政府的有关法律、法规或规定；政府有关部门、金融机构等发布的价格指数、利率、汇率、税率等有关参数。

(2)行业部门、项目所在地工程造价管理机构或行业协会等编制的投资估算指标、概算指标(定额)、工程建设其他费用定额(规定)、综合单价、价格指数、有关造价文件等。

(3)类似工程的各种技术经济指标和参数。

(4)工程所在地的同期的人工、材料、设备的市场价格，建筑、工艺及附属设备的市场价格和有关费用。

(5)与建设项目有关的工程地质资料、设计文件、图纸或有关设计专业提供的主要工程量和主要设备清单等。

(6)委托单位提供的其他技术经济资料。

**3. 投资估算的编制步骤**

(1)估算建筑工程费用。

(2)估算设备、工器具购置费用以及需安装设备的安装工程费用。

(3)估算其他费用。

(4)估算流动资金。

(5)汇总出总投资。

根据投资估算的不同阶段划分，主要分为项目建议书阶段及可行性研究阶段的投资估算。其中，可行性研究阶段的投资估算编制一般包含静态投资部分、动态投资部分与流动资金估算三部分。其主要包括以下步骤：

(1)分别估算各单项工程所需建筑工程费，设备及工、器具购置费，安装工程费，在汇总各单项工程费用的基础上，估算工程建设其他费用和基本预备费，完成工程项目静态投资部分的估算。

(2)在静态投资部分的基础上，估算价差预备费和建设期利息，完成工程项目动态投资部分的估算。

(3)估算流动资金。

(4)估算建设项目总投资。

建设项目投资估算编制流程如图4.1所示。

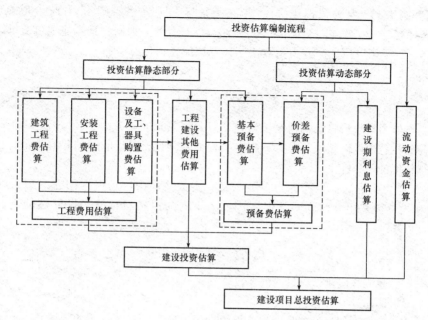

**图 4.1　建设项目投资估算编制流程**

## 4.2.5　投资估算的编制方法

建设项目投资估算要根据所处阶段对建设方案构思、策划和设计深度，结合各自行业的特点，所采用生产技术工艺的成熟性，以及所掌握的国家及地区、行业或部门相关投资估算基础资料和数据的合理、可靠、完整程度（包括造价咨询机构自身统计和积累的可靠的相关造价基础资料）等进行编制，需要根据所处阶段、方案深度、资料占有等情况的不同采用不同的编制方法。在投资机会研究和项目建议书阶段，投资估算的精度低，可采取简单的匡算法，如单位生产能力法、生产能力指数法、系数估算法、比例估算法、指标估算法等；在可行性研究阶段，投资估算精度要求要比前一阶段高些，需采用相对详细的估算方法，如指标估算法等。

下面阐述项目建议书阶段和可行性研究阶段的投资估算方法。

**1. 项目建议书阶段的投资估算方法**

由于项目建议书阶段是初步决策的阶段，对项目还处在概念性的理解，因此投资估算只能在总体框架内进行，投资估算对项目决策只是概念性的参考，投资估算只起指导性作用。该阶段的投资估算方法主要有以下几项：

（1）单位生产能力指数法。依据调查的统计资料，利用相近规模的单位生产能力投资乘以建设规模，即得拟建项目投资。其计算公式为

$$C_2 = \frac{C_1}{Q_1} \times Q_2 \times f$$

式中　$C_1$——已建成类似建设项目的静态投资额；

　　　$C_2$——拟建建设项目静态投资额；

　　　$Q_1$——已建成类似建设项目的生产能力；

　　　$Q_2$——拟建建设项目的生产能力；

　　　$f$——不同时期、不同地点的定额、单价、费用变更等综合调整系数。

【应用案例 4.1】 某公司拟于 2018 年在某地区开工兴建年产 45 万吨合成氨的化肥厂。2014 年兴建的年产 30 万吨同类项目总投资为 28 000 万元。根据测算拟建项目造价综合调整系数为 1.216，试采用单位生产能力指数法，计算该拟建项目所需静态投资。

**解：**

$$C_2 = \frac{C_1}{Q_1} \times Q_2 \times f = \frac{28\ 000}{30} \times 45 \times 1.216 = 51\ 072（万元）$$

单位生产能力指数法只能是粗略地快速估算，误差较大，可达 ±30%。应用单位生产能力指数法时需要注意建设区域的差异性、配套工程的差异性、建设时间的差异性等方面可能造成的投资估算精度的差异性。

(2)生产能力指数法。生产能力指数法又称指数估算法，是根据已建成项目的类似项目生产能力和投资额来粗略估算同类但生产能力不同的拟建项目静态投资额的方法。其计算公式为

$$C_2 = C_1 \times \left(\frac{Q_2}{Q_1}\right)^x \times F$$

式中　$C_1$——已建成类似建设项目的静态投资额；

　　　$C_2$——拟建建设项目静态投资额；

　　　$Q_1$——已建成类似建设项目的生产能力；

　　　$Q_2$——拟建建设项目的生产能力；

　　　$x$——生产能力指数；

　　　$F$——不同时期、不同地点的定额、单价、费用和其他差异的综合调整系数。

上式表明，造价与规模(或容量)呈非线性关系，且单位造价随工程规模(或容量)的增大而减小。生产能力指数法的关键是生产能力指数的确定，一般要结合行业特点确定，并应有可靠的例证。在正常情况下，$0 < x \leqslant 1$。不同生产率水平的国家和不同性质的项目中，$x$ 的取值是不相同的。若已建同类项目规模和拟建项目规模的比值为 0.5～2 时，则指数 $x$ 的取值近似为 1；若已建同类项目规模和拟建项目规模的比值为 2～50，且拟建项目生产规模的扩大仅靠增大设备规模来达到时，则指数 $x$ 的取值为 0.6～0.7；若是靠增加相同规格设备的数量达到时，指数 $x$ 的取值为 0.8～0.9。

【应用案例 4.2】 某地 2015 年拟建一年产 20 万吨化工产品的项目。根据调查，该地区 2013 年建设的年产 10 万吨相同产品的已建项目的投资额为 5 000 万元，生产能力指数为 0.6，2013 年至 2015 年工程造价平均每年递增 10%，试计算该项目的建设投资。

**解：**

$$拟建项目的建设投资 = 5\ 000 \times \left(\frac{20}{10}\right)^{0.6} \times (1 + 10\%)^2 = 9\ 170.09（万元）$$

(3)系数估算法。系数估算法也称为因子估算法，是以拟建建设项目的主体工程费或主要设备购置费为基数，以其他辅助配套工程费与主体工程费或设备购置费的百分比为系数，依此估算拟建建设项目的静态投资的方法。本方法主要应用于设计深度不足，拟建建设项目与类似建设项目的主体工程费或主要设备购置费比重较大，行业内相关系数等基础资料完备的情况。在我国常用的方法有设备系数法和主体专业系数法。世界银行项目投资估算常用的方法是朗格系数法。

1)设备系数法。设备系数法是指以拟建建设项目的设备费为基数，根据已建成的同类建设项目的建筑安装费和其他工程费等与设备价值的百分比，求出拟建建设项目建筑安装工程费和其他工程费，进而求出项目的静态投资。其计算公式为

$$C = E(1 + f_1 P_1 + f_2 P_2 + f_3 P_3 + \cdots) + I$$

式中　　$C$——拟建建设项目的建设投资额；

　　　　$E$——拟建建设项目根据当时当地价格计算的设备购置费；

　　　　$P_1$，$P_2$，$P_3$——已建成类似建设项目中建筑安装工程费及其他工程费等与设备购置费的比例；

　　　　$f_1$，$f_2$，$f_3$——不同建设时间、地点而产生的定额、价格、费用标准等差异的调整系数；

　　　　$I$——拟建建设项目的其他费用。

【应用案例4.3】　某新建项目设备投资为10 000万元，根据已建同类建设项目统计情况，一般建筑工程费占设备投资的28.5%，安装工程费占设备投资的9.5%，其他工程费用占设备投资的7.8%。该项目其他费用估计为800万元，试估算该项目的投资额（调整系数 $f=1$）。

　　解：$C=E(1+f_1P_1+f_2P_2+f_3P_3+\cdots)+I=10\ 000\times(1+28.5\%+9.5\%+7.8\%)+800$
　　　　$=15\ 380（万元）$

2)主体专业系数法。主体专业系数法是指以拟建建设项目中投资比重较大，并与生产能力直接相关的工艺设备投资为基数，根据已建同类建设项目的有关统计资料，计算出拟建建设项目各专业工程（总图、土建、采暖、给水排水、管道、电气、自控等）与工艺设备投资的百分比，据以求出拟建建设项目各专业投资，然后加总，即为拟建建设项目的静态投资。其计算公式为

$$C=E(1+f_1P_1'+f_2P_2'+f_3P_3'+\cdots)+I$$

式中　　$E$——与生产能力直接相关的工艺设备投资；

　　　　$P_1'$，$P_2'$，$P_3'$——已建成类似建设项目中各专业工程费用与工艺设备投资的比重。

　　式中其他符号意义同前。

3)朗格系数法。朗格系数法是以设备费为基数，乘以适当系数来推算项目的静态投资额。这种方法在我国内部常见，该方法的基本原理是将项目建设中的总成本费用中的直接成本和间接成本分别计算，再合为项目的静态投资。其计算公式为

$$C=E\cdot(1+\sum K_i)\cdot K_c$$

$$K_L=(1+\sum K_i)\cdot K_c$$

式中　　$C$——总建设费用；

　　　　$E$——主要设备费；

　　　　$K_i$——管线、仪表、建筑物等项费用的估算系数；

　　　　$K_c$——管理费、合同费、应急费等项费用的估算系数；

　　　　$K_L$——朗格系数。

此法估算的步骤如下：

第一步：计算设备到达现场的费用，包括设备出厂价、陆路运费、海上运输费、装卸费、关税、保险和采购等；

第二步：计算出的设备费用乘以1.43，即得到包括设备基础、绝热工程、油漆工程和设备安装工程的总费用(a)；

第三步：以上述计算的结果(a)再分别乘以1.1、1.25、1.6(视不同流程)，即得到包括配管工程在内的费用(b)；

第四步：以上述计算的结果(b)再乘以1.5，即得到此装置的直接费用(c)，此时，装置的建筑工程、电气及仪表工程等费用均含在直接费用中；

第五步：最后，以上述计算的结果(c)再分别乘以1.31、1.35、1.38(视不同流程)，即得到项目的总费用 $C$，具体见表4.2。

表 4.2 朗格系数包含的内容

| 项目 | | 固体流程 | 固流流程 | 流体流程 |
|---|---|---|---|---|
| 朗格系数 $K$ | | 3.1 | 3.63 | 4.74 |
| 内容 | (a)包括基础、设备、绝热、油漆及设备安装费 | $E \times 1.43$ | | |
| | (b)包括上述在内和配管工程费 | (a)×1.1 | (a)×1.25 | (a)×1.6 |
| | (c)为装置直接费 | (b)×1.5 | | |
| | (d)包括上述在内和间接费,即总投资 $C$ | (c)×1.31 | (c)×1.35 | (c)×1.38 |

【应用案例 4.4】 在某地建设一座年产 30 万套汽车轮胎的工厂,已知该工厂的设备到达工地的费用为 2 204 万美元,试估算该工厂的静态投资。

**解:**轮胎工厂的生产流程基本上属于固体流程,因此在选择朗格系数法时,全部数据应该采用固体流程的数据。现计算如下:

(1)设备到达现场的费用=2 204(万美元)。

(2)根据表中计算费用(a):

(a)=$E$×1.43=2 204×1.43=3 151.72(万美元)

则设备基础、绝热、刷油及安装费=3 151.72-2 204=947.72(万美元)

(3)计算费用(b):

(b)=$E$×1.43×1.1=2 204×1.43×1.1=3 466.89(万美元)

则其中配管工程(管道工程)费用=3 466.89-3 151.72=315.17(万美元)

(4)计算费用(c),即装置直接费:

(c)=$E$×1.43×1.1×1.5=5 200.34(万美元)

则电气、仪表、建筑等工程费=5 200.34-3 466.89=1 733.45(万美元)

(5)计算投资 $C$:

$C$=$E$×1.43×1.1×1.5×1.31=6 812.44(万美元)

则间接费用=6 812.44-5 200.34=1 612.10(万美元)

由此估算出该工厂的静态投资为 6 812.44 万美元,其中间接费用为 1 612.10 万美元。

朗格系数法是国际上估算一个工程项目或一套装置的费用时,采用较为广泛的方法。但是应用朗格系数法进行工程项目或装置估价的精度仍不是很高,主要原因是:装置规模大小发生变化;不同地区自然地理条件的差异;不同地区经济地理条件的差异;不同地区气候条件的差异;主要设备材质发生变化时,设备费用变化较大而安装费变化不大。

由于朗格系数法是以设备购置费为计算基础,而设备费用在一项工程中所占的比重较大,对于石油、石化、化工工程占 45%~55%;同时,一项工程中每台设备所含有的管道、电气、自控仪表、绝热、油漆、建筑等,都有一定的规律。所以,只要对各种不同类型工程的朗格系数掌握准确,估算精度仍可较高。朗格系数法估算误差在 10%~15%。

(4)比例估算法。比例估算法是根据已知的同类建设项目主要设备购置费占整个建设项目的投资比例,先逐项估算出拟建建设项目主要设备购置费,再按比例估算拟建建设项目和相关投资额的方法。本办法主要应用于设计深度不足,拟建建设项目与类似建设项目的主要设备购置费比重较大,行业内相关系数等基础资料完备的情况。其计算公式为

$$C = \frac{1}{K} \sum_{i=1}^{n} Q_i P_i$$

式中　$C$——拟建建设项目的投资额；

　　　$K$——主要设备购置费占拟建建设项目投资的比例；

　　　$n$——主要设备的种类数；

　　　$Q_i$——第 $i$ 种主要设备的数量；

　　　$P_i$——第 $i$ 种主要设备的购置单价(到厂价格)。

(5)指标估算法。指标估算法是依据投资估算指标，对各单位工程或单项工程费用进行估算，进而估算建设项目总投资，再按相关规定估算工程建设其他费用、基本预备费、建设期利息等，形成拟建项目静态投资。

**2. 可行性研究阶段的投资估算方法**

为了保证编制精度，可行性研究阶段建设项目投资估算原则上应采用指标估算法。指标估算法是投资估算的主要方法。指标估算法是指依据投资估算指标，对各单位工程或单项工程费用进行估算，进而估算建设项目总投资的方法。首先，把拟建建设项目以单项工程或单位工程，按建设内容纵向划分为各个主要生产设施、辅助生产系统、公用工程、服务性工程、生活福利设施，以及各项其他工程费用；同时，按费用性质横向划分为建筑工程、设备购置、安装工程等；然后，根据各种具体的投资估算指标，进行各单位工程或单项工程投资的估算；在此基础上，汇集编制成拟建建设项目的各个单项工程费用和拟建建设项目的工程费用投资估算；再按相关规定估算工程建设其他费、基本预备费等，形成拟建建设项目静态投资。

在条件具备时，对投资有重大影响的主体工程应估算出分部分项工程量，套用相关综合定额(概算指标)或概算定额进行编制。对于子项单一的大型民用公共建筑，主要单项工程估算应细化到单位工程估算书。无论如何，可行性研究阶段的投资估算应满足项目的可行性研究与评估，并最终满足国家和地方相关部门批复或备案的要求。预可行性研究阶段、方案设计阶段项目建设投资估算视设计深度，宜参照可行性研究阶段的编制办法进行。

(1)建筑工程费用估算。建筑工程费用是指为建造永久性建筑物和构筑物所需要的费用。其主要采用单位实物工程量投资估算法，即以单位实物工程量的建筑工程费乘以实物工程总量来估算建筑工程费的方法。当无适当估算指标或类似工程造价资料时，可采用计算主体实物工程量套用相关综合定额或概算定额进行估算，但通常需要较为详细的工程资料，工作量较大。实际工作中可根据具体条件和要求选用。建筑工程费估算通常应根据不同的专业工程选择不同的实物工程量计算方法。

1)工业与民用建筑以"m²"或"m³"为单位，套用规模相当、结构形式和建筑标准相适应的投资估算指标或类似工程造价资料进行估算；构筑物以"延长米""m²"或"座位"为单位，套用技术标准、结构形式相适应的投资估算指标或类似工程造价资料进行估算。

2)大型土方、总平面竖向布置、道路及场地铺砌、室外综合管网和线路、围墙大门等，分别以"m³""m²""延长米"或"座"为单位，套用技术标准、结构形式相适应的投资估算指标或类似工程造价资料进行建筑工程费估算。

3)矿山井巷开拓、露天剥离工程、坝体堆砌等，分别以"m³""延长米"为单位，套用技术标准、结构形式、施工方法相适应的投资估算指标或类似工程造价资料进行建筑工程费估算。

4)公路、铁路、桥梁、隧道、涵洞设施等，分别以"公里"(铁路、公路)、"100 m² 桥面(桥梁)""100 m² 断面(隧道)""道(涵洞)"为单位，套用技术标准、结构形式、施工方法相适应的投资估算指标或类似工程造价资料进行估算。

(2)设备及工器具购置费估算。设备购置费根据项目主要设备表及价格、费用资料进行编制，工器具购置费按设备费的一定比例计取。对于价值高的设备应按单台(套)估算购置费，价值较小的设备可按类估算，国内设备和进口设备应分别估算。

(3)安装工程费估算。安装工程费包括安装主材费和安装费。其中，安装主材费可以根据行业和地方相关部门定期发布的价格信息或市场询价进行估算；安装费根据设备专业属性，可按以下方法估算：

1)工艺设备安装费估算。以单项工程为单元，根据单项工程的专业特点和各种具体的投资估算指标，采用按设备费百分比估算指标进行估算；或根据单项工程设备总重，采用以"t"为单位的综合单价指标进行估算。即

$$安装工程费=设备原价×设备安装费费率$$

$$安装工程费=设备吨重×单位重量(t)安装费指标$$

2)工艺非标准件、金属结构和管道安装费估算。以单项工程为单元，根据设计选用的材质、规格，以"t"为单位，套用技术标准、材质和规格、施工方法相适应的投资估算指标或类似工程造价资料进行估算。即

$$安装工程费=重量总量×单位重量安装费指标$$

3)工业炉窑砌筑和保温工程安装费估算。以单项工程为单元，以"t""$m^3$""$m^2$"为单位，套用技术标准、材质和规格、施工方法相适应的投资估算指标或类似工程造价资料进行估算。即

$$安装工程费=重量(体积、面积)总量×单位重量("m^3""m^2")安装费指标$$

4)电气设备及自控仪表安装费估算。以单项工程为单元，根据该专业设计的具体内容，采用相适应的投资估算指标或类似工程造价资料进行估算，或根据设备台(套)数、变配电容量、装机容量、桥架重量、电缆长度等工程量，采用相应综合单价指标进行估算。即

$$安装工程费=设备工程量×单位工程量安装费指标$$

(4)工程建设其他费用估算。工程建设其他费用的计算应结合拟建建设项目的具体情况，有合同或协议明确的费用按合同或协议列入；无合同或协议明确的费用，根据国家和各行业部门、工程所在地方政府的有关工程建设其他费用定额(规定)和计算办法估算。

(5)基本预备费估算。基本预备费的估算一般是以建设项目的工程费用和工程建设其他费用之和为基础，乘以基本预备费费率进行计算。基本预备费费率的大小，应根据建设项目的设计阶段和具体的设计深度，以及在估算中所采用的各项估算指标与设计内容的贴近度、项目所属行业主管部门的具体规定确定。

$$基本预备费=(工程费用+工程建设其他费用)×基本预备费费率$$

(6)指标估算法。使用指标估算法时，应注意以下事项：

1)影响投资估算精度的因素主要包括价格变化、现场施工条件、项目特征的变化等，因而，在应用指标估算法时，应根据不同地区，建设年代、条件等进行调整。因为地区、年代不同，人工、材料与设备的价格均有差异，调整方法可以以人工、主要材料消耗量或"工程量"为计算依据，也可以按不同的工程项目的"万元工料消耗定额"确定不同的系数。在有关部门颁布定额或人工、材料价差系数(物价指数)时，可以据以调整。

2)使用指标估算法进行投资估算绝不能生搬硬套，必须对工艺流程、定额、价格及费用标准进行分析，经过实事求是的调整与换算后，才能提高其精确度。

**3. 动态投资部分的估算方法**

动态投资部分包括价差预备费和建设期利息两个部分。动态投资部分的估算应以基准年静态投资的资金使用计划为基础计算，而不是以编制年的静态投资为基础计算。

（1）价差预备费。价差预备费的计算可详见前面内容。除此之外，如果是涉外项目，还应该计算汇率的影响。汇率是两种不同货币之间的兑换比率，汇率的变化意味着一种货币相对于另一种货币的升值或贬值。在我国，人民币与外币之间的汇率采取以人民币表示外币价格的形式给出，如1美元＝6.3元人民币。由于涉外项目的投资中包含人民币以外的币种，需要按照相应的汇率把外币投资额换算为人民币投资额，所以，汇率变化会对涉外项目的投资额产生影响。

1）外币对人民币升值。从国外市场购买设备材料所支付的外币金额不变，但换算成人民币的金额增加；从国外借款，本息所支付的外币金额不变，但换算成人民币的金额增加。

2）外币对人民币贬值。从国外市场购买设备材料所支付的外币金额不变，但换算成人民币的金额减少；从国外借款，本息所支付的外币金额不变，但换算成人民币的金额减少。

估计汇率变化对建设项目投资的影响，是通过预测汇率在项目建设期内的变动程度以估算年份的投资额为基数，相乘计算求得。

（2）建设期利息。建设期利息包括银行借款和其他债务资金的利息，以及其他融资费用。其他融资费用是指某些债务融资中发生的手续费、承诺费、管理费、信贷保险费等融资费用。在一般情况下应将其单独计算并计入建设期利息；在项目前期研究的初期阶段，也可作粗略估算并计入建设投资；对于不涉及国外贷款的项目，在可行性研究阶段，也可作粗略估算并计入建设投资。建设期利息的计算可详见前面内容。

### 4. 流动资金的估算

流动资金是指项目运营需要的流动资产投资，是生产经营性项目投产后，为进行正常生产运营，用于购买原材料、燃料，支付工资及其他经营费用等所需的周转资金。流动资金估算一般采用分项详细估算法，个别情况或者小型项目可采用扩大指标估算法。

（1）分项详细估算法。流动资金的显著特点是在生产过程中不断周转，其周转额的大小与生产规模及周转速度直接相关。分项详细估算法是根据项目的流动资产和流动负债估算项目所占用流动资金的方法。其中，流动资产的构成要素一般包括存货、库存现金、应收账款和预付账款；流动负债的构成要素一般包括应付账款和预收账款。流动资金等于流动资产和流动负债的差额，则

流动资金＝流动资产－流动负债

流动资产＝应收账款＋预付账款＋存货＋库存现金

流动负债＝应付账款＋预收账款

流动资金本年增加额＝本年流动资金－上年流动资金

进行流动资金估算时，首先计算各类流动资产和流动负债的年周转次数，然后再分项估算占用资金额。

知识链接

## 流动资金的估算

1）周转次数。周转次数是指流动资金的各个构成项目在一年内完成多少个生产过程。周转次数可用1年天数（通常按360天计算）除以流动资金的最低周转天数计算，则各项流动资金平均占用额度为流动资金的年周转额度除以流动资金的年周转次数。即

年周转次数＝360/最低周转天数

各类流动资产和流动负债的最低周转天数，可参照同类企业的平均周转天数并结合项目特

点确定，或按部门规定。在确定最低周转天数时应考虑储存天数、在途天数，并考虑适当的保险系数。

2)应收账款。应收账款是指企业对外赊销商品、提供劳务尚未收回的资金。其计算公式为

$$应收账款 = \frac{年经营成本}{应收账款周转次数}$$

3)预付账款。预付账款是指企业为购买各类材料、半成品或服务所预先支付的款项。其计算公式为

$$预付账款 = \frac{外购商品或服务年费用金额}{预付账款周转次数}$$

4)存货。存货是企业为销售或者生产耗用而储备的各种物资，主要有原材料、辅助材料、燃料、低值易耗品、维修备件、包装物、商品、在产品、自制半成品和产成品等。为简化计算，仅考虑外购原材料、燃料、其他材料、在产品和产成品，并分项进行计算。其计算公式为

$$存货 = 外购原材料、燃料 + 其他材料 + 在产品 + 产成品$$

$$外购原材料、燃料 = \frac{年外购原材料、燃料费用}{分项周转次数}$$

$$其他材料 = \frac{年其他材料费用}{其他材料周转次数}$$

$$在产品 = \frac{年外购原材料、燃料费用 + 年工资及福利费 + 年修理费 + 年其他制造费用}{在产品周转次数}$$

$$产成品 = \frac{年经营成本 - 年其他营业费用}{产成品周转次数}$$

5)现金。项目流动资金中的现金是指货币资金，即企业生产经营活动中停留于货币形式的那部分资金，包括企业库存现金和银行存款。其计算公式为

$$现金 = \frac{年工资及福利费 + 年其他费用}{现金周转次数}$$

年其他费用 = 制造费用 + 管理费用 + 营业费用 - (以上三项所含的工资及福利费、
折旧费、摊销费、修理费)

6)流动负债。流动负债是指在一年或者超过一年的一个营业周期内，需要偿还的各种债务，包括短期借款、应付票据、应付账款、预收账款、应付工资、应付福利费、应付股利、应交税金、其他暂收应付款、预提费用和一年内到期的长期借款等。在可行性研究中，流动负债的估算可以只考虑应付账款和预收账款两项。其计算公式为

$$应付账款 = \frac{外购原材料、燃料动力费及其他材料年费用}{应付账款周转次数}$$

$$预收账款 = \frac{预收的营业收入年金额}{预收账款周转次数}$$

(2)扩大指标估算法。扩大指标估算法是根据现有同类企业的实际资料，求得各种流动资金率指标，也可依据行业或部门给定的参考值或经验确定比率，将各类流动资金率乘以相对应的费用基数来估算流动资金。一般常用的基数有营业收入、经营成本、总成本费用和建设投资等，究竟采用何种基数依行业习惯而定，其计算公式为

年流动资金额 = 年费用基数 × 各类流动资金率

扩大指标估算法简便易行，但准确度不高，适用于项目建议书阶段的估算。

**知识链接**

估算流动资金应注意以下几项：

1)在采用分项详细估算法时，应根据项目实际情况分别确定现金、应收账款、预付账款、存货、应付账款和预收账款的最低周转天数，并考虑一定的保险系数。因为最低周转天数减少，将增加周转次数，从而减少流动资金需用量，因此，必须切合实际地选用最低周转天数。对于存货中的外购原材料和燃料，要分品种和来源，考虑运输方式和运输距离，以及占用流动资金的比重大小等因素确定。

2)流动资金属于长期性(永久性)流动资产，流动资金的筹措可通过长期负债和资本金(一般要求占30%)的方式解决。流动资金一般要求在投产前一年开始筹措，为简化计算，可规定在投产的第一年开始按生产负荷安排流动资金需用量。其借款部分按全年计算利息，流动资金利息应计入生产期间财务费用，项目计算期末收回全部流动资金(不含利息)。

3)用扩大指标估算法计算流动资金，需以经营成本及其中的某些科目为基数，因此实际上流动资金估算应能够在经营成本估算之后进行。

4)在不同生产负荷下的流动资金，应按不同生产负荷所需的各项费用金额，根据上述公式分别估算，而不能直接按照100%生产负荷下的流动资金乘以生产负荷百分比求得。

**【应用案例4.5】** 某一石化项目，设计生产能力为45万吨，已知生产能力为30万吨的同类项目投入设备费用为30 000万元，设备综合调整系数为1.1，该项目生产能力指数估计为0.8。该类项目的建筑工程费用占设备费的10%，安装工程费用占设备费的20%，其他工程费用占设备费的10%，这三项的综合调整系数定为1.0。其他投资费用估算为1 000万元。该项目资本金为30 000万元，其余通过银行贷款获得，年利率为12%，每半年计息一次。建设期为3年，投资进度分别为40%、40%、20%，基本预备费费率为10%，建设期内生产资料涨价预备费费率为5%。资本金筹资计划：第一年为12 000万元，第二年为10 000万元，第三年为8 000万元。该项目固定资产投资方向调节税为0。建设期间不还贷款利息。

该项目达到设计生产能力以后，全厂定员1 100人，工资与福利费按照每人每年12 000元估算，每年的其他费用为860万元，生产存货占用流动资金估算为8 000万元，年外购原材料、燃料及动力费为20 200万元，年经营成本为24 000万元，各项流动资金的最低周转天数应收账款为30天，现金为45天，应付账款为30天。

问题：

(1)估算项目建设投资、计算建设期借款利息。

(2)用分项详细估算法估算拟建项目的流动资金。

(3)求建设项目的总投资估算额。

**解：**

(1)计算建设期借款利息：

1)用生产能力指数法估算设备费。

$C = 30\ 000 \times (45 \div 30)^{0.8} \times 1.1 = 45\ 644.34$(万元)

2)用比例法估算工程费和工程建设其他费用。

$45\ 644.34 \times (1 + 10\% + 20\% + 10\%) \times 1.0 + 1\ 000 = 64\ 902.08$(万元)

基本预备费$= 64\ 902.08 \times 10\% \approx 6\ 490.21$(万元)

包含基本预备费的静态投资$= 64\ 902.08 + 6\ 490.21 = 71\ 392.29$(万元)

3)计算涨价预备费。

第一年含涨价预备费的投资额$= 71\ 392.29 \times 40\% \times (1 + 5\%) = 29\ 984.76$(万元)

第二年含涨价预备费的投资额$= 71\ 392.29 \times 40\% \times (1 + 5\%)^2 = 31\ 484.00$(万元)

第三年含涨价预备费的投资额$= 71\ 392.29 \times 20\% \times (1 + 5\%)^3 = 16\ 529.10$(万元)

4）计算建设期借款利息。

实际年利率＝$(1+12\%\div2)^2-1=12.36\%$

第一年的借款额＝第一年的投资计划额－自有资金投资额

$\qquad$ ＝29 984.76－12 000＝17 984.76（万元）

第一年借款利息＝$(0+17\ 984.76\div2)\times12.36\%=1\ 111.46$（万元）

第二年的借款额＝31 484.00－10 000＝21 484.00（万元）

第二年借款利息＝$(17\ 984.76+1\ 111.46+21\ 484.00\div2)\times12.36\%=3\ 688.00$（万元）

第三年的借款额＝16 529.10－8 000＝8 529.10（万元）

第三年借款利息＝$(17\ 984.76+1\ 111.46+21\ 484.00+3\ 688.00+8\ 529.10\div2)\times12.36\%$

$\qquad\qquad$ ＝5 998.65（万元）

建设投资＝29 984.76＋31 484.00＋16 529.10＝77 997.86（万元）

建设期利息＝1 111.46＋3 688.00＋5 998.65＝10 798.11（万元）

（2）估算流动资金：

应收账款＝年经营成本÷年周转次数＝24 000÷（360÷30）＝2 000（万元）

存货＝8 000（万元）

现金＝（年工资福利费＋年其他费用）÷年周转次数＝$(1.2\times1\ 100+860)\div(360\div45)$

$\qquad$ ＝272.50（万元）

流动资产＝应收账款＋存货＋现金＝2 000＋8 000＋272.50＝10 272.50（万元）

应付账款＝年外购原材料、燃料及动力总费用÷年周转次数＝20 200÷（360÷30）

$\qquad$ ＝1 683.33（万元）

流动负债＝应付账款＝1 683.33（万元）

流动资金＝流动资产－流动负债＝10 272.5－1 683.33＝8 589.17（万元）

（3）建设项目的总投资估算额：

建设项目总投资估算额＝建设投资估算额＋建设期利息＋流动资金

$\qquad\qquad$ ＝77 997.86＋10 798.11＋8 589.17＝97 385.14（万元）

## 4.2.6 投资估算文件的编制

根据中国建设工程造价管理协会标准《建设项目投资估算编审规程》（CFCA/GC 1—2015）的规定，单独成册的投资估算文件应包括封面、签署页、目录、编制说明、有关附表等，与可行性研究报告（或项目建议书）统一装订的应包括签署页、编制说明、有关附表等。在编制投资估算文件的过程中，一般需要编制建设投资估算表、建设期利息估算表、流动资金估算表、单项工程投资估算汇总表、总投资估算汇总表、分年度总投资估算表等。对投资有重大影响的单位工程或分部分项工程的投资估算应另附主要单位工程或分部分项工程投资估算表，列出主要分部分项工程量和综合单价进行详细估算。

**1. 建设投资估算表的编制**

建设投资是项目投资的重要组成部分，也是项目财务分析的基础数据。当估算出建设投资后需编制建设投资估算表，按照费用归集形式，建设投资可按概算法或形成资产法分类。

（1）概算法。按照概算法分类，建设投资由工程费用、工程建设其他费用和预备费三个部分构成。其中，工程费用又由建筑工程费，设备及工、器具购置费（含工、器具及生产家具购置费）和安装工程费构成；工程建设其他费用内容较多，随行业和项目的不同而有所区别；预备费包括基本预备费和价差预备费。按照概算法编制的建设投资估算表见表4.3。

**表 4.3　建设投资估算表(概算法)**

人民币单位:万元　　　　　　　　　　　　　　　　　　　　　　　外币单位:

| 序号 | 工程或费用名称 | 估算价值/万元 | | | | | 技术经济指标 | |
|------|----------------|-------------|--------|----------|-----------|------|-----------|--------|
| | | 建筑工程费 | 设备购置费 | 安装工程费 | 工程建设其他费用 | 合计 | 其中:外币 | 比例/% |
| 1 | 工程费用 | | | | | | | |
| 1.1 | 主体工程 | | | | | | | |
| 1.1.1 | ××× | | | | | | | |
| | … | | | | | | | |
| 1.2 | 辅助工程 | | | | | | | |
| 1.2.1 | ××× | | | | | | | |
| | … | | | | | | | |
| 1.3 | 公用工程 | | | | | | | |
| 1.3.1 | ××× | | | | | | | |
| | … | | | | | | | |
| 1.4 | 服务性工程 | | | | | | | |
| 1.4.1 | ××× | | | | | | | |
| | … | | | | | | | |
| 1.5 | 厂外工程 | | | | | | | |
| 1.5.1 | ××× | | | | | | | |
| | … | | | | | | | |
| 1.6 | ××× | | | | | | | |
| 2 | 工程建设其他费用 | | | | | | | |
| 2.1 | ××× | | | | | | | |
| | … | | | | | | | |
| 3 | 预备费 | | | | | | | |
| 3.1 | 基本预备费 | | | | | | | |
| 3.2 | 价差预备费 | | | | | | | |
| 4 | 建设投资合计 | | | | | | | |
| | 比例/% | | | | | | | |

(2)形成资产法。按照形成资产法分类,建设投资由形成固定资产的费用、形成无形资产的费用、形成其他资产的费用和预备费四个部分组成。固定资产费用是指项目投产时将直接形成固定资产的建设投资,包括工程费用和工程建设其他费用中按规定将形成固定资产的费用,后者被称为固定资产其他费用,主要包括建设管理费、可行性研究费、研究试验费、勘察设计费、专项评价及验收费、场地准备及临时设施费、引进技术和引进设备其他费、工程保险费、联合试运转费、特殊设备安全监督检验费和市政公用设施建设及绿化费等;无形资产费用是指将直接形成无形资产的建设投资,主要是专利权、非专利技术、商标权、土地使用权和商誉等;其他资产费用是指建设投资中除形成固定资产和无形资产以外的部分,如生产准备及开办费等。

对于土地使用权的特殊处理：按照有关规定，在尚未开发或建造自用项目前，土地使用权作为无形资产核算，房地产开发企业开发商品房时，将其账面价值转入开发成本；企业建造自用项目时将其账面价值转入在建工程成本。因此，为了与以后的折旧和摊销计算相协调，在建设投资估算表中通常可将土地使用权直接列入固定资产其他费用中。按照形成资产法编制的建设投资估算表见表4.4。

**表 4.4　建设投资估算表（形成资产法）**

人民币单位：万元　　　　　　　　　　　　　　　　　　　　　　　　　　　　外币单位：

| 序号 | 工程或费用名称 | 估算价值/万元 | | | | | 技术经济指标 | |
|---|---|---|---|---|---|---|---|---|
| | | 建筑工程费 | 设备购置费 | 安装工程费 | 工程建设其他费用 | 合计 | 其中：外币 | 比例/% |
| 1 | 固定资产费用 | | | | | | | |
| 1.1 | 工程费用 | | | | | | | |
| 1.1.1 | ××× | | | | | | | |
| 1.1.2 | ××× | | | | | | | |
| 1.1.3 | ××× | | | | | | | |
| | ... | | | | | | | |
| 1.2 | 固定资产其他费用 | | | | | | | |
| | ××× | | | | | | | |
| | ... | | | | | | | |
| 2 | 无形资产费用 | | | | | | | |
| 2.1 | ××× | | | | | | | |
| | ... | | | | | | | |
| 3 | 其他资产费用 | | | | | | | |
| 3.1 | ××× | | | | | | | |
| | ... | | | | | | | |
| 4 | 预备费 | | | | | | | |
| 4.1 | 基本预备费 | | | | | | | |
| 4.2 | 价差预备费 | | | | | | | |
| 5 | 建设投资合计 | | | | | | | |
| | 比例/% | | | | | | | |

**2. 建设期利息估算表的编制**

在估算建设期利息时，需要编制建设期利息估算表。建设期利息估算表主要包括建设期发生的各项借款及其债券等项目，期初借款余额等于上年借款本金和应计利息之和，即上年期末借款余额；其他融资费用主要是指融资中发生的手续费、承诺费、管理费、信贷保险费等融资费用。

建设期利息估算表

**3. 流动资金估算表的编制**

可行性研究阶段，根据详细估算法估算的各项流动资金估算结果，编制流动资金估算表。

#### 4. 单项工程投资估算汇总表的编制

按照指标估算法，可行性研究阶段根据各种投资估算指标，进行各单位工程或单项工程投资的估算。单项工程投资估算应按建设项目划分的各个单项工程分别计算组成工程费用的建筑工程费，设备及工、器具购置费和安装工程费，形成单项工程投资估算汇总表，见表 4.5。

流动资金估算表

表 4.5　单项工程投资估算汇总表

工程名称：

| 序号 | 工程和费用名称 | 估算价值/万元 | | | | | 技术经济指标 | | | |
|---|---|---|---|---|---|---|---|---|---|---|
| | | 建筑工程费 | 设备及工、器具购置费 | 安装工程费 | 其他费用 | 合计 | 单位 | 数量 | 单位价值 | % |
| 一 | 工程费用 | | | | | | | | | |
| （一） | 主要生产系统 | | | | | | | | | |
| 1 | ××车间 | | | | | | | | | |
| | 一般土建及装修 | | | | | | | | | |
| | 给水排水 | | | | | | | | | |
| | 采暖 | | | | | | | | | |
| | 通风空调 | | | | | | | | | |
| | 照明 | | | | | | | | | |
| | 工艺设备及安装 | | | | | | | | | |
| | 工艺金属结构 | | | | | | | | | |
| | 工艺管道 | | | | | | | | | |
| | 工业筑炉及保温 | | | | | | | | | |
| | 变配电设备及安装 | | | | | | | | | |
| | 仪表设备及安装 | | | | | | | | | |
| | | | | | | | | | | |
| | 小计 | | | | | | | | | |
| 2 | ××××× | | | | | | | | | |
| | | | | | | | | | | |
| （二） | ××××× | | | | | | | | | |
| | ... | | | | | | | | | |

| 编制人： | 审核人： | 审定人： |
|---|---|---|

#### 5. 项目总投资估算汇总表的编制

将上述投资估算内容和估算方法所估算的各类投资进行汇总，编制项目总投资估算汇总表，见表 4.6。项目建议书阶段的投资估算一般只要求编制总投资估算表。总投资估算表中工程费用的内容应分解到主要单项工程中；工程建设其他费用可在总投资估算表中分项计算。

**表 4.6　项目总投资估算汇总表**

工程名称：

| 序号 | 工程和费用名称 | 估算价值/万元 | | | | | 技术经济指标 | | | |
|------|----------------|----------|----------|----------|----------|------|------|------|----------|-----|
| | | 建筑工程费 | 设备购置费 | 安装工程费 | 其他费用 | 合计 | 单位 | 数量 | 单位价值 | ％ |
| | 建设项目总投资 | | | | | | | | | |
| | | | | | | | | | | |
| | 建设投资 | | | | | | | | | |
| | | | | | | | | | | |
| 一 | 工程费用 | | | | | | | | | |
| （一） | 主要生产系统 | | | | | | | | | |
| （二） | 辅助生产系统 | | | | | | | | | |
| （三） | 公用工程 | | | | | | | | | |
| （四） | 服务性工程 | | | | | | | | | |
| （五） | 生活福利设施 | | | | | | | | | |
| （六） | 厂外工程 | | | | | | | | | |
| 二 | 工程建设其他费用 | | | | | | | | | |
| 1 | ××××× | | | | | | | | | |
| | … | | | | | | | | | |
| 三 | 预备费 | | | | | | | | | |
| 1 | 基本预备费 | | | | | | | | | |
| 2 | 价差预备费 | | | | | | | | | |
| | 小计 | | | | | | | | | |
| 四 | 建设期利息 | | | | | | | | | |
| 五 | 流动资金 | | | | | | | | | |

编制人：　　　　　　　　　　审核人：　　　　　　　　　　审定人：

**6. 项目分年投资计划表的编制**

估算出项目总投资后，应根据项目计划进度的安排，编制分年投资计划表。其中的分年建设投资可以作为安排融资计划，估算建设期利息的基础。

### 4.2.7　投资估算的审核

投资估算作为建设项目投资的最高限额，对工程造价的合理确定和有效控制起着十分重要的作用，为保证投资估算的完整性和准确性，必须加

分年投资计划表

强对投资估算的审核工作。有关文件规定，对建设项目进行评估时应进行投资估算的审核，政府投资项目的投资估算审核除依据设计文件外，还应依据政府有关部门发布的有关规定、建设项目投资估算指标和工程造价信息等计价依据。

投资估算的审核主要从以下几个方面进行。

**1. 审核和分析投资估算编制依据的时效性、准确性和实用性**

估算项目投资所需的数据资料很多，如已建同类型项目的投资、设备和材料价格、运杂费率，有关的指标、标准以及各种规定等。这些资料可能随时间、地区、价格及定额水平的差异，使投资估算有较大的出入，因此要注意投资估算编制依据的时效性、准确性和实用性。针对这些差异，必须做好定额指标水平、价差的调整系数及费用项目的调查。同时，对工艺水平、规模大小、自然条件、环境因素等对已建建设项目与拟建建设项目在投资方面形成的差异进行调整，使投资估算的价格和费用水平符合项目建设所在地估算投资年度的实际。针对调整的过程及结果，要进行深入、细致的分析和审查。

**2. 审核选用的投资估算方法的科学性与适用性**

投资估算的方法有许多种，每种估算方法都有各自的适用条件和范围，并具有不同的准确度。如果使用的投资估算方法与项目的客观条件和情况不相适应，或者超出了该方法的适用范围，那就不能保证投资估算的质量。而且还要结合设计的阶段或深度等条件，采用适用、合理的估算办法进行估算。

如采用"单位工程指标"估算法时，应该审核套用的指标与拟建工程的标准和条件是否存在差异，及其对计算结果影响的程度，是否已采用局部换算或调整等方法对结果进行修正，修正系数的确定和采用是否具有一定的科学依据。处理方法不同，技术标准不同，则费用相差可能达十倍甚至数百倍。当工程量较大时，对估算总价影响甚大，如果在估算中不按科学进行调整，将会因估算准确程度差而造成工程造价失控。

**3. 审核投资估算的编制内容与拟建建设项目规划要求的一致性**

审核投资估算的工程内容，包括工程规模、自然条件、技术标准、环境要求，与规定要求是否一致，是否在估算时已进行了必要的修正和反映，是否对工程内容尽可能的量化和质化，有没有出现内容方面的重复或漏项和费用方面的高估或低算。

如建设项目的主体工程与附加工程或辅助工程、公用工程、生产与生活服务设施、交通工程等是否与规定的一致，是否漏掉了某些辅助工程、室外工程等建设费用。

**4. 审核投资估算的费用项目、费用数额的真实性**

(1)审核各个费用项目与规定要求、实际情况是否相符，有否漏项或多项，估算的费用项目是否符合项目的具体情况、国家规定及建设地区的实际要求，是否针对具体情况作了适当的增减。

(2)审核项目所在地区的交通、地方材料供应、国内外设备的订货与大型设备的运输等方面，是否针对实际情况考虑了材料价格的差异问题；对偏僻地区或有大型设备时是否已考虑了增加设备的运杂费。

(3)审核是否考虑了物价上涨和对于引进国外设备或技术项目是否考虑了每年的通货膨胀率对投资额的影响，考虑的波动变化幅度是否合适。

(4)审核对于"三废"处理所需相应的投资是否进行了估算，其估算数额是否符合实际。

(5)审核项目投资主体自有的稀缺资源是否考虑了机会成本，沉没成本是否剔除。

(6)审核是否考虑了采用新技术、新材料以及现行标准和规范比已建项目的要求提高所需增加的投资额，考虑的额度是否合适。

值得注意的是，投资估算要留有余地，既要防止漏项少算，又要防止高估冒算。要在优化和可行的建设方案的基础上，根据有关规定认真、准确、合理地确定经济指标，以保证投资估算的质量，使其真正地起到决策和控制的作用。

# 任务 4.3　资金时间价值

## 4.3.1　现金流量与资金时间价值

**1. 现金流量**

(1)现金流量的含义。在工程经济分析中，通常将所考虑的对象视为一个独立的经济系统。在某一时点 $t$ 流入系统的资金称为现金流入，即为 $CI_t$；流出系统的资金称为现金流出，即为 $CO_t$；同一时点上的现金流入与现金流出的代数和称为净现金流量，即为 $NCF$；现金流入量、现金流出量、净现金流量，统称为现金流量。

(2)现金流量图。现金流量图是一种反映经济系统资金运动状态的图式，运用现金流量图可以全面、形象、直观地表示现金流量的三要素，即大小(资金数额)、方向(资金流入或流出)和作用点(资金的发生时间点)，如图 4.2 所示。

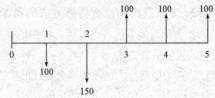

图 4.2　现金流量图

现金流量图绘制规则如下：

1)横轴为时间轴，表示一个从 0 开始到 $n$ 的时间序列，每一间隔代表一个时间单位(一个计息期)。时间单位可以取年、半年、季度和月。0 表示时间序列的起点，同时，也是第一个计息期的起始点。1～n 分别代表各计息期的终点，第一个计息期的终点也就是第二个计息期的起点，$n$ 表示时间序列的终点。横轴反映的是所考察的经济系统的寿命周期。

2)相对于时间坐标的垂直箭线代表不同时点的现金流量。现金流量图中垂直箭线的箭头表示现金流动的方向，箭头向上表示现金流入，即现金流量为正；箭头向下，表示现金流出，即现金流量为负。并在各垂直箭线旁注明现金流量的大小。

3)现金流量的方向，即现金的流入与流出是相对特定的经济系统而言的。贷款方的现金流入就是借款方的现金流出，贷款方的还本付息就是借款方的现金流入。通常，工程项目现金流量的方向是针对资金使用者的系统而言的。

4)在现金流量图中，垂直线的长度与现金流量的金额成正比，金额越大，相应垂直线的长度越长。一般来说，现金流量图上要注明每一笔现金流量的金额。

**2. 资金时间价值**

资金时间价值是指资金随着时间推移所具有的增值能力，或者是同一笔资金在不同的时间点上所具有的数量差额。

资金时间价值是如何产生的呢？从社会再生产角度来看，投资者利用资金是为了获取投资回报，也就是想让自己的资金发生增值，得到投资报偿，从而产生了"利润"；从流通领域来看，消费者如果推迟消费，也就是暂时不消费自己的资金，而把资金的使用权暂时让渡出来，应该得到"利息"作为补偿。

利润或利息就成了资金时间价值的绝对表现形式。换句话说，资金时间价值的相对表现形式就成了"利润率"或"利息率"，即在一定时期内所付利润或利息额与资金之比，简称为"利率"。

（1）利息的计算方法。

1）单利计息法。单利计息法是每期的利息均按照原始本金计算的计息方式，即无论计息期数为多少，只有本金计息，不再计利息。其计算公式为

$$I = P \times n \times i$$

式中　$I$——利息总额；

　　　$i$——利率；

　　　$P$——现值（初始资金总额）；

　　　$n$——计息期数。

当 $n$ 个计息期结束后的本利和为

$$F = P + I = P \times (1 + i \times n)$$

式中　$F$——终值（本利和）。

**【应用案例 4.6】** 某建筑企业存入银行一笔资金为 10 万元，年利率为 2.98%，存款期限为 3 年，按单利计息，问存款到期后的利息和本利和各为多少？如果按照复利计息，或按月计息则结果会有何种变化？

**解：** $I = P \times n \times i = 10 \times 3 \times 2.98\% = 0.894$（万元）

$F = P + I = 10 + 0.894 = 10.894$（万元）

2）复利计息法。复利计息法是各期的利息分别按照原始本金与累计利息之和计算的计息方式，即每期利息计入下期的本金，下期则按照上期的本利和计息。其计算公式如下：

$$F = P \times (1 + i)^n$$
$$I = P \times [(1 + i)^n - 1]$$

在应用案例 4.6 中，如果选用复利计息，则计算方法和单利计息的计算方法完全不同。计算过程如下：

$F = P \times (1 + i)^n = 10 \times (1 + 2.98\%)^3 = 10.921$（万元）

$I = P \times [(1 + i)^n - 1] = F - P = 10.921 - 10 = 0.921$（万元）

（2）实际利率和名义利率。在复利计息方法中，一般采用年利率。当计息周期以年为单位，则将这种年利率称为实际利率；当实际计息周期小于一年，如每月、每季、每半年计息一次，这种年利率就称为名义利率。设名义利率为 $r$，一年内计息次数为 $m$，则名义利率与实际利率的换算公式为

$$i = \left(1 + \frac{r}{m}\right)^m - 1$$

在应用案例 4.6 中，如果选用的计息周期不是 1 年，也就是说不采用常用的年利率，而是采用计息周期小于一年的月利率、季度利率、半年利率，则实际计算出的利息、本利和也与完全采用年利率计算出的不相同。这就是实际利率与名义利率的计算结果差异。现在我们按照每月计息一次来进行计算，复利计息，计算结果如下：

$i = (1 + r/m)^m - 1 = (1 + 2.98\%/12)^{12} - 1 = 3.02\%$

$F = P \times (1 + i)^n = 10 \times (1 + 3.02\%)^3 = 10.934$（万元）

$I = F - P = 10.934 - 10 = 0.934$（万元）

### 4.3.2　等值计算

**1. 影响资金等值计算的因素**

如前所述，由于资金的时间价值，使得金额相同的资金发生在不同时间，会产生不同的价值；反之，不同时点金额不等的资金在时间价值的作用下，却可能具有相等的价值。这些不同

时期、不同金额但其"价值等效"的资金称为等值，也称为等效值。

影响资金等值的因素有资金的多少、资金发生的时间及利率的大小。其中，利率是一个关键因素，在等值计算中，一般是以同一利率为依据的。

**2. 等值计算方法**

资金时间价值换算的核心是复利计算问题，可分为三种情况：一是将一笔总的金额换算成一笔总的现在值或将来值；二是将一系列金额换算成一笔总的现在值或将来值；三是将一笔总的金额的现在值或将来值换算成一系列金额。

（1）一次支付终值公式。投资者期初一次性投入资金 $P$，按给定的投资报酬率 $i$，期末一次性回收资金 $F$，如果计息时限为 $n$，复利计息，终值 $F$ 为多少？即已知 $P$、$n$、$i$，求 $F$，其现金流量图如图 4.3 所示。

根据复利的定义，其计算公式为

$$F = P \times (1+i)^n$$

**图 4.3　一次支付终值公式现金流量图**

式中　$F$——终值，是指资金发生在某一特定序列终点时的价值；

　　　$P$——现值，是指资金发生在某一特定序列起点时的价值；

　　　$i$——利率；

　　　$n$——计息期数。

$(1+i)^n$ 称为一次支付终值系数，记为 $(F/P, i, n)$。

**【应用案例 4.7】** 某公司借款 1 000 万元，年复利率 $i = 10\%$，试问 5 年后一次需支付本利和多少？

**解：** $F = P(F/P, i, n) = 1\,000 \times (F/P, 10\%, 5) = 1\,000 \times (1+10\%)^5 = 1\,000 \times 1.611 = 1\,611$（万元）

（2）一次支付现值公式。在将来某一时点 $n$ 需要一笔资金 $F$，按给定的利率 $i$ 复利计息，折算至期初，则需要一次性存款或支付数额 $P$ 为多少？即已知 $F$、$i$、$n$，求 $P$。将复利终值公式加以变形，得到的复利现值公式为

$$P = F \times (1+i)^{-n}$$

式中，$(1+i)^{-n}$ 为一次支付现值系数，也可称为折现系数，记为 $(P/F, i, n)$。

将未来时刻资金的时间价值换算为现在时刻的价值，称为折现或贴现。

**【应用案例 4.8】** 某企业对投资收益率为 12% 的项目进行投资，欲 5 年后得到 100 万元，现在应投资多少？

**解：** $P = 100 \times (P/F, 12, 5) = 100 \times (1+12\%)^{-5} = 100 \times 0.567\,4 = 56.74$（万元）

（3）等额支付系列终值公式。在经济评价中，连续在若干期每期期末等额支付的资金被称为年金。年金复利终值公式是研究在 $n$ 个计息期内，每期期末等额投入资金 $A$，以年利率 $i$ 复利计息，最后期末累计起来的资金 $F$ 是多少？也就是已知 $A$、$i$、$n$，求 $F$。其现金流量图如图 4.4 所示。其计算公式为

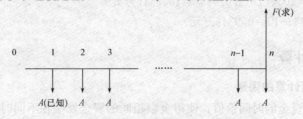

**图 4.4　等额支付系列终值公式现金流量图**

$$F = A \times \frac{(1+i)^n - 1}{i}$$

式中，$[(1+i)^n - 1]/i$ 为等额支付系列终值系数或年金终值系数，记为 $(F/A, i, n)$。

**【应用案例 4.9】** 某企业每年将 100 万元存入银行，若年利率为 6%，5 年后有多少资金可用？

**解：** $F = 100 \times (F/A, 6, 5) = 100 \times 5.637 = 563.7（万元）$

补充：思考 $F = A \frac{(1+i)^n - 1}{i}$ 是如何推导出来的？

(4) 偿债基金公式。为了在 $n$ 年年末能筹集一笔资金来偿还借款 $F$，按照年利率 $i$ 复利计算，从现在起至 $n$ 年每年年末等额存储一笔资金 $A$ 为多少？即已知 $F$、$i$、$n$，求 $A$。由等额支付系列终值公式推导得出其计算公式为

$$A = F \times \frac{i}{(1+i)^n - 1}$$

式中，$i/[(1+i)^n - 1]$ 为偿债基金系数，记为 $(A/F, i, n)$。

**【应用案例 4.10】** 该企业在第 5 年年末应偿还银行一笔 50 万元的债务，年利率为 3%，因为条件有限，与银行协商分期分批偿还，每年年末将所偿还的经过分摊的等额资金存入银行，则每年年末存入银行的资金是多少？

**解：** $A = F \times \frac{i}{(1+i)^n - 1} = 50 \times 3\% / [(1+3\%)^5 - 1] = 9.418（万元）$

(5) 等额支付系列现值公式。在 $n$ 年内，按年利率 $i$ 复利计算，为了能在今后每年年末能提取等额资金 $A$，现在必须投资多少？即已知 $A$、$i$、$n$ 的条件下，求 $P$。其现金流量图如图 4.5 所示。其计算公式如下：

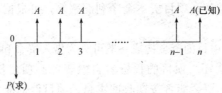

**图 4.5 等额支付系列现值公式现金流量图**

$$P = A \times \frac{(1+i)^n - 1}{i(1+i)^n}$$

式中，$[(1+i)^n - 1]/[i(1+i)^n]$ 为等额支付系列现值系数，记为 $(P/A, i, n)$。

**【应用案例 4.11】** 某工程项目每年获取净收益 100 万元，利率为 10%，项目可用每年获取的净收益在 6 年内回收初始投资，问初始投资为多少？

**解：** $P = 100(P/A, 10, 6) = 100 \times 4.3553 = 435.53（万元）$

(6) 资金回收公式。在年利率为 $i$，复利计息的情况下，为在第 $n$ 年年末将初始投资 $P$ 全部收回，在这 $n$ 年内，每年年末应等额回收多少数额的资金 $A$？即已知 $P$、$i$、$n$，求 $A$。其计算公式为

$$A = P \times \frac{i(1+i)^n}{(1+i)^n - 1}$$

式中，$i(1+i)^n/[(1+i)^n - 1]$ 为投资回收系数，记为 $(A/P, i, n)$。

**【应用案例 4.12】** 现在企业需要向银行贷款解决资金不足问题，银行规定的贷款利率为 10%，贷款为 100 万元，投资于 5 年期的某项目，每年回收资金是多少？

**解：** $A = P \times \frac{i(1+i)^n}{(1+i)^n - 1} = 100 \times 10\% \times (1+10\%)^5 / [(1+10\%)^5 - 1] = 26.38（万元）$

# 任务 4.4　项目财务评价

## 4.4.1　财务评价的概念、基本内容及程序

### 1. 财务评价的概念及基本内容

财务评价又称财务分析，是根据国家现行财税制度和价格体系，分析和计算项目直接发生的财务效益和费用，编制财务报表，计算评价指标，考察项目盈利能力、清偿能力以及外汇平衡等财务状况，据以判别项目的财务可行性。

对于经营性项目，财务分析是从建设项目的角度出发，根据国家现行财政、税收和现行市场价格，计算项目的投资费用、产品成本与产品销售收入、税金等财务数据，通过编制财务分析报表，计算财务指标，分析项目的盈利能力、偿债能力和财务生存能力，据此考察建设项目的财务可行性和财务可接受性，明确项目对财务主体及投资者的价值贡献，并得出财务评价的结论。投资者可根据项目财务评价结论、项目投资的财务状况和投资者所承担的风险程度，决定是否应该投资建设。

对于非经营性项目，财务分析应主要分析项目的财务生存能力。

(1)财务盈利能力分析。项目的盈利能力是指分析和测算建设项目计算期的盈利能力和盈利水平。其主要分析指标包括项目投资财务内部收益率和财务净现值、项目资本金财务内部收益率、投资回收期、总投资收益率和项目资本金净利润率等，可根据项目的特点及财务分析的目的和要求选用。

(2)偿债能力分析。投资项目的资金构成一般可分为借入资金和自有资金。自有资金可长期使用，而借入资金必须按期偿还。项目的投资者自然要关心项目偿债能力；借入资金的所有者——债权人也非常关心贷出资金能否按期收回本息。项目偿债能力分析可在编制项目借款还本付息计算表的基础上进行。在计算中，通常采用"有钱就还"的方式，贷款利息一般做如下假设：长期借款，当年贷款按半年计息，当年还款按全年计息。

(3)财务生存能力分析。财务生存能力分析是根据项目财务计划现金流量表，通过考察项目计算期内的投资、融资和经营活动所产生的各项现金流入和流出，计算净现金流量和累计盈余资金，分析项目是否有足够的净现金流量维持正常运营，以实现财务可持续性。

(4)不确定性分析。不确定性分析是指在信息不足，无法用概率描述因素变动规律的情况下，估计可变因素变动对项目可行性的影响程度及项目承受风险能力的一种分析方法。不确定性分析包括盈亏平衡分析、敏感性分析和概率分析。

### 2. 财务评价的程序

(1)熟悉建设项目的基本情况。

(2)收集、整理和计算有关技术经济基础数据资料与参数。

(3)编制基本财务报表。财务评价所需财务报表包括各类现金流量表(包括项目投资现金流量表、项目资本金现金流量表、投资各方现金流量表、财务计划现金流量表)、利润与利润分配表、资产负债表等。

(4)计算与分析财务效益指标。财务效益指标包括反映项目盈利能力和项目偿债能力的指标。

(5)提出财务评价结论。将计算出的有关指标值与国家有关基准值进行比对，或与经验标

准、历史标准、目标标准等加以比较，从财务的角度提出项目是否可行的结论。

(6)进行不确定性分析。不确定性分析包括盈亏平衡分析、敏感性分析和概率分析三种方法，主要分析项目适应市场变化能力和抗风险能力。

### 4.4.2 基本财务报表的编制

#### 1. 资产负债表

资产负债表是指综合反映项目计算期各年年末资产、负债和所有者权益的增减变化及对应关系的一种报表，通过计算资产负债率、流动比率、速动比率等指标，用于分析项目的偿债能力，见表4.7。

**表 4.7 资产负债表**  人民币单位：万元

| 序号 | 项目 | 计算期 | | | | | |
|---|---|---|---|---|---|---|---|
| | | 1 | 2 | 3 | 4 | … | $n$ |
| 1 | 资产 | | | | | | |
| 1.1 | 流动资产总额 | | | | | | |
| 1.1.1 | 货币资金 | | | | | | |
| 1.1.2 | 应收账款 | | | | | | |
| 1.1.3 | 预付账款 | | | | | | |
| 1.1.4 | 存货 | | | | | | |
| 1.1.5 | 其他 | | | | | | |
| 1.2 | 在建工程 | | | | | | |
| 1.3 | 固定资产净值 | | | | | | |
| 1.4 | 无形及其他资产净值 | | | | | | |
| 2 | 负债及所有者权益 | | | | | | |
| 2.1 | 流动负债总额 | | | | | | |
| 2.1.1 | 短期借款 | | | | | | |
| 2.1.2 | 应付账款 | | | | | | |
| 2.1.3 | 预收账款 | | | | | | |
| 2.1.4 | 其他 | | | | | | |
| 2.2 | 建设投资借款 | | | | | | |
| 2.3 | 流动资金借款 | | | | | | |
| 2.4 | 负债小计(2.1+2.2+2.3) | | | | | | |
| 2.5 | 所有者权益 | | | | | | |
| 2.5.1 | 资本金 | | | | | | |
| 2.5.2 | 资本公积金 | | | | | | |
| 2.5.3 | 累积盈余公积金 | | | | | | |
| 2.5.4 | 累积未分配利润 | | | | | | |
| 计算指标：资产负债率/% | | | | | | | |

### 2. 利润与利润分配表

利润与利润分配表反映项目计算期内各年的利润总额、所得税及净利润的分配情况，用以计算投资利润率、投资利税率、资本金利润率等指标的一种报表，见表4.8。

**表4.8 利润与利润分配表**　　　　　　　　人民币单位：万元

| 序号 | 项目 | 合计 | 计算期 | | | | | |
|---|---|---|---|---|---|---|---|---|
| | | | 1 | 2 | 3 | 4 | ... | $n$ |
| 1 | 营业收入 | | | | | | | |
| 2 | 营业税金及附加 | | | | | | | |
| 3 | 总成本费用 | | | | | | | |
| 4 | 补贴收入 | | | | | | | |
| 5 | 利润总额(1-2-3+4) | | | | | | | |
| 6 | 弥补以前年度亏损 | | | | | | | |
| 7 | 应纳税所得额(5-6) | | | | | | | |
| 8 | 所得税 | | | | | | | |
| 9 | 净利润(5-8) | | | | | | | |
| 10 | 期初未分配利润 | | | | | | | |
| 11 | 可供分配利润(9+10) | | | | | | | |
| 12 | 提取法定盈余公积金 | | | | | | | |
| 13 | 可供投资者分配利润(11-12) | | | | | | | |
| 14 | 应付优先股股利 | | | | | | | |
| 15 | 提取任意盈余公积金 | | | | | | | |
| 16 | 应付普通股股利(13-14-15) | | | | | | | |
| 17 | 各投资方利润分配 | | | | | | | |
| | 其中：××方 | | | | | | | |
| | ××方 | | | | | | | |
| 18 | 未分配利润(13-14-15-17) | | | | | | | |
| 19 | 息税前利润(利润总额+利息支出) | | | | | | | |
| 20 | 息税折旧摊销前利润(息税前利润+折旧+摊销) | | | | | | | |

### 3. 现金流量表

(1)项目投资现金流量表。项目投资现金流量表用于计算项目投资内部收益率及净现值等财务分析指标。其中，调整所得税为以息税前利润为基数计算的所得税，区别于"利润与利润分配表""项目资本金现金流量表"和"财务计划现金流量表"中的所得税，见表4.9。

表 4.9  项目投资现金流量表　　　　　人民币单位：万元

| 序号 | 项目 | 合计 | 计算期 | | | | | |
|---|---|---|---|---|---|---|---|---|
| | | | 1 | 2 | 3 | 4 | ⋯ | $n$ |
| 1 | 现金流入 | | | | | | | |
| 1.1 | 营业收入 | | | | | | | |
| 1.2 | 补贴收入 | | | | | | | |
| 1.3 | 回收固定资产余值 | | | | | | | |
| 1.4 | 回收流动资金 | | | | | | | |
| 2 | 现金流出 | | | | | | | |
| 2.1 | 建设投资 | | | | | | | |
| 2.2 | 流动资金 | | | | | | | |
| 2.3 | 经营成本 | | | | | | | |
| 2.4 | 营业税金及附加 | | | | | | | |
| 2.5 | 维持运营投资 | | | | | | | |
| 3 | 所得税前净现金流量(1−2) | | | | | | | |
| 4 | 累积所得税前净现金流量 | | | | | | | |
| 5 | 调整所得税 | | | | | | | |
| 6 | 所得税后净现金流量(3−5) | | | | | | | |
| 7 | 累积所得税后净现金流量 | | | | | | | |

计算指标：

项目投资财务内部收益率%(所得税前)

项目投资财务内部收益率%(所得税后)

项目投资财务净现值(所得税前)($i_c=$　%)

项目投资财务净现值(所得税后)($i_c=$　%)

项目投资回收期(年)(所得税前)

项目投资回收期(年)(所得税后)

(2)项目资本金现金流量表。项目资本金现金流量表是指以投资者的出资额作为计算基础，从项目资本金的投资者角度出发，把借款本金偿还和利息支付作为现金流出，用以计算项目资本金的财务内部收益率、财务净现值等技术经济指标的一种现金流量表。项目资本金包括用于建设投资、建设期利息和流动资金的资金，见表4.10。

表 4.10  项目资本金现金流量表　　　　　人民币单位：万元

| 序号 | 项目 | 合计 | 计算期 | | | | | |
|---|---|---|---|---|---|---|---|---|
| | | | 1 | 2 | 3 | 4 | ⋯ | $n$ |
| 1 | 现金流入 | | | | | | | |
| 1.1 | 营业收入 | | | | | | | |
| 1.2 | 补贴收入 | | | | | | | |
| 1.3 | 回收固定资产余值 | | | | | | | |
| 1.4 | 回收流动资金 | | | | | | | |

| 序号 | 项目 | 合计 | 计算期 | | | | | |
|------|------|------|------|------|------|------|------|------|
| | | | 1 | 2 | 3 | 4 | ⋯ | $n$ |
| 2 | 现金流出 | | | | | | | |
| 2.1 | 项目资本金 | | | | | | | |
| 2.2 | 借款本金偿还 | | | | | | | |
| 2.3 | 借款利息支付 | | | | | | | |
| 2.4 | 经营成本 | | | | | | | |
| 2.5 | 营业税金及附加 | | | | | | | |
| 2.6 | 所得税 | | | | | | | |
| 2.7 | 维持运营投资 | | | | | | | |
| 3 | 净现金流量(1−2) | | | | | | | |
| 计算指标：<br>资本金财务内部收益率/% | | | | | | | | |

（3）投资各方现金流量表。投资各方现金流量表反映项目投资各方现金流入流出情况，用于计算投资各方内部收益率。实分利润是指投资者由项目获取的利润；资产处置收益分配是指对有明确合资期限或合营期限的项目，在期满时对资产余值按股比或约定比例的分配；租赁费收入是指出资方将自己的资产租赁给项目使用所获得的收入，见表 4.11。

**表 4.11　投资各方现金流量表**　　　　　人民币单位：万元

| 序号 | 项目 | 合计 | 计算期 | | | | | |
|------|------|------|------|------|------|------|------|------|
| | | | 1 | 2 | 3 | 4 | ⋯ | $n$ |
| 1 | 现金流入 | | | | | | | |
| 1.1 | 实分利润 | | | | | | | |
| 1.2 | 资产处置收益分配 | | | | | | | |
| 1.3 | 租赁费收入 | | | | | | | |
| 1.4 | 技术转让或使用收入 | | | | | | | |
| 1.5 | 其他现金流入 | | | | | | | |
| 2 | 现金流出 | | | | | | | |
| 2.1 | 实缴资本 | | | | | | | |
| 2.2 | 租赁资产支出 | | | | | | | |
| 2.3 | 其他现金流出 | | | | | | | |
| 3 | 净现金流量(1−2) | | | | | | | |
| 计算指标：<br>投资各方财务内部收益率/% | | | | | | | | |

（4）财务计划现金流量表。财务计划现金流量表反映项目计算期各年的投资、融资及经营活动的现金流入和流出，用于计算累积盈余资金，分析项目的财务生存能力，见表 4.12。

## 表 4.12 财务计划现金流量表　　　人民币单位：万元

| 序号 | 项目 | 合计 | 计算期 | | | | | |
|---|---|---|---|---|---|---|---|---|
| | | | 1 | 2 | 3 | 4 | … | $n$ |
| 1 | 经营活动净现金流量 | | | | | | | |
| 1.1 | 现金流入 | | | | | | | |
| 1.1.1 | 营业收入 | | | | | | | |
| 1.1.2 | 增值税销项税额 | | | | | | | |
| 1.1.3 | 补贴收入 | | | | | | | |
| 1.1.4 | 其他流入 | | | | | | | |
| 1.2 | 现金流出 | | | | | | | |
| 1.2.1 | 经营成本 | | | | | | | |
| 1.2.2 | 增值税进项税额 | | | | | | | |
| 1.2.3 | 营业税金及附加 | | | | | | | |
| 1.2.4 | 增值税 | | | | | | | |
| 1.2.5 | 所得税 | | | | | | | |
| 1.2.6 | 其他流出 | | | | | | | |
| 2 | 投资活动净现金流量 | | | | | | | |
| 2.1 | 现金流入 | | | | | | | |
| 2.2 | 现金流出 | | | | | | | |
| 2.2.1 | 建设投资 | | | | | | | |
| 2.2.2 | 维持运营投资 | | | | | | | |
| 2.2.3 | 流动资金 | | | | | | | |
| 2.2.4 | 其他流出 | | | | | | | |
| 3 | 筹资活动净现金流量 | | | | | | | |
| 3.1 | 现金流入 | | | | | | | |
| 3.1.1 | 项目资本金投入 | | | | | | | |
| 3.1.2 | 建设投资借款 | | | | | | | |
| 3.1.3 | 流动资金借款 | | | | | | | |
| 3.1.4 | 债券 | | | | | | | |
| 3.1.5 | 短期借款 | | | | | | | |
| 3.1.6 | 其他流入 | | | | | | | |
| 3.2 | 现金流出 | | | | | | | |
| 3.2.1 | 各种利息支出 | | | | | | | |
| 3.2.2 | 偿还债务本金 | | | | | | | |
| 3.2.3 | 应付利润(股利分配) | | | | | | | |
| 3.2.4 | 其他流出 | | | | | | | |
| 4 | 净现金流量(1+2+3) | | | | | | | |

### 4.4.3 财务评价的指标体系与评价方法

**1. 财务评价的指标体系**

财务评价的指标体系是最终反映项目财务可行性的数据体系。由于投资项目投资目标的多样性，因此财务评价的指标体系也不是唯一的，根据不同的评价深度和可获得资料的多少，以及项目本身所处条件的不同，可选用不同的指标，这些指标可以从不同层次、不同侧面来反映项目的经济效果。

建设项目财务评价指标体系根据不同的标准，可以作不同的分类形式，如图4.6～图4.8所示。

(1)根据是否考虑资金时间价值、进行贴现运算，可以分为静态评价指标和动态评价指标两类。前者不考虑资金时间价值、不进行贴现运算；后者则考虑资金时间价值、进行贴现运算。

(2)按指标的经济性质，可以分为时间性指标、价值性指标、比率性指标。

(3)按照指标所反映的评价内容，可以分为盈利能力分析指标和偿债能力分析指标。

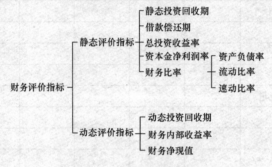

**图4.6 财务评价指标体系(一)**

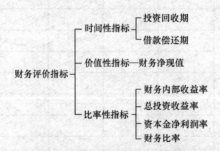

**图4.7 财务评价指标体系(二)**

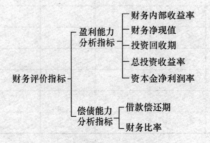

**图4.8 财务评价指标体系(三)**

## 2. 反映项目盈利能力的指标与评价方法

(1)静态评价指标的计算与分析。

1)总投资收益率。总投资收益率是指项目达到设计生产能力后的一个正常生产年份的年息税前利润与项目总投资的比率。对生产期内各年的利润总额较大的项目,应计算运营期年平均息税前利润与项目总投资的比率。其计算公式为

$$总投资收益率=\frac{正常年份年息税前利润或运营期内年平均息税前利润}{项目总投资}\times100\%$$

总投资收益率可根据利润与利润分配表中的有关数据计算求得。项目总投资为固定资产投资、建设期利息、流动资金之和。计算出的总投资收益率要与规定的行业标准收益率或行业平均投资收益率进行比较,若大于或等于行业标准收益率或行业平均投资收益率,则认为项目在财务上可以被接受。

2)项目资本金净利润率。项目资本金净利润率是指项目达到设计生产能力后的一个正常生产年份的年净利润或项目运营期内的年平均净利润与资本金的比率。其计算公式为

$$资本金净利润率=\frac{正常年份的年净利润或运营期内年平均净利润}{资本金}\times100\%$$

式中,资本金是指项目的全部注册资本金。计算出的资本金净利润率要与行业的平均资本金净利润率或投资者的目标资本金净利润率进行比较,若前者大于或等于后者,则认为项目是可以考虑的。

上述两个指标的优点是,指标的经济意义明确、直观,计算简便,在一定程度上反映了投资效果的优劣,可适用于各种投资规模;缺点是,没有考虑时间因素,主观随意性太强,也就是说正常年份的选择比较困难,确定常有不确定性和人为因素。

【应用案例 4.13】已知某技术方案拟投入资金和利润见表 4.13,计算该技术方案的总投资收益率和资本金净利润率。

表 4.13　某技术方案拟投入资金和利润表　　　　人民币单位:万元

| 序号 | 项目 | 1 | 2 | 3 | 4 | 5 | 6 | 7～10 |
|---|---|---|---|---|---|---|---|---|
| 1 | 建设投资 | | | | | | | |
| 1.1 | 自有资金部分 | 1 200 | 340 | | | | | |
| 1.2 | 贷款本金 | | 2 000 | | | | | |
| 1.3 | 贷款利息(年利率为 5%,投产后前 4 年等本偿还,利息照付) | | 60 | 123.6 | 92.7 | 61.8 | 30.9 | |
| 2 | 流动资金 | | | | | | | |
| 2.1 | 自有资金部分 | | | 300 | | | | |
| 2.2 | 贷款 | | | 100 | 400 | | | |
| 2.3 | 贷款利息(年利率为 4%) | | | 4 | 20 | 20 | 20 | 20 |
| 3 | 所得税前利润 | | | —50 | 550 | 590 | 620 | 650 |
| 4 | 所得税后利润 | | | —50 | 425 | 442.5 | 465 | 487.5 |

**解：**

(1)计算总投资收益率($ROI$)。

1)总投资($TI$)。

$TI$＝建设投资＋建设期贷款利息＋全部流动资金

$\qquad$＝(1 200＋340＋2 000)＋60＋(300＋100＋400)＝4 400(万元)

2)年平均息税前利润($EBIT$)。

$EBIT$＝[(123.6＋92.7＋61.8＋30.9＋4＋20×7)＋(－50＋550＋590＋620＋650×4)]÷8

$\qquad$＝(453＋4 310)÷8＝595.38(万元)

3)总投资收益率($ROI$)。

$$ROI=\frac{EBIT}{TI}\times100\%=\frac{595.38}{4\ 400}\times100\%=13.53\%$$

(2)计算资本金净利润率($ROE$)。

1)资本金(自有资金部分)。

$EC$＝1 200＋340＋300＝1 840(万元)

2)年平均净利润。

$NP$＝(－50＋425＋442.5＋465＋487.5×4)÷8＝3 232.5÷8＝404.06(万元)

3)资本金净利润率($ROE$)。

$ROE$＝404.06/1 840×100%＝21.96%

3)静态投资回收期。静态投资回收期是指在不考虑资金时间价值因素条件下，用生产经营期回收投资的资金来源来抵偿全部初始投资所需要的时间，即用项目净现金流量抵偿全部初始投资所需的全部时间，一般用年来表示，其符号为 $P_t$。

在计算全部投资回收期时，假定全部资金都为自有资金，而且投资回收期一般从建设期开始算起，也可以从投产期开始算起，使用这个指标时一定要注明起算时间。其计算公式为

$$投资回收期(P_t)=累计净现金流量开始出现正值的年份-1+\frac{上年累计净现金流量的绝对值}{当年净现金流量}$$

计算出的投资回收期要与行业规定的标准投资回收期或行业平均投资回收期进行比较，如果小于或等于标准投资回收期或行业平均投资回收期，则认为项目是可以考虑接受的。

**【应用案例 4.14】** 某建设工程项目建设期为 2 年，第一年年初投资为 100 万元，第二年年初投资为 150 万元。第三年开始投产，生产负荷为 90%，第四年开始达到设计生产能力。正常年份每年销售收入为 200 万元，经营成本为 120 万元，销售税金等支出为销售收入的 10%，求静态投资回收期。

**解：** 正常年份每年的现金流入＝销售收入－经营成本－销售税金

$\qquad\qquad\qquad$＝200－120－200×10%

$\qquad\qquad\qquad$＝60(万元)

静态投资回收期计算见表 4.14。

$$投资回收期(P_t)=累计净现金流量开始出现正值的年份-1+\frac{上年累计净现金流量的绝对值}{当年净现金流量}$$

$\qquad\qquad\qquad$＝7－1＋16/60

$\qquad\qquad\qquad$＝6.27(年)

表 4.14　静态投资回收期计算表　　　　　　　　　　　　　人民币单位：万元

| 年份<br>项目 | 1 | 2 | 3 | 4 | 5 | 6 | 7 |
|---|---|---|---|---|---|---|---|
| 现金流入 | 0 | 0 | 54 | 60 | 60 | 60 | 60 |
| 现金流出 | 100 | 150 | 0 | 0 | 0 | 0 | 0 |
| 净现金流量 | −100 | −150 | 54 | 60 | 60 | 60 | 60 |
| 累计净现金流量 | −100 | −250 | −196 | −136 | −76 | −16 | 44 |

（2）动态评价指标的计算与分析。

1）财务净现值（FNPV）。财务净现值是指在项目计算期内，按照行业的基准收益率或设定的折现率计算的各年净现金流量现值的代数和，简称净现值，记作 FNPV。其表达式为

$$FNPV = \sum_{t=i}^{n} (CI - CO)_t (1 + i_c)^{-t}$$

式中　　$CI$——现金流入量；

$CO$——现金流出量；

$(CI - CO)_t$——第 $t$ 年的净现金流量；

$n$——计算期；

$i_c$——基准收益率或设定的折现率；

$(1 + i_c)^{-t}$——第 $t$ 年的折现系数。

财务净现值的计算结果可能有三种情况，即 $FNPV > 0$、$FNPV < 0$ 或 $FNPV = 0$。

当 $FNPV > 0$ 时，说明项目净效益大于用基准收益率计算的平均收益额，从财务角度考虑，项目是可以被接受的。

当 $FNPV = 0$ 时，说明拟建建设项目的净效益正好等于用基准收益率计算的平均收益额，这时判断项目是否可行，要分析所选用的折现率。在财务评价中，若选用的折现率大于银行长期贷款利率，项目是可以被接受的；若选用的折现率等于或小于银行长期贷款利率，一般可判断项目不可行。

当 $FNPV < 0$ 时，说明拟建建设项目的净效益小于用基准收益率计算的平均收益额，一般认为项目不可行。

财务净现值指标考虑了资金的时间价值，并全面考虑了项目整个计算期内的经济状况；经济意义明确直观，能够直接以金额表示项目的盈利水平；判断直观。但不足之处是，必须首先确定一个符合经济现实的基准收益率，而基准收益率的确定往往是比较困难的。

基准收益率也称基准折现率，是企业或行业投资者以动态的观点所确定的、可接受的投资方案最低标准的收益水平。其在本质上体现了投资决策者对项目资金时间价值的判断和对项目风险程度的估计，是投资资金应当获得的最低盈利利率水平。

**知识链接**

财务基准收益率的测定需要遵循以下规定：

①在政府投资项目以及按政府要求进行财务评价的建设项目中采用的行业财务基准收益率，应根据政府的政策导向进行确定。

②在企业投资等其他各类建设项目的财务评价中参考选用的行业财务基准收益率，应在分

析一定时期内国家和行业发展战略、发展规划、产业政策、资源供给、市场需求、资金时间价值、项目目标等情况的基础上，结合行业特点、行业资本构成情况等因素综合测定。

③在中国境外投资的建设项目财务基准收益率的测定，应首先考虑国家风险因素。

④投资者自行测定项目的最低可接受财务收益率，除应考虑上述②中所涉及的因素外，还应根据自身的发展战略和经营策略、具体项目特点与风险、资金成本、机会成本等因素综合测定。

**【应用案例 4.15】** 有一建设工程项目建设期为 2 年，如果第一年投资为 140 万元，第二年投资为 210 万元，且投资均在年初支付。项目第三年达到设计生产能力的 90%，第四年达到 100%。正常年份年销售收入为 300 万元，销售税金为销售收入的 12%，年经营成本为 80 万元。项目经营期为 6 年，项目基准收益率为 12%。试计算财务净现值。

**解：** 正常年份现金流入量＝销售收入－销售税金－经营成本
$$＝300－300×12\%－80＝184（万元）$$

根据已知条件编制财务净现值计算表，见表 4.15。

**表 4.15　财务净现值计算表**　　　　　　人民币单位：万元

| 项目　　　年份 | 1 | 2 | 3 | 4 | 5 | 6 | 7 | 8 |
|---|---|---|---|---|---|---|---|---|
| 现金流入 | 0 | 0 | 166 | 184 | 184 | 184 | 184 | 184 |
| 现金流出 | 140 | 210 | 0 | 0 | 0 | 0 | 0 | 0 |
| 净现金流量 | −140 | −210 | 166 | 184 | 184 | 184 | 184 | 184 |
| 折现系数 | 1 | 0.892 9 | 0.797 2 | 0.711 8 | 0.635 5 | 0.567 4 | 0.506 6 | 0.452 3 |
| 净现值 | −140 | −187.509 | 132.335 | 130.971 | 116.932 | 104.402 | 93.214 | 83.223 |
| 累计现值 | −140 | −327.509 | −195.174 | −64.203 | 52.729 | 157.131 | 250.345 | 333.568 |

$$FNPV = \sum_{t=i}^{n}(CI - CO)_t(1+i_c)^{-t}$$
$$= (-140) + (-187.509) + 132.335 + 130.971 + 116.932 + 104.402 + 93.214 + 83.223$$
$$= 333.568（万元）$$

**【应用案例 4.16】** 某工程项目第 1 年投资为 1 000 万元，第 2 年投资为 500 万元，两年建成投产并获得收益。每年的净现金流量见表 4.16。若基准折现率为 5%，试计算该项目的净现值，并判断方案是否可行。

**表 4.16　每年的净现金流量表**　　　　　　人民币单位：万元

| 年 | 0 | 1 | 2 | 3 | 4 | 5 | 6 | 7 | 8 | 9 |
|---|---|---|---|---|---|---|---|---|---|---|
| 净现金流量 | −1 000 | −500 | 100 | 150 | 250 | 250 | 250 | 250 | 250 | 300 |

**解：** 该项目的净现值为
$$NPV = 100×(P/F, 5\%, 2) + 150×(P/F, 5\%, 3) + 250×(P/A, 5\%, 5)(P/F, 5\%, 3) +$$
$$300×(P/F, 5\%, 9) - 500×(P/F, 5\%, 1) - 1 000$$
$$= -127.594 5（万元）$$

由于该项目的$NPV < 0$，所以该项目不可行，不能接受。

2）财务内部收益率（$FIRR$）。财务内部收益率是使项目整个计算期内各年净现金流量现值累计等于0时的折现率，简称内部收益率，记作$FIRR$。其表达式为

$$\sum_{t=1}^{n} (CI - CO)_t (1 + FIRR)^{-t} = 0$$

财务内部收益率的计算是求解高次方程，为简化计算，在具体计算时可根据现金流量表中净现金流量用试差法进行。

**知识链接**

## 试差法计算财务内部收益率的基本步骤

①用估计的某一折现率对拟建建设项目整个计算期内各年财务净现金流量进行折现，并求出净现值。如果得到的财务净现值等于0，则选定的折现率即财务内部收益率；如果得到的净现值为一正数，则再选一个更高的折现率再次试算，直至正数财务净现值接近0为止。

②在第一步的基础上，再继续提高折现率，直至计算出接近0的负数财务净现值为止。

③根据上两步计算所得的正、负财务净现值及其对应的折现率，运用试差法的公式计算财务内部收益率，计算公式为

$$FIRR = i_1 + (i_2 - i_1) \cdot \frac{FNPV_1}{FNPV_1 - FNPV_2}$$

由此计算出的财务内部收益率通常为一近似值。为控制误差，一般要求$(i_2 - i_1) \leqslant 5\%$。求得内部收益率后，与基准收益率$i_c$进行比较：

当$FIRR > i_c$，则投资方案在经济上可以接受。

当$FIRR = i_c$，则投资方案在经济上可以接受。

当$FIRR < i_c$，则投资方案在经济上应予以拒绝。

内部收益率指标考虑了资金的时间价值以及项目在整个计算期内的经济状况；能够直接衡量项目未回收投资的收益率；不需要事先确定一个基准收益率，而只需要知道基准收益率的大致范围即可。但不足的是内部收益率计算需要大量的与投资项目有关的数据，计算比较麻烦；对于具有非常规现金流量的项目来讲，其内部收益率往往不是唯一的，在某些情况下甚至不存在。

**【应用案例4.17】** 已知某建设工程项目已开始运营。如果现在运营期是已知的并且不会发生变化，那么采用不同的折现率就会影响到项目所获得的净现值。我们可以利用不同的净现值来估算项目的财务内部收益率。根据定义，项目的财务内部收益率是当项目净现值等于0时的收益率，采用试差法的条件是当折现率为16%时，某项目的净现值为338元；当折现率为18%时，净现值是$-22$元，试计算财务内部收益率。

**解**：$FIRR = i_1 + (i_2 - i_1) \cdot \dfrac{FNPV_1}{FNPV_1 - FNPV_2}$

$\qquad = 16\% + (18\% - 16\%) \times 338/(338 + 22)$

$\qquad = 17.88\%$

3）动态投资回收期。动态投资回收期是指在考虑资金时间价值的条件下，以项目净现金流量的现值抵偿原始投资现值所需要的全部时间，记作$P_t'$。动态投资回收期也从建设期开始计算，以年为单位。其计算公式为

$$投资回收期(P'_t)=累计净现值开始出现正值的年份-1+\frac{上年累计净现值的绝对值}{当年净现值}$$

计算出的动态投资回收期也要与行业标准动态投资回收期或行业平均动态投资回收期进行比较，如果小于或等于行业标准动态投资回收期或行业平均动态投资回收期，则认为项目是可以被接受的。

**【应用案例4.18】** 在【应用案例4.14】中，我们没有考虑资金时间价值对投资回收期的影响，因此计算出的投资回收期是静态投资回收期。如果我们考虑资金时间价值，在基准收益率为8%的情况下，求出的投资回收期就是动态投资回收期。

**解：** 正常年份每年的现金流入＝销售收入－经营成本－销售税金

$$=200-120-200\times10\%$$
$$=60(万元)$$

动态投资回收期计算见表4.17。

$$投资回收期(P'_t)=累计净现值开始出现正值的年份-1+\frac{上年累计净现值的绝对值}{当年净现值}$$

$$=8-1+22.215/35.01$$
$$=7.63(年)$$

**表4.17　动态投资回收期计算表**　　　　　　人民币单位：万元

| 年份<br>项目 | 1 | 2 | 3 | 4 | 5 | 6 | 7 | 8 |
|---|---|---|---|---|---|---|---|---|
| 现金流入 | 0 | | 54 | 60 | 60 | 60 | 60 | 60 |
| 现金流出 | 100 | 150 | 0 | 0 | 0 | 0 | 0 | 0 |
| 净现金流量 | −100 | −150 | 54 | 60 | 60 | 60 | 60 | 60 |
| 折现系数 | 1 | 0.925 9 | 0.857 3 | 0.793 8 | 0.735 0 | 0.680 6 | 0.630 2 | 0.583 5 |
| 净现金流量现值 | −100 | −138.885 | 46.294 | 47.628 | 44.1 | 40.836 | 37.812 | 35.01 |
| 累计现值 | −100 | −238.885 | −192.591 | −144.963 | −100.863 | −60.027 | −22.215 | 12.795 |

**3. 反映项目偿债能力的指标与评价方法**

(1)借款偿还期($P_d$)。借款偿还期是指项目投产后可用于偿还借款的资金来源还清固定资产投资国内借款本金和建设期利息(不包括已用自有资金支付的建设期利息)所需要的时间。

偿还借款的资金来源包括折旧、摊销费、未分配利润和其他收入等。借款偿还期可根据借款还本付息计算表和资金来源与运用表的有关数据计算，以年为单位，记为$P_d$。其计算公式为

$$借款偿还期(P_d)=借款偿清的年份数-1+\frac{偿清当年应付的本息数}{当年用于偿清的资金总额}$$

计算出借款偿还期以后，要与贷款机构的要求期限进行对比，等于或小于贷款机构提出的要求期限，即认为项目是有偿债能力的。否则，从偿债能力角度考虑，认为项目没有偿债能力。

(2)利息备付率($ICR$)。利息备付率也称已获利息倍数，是指项目在借款偿还期内各年可用于支付利息的税息前利润与当期应付利息费用的比值，它从付息资金来源的充裕性角度反映项目偿付债务利息的保障程度。其计算公式为

$$ICR = \frac{EBIT}{PI}$$

式中　$EBIT$——息税前利润；

　　$PI$——当期应付利息。

利息备付率应分年计算。对于正常经营的企业，利息备付率应当大于1，并结合债权人的要求确定。利息备付率高，表明利息偿付的保障程度高，偿债风险小；利息备付率低于1，表示没有足够资金支付利息，偿债风险较大。

(3)偿债备付率($DSCR$)。偿债备付率是指项目在借款偿还期内，各年可用于还本付息的资金($EBITDA - T_{AX}$)与当期应还本付息金额($PD$)的比值。它表示可用于还本付息的资金偿还借款本息的保障程度，应按下式计算：

$$DSCR = \frac{EBITDA - T_{AX}}{PD}$$

式中　$EBITDA$——息税前利润加折旧和摊销；

　　$T_{AX}$——企业所得税；

　　$PD$——应还本付息的金额。

可用于还本付息的资金，包括可用于还款的折旧和摊销，在成本中列支的利息费用，可用于还款的利润等。当期应还本付息金额包括还本金额和计入总成本费用的全部利息，融资租赁费用可视同借款偿还，运营期内的短期借款本息也应纳入计算。

偿债备付率可以按年计算，也可以按整个借款期计算。偿债备付率表示可用于还本付息的资金偿还借款本息的保证倍率，正常情况应当大于1，且越高越好。当指标小于1时，表示当年资金来源不足以偿付当期债务，需要通过短期借款偿付已到期的债务。

【应用案例4.19】　某企业借款偿还期为4年，各种利润总额、税后利润、折旧和摊销费等数额见表4.18，试计算偿债备付率和利息备付率。

表 4.18　各种利润总额、税后利润、折旧和摊销费　　人民币单位：万元

| 年份 | 1 | 2 | 3 | 4 |
|---|---|---|---|---|
| $EBITDA$ | 155 174 | 204 405 | 254 315 | 265 493 |
| 利息 | 74 208 | 64 932 | 54 977 | 43 799 |
| 折旧 | 102 314 | 102 314 | 102 314 | 102 314 |
| 摊销 | 42 543 | 42 543 | 42 543 | 42 543 |
| 还本 | 142 369 | 152 143 | 162 595 | 173 774 |
| 还本付息资金 | 155 174 | 204 405 | 254 315 | 245 019 |

解：其计算结果见表4.19。

表 4.19　计算结果　　人民币单位：万元

| 年份 | 1 | 2 | 3 | 4 |
|---|---|---|---|---|
| $EBITDA$ | 155 174 | 204 405 | 254 315 | 265 493 |
| 息税前利润 | 10 317 | 59 548 | 109 458 | 120 636 |
| 付息 | 74 208 | 64 932 | 54 977 | 43 799 |

| 年份 | 1 | 2 | 3 | 4 |
|---|---|---|---|---|
| 税前利润 | −63 891 | −5 384 | 54 481 | 76 837 |
| 所得税 | 0 | 0 | 0 | 20 474 |
| 税后利润 | −63 891 | −5 384 | 54 481 | 56 363 |
| 折旧 | 102 314 | 102 314 | 102 314 | 102 314 |
| 摊销 | 42 543 | 42 543 | 42 543 | 42 543 |
| 还本 | 142 369 | 152 143 | 162 595 | 173 774 |
| 还本付息总额 | 216 577 | 217 075 | 217 572 | 217 573 |
| 利息备付率/% | 13.90 | 91.71 | 199.10 | 275.43 |
| 还本付息资金来源 | 155 174 | 204 405 | 254 315 | 245 019 |
| 偿债备付率/% | 72 | 94 | 117 | 113 |

(4)财务比率。

1)资产负债率。资产负债率是反映项目各年所面临的财务风险程度及偿债能力的指标。

$$资产负债率 = \frac{负债总额}{资产总额} \times 100\%$$

作为提供贷款的机构,可以接受100%以下(包括100%)的资产负债率,大于100%,表明企业已资不抵债,已达到破产底线。

2)流动比率。流动比率是反映项目各年偿付流动负债能力的指标。

$$流动比率 = \frac{流动资产总额}{流动负债总额} \times 100\%$$

计算出的流动比率越高,单位流动负债将有更多的流动资产作保障,短期偿债能力就越强。但是在不导致流动资产利用效率低下的情况下,流动比率保证在200%较好。

3)速动比率。速动比率是反映项目快速偿付流动负债能力的指标。

$$速动比率 = \frac{流动资产总额 - 存货}{流动负债总额} \times 100\%$$

速动比率越高,短期偿债能力越强。同样,速动比率过高也会影响资产利用效率,进而影响企业经济效益。

【应用案例 4.20】 某建设工程项目开始运营后,在某一生产年份的资产总额为5 000万元,短期借款为450万元,长期借款为2 000万元,应收账款为120万元,存货为500万元,现金为1 000万元,应付账款为150万元。求该项目的财务比率指标。

**解:** $资产负债率 = \dfrac{负债总额}{资产总额} \times 100\% = \dfrac{2\,000 + 450 + 150}{5\,000} \times 100\% = 52\%$

$流动比率 = \dfrac{流动资产总额}{流动负债总额} \times 100\% = \dfrac{120 + 500 + 1\,000}{450 + 150} \times 100\% = 270\%$

$速动比率 = \dfrac{流动资产总额 - 存货}{流动负债总额} \times 100\% = \dfrac{1\,620 - 500}{600} \times 100\% = 187\%$

【特别提示】 利用以上评价指标体系进行财务评价就是确定性评价方法。在评价中要注意与基准指标对比,以判断项目的财务可行性。

# 任务 4.5  不确定性分析

投资方案评价所采用的数据大部分来自估算和预测，由于数据的统计偏差、通货膨胀、技术进步、市场供求结构变化、法律法规及政策的变化等因素的影响，经常会使得投资方案经济效果的评价指标带有不确定性，从而使按经济效果评价值作出的决策带有风险。为了分析不确定因素对经济评价指标的影响，应根据投资方案的具体情况，分析各种外部条件发生变化或测算数据误差对方案经济效果的影响程度，以估计项目可能承担不确定性的风险及其承担能力，确定项目在经济上的可靠性。

不确定性分析是项目经济评价中的一项重要内容。常用的不确定性分析方法有盈亏平衡分析、敏感性分析和概率分析。一般来说，盈亏平衡分析只适用于项目的财务评价，而敏感性分析和概率分析则可同时用于财务评价和国民经济评价。

## 4.5.1  盈亏平衡分析

### 1. 盈亏平衡分析的基本原理

盈亏平衡分析研究建设项目投产后，以利润为 0 时产量的收入与费用支出的平衡为基础，在既无盈利又无亏损的情况下，测算项目的生产负荷状况，分析项目适应市场变化的能力，衡量建设项目抵抗风险的能力。项目利润为 0 时产量的收入与费用支出的平衡点，被称为盈亏平衡点（$BEP$），用生产能力利用率或产销量表示。项目的盈亏平衡点越低，说明项目适应市场变化的能力越强，抗风险的能力越大，亏损的风险越小。

在进行盈亏平衡分析时，需要一些假设条件，作为分析的前提。

(1)产量变化，单位可变成本不变，总成本是生产量或销售量的函数；

(2)生产量等于销售量；

(3)变动成本随产量成正比例变化；

(4)在所分析的产量范围内，固定成本保持不变；

(5)产量变化，销售单价不变，销售收入是销售价格和销售数量的线性函数；

(6)只计算一种产品的盈亏平衡点，如果是生产多种产品的，则产品组合，即生产数量的比例应保持不变。

根据成本总额对产量的依存关系，全部成本可分解成固定成本和变动成本两个部分。在一定期间将成本分解成固定成本和变动成本两个部分后，再同时考虑收入和利润，成本、产量和利润的关系就可以统一于一个数学模型，其表达形式为

$$利润＝销售收入－总成本－销售税金及附加$$

假设产量等于销售量，并且项目的销售收入与总成本均是产量的线性函数，则式中：

$$销售收入＝单位售价×销量$$
$$总成本＝变动成本＋固定成本＝单位变动成本×产量＋固定成本$$
$$销售税金及附加＝销售收入×销售税金及附加费费率$$

进而推导出：

$$利润＝单位售价×销量－单位变动成本×产量－固定成本－销售收入×销售税金及附加费费率$$

即

$$B＝PQ－C_V Q－C_F－tQ$$

式中　$B$——利润；

$P$——单位产品售价；

$Q$——销售量或生产量；

$t$——单位产品销售税金及附加；

$C_V$——单位产品变动成本；

$C_F$——固定成本。

上式明确表达了量本利之间的数量关系，是基本的损益方程式。它含有相互联系的 6 个变量，给定其中 5 个，便可求出另一个变量的值。

由于单位产品的营业税金及附加是随产品的销售单价变化而变化的，为了便于分析，将销售收入与营业税金及附加合并考虑，即可将产销量、成本、利润的关系反映在直角坐标系中，成本基本的量本利图如图 4.9 所示。

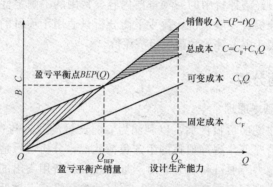

**图 4.9 盈亏平衡分析图—量本利图**

### 2. 盈亏平衡分析的基本方法

所谓盈亏平衡分析，就是将产销量作为不确定因素，通过计算企业或项目的盈亏平衡点的产销量，据此分析项目可以承受多少风险而不致发生亏损。盈亏平衡分析的重点主要是计算盈亏平衡点。

盈亏平衡点的表达方式有很多种，可以用实物产销量、年销售额、单位产品售价、单位产品的可变成本以及年固定总成本的绝对量表示，也可以用某些相对值表示，如生产能力利用率。其中，以产量和生产能力利用率表示的盈亏平衡点应用最为广泛。

(1)以产量表示的盈亏平衡点 $BEP(Q)$。从图 4.9 中可以看出，当企业在小于 $Q$ 的产量下组织生产，则项目亏损；在大于 $Q$ 的产量下组织生产，则项目盈利。显然，产量 $Q$ 是盈亏平衡点的一个重要表达形式。就单一产品企业来说，盈亏临界点的计算并不困难，一般是从销售收入等于总成本费用即盈亏平衡分析方程式中导出，令基本损益方程式中的利润 $B=0$，此时的产量 $Q$ 即盈亏临界点产销量。即

$$BEP(Q)=\frac{年固定总成本}{单位产品销售价格-单位产品可变成本-单位产品营业税金及附加}$$

(2)用生产能力利用率表示的盈亏平衡点 $BEP(\%)$。生产能力利用率表示的盈亏平衡点，是指盈亏平衡点产销量占企业正常产销量的比重。所谓正常产销量，是指达到设计生产能力的产销数量，也可以用销售金额来表示。即

$$BEP(\%)=\frac{年固定总成本}{正常产销量}$$

进行项目评价时，生产能力利用率表示的盈亏平衡点常根据正常年份的产品产销量、变动

成本、固定成本、产品价格和营业税金等数据来计算，即

$$BEP(\%)=\frac{年固定总成本}{年销售收入-年可变成本-年营业税金及附加}\times100\%$$

$$BEP(Q)=BEP(\%)\times设计生产能力$$

**【应用案例 4.21】** 某厂建设方案设计生产能力为 30 000 件，预计单位产品的变动成本为 60 元，单位产品售价为 150 元，年固定成本为 120 万元，销售税金税率为 6%。试计算该厂盈亏平衡点的年产量和生产能力利用率是多少？盈亏平衡销售价格是多少？达到设计生产能力的产销数量后每年可获利多少？

**解：** $f_{BEP}=\dfrac{Q_{BEP}}{Q_C}\times100\%=\dfrac{14\ 815}{30\ 000}\times100\%=49.38\%$

$$Q_{BEP}=\frac{C_F}{P-T-v}=\frac{C_F}{P(1-t)-v}=\frac{1\ 200\ 000}{150\times(1-6\%)-60}=14\ 815（件）$$

$$P_{BEP}=v+T+\frac{C_F}{Q_C}$$

$$P_{BEP}=\frac{v+\dfrac{C_F}{Q_C}}{1-t}=\frac{60+\dfrac{1\ 200\ 000}{30\ 000}}{1-6\%}=106.38（元）$$

$$B=(P-T-v)Q_C-C_F=(150-150\times6\%-60)\times30\ 000-1\ 200\ 000=1\ 230\ 000（元）$$

盈亏平衡点反映了项目对市场变化的适应能力和抗风险能力，盈亏平衡点越低，达到此点的盈亏平衡产量和收益或成本也就越少，项目投产后盈利的可能性也越大，适应市场变化的能力越强，抗风险能力越强。

线性盈亏平衡分析方法简单明了，但在应用中有一定的局限性，主要表现在实际的生产经营过程中，收益和支出与产品产销量之间的关系往往是呈现出一种非线性的关系，而非所假设的线性关系。盈亏平衡分析虽然能够衡量项目风险的大小，但并不能揭示产生项目风险的根源。虽然通过降低盈亏平衡点就可以降低项目的风险，提高项目的安全性；通过降低成本可以降低盈亏平衡点，但如何降低成本，应该采取哪些可行的方法或通过哪些有效的途径来达到该目的，盈亏平衡分析并没有给出答案，还需采用其他一些方法来帮助实现该目的。因此，在应用盈亏平衡分析时，应注意使用的场合及欲达到的目的，以便能够正确地运用这种方法。

### 4.5.2 敏感性分析

**1. 敏感性分析的目的**

敏感性分析的目的是对外部条件发生不利变化时项目的承受能力作出判断。如某个不确定性因素有较小的变动，而导致项目经济评价指标有较大的波动，则称项目方案对该不确定性因素敏感性强，相应的，这个因素被称为"敏感性因素"。

**2. 敏感性分析的基本方法**

（1）确定分析指标。如果主要分析方案状态和参数变化对方案投资回收快慢的影响，则可选用投资回收期作为分析指标；如果主要分析产品价格波动对方案超额净收益的影响，则可选用净现值作为分析指标；如果主要分析投资大小对方案资金回收能力的影响，则可选用内部收益率指标等。

如果在机会研究阶段，可选用静态的评价指标，常采用的指标是投资收益率和投资回收期。如果在初步可行性研究和可行性研究阶段，已进入了可行性研究的实质性阶段，经济分析指标

则需选用动态的评价指标，常用净现值、内部收益率，通常还辅以投资回收期。

（2）选择需要分析的不确定性因素。影响项目经济评价指标的不确定性因素有很多。严格来说，影响方案经济效果的因素在某种程度上都带有不确定性，如投资额的变化，施工周期的变化，销售价格的变化，成本的变化等。但事实上，没有必要对所有的不确定性因素都进行敏感性分析，而往往是选择一些主要的影响因素。

（3）分析每个不确定性因素的波动程度及其对分析指标可能带来的增减变化情况。

1）对所选定的不确定性因素，应根据实际情况设定这些因素的变动幅度，其他因素固定不变。因素的变化可以按照一定的变化幅度（如±5％、±10％、±20％等）改变它的数值。

2）计算不确定性因素每次变动对经济评价指标的影响。对每一因素的每一次变动，均重复以上计算，然后，把因素变动及相应指标变动结果用表或图的形式表示出来，以便于测定敏感因素。

（4）确定敏感性因素。根据分析问题的目的不同，一般可通过两种方法来确定敏感性因素。

1）相对测定法。即设定要分析的因素均从确定性经济分析中所采用的数值开始变动，且各因素每次变动的幅度（增或减的百分数）相同，比较在同一变动幅度下各因素的变动对经济评价指标的影响，据此判断方案经济评价指标对各因素变动的敏感程度。反应敏感程度的指标是敏感系数（又称灵敏度），是衡量变量因素敏感程度的一个指标。

2）绝对测定法。即假定要分析的因素均向只对经济评价指标产生不利影响的方向变动，并设该因素达到可能的最差值，然后计算在此条件下的经济评价指标，如果计算出的经济评价指标已超过了项目可行的临界值，从而改变了项目的可行性，则表明该因素是敏感因素。

（5）方案选择。如果进行敏感性分析的目的是对不同的投资项目（或某一项目的不同方案）进行选择，一般应选择敏感程度小、承受风险能力强、可靠性大的项目或方案。

【应用案例4.22】 某建设项目投产后年产某产品 10 万台，每台售价 800 元，年总成本为 5 000 万元，项目总投资为 9 000 万元，销售税率为 12％，项目寿命期为 15 年。以产品销售价格、总投资、总成本为变量因素，各按照±10％和±20％的幅度变动，试对该项目的投资利税率做敏感性分析。

**解：** 投资利税率＝（年销售收入－年总成本费用）÷项目总投资

根据题目给定数据分别计算三个不确定性变量因素的不同变动幅度对投资利税率的影响程度。计算结果见表4.20。

表 4.20 敏感性分析计算表

| 项目 | | 年产量 | 单价 | 销售收入 | 年总成本 | 总投资 | 年利税 | 投资利税率 | 敏感度系数 |
|---|---|---|---|---|---|---|---|---|---|
| 单位 | | 万台 | 元 | 万元 | 万元 | 万元 | 万元 | ％ | ％ |
| | | ① | ② | ③＝①×② | ④ | ⑤ | ⑥＝③－④ | ⑦＝⑥÷⑤ | ⑧ |
| 基本方案 | | 10 | 800 | 8 000 | 5 000 | 9 000 | 3 000 | 33 | |
| 产品售价 | －20％ | 10 | 640 | 6 400 | 5 000 | 9 000 | 1 400 | 15.56 | －87.2 |
| | －10％ | 10 | 720 | 7 200 | 5 000 | 9 000 | 2 200 | 24.44 | －85.6 |
| | ＋10％ | 10 | 880 | 8 800 | 5 000 | 9 000 | 3 800 | 42.22 | ＋92.2 |
| | ＋20％ | 10 | 960 | 9 600 | 5 000 | 9 000 | 4 600 | 51.11 | ＋90.6 |

| 项目 | | 年产量 | 单价 | 销售收入 | 年总成本 | 总投资 | 年利税 | 投资利税率 | 敏感度系数 |
|---|---|---|---|---|---|---|---|---|---|
| 总投资 | −20% | 10 | 800 | 8 000 | 5 000 | 7 200 | 3 000 | 41.67 | +43.35 |
| | −10% | 10 | 800 | 8 000 | 5 000 | 8 100 | 3 000 | 37.04 | +40.30 |
| | +10% | 10 | 800 | 8 000 | 5 000 | 9 900 | 3 000 | 30.30 | −27.00 |
| | +20% | 10 | 800 | 8 000 | 5 000 | 10 800 | 3 000 | 27.78 | −26.10 |
| 总成本 | −20% | 10 | 800 | 8 000 | 4 000 | 9 000 | 4 000 | 44.44 | +57.2 |
| | −10% | 10 | 800 | 8 000 | 4 500 | 9 000 | 3 500 | 38.89 | +58.9 |
| | +10% | 10 | 800 | 8 000 | 5 500 | 9 000 | 2 500 | 27.78 | −52.2 |
| | +20% | 10 | 800 | 8 000 | 6 000 | 9 000 | 2 000 | 22.22 | −53.9 |

从表中可以得出：产品价格为最敏感因素，只要销售价格增长1%，投资利税率可增长60%以上，其次是成本。

一般来说，项目相关因素的不确定性是建设项目具有风险性的根源。敏感性强的因素其不确定性给项目带来更大的风险，因此，敏感性分析的核心是从诸多的影响因素中找出最敏感因素，并设法对该因素进行有效的控制，以减少项目经济效益的损失。

### 4.5.3 概率分析

**1. 概率分析的基本原理**

概率分析也称风险分析，是使用概率研究预测各种不确定因素和风险因素对项目经济评价指标影响的一种定量分析方法。概率就是某一事件的发生次数与所进行试验次数的比例，即可能事件发生的频率。概率分析，是估计基本参数或变量值的发生概率，经过数理统计处理对项目指标的概率进行衡量。

概率分析的基本步骤如下：

(1)选定一个或几个评价指标。通常是将内部收益率、净现值等作为评价指标。

(2)选定需要进行概率分析的不确定因素。通常有产品价格、销售量、主要原材料价格、投资额以及外汇汇率等。针对项目的不同情况，通过敏感性分析，选择最为敏感的因素作为概率分析的不确定因素。

(3)预测不确定因素变化的取值范围及概率分布。单因素概率分析，设定一个因素变化，其他因素均不变化，即只有一个自变量；多因素概率分析，设定多个因素同时变化，对多个自变量进行概率分析。

(4)根据测定的风险因素取值和概率分布，计算评价指标的相应取值和概率分布。

(5)计算评价指标的期望值和项目可接受的概率。

(6)分析计算结果，判断其可接受性，研究减轻和控制不利影响的措施。

**2. 概率分析的方法**

概率分析的方法有很多，这些方法大多是以项目经济评价指标的期望值的计算过程和计算结果为基础，这里仅介绍项目净现值的期望值法和决策树法，通过计算项目净现值的期望值及净现值大于或等于0时的累计概率，以判断项目承担风险的能力。

(1)期望值法。在一次随机试验中，某一随机变量的所有可能取值与其对应概率的乘积之和

被称为数学期望。其计算公式为

$$E(X) = \sum X_i P(X_i)$$

式中　$E(X)$——随机变量 $X$ 的期望值；

　　　$X_i$——随机变量 $X$ 的各种取值；

　　　$P(X_i)$——对应于 $X_i$ 的概率值

**【应用案例 4.23】**　某项目工程施工管理人员要决定下个月是否开工，若开工后遇天气不下雨，则可按期完工，获利润 5 万元，遇天气下雨，则要造成 1 万元的损失。假如不开工，无论下雨还是不下雨都要付窝工费 1 000 元。据气象预测下月天气不下雨的概率为 0.2，下雨概率为 0.8，利用期望值的大小为施工管理人员作出决策。

**解：** 开工方案的期望值：

$$E_1 = 50\,000 \times 0.2 + (-10\,000) \times 0.8 = 2\,000(\text{元})$$

不开工方案的期望值：

$$E_2 = (-1\,000) \times 0.2 + (-1\,000) \times 0.8 = -1\,000(\text{元})$$

由于 $E_1 > E_2$，所以应选开工方案。

(2)决策树法。决策树法是指在已知各种情况发生概率的基础上，通过构造决策树来求取净现值的期望值大于等于 0 的概率，评价项目风险、判断其可行性的决策分析方法。它是直观运用概率分析的一种图解方法。决策树法特别适用于多阶段决策分析。

决策树一般由决策点、机会点、方案枝、概率枝等组成。其绘制方法如下：首先确定决策点，决策点一般用"□"表示；然后从决策点引出若干条直线，代表各个备选方案，这些直线称为方案枝；方案枝后面连接一个"○"，称为机会点；从机会点画出的各条直线，称为概率枝，代表将来的不同状态，概率枝后面的数值代表不同方案在不同状态下可获得的收益值。为了便于计算，对决策树中的"□"(决策点)和"○"(机会点)均进行编号。编号的顺序是从左到右，从上到下。通过绘制决策树，可以很容易地计算出各个方案的期望值并进行比选。

**【应用案例 4.24】**　某地区为满足水泥产品的市场需求拟扩大生产能力规划建水泥厂，提出了三个可行方案：

(1)新建大厂，投资 900 万元，据估计销路好时每年获利 350 万元，销路差时亏损 100 万元，经营限期 10 年。

(2)新建小厂，投资 350 万元，销路好时每年可获利 110 万元，销路差时仍可以获利 30 万元，经营限期 10 年。

(3)先建小厂，三年后销路好时再扩建，追加投资 550 万元，经营限期 7 年，每年可获利 400 万元。

据市场销售形式预测，10 年内产品销路好的概率为 0.7，销路差的概率为 0.3。按上述情况用静态方法进行决策树分析，选择最优方案(图 4.10)。

**解：** 如图 4.10 所示。

节点①：$(350 \times 0.7 - 100 \times 0.3) \times 10 - 900 = 1\,250(\text{万元})$

节点③：$400 \times 1.0 \times 7 - 550 = 2\,250(\text{万元})$

节点④：$110 \times 1.0 \times 7 = 770(\text{万元})$

决策点 Ⅱ：比较扩建与不扩建

因为 $2\,250 > 770$，所以应选 3 年后扩建的方案。

节点②：

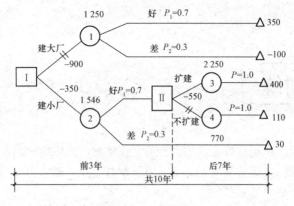

图 4.10　决策树

$2\ 250×0.7＋110×0.7×3＋30×0.3×10－350＝1\ 546(万元)$

决策点Ⅰ：比较建大厂建小厂

因为 $1\ 546＞1\ 250$，所以应选先建小厂。

项目小结

　　本项目介绍了建设工程决策阶段工程造价控制的主要内容。决策阶段是项目建设过程造价管理的第一个阶段。为了使决策更加科学，必须进行项目可行性研究，它包括投资机会研究、初步可行性研究、详细可行性研究及评价和决策四个阶段；可行性研究报告介绍产品的市场需求预测和建设规模，资源、原材料、燃料及公用设施情况，建厂条件和厂址选择，项目设计方案，环境保护与建设过程安全生产，企业组织、劳动定员和人员培训，项目施工计划和进度要求，投资估算和资金筹措等内容。建设工程投资包括建设投资和流动资产投资两个部分，其中建设投资又包括建筑安装工程费用，设备及工、器具购置费用，工程建设其他费用，预备费用，建设期利息和固定资产投资方向调节税；投资估算主要进行固定资产投资估算和流动资金投资估算。建设工程财务评价是可行性研究报告的重要组成部分，主要进行财务盈利能力分析、偿债能力分析、财务生存能力分析和不确定性分析，在分析过程中要依据基本财务报表(资产负债表、利润与利润分配表、现金流量表和财务计划现金流量表)计算出财务内部收益率、财务净现值、投资回收期、投资收益率等指标，以判断项目在财务上是否可行，同时还要通过盈亏平衡分析、敏感性分析和概率分析了解项目存在的风险。

# 执考训练

## 一、选择题

1. 可行性研究工作小组成立以后，正式开展市场调查之前要进行的工作是( )。
   A. 签订委托协议　　B. 方案编制与优化　C. 制订工作计划　　D. 项目评价

2. 可行性研究报告的内容包括( )。
   A. 市场调查与市场预测　　　　　　　B. 建设规模与产品方案
   C. 设计概算　　　　　　　　　　　　D. 节能措施
   E. 节水措施

3. 可行性研究中社会评价主要包括( )。
   A. 项目对社会的影响分析　　　　　　B. 项目对环境的影响分析
   C. 项目与所在地互适性分析　　　　　D. 社会风险分析
   E. 项目的节能、节水措施分析

4. 可行性研究报告的内容包括( )。
   A. 市场调查与市场预测　　　　　　　B. 建设规模与产品方案
   C. 设计概算　　　　　　　　　　　　D. 节能措施
   E. 节水措施

5. 为了使建设项目可行性研究能有效地指导项目建设，可行性研究报告中确定的主要工程技术数据，在深度上应能满足项目( )的要求。
   A. 初步设计　　　　B. 施工图设计　　　　C. 施工招标　　　　D. 签订施工合同

6. 建设工程项目可行性研究报告中的重大技术(经济)方案至少应进行( )个方案的比选。
   A. 2　　　　　　　　B. 3　　　　　　　　C. 4　　　　　　　　D. 5

7. 建设投资估算方法包括( )。
   A. 生产能力指数法　　　　　　　　　B. 分项详细估算法
   C. 扩大指标估算法　　　　　　　　　D. 综合指标投资估算法
   E. 比例估算法

8. 某拟建设项目的生产能力比已建的同类建设项目生产能力增加了1.5倍。设生产能力指数为0.6，价格调整系数为1，则按生产能力指数法计算拟建建设项目的投资额将增加( )倍。
   A. 1.733　　　　　　B. 1.275　　　　　　C. 0.733　　　　　　D. 0.275

9. 某拟建建设项目的生产能力比已建的同类建设项目的生产能力增加3倍。按生产能力指数法计算，拟建建设项目的投资额将增加( )倍(已知 $X=0.6$，$F=1.1$)。
   A. 1.13　　　　　　B. 1.53　　　　　　C. 2.13　　　　　　D. 2.53

10. 用生产能力指数法进行投资估算时，拟建建设项目生产能力与已建同类建设项目生产能力的比值应有一定的限制范围。一般比值在( )倍左右估算效果较好。
    A. 50　　　　　　　B. 40　　　　　　　C. 20　　　　　　　D. 10

11. 关于应用生产能力指数法估算化工建设项目投资的说法中，下列正确的有( )。
    A. 生产能力指数取值应考虑拟建建设项目与已建同类建设项目的投资来源差异

B. 拟建建设项目与已建同类建设项目生产能力之比应限制在 50 倍以内

C. 应考虑拟建建设项目与已建同类建设项目因建设时间不同而导致的价格水平差异

D. 拟建建设项目与已建同类建设项目的实施主体必须相同

E. 生产能力指数取值应限制在 1～2 之间

12. 某拟建化工项目生产能力为年产量 300 万吨。已知已建年产量为 100 万吨的同类项目的建设投资为 5 000 万元，生产能力指数为 0.7，拟建项目建设时期与已建同类项目建设时期相比的综合价格指数为 1.1。则按生产能力指数法估算的拟建项目的建设投资为（　　）万元。

A. 8 934.78　　　　B. 9 807.59　　　　C. 11 550.00　　　　D. 11 867.18

13. 采用比例估算法估算拟建化工项目建设投资时，一般以拟建项目的（　　）作为估算其他专业投资的基数。

A. 主要车间的建筑安装工程投资　　　　B. 设备投资

C. 建筑工程投资　　　　D. 主要设备的安装费用

14. 某企业从银行贷款 100 万元，期限 1 年，年利率为 12%，按月计息，到期一次性偿还的本息总额为（　　）万元。

A. 112.00　　　　B. 112.68　　　　C. 132.47　　　　D. 152.19

15. 企业年初向银行借款 200 万元，年复利利率为 3%。银行规定每半年计息一次。若企业向银行所借的本金和产生的利息均在第 3 年年末一次向银行支付，则支付额为（　　）万元。

A. 218.69　　　　B. 259.43　　　　C. 218.55　　　　D. 218.00

16. 某企业第 1 年初向银行借款 500 万元，年利率为 7%，银行规定每季度计息一次。若企业向银行所借本金与利息均在第 4 年年末一次支付，则支付额为（　　）万元。

A. 659.96　　　　B. 659.45　　　　C. 655.40　　　　D. 535.93

17. 某公司向银行借款，贷款年利率为 6%。第 1 年年初借款 100 万元，每年计息一次；第 2 年年末又借款 200 万元，每半年计息一次，两笔借款均在第 3 年年末还本付息，则复本利和为（　　）万元。

A. 324.54　　　　B. 331.10　　　　C. 331.28　　　　D. 343.82

18. 现有甲、乙两家银行可向借款人提供一年期贷款，均采用到期一次性偿还本息的还款方式。甲银行贷款年利率为 11%，每季度计息一次；乙银行贷款年利率为 12%，每半年计息一次。借款人按利率高低作出正确选择后，其借款年实际利率为（　　）。

A. 11.00%　　　　B. 11.46%　　　　C. 12.00%　　　　D. 12.36%

19. 某企业向银行借款，甲银行年利率为 8%，每年计息一次；乙银行年利率为 7.8%，每季度计息一次。则（　　）。

A. 甲银行实际利率低于乙银行实际利率

B. 甲银行实际利率高于乙银行实际利率

C. 甲、乙两银行实际利率相同

D. 甲、乙两银行的实际利率不可比

20. 某企业从银行贷款 100 万元，期限一年，年利率为 12%，按月计息，到期一次性偿还的本息总额为（　　）万元。

A. 112.00　　　　B. 112.68　　　　C. 132.47　　　　D. 152.19

21. 关于实际利率和名义利率的说法中，下列错误的是（　　）。

A. 当年内计息次数 $m$ 大于 1 时，实际利率大于名义利率

B. 当年内计息次数 $m$ 等于 1 时，实际利率等于名义利率

C. 在其他条件不变时，计息周期越短，实际利率与名义利率差距越小

D. 实际利率比名义利率更能反映资金的时间价值

22. 某公司拟投资一项目，希望在 4 年内(含建设期)收回全部贷款的本金与利息。预计项目从第 1 年开始每年年末能获得 60 万元，银行贷款年利率为 6%。则项目总投资的现值应控制在( )万元以下。

    A. 262.48        B. 207.91        C. 75.75        D. 240.00

23. 某购房人从银行贷款 50 万元，贷款期限为 10 年，按月等额还本付息，贷款年利率为 6%，每月计息一次，其每月应向银行还款的数额为( )元。

    A. 4 917        B. 5 551        C. 7 462        D. 7 581

24. 用于项目财务生存能力分析的指标是( )。

    A. 项目投资财务净现值        B. 投资各方财务内部收益率

    C. 项目偿债备付率        D. 项目净现金流量

25. 下列建设项目财务评价指标中，属于静态评价指标的有( )。

    A. 净现值指数        B. 总投资收益率

    C. 利息备付率        D. 项目投资财务净现值

    E. 项目资本金净利润率

26. 建设项目财务评价中的盈利能力分析指标包括( )。

    A. 财务内部收益率        B. 利息备付率

    C. 投资回收期        D. 借款偿还期

    E. 财务净现值

27. 下列评价指标中，反映项目偿债能力的有( )。

    A. 资产负债率    B. 累计盈余资金    C. 偿债备付率    D. 投资回收期

    E. 项目资本金净利润率

28. 投资利润率是反映项目( )的重要指标。

    A. 负债能力        B. 盈利能力        C. 偿债能力        D. 抗风险能力

29. 关于静态投资回收期的说法中，下列错误的是( )。

    A. 投资回收期既能反映项目的盈利能力，又能反映项目的风险大小

    B. 投资回收期不能全面反映项目在寿命期内的真实效益

    C. 投资回收期可作为项目经济效果评价的主要指标

    D. 投资回收期宜从项目建设开始年算起

30. 利息备付率表示项目的利润偿付利息的保证倍数，对于正常运营的企业，利息备付率应大于( )。

    A. 2.0        B. 1.5        C. 1.0        D. 0.5

31. 某项目第 1 年投资 500 万元，第 2 年又投资 500 万元，从第 3 年进入正常运营期。正常运营期共 18 年，每年净收入为 110 万元，设行业基准收益率为 8%，该项目的财务净现值为( )万元。

    A. −7.83        B. −73.35        C. −79.16        D. −144.68

32. 某建设项目前 2 年每年年末投资 400 万元，从第 3 年开始，每年年末等额回收 260 万元，项目计算期为 10 年。设基准收益率($i_c$)为 10%，则该项目的财务净现值为( )万元。

    A. 256.79        B. 347.92        C. 351.90        D. 452.14

33. 某项目前 5 年累计财务净现值为 50 万元，第 6、7、8 年年末净现金流量分别为 40 万元、

40万元、30万元，若基准收益率为8%，则该项目8年内累计财务净现值为（　　）万元。

A. 114.75　　　　B. 134.39　　　　C. 145.15　　　　D. 160.00

34. 某项目采用试差法计算财务内部收益率，求得 $i_1=15\%$，$i_2=18\%$，$i_3=20\%$ 时所对应的净现值分别为150万元、30万元和－10万元，则该项目的财务内部收益率为（　　）。

A. 17.50%　　　　B. 19.50%　　　　C. 19.69%　　　　D. 20.16%

35. 投资利润率计算公式为投资利润率＝年利润总额或年平均利润总额/项目总投资×100%，下列说明正确的是（　　）。

A. 年利润总额＝年产品销售收入－年总成本费用

B. 年平均利润总额＝计算期内年平均利润总额

C. 项目总投资＝建设投资＋流动资金

D. 项目总投资＝建设投资＋铺底流动资金

36. 某项目投资方案的现金流量如图4.11所示，从投资回收期的角度评价项目，如基准静态投资回收期 $P_C$ 为7.5年，则该项目的静态投资回收期是（　　）。

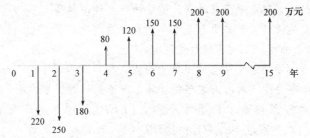

**图 4.11　现金流量图**

A. ＞$P_C$，项目不可行　　　　　　　B. ＝$P_C$，项目不可行

C. ＝$P_C$，项目可行　　　　　　　　D. ＜$P_C$，项目可行

37. 利息备付率表示项目的利润偿付利息的保证倍数，对于正常运营的企业，利息备付率应大于（　　）。

A. 2.0　　　　B. 1.5　　　　C. 1.0　　　　D. 0.5

38. 在投资项目的财务评价中，计算利息备付率这一评价指标的目的是要对项目的（　　）进行分析。

A. 负债水平　　　B. 偿债能力　　　C. 盈利水平　　　D. 保障能力

39. 在项目财务评价中，当借款偿还期（　　）时，即认为方案具有清偿能力。

A. 小于基准投资回收期　　　　　　　B. 大于基准投资回收期

C. 小于贷款机构要求期限　　　　　　D. 大于贷款机构要求期限

40. 某项目各年的现金流量如图4.12所示，设基准收益率为8%，该项目的财务净现值及是否可行的结论为（　　）。

A. 379.6，可行　　B. 323.2，可行　　C. 220.2，可行　　D. －351.2，不可行

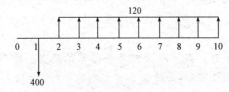

**图 4.12　现金流量图**

41. 在下列关于不确定性分析的表述中，正确的有(　　)。

    A. 生产能力利用率表示的盈亏平衡点越高，项目抗风险能力越强

    B. 产量表示的盈亏平衡点越低，项目适应市场变化的能力越强

    C. 盈亏平衡点应按项目计算期内的平均值计算

    D. 敏感因素是指敏感度系数大的不确定性因素

    E. 敏感因素是指临界点大的不确定性因素

42. 某方案年设计生产能力为 6 000 件，每件产品价格为 50 元，单件产品变动成本为 20 元，单件产品销售税金及附加(含增值税)为 10 元。年固定总成本为 64 000 元。用产量表示的盈亏平衡点为(　　)件。

    A. 800          B. 1 600          C. 2 133          D. 3 200

43. 关于用生产能力利用率表示的盈亏平衡点，下列说法正确的是(　　)。

    A. 生产能力利用率盈亏平衡点越高，项目抗风险能力越弱

    B. 生产能力利用率盈亏平衡点越低，项目抗风险能力越弱

    C. 生产能力利用率盈亏平衡点越高，项目的生产效率越高

    D. 其计算公式是设计生产能力与盈亏平衡点产量之比

44. 关于盈亏平衡点分析，下列正确的说法有(　　)。

    A. 用生产能力利用率表示的盈亏平衡点越大，项目风险越小

    B. 盈亏平衡点应按投产后的正常年份计算，而不能按计算期内的平均值计算

    C. 用生产能力利用率表示的盈亏平衡点 $[BEP(\%)]$ 与用产量表示的盈亏平衡点 $[BEP(Q)]$ 的关系是 $BEP(Q)=BEP(\%)\times$ 设计生产能力

    D. 用生产能力利用率表示的盈亏平衡点 $[BEP(\%)]$ 与用产量表示的盈亏平衡点 $[BEP(Q)]$ 的关系是 $BEP(\%)=BEP(Q)\times$ 设计生产能力

    E. 盈亏平衡点分析不适合于国民经济分析

45. 某化工项目，设计的年产量为 10 万吨，预计单位产品售价为 500 元/吨(已扣除销售税金及附加、增值税)，正常生产年份单位产品变动成本为 300 元/吨，年产量盈亏平衡点为 5 万吨。若单位产品变动成本上升为 340 元/吨，其他数值保持不变，则产量盈亏平衡点的生产能力利用率为(　　)。

    A. 29.41%        B. 33.33%        C. 50.00%        D. 62.50%

46. 某项目有甲、乙、丙、丁四个方案，依次计算得知各方案的盈亏平衡点生产能力利用率分别为 68%、87%、45% 和 52%，则风险最小的是(　　)。

    A. 方案甲        B. 方案乙        C. 方案丙        D. 方案丁

## 二、简答题

1. 可行性研究的编制依据和要求是什么？

2. 建设投资估算时可采用哪些方法？

3. 基本财务报表有哪些？如何填列？

4. 财务评价指标是如何分类的？如何利用各类指标判断项目是否可行？

5. 衡量项目风险有哪些方法？各类方法的原理是什么？

## 三、计算题

某企业拟建一个生产性项目，以生产国内某种急需的产品。该项目的建设期为 2 年，运营期为 7 年。预计建设期投资 800 万元(含建设期贷款利息 20 万元)，并全部形成固定资产。固定资产使用年限为 10 年，运营期末残值为 50 万元，按照直线法折旧。

该企业于建设期第 1 年投入项目资本金 380 万元，建设期第 2 年向当地建设银行贷款 400 万元(不含贷款利息)，贷款年利率为 10%，项目第 3 年投产。投产当年又投入资本金 200 万元，作为流动资金。

运营期，正常年份每年的销售收入为 700 万元，经营成本为 300 万元，产品销售税金及附加税率为 6%，所得税税率为 33%，年总成本为 400 万元，行业基准收益率为 10%。

投产的第 1 年生产能力仅为设计生产能力的 70%，为简化计算，这一年的销售收入、经营成本和总成本费用均按正常年份的 70% 估算。投产的第 2 年及其以后的各年生产均达到设计生产能力。

问题：

(1)计算销售税金和附加与所得税。

(2)编制全部投资现金流量表。

(3)计算项目的动态投资回收期和财务净现值。

(4)计算项目的财务内部收益率。

(5)从财务评价的角度，分析说明拟建建设项目的可行性。

# ·项目 5·

# 工程设计阶段造价管理

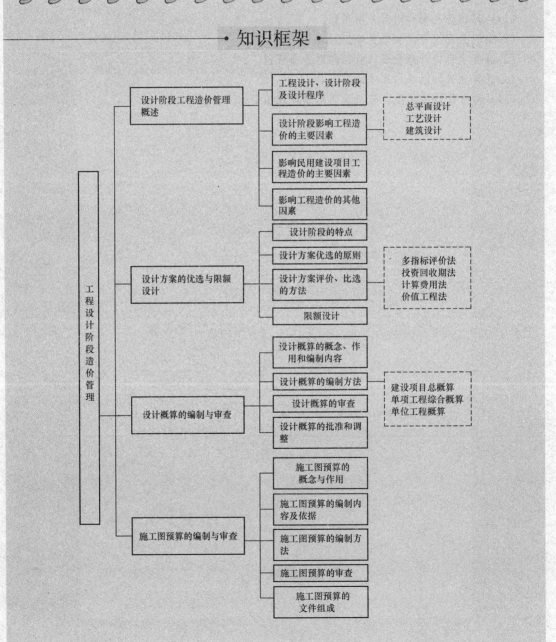

某建设工程有两个设计方案，方案甲：六层的内浇外砌建筑体系，建筑面积为 8 500 m²，外墙的厚度为 36 cm，建筑自重为 1 294 kg/m²，施工周期为 220 天；方案乙：六层的全现浇大模板建筑体系，建筑面积为 8 500 m²，外墙的厚度为 30 cm，建筑自重为 1 070 kg/m²，施工周期为 210 天。为了提高工程建设投资效果，从实用性、平面布置、经济性和美观性等方面采用不同比选方法进行方案选择，从中选取技术先进、经济合理的最佳设计方案。

请在学习本项目内容时思考采用什么设计方案比选方法？同时考虑对该建设项目如何进行设计概算和施工图预算的编制，其编制的方法有哪些？

# 任务 5.1  概述

## 5.1.1  工程设计、设计阶段及设计程序

### 1. 工程设计

工程设计是指在工程开始施工之前，设计者根据已批准的设计任务书，为具体实现拟建项目的技术、经济要求，拟定建筑、安装及设备制造等所需的规划、图纸、数据等技术文件的工作。

### 2. 设计阶段

根据国家有关文件的规定，一般工业项目设计可按初步设计和施工图设计两个阶段进行，称为"两阶段设计"；对于技术上复杂、在设计时有一定难度的工程，根据项目相关管理部分的意见和要求，可以按初步设计、技术设计和施工图设计三个阶段进行，称为"三阶段设计"。小型工程建设项目，技术上较简单的，经项目相关管理部门同意可以简化为施工图设计一阶段进行。

### 3. 设计程序

(1)设计准备。首先要了解并掌握各种有关的外部条件和客观情况，包括自然条件；城市规划对建筑物的要求；基础设施状况；业主对工程的要求；对工程经济估算的依据和所能提供的资金、材料、施工技术和装备以及可能影响工程的其他客观因素。

(2)初步方案。设计者对工程主要内容(包括功能与形式)的安排有一个大概的布局设想，然后要考虑工程与周围环境之间的关系。

(3)初步设计。初步设计是设计过程中的一个关键性阶段，也是整个设计构思基本形成的阶段。

(4)技术设计。技术设计是初步设计的具体化，也是各种技术问题的定案阶段。

(5)施工图设计。施工图设计主要是通过图纸，把设计者的意图和全部设计结果表达出来，作为工人施工制作的依据。

(6)设计交底和配合施工。施工图发出后，根据现场需要，设计单位应派人到施工现场，与建设、施工单位共同会审施工图，进行技术交底，介绍设计意图和技术要求，修改不符合实际和有错误的图纸，参加试运转和竣工验收，解决试运转过程中的各种技术问题，并检验设计的正确和完善程度。

### 5.1.2 设计阶段影响工业建设项目工程造价的主要因素

**1. 总平面设计**

总平面设计是指总图运输设计和总平面配置。其主要内容包括厂址方案、占地面积和土地利用情况；总图运输、主要建筑物和构筑物及公用设施的配置；外部运输、水、电、气及其他外部协作条件等。

总平面设计是否合理对于整个设计方案的经济合理性有重大影响。正确合理的总平面设计可大大减少建筑工程量，节约建设用地，节省建设投资，加快建设进度，降低工程造价和项目运行后的使用成本，并为企业创造良好的生产组织、经营条件和生产环境，还可以为城市建设或工业区创造完美的建筑艺术整体。

总平面设计中影响工程造价的因素有以下几项：

(1)现场条件。现场条件是制约设计方案的重要因素之一。对工程造价的影响主要体现在地质、水文、气象条件等影响基础形式的选择、基础的埋深(持力层、冻土线)；地形地貌影响平面及室外标高的确定；场地大小、邻近建筑物地上附着物等影响平面布置、建筑层数、基础形式及埋深。

(2)占地面积。占地面积的大小一方面影响征地费用的高低；另一方面也影响管线布置成本和项目建成运营的运输成本。因此，在满足建设项目基本使用功能的基础上，应尽可能节约用地。

(3)功能分区。无论是工业建筑还是民用建筑都有许多功能，这些功能之间相互联系、相互制约。合理的功能分区既可以使建筑物的各项功能充分发挥，又可以使总平面布置紧凑、安全。例如，在建筑施工阶段避免大挖大填，可以减少土石方量和节约用地，降低工程造价。对于工业建筑，合理的功能分区还可以使生产工艺流程顺畅，从全生命周期造价管理考虑还可以使运输简便，降低项目建成后的运营成本。

(4)运输方式。运输方式决定运输效率及成本，不同运输方式的运输效率和成本不同。例如，有轨运输的运量大，运输安全，但是需要一次性投入大量资金；无轨运输无须一次性、大规模投资，但运量小、安全性较差。因此，要综合考虑建设项目生产工艺流程和功能区的要求以及建设场地等具体情况，选择经济合理的运输方式。

**2. 工艺设计**

工艺设计阶段影响工程造价的主要因素包括建设规模、标准和产品方案；工艺流程和主要设备的选型；主要原材料、燃料供应情况；生产组织及生产过程中的劳动定员情况；"三废"治理及环保措施等。

按照建设程序，建设项目的工艺流程在可行性研究阶段已经确定。设计阶段的任务就是严格按照批准的可行性研究报告的内容进行工艺技术方案的设计，确定具体的工艺流程和生产技术。在具体项目工艺设计方案的选择时，应以提高投资的经济效益为前提，深入分析、比较，综合考虑各方面的因素。

**3. 建筑设计**

在进行建筑设计时，设计单位及设计人员首先应考虑业主所要求的建筑标准，根据建筑物、构筑物的使用性质、功能及业主的经济实力等因素确定；其次应在考虑施工条件和施工过程的合理组织的基础上，决定工程的立体平面设计和结构方案的工艺要求。

建筑设计阶段影响工程造价的主要因素包括以下几项：

(1)平面形状。一般来说，建筑物平面形状越简单，单位面积造价就越低。当一座建筑物的形状不规则时，将导致室外工程、排水工程、砌砖工程及屋面工程等复杂化，增加工程费用。即使在同样的建筑面积下，建筑平面形状不同，建筑周长系数 $K_周$（建筑物周长与建筑面积比，即单位建筑面积所占外墙长度）便不同。通常情况下，建筑周长系数越低，设计越经济。圆形、正方形、矩形、T 形、L 形建筑的 $K_周$ 依次增大。但是圆形建筑物施工复杂，施工费用一般比矩形建筑增加 $20\%\sim30\%$，所以其墙体工程量所节约的费用并不能使建筑工程造价降低。虽然正方形的建筑既有利于施工，又能降低工程造价，但是若不能满足建筑物美观和使用要求，则毫无意义。因此，建筑物平面形状的设计应在满足建筑物使用功能的前提下，降低建筑周长系数，充分注意建筑平面形状的简洁、布局的合理，从而降低工程造价。

（2）流通空间。在满足建筑物使用要求的前提下，应将流通空间减少到最小，这是建筑物经济平面布置的主要目标之一。因为门厅、走廊、过道、楼梯以及电梯井的流通空间都不能为了获利目的而加以使用，但是却需要相当多的采光、采暖、装饰、清扫等方面的费用。

（3）空间组合。空间组合包括建筑物层数、室内外高差等因素。

1）层高。在建筑面积不变的情况下，建筑层高的增加会引起各项费用的增加。如墙与隔墙及其有关粉刷、装饰费用的提高；楼梯造价和电梯设备费用的增加；供暖空间体积的增加；卫生设备、上下水管道长度的增加等。另外，由于施工垂直运输量增加，可能会增加屋面造价；由于层高增加而导致建筑物总高度增加很多时，还可能会增加基础造价。

2）层数。建筑物层数对造价的影响，因建筑类型、结构和形式的不同而不同。层数不同，则荷载不同，对基础的要求也不同，同时，也影响占地面积和单位面积造价。如果增加一个楼层不影响建筑物的结构形式，单位建筑面积的造价可能会降低。但是当建筑物超过一定层数时，结构形式就要改变，单位造价通常会增加。建筑物越高，电梯及楼梯的造价将有提高的趋势，建筑物的维修费用也将增加，但是采暖费用有可能下降。

3）室内外高差。室内外高差过大，则建筑物的工程造价提高；高差过小又影响使用及卫生要求等。

4）建筑物的体积与面积。建筑物尺寸的增加，一般会引起单位面积造价的降低。对于同一项目，固定费用不一定会随着建筑体积和面积的扩大而有明显的变化，一般情况下，单位面积固定费用会相应减少。对于工业建筑，厂房、设备布置紧凑合理，可提高生产能力，采用大跨度、大柱距的平面设计形式，可提高平面利用系数，从而降低工程造价。

5）建筑结构。建筑结构是指建筑工程中由基础、梁、板、柱、墙、屋架等构件所组成的起骨架作用的、能承受直接和间接荷载的空间受力体系。建筑结构因所用的建筑材料不同，可分为砌体结构、钢筋混凝土结构、钢结构、轻型钢结构、木结构和组合结构等。

建筑结构的选择既要满足力学要求，又要考虑其经济性。对于五层以下的建筑物一般选用砌体结构；对于大、中型工业厂房一般选用钢筋混凝土结构；对于多层房屋或大跨度建筑，选用钢结构明显优于钢筋混凝土结构；对于高层或者超高层建筑，框架结构和剪力墙结构比较经济。由于各种建筑体系的结构各有利弊，在选用结构类型时应结合实际，因地制宜，就地取材，采用经济合理的结构形式。

6）柱网布置。对于工业建筑，柱网布置对结构的梁板配筋及基础的大小会产生较大的影响，从而对工程造价和厂房面积的利用效率都有较大的影响。柱网布置是确定柱子的跨度和间距的依据。柱网的选择与厂房中有无起重机、起重机的类型及吨位、屋顶的承重结构以及厂房的高度等因素有关。对于单跨厂房，当柱间距不变时，跨度越大单位面积造价越低，这是因为除屋架外，其他结构架分摊在单位面积上的平均造价随跨度的增大而减小。对于多跨厂房，当跨度不变时，中跨数目越多越经济，这是因为柱子和基础分摊在单位面积上的造价减少。

**4. 材料选用**

建筑材料的选用是否合理，不仅直接影响到工程质量、使用寿命、耐火抗震性能，而且对施工费用、工程造价有很大的影响。建筑材料一般占直接费的70%，降低材料费用不仅可以降低直接费，而且也可以降低间接费。因此，设计阶段合理选用建筑材料，控制材料单价或工程量，是控制工程造价的有效途径。

**5. 设备选用**

现代建筑越来越依赖于设备。对于住宅来说，楼层越多设备系统越庞大，如高层建筑内部空间的交通工具电梯，室内环境的调节设备如空调、通风、采暖等，各个系统的分布占用空间都在考虑之列，既有面积、高度的限额，又有位置的优选和规范的要求。因此，设备配置是否得当，直接影响建筑产品整个寿命周期的成本。

设备选用的重点因设计形式的不同而不同，应选择能满足生产工艺和生产能力要求的最适用的设备和机械。另外，根据工程造价资料的分析，设备安装工程造价约占工程总投资的20%~50%，由此可见设备方案设计对工程造价的影响。设备的选用应充分考虑自然环境对能源节约的有利条件，如果能从建筑产品的整个寿命周期分析，能源节约是一笔不可忽略的费用。

## 5.1.3 影响民用建设项目工程造价的主要因素

民用建设项目设计是根据建筑物的使用功能要求，确定建筑标准、结构形式、建筑物空间与平面布置及建筑群体的配置等。民用建筑设计包括住宅设计、公共建筑设计以及住宅小区设计。住宅建筑是民用建筑中最大量、最主要的建筑形式。

**1. 住宅小区建设规划中影响工程造价的主要因素**

在进行住宅小区建设规划时，要根据小区的基本功能和要求，确定各构成部分的合理层次与关系，据此安排住宅建筑、公共建筑、管网、道路及绿地的布局，确定合理人口与建筑密度、房屋间距和建筑层数，布置公共设施项目、规模及服务半径，以及水、电、热、煤气的供应等，并划分包括土地开发在内的上述各部分的投资比例。小区规划设计的核心问题是提高土地利用率。

(1)占地面积。居住小区的占地面积不仅直接决定着土地费的高低，而且影响着小区内道路、工程管线长度和公共设备的多少，而这些费用对小区建设投资的影响通常很大。因而，占地面积指标在很大程度上影响小区建设的总造价。

(2)建筑群体的布置形式。建筑群体的布置形式对用地的影响不容忽视，通过采取高低搭配、点条结合、前后错列以及局部东西向布置、斜向布置或拐角单元等手法节省用地，在保证小区居住功能的前提下，适当集中公共设施，提高公共建筑的层数，合理布置道路，充分利用小区内的边角用地，有利于提高建筑密度，降低小区的总造价。或者通过合理压缩建筑的间距、适当提高住宅层数或高低层搭配以及适当增加房屋长度等方式实施节约。

**2. 民用住宅建筑设计中影响工程造价的主要因素**

(1)建筑物平面形状和周长系数。与工业项目建筑设计类似，如按使用指标，虽然圆形建筑 $K_周$ 最小，但由于施工复杂，施工费用较矩形建筑增加20%~30%，故其墙体工程量的减少不能使建筑工程造价降低，而且使用面积有效利用率不高以及用户使用不便。因此，一般都建造矩形和正方形住宅，既有利于施工，又能降低造价和方便使用。在矩形住宅建筑中，又以长∶宽=2∶1为佳。一般住宅单元以3~4个住宅单元、房屋长度60~80 m较为经济。

在满足住宅功能和质量前提下，可适当加大住宅宽度。这是由于宽度加大，墙体面积系数相应减少，有利于降低造价。

（2）住宅的层高和净高。住宅的层高和净高，直接影响工程造价。根据不同性质的工程综合测算住宅层高每降低 10 cm，可降低造价 1.2%～1.5%。层高降低还可提高住宅区的建筑密度，节约土地成本及市政设施费。但是，层高设计中还需考虑采光与通风问题，层高过低不利于采光及通风，因此，民用住宅的层高一般不宜超过 2.8 m。

（3）住宅的层数。在民用建筑中，在一定幅度内，住宅层数的增加具有降低造价和使用费用以及节约用地的优点。表 5.1 分析了砖混结构的住宅单方造价与层数之间的关系。

表 5.1　砖混结构多层住宅层数与造价的关系

| 住宅层数 | 一 | 二 | 三 | 四 | 五 | 六 |
|---|---|---|---|---|---|---|
| 单方造价系数/% | 138.05 | 116.95 | 108.38 | 103.51 | 101.68 | 100 |
| 边际造价系数/% | | −21.1 | −8.57 | −4.87 | −1.83 | −1.68 |

由上表可知，随着住宅层数的增加，单方造价系数在逐渐降低，即层数越多越经济。但是边际造价系数也在逐渐减小，说明随着层数的增加，单方造价系数下降幅度减缓，根据《住宅设计规范》(GB 50096—2011)的规定，7 层及 7 层以上住宅或住户入口层楼面距室外设计地面的高度超过 16 m 时必须设置电梯，需要较多的交通面积(过道、走廊要加宽)和补充设备(供水设备和供电设备等)。当住宅层数超过一定限度时，要经受较强的风力荷载，需要提高结构强度，改变结构形式，使工程造价大幅度上升。

（4）住宅单元组成、户型和住户面积。据统计三居室的设计比两居室的设计降低 1.5% 左右的工程造价。四居室的设计又比三居室的设计降低 3.5% 的工程造价。

衡量单元组成、户型设计的指标是结构面积系数(住宅结构面积与建筑面积之比)，系数越小设计方案越经济。因为，结构面积小，有效面积就会增加。结构面积系数除与房屋结构有关外，还与房屋外形及其长度和宽度有关，同时，也与房间平均面积大小和户型组成有关。房屋平均面积越大，内墙、隔墙在建筑面积所占比重就越小。

（5）住宅建筑结构的选择。随着我国工业化水平的提高，住宅工业化建筑体系的结构形式多种多样，考虑工程造价时应根据实际情况，因地制宜、就地取材，采用适合本地区经济合理的结构形式。

## 5.1.4　影响工程造价的其他因素

除以上因素外，在设计阶段影响工程造价的因素还包括如下内容。

**1. 设计单位和设计人员的知识水平**

设计单位和设计人员的知识水平对工程造价的影响是客观存在的。为了有效地降低工程造价，设计单位和设计人员首先要能够充分利用现代设计理念，运用科学的设计方法优化设计成果；其次要善于将技术与经济相结合，运用价值工程理论优化设计方案；最后，设计单位和设计人员应及时与造价咨询单位进行沟通，使得造价咨询人员能够在前期设计阶段就参与项目，达到技术与经济的完美结合。

**2. 项目利益相关者的利益诉求**

设计单位和设计人员在设计过程中要综合考虑业主、承包商、监管机构、咨询单位、运营单位等利益相关者的要求和利益，并通过利益诉求的均衡达到和谐的目的，避免后期出现频繁的设计变更而导致工程造价的增加。

**3. 风险因素**

设计阶段承担着重大的风险，它对后面的工程招标和施工有着重要的影响。该阶段是确定建设工程总造价的一个重要阶段，决定着项目的总体造价水平。

# 任务 5.2　设计方案的优选与限额设计

## 5.2.1　设计阶段的特点

(1)设计工作表现为创造性的脑力劳动；

(2)设计阶段是决定建设工程价值和使用价值的主要阶段；

(3)设计阶段是影响建设工程投资的关键阶段；

(4)设计工作需要反复协调；

(5)设计质量对建设工程总体质量有决定性影响。

## 5.2.2　设计方案优选的原则

由于设计方案的经济效果不仅取决于技术条件，而且还受不同地区的自然条件和社会条件的影响，所以设计方案优选时需结合当时当地的实际条件，选取功能完善、技术先进、经济合理的最佳设计方案。设计方案优选应遵循以下原则。

**1. 设计方案必须要处理好经济合理性与技术先进性之间的关系**

经济合理性要求工程造价尽可能低，如果一味地追求经济效果，可能会导致项目的功能水平偏低，无法满足使用者的要求；技术先进性追求技术的尽善尽美，如果项目功能水平先进很可能会导致工程造价偏高。因此，技术先进性与经济合理性是一对矛盾的主体，设计者应妥善处理好二者的关系。一般情况下，在满足使用者要求的前提下尽可能降低工程造价。但如果资金有限制，也可以在资金限制范围内，尽可能提高项目功能水平。

**2. 设计方案必须兼顾建设与使用并考虑项目全寿命费用**

工程在建设过程中，控制造价是一个非常重要的目标。造价水平的变化会影响到项目将来的使用成本。如果单纯降低造价，建造质量得不到保障，就会导致使用过程中的维修费用很高，甚至有可能发生重大事故，给社会财产和人民安全带来严重损害。在设计过程中应兼顾建设过程和使用过程，力求项目全寿命费用最低。

**3. 设计必须兼顾近期与远期的要求**

一项工程建成后，往往会在很长的时间内发挥作用。如果按照目前的要求设计工程，在不远的将来，可能会出现由于项目功能水平无法满足需要而重新建造的情况；但是如果按照未来的需要设计工程，又会出现由于功能水平过高而资源闲置浪费的现象，所以，设计者要兼顾近期和远期的要求，选择项目合理的功能水平。

## 5.2.3　设计方案评价、比选的方法

建设项目设计方案评价就是对设计方案进行技术与经济的分析、计算、比较和评价，从而选出与环境协调、功能适用、结构坚固、技术先进、造型美观和经济合理的最优设计方案，为决策提供依据。具体评价方法可分为整体宏观方案评价和局部具体方案评价，见表5.2。

**表 5.2　建设项目设计方案评价**

| 评价比选范围 | 评价比选方法 |
|---|---|
| 整体宏观方案 | 投资回收期法、净现值法、净年值法、内部收益率法等 |
| 局部具体方案 | 多指标评价法、价值工程法等 |

## 1. 多指标评价法

规划方案和总体设计方案一般采用设计方案竞选方式。这种方式通常由组织竞选的单位聘请有关专家组成专家评审组，专家评审组按照技术先进、功能合理、安全适用、满足节能和环境要求、经济实用、美观的原则，同时考虑设计进度的快慢、设计单位与建筑师的资历信誉等因素综合评定设计方案优劣，择优确定中选方案。评定优劣时通常以一个或两个主要指标为主，再综合考虑其他指标。

(1)多指标对比法。多指标对比法是使用一组适用的指标体系，将对比方案的指标值列出，然后一一进行对比分析，根据指标值的高低，分析判断方案优劣。

(2)多指标综合评分法。在设计方案的选择中，采用方案竞选和设计招标方式选择设计方案时，通常采用多指标综合评分法。

评标时，可根据主要指标再综合考虑其他指标选优的方法，也可采用打分的方法，并对各指标考虑"权"值，最后以加权得分高者为最优设计方案。其计算公式为

$$S = \sum_{i=1}^{n} W_i \cdot S_i$$

式中　$S$——设计方案总得分；

　　　$S_i$——某方案在评价指标 $i$ 上的得分；

　　　$W_i$——评价指标 $i$ 的权重；

　　　$n$——评价指标数。

这种方法非常类似于价值工程中的加权评分法，区别就在于加权评分法中不将成本作为一个评价指标，而将其单独拿出来计算价值系数；多指标综合评分法则不将成本单独剔除，如果需要，成本也是一个评价指标。

【**应用案例 5.1**】　某建筑工程有四个设计方案，选定评价指标为实用性、平面布置、经济性和美观性四项，各指标的权重及各方案的得分(10 分制)见表 5.3，试选择最优设计方案。计算结果见表 5.3。

**表 5.3　多指标综合评分法计算表**

| 评价指标 | 权重 | 方案 A | | 方案 B | | 方案 C | | 方案 D | |
|---|---|---|---|---|---|---|---|---|---|
| | | 得分 | 加权得分 | 得分 | 加权得分 | 得分 | 加权得分 | 得分 | 加权得分 |
| 实用性 | 0.4 | 9 | 3.6 | 8 | 3.2 | 7 | 2.8 | 6 | 2.4 |
| 平面布置 | 0.2 | 8 | 1.6 | 7 | 1.4 | 8 | 1.6 | 9 | 1.8 |
| 经济性 | 0.3 | 9 | 2.7 | 7 | 2.1 | 9 | 2.7 | 8 | 2.4 |
| 美观性 | 0.1 | 7 | 0.7 | 9 | 0.9 | 8 | 0.8 | 9 | 0.9 |
| 合计 | 1.0 | — | 8.6 | — | 7.6 | — | 7.9 | — | 7.5 |

**解：**由表 5.3 可知，方案 A 的加权得分最高，因此方案 A 最优。

这种方法的优点在于避免了多指标之间可能发生相互矛盾的现象，评价结果是唯一的。但

是在确定权重及评分过程中存在主观臆断成分。同时，由于分值是相对的，因而不能直接判断各个方案的各项功能实际水平。

### 2. 投资回收期法

比选设计方案的主要参考指标是方案的功能水平和成本。功能水平先进的方案通常投资也较多，收益也较好。因此，用投资回收期也可以衡量设计方案的优劣。通常，投资回收期越短的设计方案越好。

如果相互比较的各方案都能满足功能要求，那么只需要比较这些方案的投资和经营成本，用差额投资回收期法进行比较，计算公式为

$$\Delta P_t = \frac{K_2 - K_1}{C_1 - C_2}；\ \text{或}\ \Delta P_t = \frac{\dfrac{K_2}{Q_2} - \dfrac{K_1}{Q_1}}{\dfrac{C_1}{Q_1} - \dfrac{C_2}{Q_2}}$$

式中　$K_2$——方案 2 的投资额；

$K_1$——方案 1 的投资额，且 $K_2 > K_1$；

$C_2$——方案 2 的年经营成本；

$C_1$——方案 1 的年经营成本，且 $C_1 < C_2$；

$\Delta P_t$——差额投资回收期。

当差额投资回收期不大于基准投资回收期时，投资大的方案优；反之，投资小的方案优。

【应用案例 5.2】　某新建企业有两个设计方案，甲方案总投资为 1 500 万元，年经营成本为 400 万元，年产量为 1 000 件；乙方案总投资为 1 000 万元，年经营成本为 360 万元，年产量为 800 件。基准投资回收期为 6 年，试选择最优方案。

**解**：计算各方案单位产量的费用。

$K_甲 / Q_甲 = 1\ 500 / 1\ 000 = 1.5$（万元/件）

$K_乙 / Q_乙 = 1\ 000 / 800 = 1.25$（万元/件）

$C_甲 / C_甲 = 400 / 1\ 000 = 0.4$（万元/件）

$C_乙 / C_乙 = 360 / 800 = 0.45$（万元/件）

$\Delta P_t = \dfrac{1.5 - 1.25}{0.45 - 0.4} = 5$

因此，投资大的方案好。

### 3. 计算费用法

计算费用法是用一种合乎逻辑的方法将一次性投资与经常性的运营费用统一为一种性质的费用，以计算费用低者为优。它可分为总计算费用法和年计算费用法。

（1）总计算费用法。

$$\text{投资方案的总计算费用} = \text{方案的投资额} + \text{基准投资回收期}$$

$$TC_1 = K_1 + P_c C_1$$

$$TC_2 = K_2 + P_c C_2$$

式中　$TC_1$，$TC_2$——分别为方案 1、方案 2 的总计算费用；

$K_1$，$K_2$——分别为方案 1、方案 2 的投资额；

$C_1$，$C_2$——分别为方案 1、方案 2 的年运营费用；

$P_c$——基准投资回收期。

比较 $TC_1$、$TC_2$，总计算费用最小的方案最优。

（2）年计算费用法。

投资方案年计算费用＝方案的年运营费用＋基准投资效果系数×方案的投资额

$$AC_1 = C_1 + R_c K_1$$
$$AC_2 = C_2 + R_c K_2$$

式中　$AC_1$，$AC_2$——分别为方案1、方案2的年计算费用；

　　　　$R_c$——基准投资效果系数。

式中其余符号同前。

比较$AC_1$、$AC_2$，年计算费用最小的方案最优。

**【应用案例5.3】** 某企业为扩大生产规模，有三个设计方案，方案一是改建现有工厂，一次性投资2 545万元，年经营成本为760万元；方案二是建新厂，一次性投资3 340万元，年经营成本为670万元；方案三扩建现有工厂，一次性投资4 360万元，年经营成本为650万元。三个方案的寿命期相同，所在行业的基准投资效果系数为10％，用年计算费用法选择最优方案。

**解**：由公式$AC = C + R_c K$计算可知，

$AC_1 = 760 + 0.1 \times 2\,545 = 1\,014.5$（万元）

$AC_2 = 670 + 0.1 \times 3\,340 = 1\,004$（万元）

$AC_3 = 650 + 0.1 \times 4\,360 = 1\,086$（万元）

因为，$AC_2$最小，故方案二最优。

**4. 运用价值工程优化设计方案**

(1)价值工程原理。价值工程的目的是以研究对象的最低寿命周期成本可靠地实现使用者所需的功能，以获取最佳的综合效益。价值工程的目标是提高研究对象的价值，价值的表达式为价值＝功能/成本，用公式表示即

$$V = \frac{F}{C}$$

式中　$V$——研究对象的价值；

　　　　$F$——研究对象的功能；

　　　　$C$——研究对象的成本，即寿命周期成本。

由此可见，提高价值的途径有以下五种：

1)在提高功能水平的同时，降低成本。

2)在保持成本不变的情况下，提高功能水平。

3)在保持功能水平不变的情况下，降低成本。

4)成本稍有增加，功能水平大幅度提高。

5)功能水平稍有下降，成本大幅度下降。

价值工程是一项有组织的管理活动，涉及面广，研究过程复杂，必须按照一定的程序进行。价值工程的工作程序是：①对象选择。在这一步应明确研究目标、限制条件及分析范围。②组成价值工程领导小组，并制订工作计划。③收集与研究对象相关的信息资料。此项工作应贯穿于价值工程的全过程。④功能系统分析。这是价值工程的核心，通过功能系统分析应明确功能特性要求，弄清研究对象各项功能之间的关系，调整功能间的比重，使研究对象功能结构更合理。⑤功能评价。分析研究对象各项功能与成本之间的匹配程度，从而明确功能改进区域及改进思路，为方案创新打下基础。⑥方案创新及评价。在前面功能分析与评价的基础上，提出各种不同的方案，并从技术、经济和社会等方面综合评价各方案的优劣，选出最佳方案，将其编写为提案。⑦由主管部门组织审批。⑧方案实施与检查。制订实施计划、组织实施，并跟踪检查，对实施后取得的技术经济效果进行成果鉴定。

(2)价值工程在新建项目设计方案优选中的应用。整个设计方案可以作为价值工程的研究对象。在设计阶段实施价值工程的步骤一般如下：

1)功能分析。建筑功能是指建筑产品满足社会需要的各种性能的总和。不同的建筑产品有不同的使用功能，它们通过一系列建筑因素体现出来，反映建筑物的使用要求。例如，工业厂房要能满足生产一定工业产品的要求，提供适宜的生产环境，既要考虑设备布置、安装需要的场地和条件，又要考虑必需的采暖、照明、给水排水、隔声消声等，以利于生产的顺利进行。建筑产品的功能一般分为社会性功能、适用性功能、技术性功能、物理性功能和美学性功能五类。功能分析首先应明确项目各类功能具体有哪些，哪些是主要功能，并对功能进行定义和整理，绘制功能系统图。

2)功能评价。功能评价主要是比较各项功能的重要程度，用0—1评分法、0—4评分法、环比评分法等方法，计算各项功能的功能评价系数，作为该功能的重要度权数。

★0—1评分法：

将各功能一一对比，重要者得1分，不重要者得0分，然后为防止功能指数中出现0的情况，用各加1分的方法进行修正。最后用修正得分除以总得分即功能指数。

★0—4评分法：

将各功能一一对比，很重要的功能因素得4分，另一个很不重要的功能因素得0分；较重要的功能因素得3分，另一个较不重要的功能因素得1分；同样重要或基本同样重要时，则两个功能因素各得2分。

3)方案创新。根据功能分析的结果，提出各种实现功能的方案。

4)方案评价。首先对第三步方案创新提出的各种方案对各项功能的满足程度打分；然后以功能评价系数作为权数计算各方案的功能评价得分；最后再计算各方案的价值系数，以价值系数最大者为最优。

**【应用案例5.4】** 某建筑有四项功能，分别为 $F_1$，$F_2$，$F_3$，$F_4$，其中，$F_3$ 相对于 $F_4$ 很重要，$F_3$ 相对于 $F_1$ 较重要，$F_2$ 和 $F_5$ 同样重要，$F_4$ 和 $F_5$ 同样重要。用0—4评分法计算各项功能的权重，填入表5.4中。

表5.4　各项功能的权重(0—4评分法)

| 功能 | $F_1$ | $F_2$ | $F_3$ | $F_4$ | $F_5$ | 得分 | 功能指数 |
|---|---|---|---|---|---|---|---|
| $F_1$ | × | 3 | 1 | 3 | 3 | 10 | 0.25 |
| $F_2$ | 1 | × | 0 | 2 | 2 | 5 | 0.125 |
| $F_3$ | 3 | 4 | × | 4 | 4 | 15 | 0.375 |
| $F_4$ | 1 | 2 | 0 | × | 2 | 5 | 0.125 |
| $F_5$ | 1 | 2 | 0 | 2 | × | 5 | 0.125 |
| 合计 | | | | | | 40 | 1.000 |

**【应用案例5.5】** 某厂有3层混砖结构住宅14幢。随着企业的不断发展壮大，职工人数逐年增加，职工住房条件日趋紧张。为改善职工居住条件，该厂决定在原有住宅区内新建住宅。

1)新建住宅功能分析。为了使住宅扩建工程达到投资少、效益高的目的，价值工程小组工作人员认真分析了住宅扩建工程的功能，认为增加住房户数($F_1$)、改善居住条件($F_2$)、增加使用面积($F_3$)、利用原有土地($F_4$)和保护原有林木($F_5$)五项功能作为主要功能。

2)功能评价。经价值工程小组集体讨论，认为增加住房户数最重要，改善居住条件与增加使用面积同等重要，利用原有土地与保护原有林木不太重要。即 $F_1 > F_2 = F_3 > F_4 = F_5$，利用 0—4 评分法，各项功能的评价系数见表 5.5。

表 5.5　各项功能的评价系数(0—4 评分法)

| 功能 | $F_1$ | $F_2$ | $F_3$ | $F_4$ | $F_5$ | 得分 | 功能评价系数 |
|------|-------|-------|-------|-------|-------|------|------------|
| $F_1$ | × | 3 | 3 | 4 | 4 | 14 | 0.350 |
| $F_2$ | 1 | × | 2 | 3 | 3 | 9 | 0.225 |
| $F_3$ | 1 | 2 | × | 3 | 3 | 9 | 0.225 |
| $F_4$ | 0 | 1 | 1 | × | 2 | 4 | 0.100 |
| $F_5$ | 0 | 1 | 1 | 2 | × | 4 | 0.100 |
| 合计 | | | | | | 40 | 1.000 |

3)方案创新。在对该住宅功能评价的基础上，为确定住宅扩建工程设计方案，价值工程人员走访了住宅原设计施工负责人，调查了解住宅的居住情况和建筑物自然状况，认真审核住宅楼的原设计图纸和施工记录，最后认定原住宅地基条件较好，地下水水位深且地耐力大；原建筑虽经多年使用，但各承重构件仍很坚固，尤其原基础十分牢固，具有承受更大荷载的潜力。价值工程人员经过严密计算分析和征求各方面意见，提出两个不同的设计方案：

方案甲：在对原住宅楼实施大修理的基础上加层。工程内容包括屋顶地面翻修，内墙粉刷，外墙抹灰，增加厨房、厕所，改造给排水工程，增建两层住房。工程需投资 50 万元，工期 4 个月，施工期间住户需全部迁出。工程完工后，可增加住户 18 户，原有绿化林木 50% 被破坏。

方案乙：拆除旧住宅，建设新住宅。工程内容包括拆除原有住宅两栋，可新建一栋，新建住宅每栋 60 套，每套 80 m²，工程需投资 100 万元，工期为 8 个月，施工期间住户需全部迁出。工程完工后，可增加住户 18 户，原有绿化林木全部被破坏。

4)方案评价。利用加权评分法对甲、乙两个方案进行综合评价，结果见表 5.6 和表 5.7。

表 5.6　各方案的功能评价表

| 项目功能 | 重要度权数 | 方案甲 | | 方案乙 | |
|---------|----------|--------|--------|--------|--------|
| | | 功能得分 | 加权得分 | 功能得分 | 加权得分 |
| $F_1$ | 0.350 | 10 | 3.5 | 10 | 3.5 |
| $F_2$ | 0.225 | 7 | 1.575 | 10 | 2.25 |
| $F_3$ | 0.225 | 9 | 2.025 | 9 | 2.025 |
| $F_4$ | 0.100 | 10 | 1 | 6 | 0.6 |
| $F_5$ | 0.100 | 5 | 0.5 | 1 | 0.1 |
| 方案加权得分和 | | 8.6 | | 8.475 | |
| 方案功能评价系数 | | 0.503 7 | | 0.496 3 | |

表 5.7　各方案价值系数计算表

| 方案名称 | 功能评价系数 | 成本费用/万元 | 成本指数 | 价值系数 |
|---------|------------|-------------|---------|---------|
| 修理加层 | 0.503 7 | 50 | 0.333 | 1.513 |
| 拆旧建新 | 0.496 3 | 100 | 0.667 | 0.744 |
| 合计 | 1.000 | 150 | 1.000 | |

经计算可知，修理加层方案价值系数最大，因此，选定方案甲为最优方案。

**5. 价值工程在设计阶段工程造价控制中的应用**

利用价值工程控制设计阶段工程造价有以下步骤：

(1)对象选择。在设计阶段，应用价值工程控制工程造价应以对控制造价影响较大的项目作为价值工程的研究对象。因此，可以应用 ABC 分析法将设计方案的成本分解并分成 A、B、C 三类，其中，A 类以成本比重大，品种数量少作为实施价值工程的重点。

(2)功能分析。分析研究对象具有哪些功能，各项功能之间的关系如何。

(3)功能评价。评价各项功能，确定功能评价系数，并计算实现各项功能的现实成本是多少，从而计算各项功能的价值系数。价值系数小于 1 的，应该在功能水平不变的条件下降低成本，或在成本不变的条件下，提高功能水平；价值系数大于 1 的，如果是重要的功能，应该提高成本，保证重要功能的实现。如果该项功能不重要，可以不做改变。

(4)分配目标成本。根据限额设计的要求，确定研究对象的目标成本，并以功能评价系数为基础，将目标成本分摊到各项功能上，与各项功能的现实成本进行对比，确定成本改进期望值，成本改进期望值大的，应首先重点改进。

(5)方案创新及评价。根据价值分析结果及目标成本分配结果的要求，提出各种方案，并用加权评分法选出最优方案，使设计方案更加合理。

**【应用案例 5.6】** 某房地产开发公司拟用大模板工艺建造一批高层住宅。设计方案完成后造价超标。欲运用价值工程降低工程造价。

(1)对象选择：分析其造价构成，发现结构造价占土建工程的 70%，而外墙造价又占结构造价的 1/3。而外墙体积在结构混凝土总量中只占 1/4。从造价构成上看，外墙是降低工程造价的主要矛盾，应作为实施价值工程的重点。

(2)功能分析：通过调研和功能分析，了解到外墙的功能主要是抵抗水平力($F_1$)、挡风防雨($F_2$)、隔热防寒($F_3$)。

(3)功能评价：目前该设计方案中，使用的是长为 330 cm、高为 290 cm、厚为 28 cm，重约 4 t 的配钢筋陶粒混凝土墙板，造价为 345 元，其中抵抗水平力功能的成本占 60%，挡风防雨功能的成本占 16%，隔热防寒功能的成本占 24%。这三项功能的重要程度比为 $F_1 : F_2 : F_3 = 6 : 1 : 3$，各项功能的价值系数计算结果见表 5.8、表 5.9。

**表 5.8　功能评价系数计算结果**

| 功能 | 重要度比 | 得分 | 功能评价系数 |
|---|---|---|---|
| $F_1$ | $F_1 : F_2 = 6 : 1$ | 2 | 0.6 |
| $F_2$ | $F_2 : F_3 = 1 : 3$ | 1/3 | 0.1 |
| $F_3$ | | 1 | 0.3 |
| 合计 | | 10/3 | 1.00 |

**表 5.9　各项功能价值系数计算结果**

| 功能 | 功能评价系数 | 成本指数 | 价值系数 |
|---|---|---|---|
| $F_1$ | 0.6 | 0.6 | 1 |
| $F_2$ | 0.1 | 0.16 | 0.625 |
| $F_3$ | 0.3 | 0.24 | 1.25 |

由表 5.8、表 5.9 计算结果可知，抵抗水平力功能与成本匹配较好；挡风防雨功能不太重

要，但是成本比重偏高，应降低成本；隔热防寒功能比较重要，但是成本比重偏低，应适当增加成本，假设相同面积的墙板，根据限额设计的要求，目标成本是 320 元，则各项功能的成本改进期望值计算结果见表 5.10。

表 5.10　目标成本的分配及成本改进期望值的计算

| 功能 | 功能评价系数(1) | 成本指数(2) | 目前成本 (3)=345×(2) | 目标成本 (4)=320×(1) | 成本改进期望值 (5)=(3)-(4) |
|------|------|------|------|------|------|
| $F_1$ | 0.6 | 0.6 | 207 | 192 | 15 |
| $F_2$ | 0.1 | 0.16 | 55.2 | 32 | 23.2 |
| $F_3$ | 0.3 | 0.24 | 82.8 | 96 | −13.2 |

由以上计算结果可知，应首先降低 $F_2$ 的成本，其次是 $F_1$，最后适当增加 $F_3$ 的成本。

## 5.2.4　限额设计

**1. 限额设计的概念**

限额设计就是按照批准的可行性研究报告及投资估算控制初步设计，按照批准的初步设计总概算控制技术设计和施工图设计，同时，各专业在保证达到使用功能的前提下，按分配的投资限额控制设计，严格控制不合理变更，保证总投资额不被突破。所谓限额设计就是按照设计任务书批准的投资估算额进行初步设计，按照初步设计概算造价限额进行施工图设计，按施工图预算造价对施工图设计的各个专业设计文件作出决策。投资分解和工程量控制是实行限额设计的有效途径和主要方法。

**2. 限额设计的意义**

(1)限额设计是控制工程造价的重要手段，是按上一阶段批准的投资来控制下一阶段的设计，在设计中以控制工程量与设计标准为主要内容，用以克服"三超"现象。

(2)限额设计有利于处理好技术与经济的对立统一关系，提高设计质量。限额设计并不是一味考虑节约投资，也绝不是简单地将投资砍一刀，而是包含了尊重科学、尊重实际、实事求是、精心设计和保证科学性的实际内容。

(3)限额设计有利于强化设计人员的工程造价意识，使设计人员重视工程造价。

(4)限额设计能扭转设计概预算本身的失控现象。限额设计在设计院内部可促使设计与概预算形成有机的整体。

**3. 限额设计的目标**

(1)限额设计目标的确定。限额设计目标是在初步设计开始前根据批准的可行性研究报告及其投资估算而确定的。限额设计指标经项目经理或总设计师提出，经主管院长审批下达。其总额额度一般只下达直接工程费的 90%，项目经理或总设计师和室主任留有一定的调节指标，限额指标用完后，必须经批准才能调整。专业之间或专业内部节约下来的单项费未经批准不能相互调用。

(2)采用优化设计确保限额目标的实现。优化设计是以系统工程理论为基础，应用现代数学方法对工程设计方案、设备选型、参数匹配、效益分析等方面进行最优化的设计方法，其是控制投资的重要措施。在进行优化设计时，必须根据问题的性质选择不同的优化方法。一般来说，对于一些确定性问题，如投资、资源消耗、时间等有关条件已确定的，可采用线性规划、非线性规划、动态规划等理论和方法进行优化；对于一些非确定性问题，可以采用排队论、对策论等方法进行优化；对于涉及流量的问题，可以采用网络理论进行优化。

#### 4. 限额设计的全过程

(1)在设计任务书批准的投资限额内进一步落实投资限额的实现。初步设计是方案比较优选的结果，是项目投资估算的进一步具体化。在初步设计开始时，将设计任务书的设计原则、建设方针和各项控制经济指标告知设计人员，对关键设备、工艺流程、总图方案、主要建筑和各种费用指标要提出技术经济方案选择，研究实现设计任务书中投资限额的可能性，特别要注意对投资有较大影响的因素。

(2)将施工图预算严格控制在批准的概算以内。设计单位的最终产品是施工图设计，它是工程建设的依据。设计部门在进行施工图设计的过程中，要随时控制造价、调整设计。要求从设计部门发出的施工图，其造价严格控制在批准的概算以内。

(3)加强设计变更管理工作。在初步设计阶段由于外部条件的制约和人们主观认识的局限性，往往会造成施工图设计阶段甚至施工过程中的局部修改和变更，这是使设计、建设更趋完善的正常现象，由此会引起对已经确认的概算价格的变化，这种变化在一定范围内是允许的，但必须经过核算和调整。如果施工图设计变化涉及建设规模、产品方案、工艺流程或设计方案的重大变更而使原初步设计失去指导施工图设计的意义时，必须重新编制或修改初步设计文件并重新报原审查单位审批。对于非发生不可的设计变更应尽量提前进行，以减少变更对工程造成的损失；对影响工程造价的重大设计变更，则要采取先算账后变更的办法以使工程造价得到有效控制。

# 任务 5.3  设计概算的编制与审查

## 5.3.1  设计概算的概念与作用

#### 1. 设计概算的概念

设计概算是以初步设计文件为依据，按照规定的程序、方法和依据，对建设项目总投资及其构成进行的概略计算。设计概算的成果文件叫作设计概算书，简称设计概算。设计概算书是设计文件的重要组成部分，在报批设计文件时，必须同时报批设计概算文件。采用两个阶段设计的建设项目，初步设计阶段必须编制设计概算，采用三个阶段设计的建设项目，扩大初步设计阶段必须编制修正概算。设计概算额度控制、审批、调整应遵循国家、各省市地方政府或行业有关规定。如果设计概算值超过控制额，以至于因概算投资额度变化影响项目的经济效益，使经济效益达不到预定目标值时，必须修改设计或重新立项审批。

#### 2. 设计概算的作用

(1)设计概算是编制固定资产投资计划，确定和控制建设项目投资的依据。国家规定，编制年度固定资产投资计划，确定计划投资总额及其构成数额，要以批准的初步设计概算为依据，没有批准的初步设计文件及其概算，建设工程就不能列入年度固定资产投资计划中。

(2)设计概算是控制施工图设计和施工图预算的依据。设计单位必须按照批准的初步设计和总概算进行施工图设计，施工图预算不得突破设计概算，如确需突破总概算时，应按规定程序报批。

(3)设计概算是衡量设计方案技术经济合理性和选择最佳设计方案的依据。设计部门在初步设计阶段要选择最佳设计方案，设计概算是从经济角度衡量设计方案经济合理性的重要依据。因此，设计概算是衡量设计方案技术经济合理性和选择最佳设计方案的依据。

(4)设计概算是编制招标限价(招标标底)和投标报价的依据。以设计概算进行招投标的工程，招标单位以设计概算作为编制招标限价（招标标底）的依据。承包单位也必须以设计概算为依据，编制投标报价，以合适的投标报价在投标竞争中取胜。

(5)设计概算是签订建设工程施工合同和货款合同的依据。《中华人民共和国合同法》中明确规定，建设工程合同价款是以设计概算价、设计预算价为依据，且总承包合同不得超过设计总概算的投资额。银行贷款或各单项工程的拨款累计总额不能超过设计总概算，如果项目投资计划所列投资额与货款超过设计概算时，必须查明原因，之后由建设单位报请上级主管部门调整或追加设计概算，凡未批准之前，银行对其超支部分拒不拨付。

(6)设计概算是考核建设项目投资效果的依据。通过设计概算与竣工决算对比，可以分析和考核投资效果的好坏，同时还可以验证设计概算的准确性，有利于加强设计概算管理和建设项目的造价管理工作。

### 5.3.2  设计概算的编制内容

设计概算文件的编制应采用单位工程概算、单项工程综合概算、建设项目总概算三级概算编制形式。当建设项目为一个单项工程时，可采用单位工程概算、建设项目总概算两级概算编制形式。三级概算之间的相互关系和费用构成，如图5.1所示。

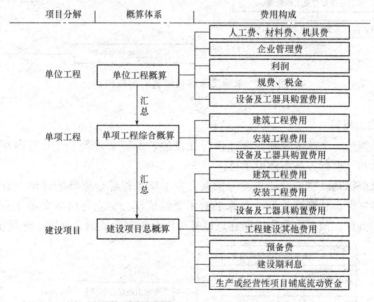

图5.1  三级概算之间的相互关系和费用构成

**1. 单位工程概算**

单位工程是指具有相对独立施工条件的工程。它是单项工程的组成部分。以此为对象编制的设计概算称为单位工程概算。单位工程概算分为建筑工程概算、设备及安装工程概算。

建筑工程概算包括一般土建工程概算，给水排水、采暖工程概算，通风、空调工程概算，电气、照明工程概算，弱电工程概算，特殊构筑物工程概算等。设备及安装工程概算包括机械设备及安装工程概算，电气设备及安装工程概算，热力设备及安装工程概算，工具、器具及生产家具购置费用概算等。

**2. 单项工程概算**

单项工程是指具有独立的设计文件、建成后可以独立发挥生产能力或具有使用效益的工程。

它是建设项目的组成部分，如生产车间、办公楼、食堂、图书馆、学生宿舍、住宅楼、配水厂等。单项工程概算是确定一个单项工程(设计单元)费用的文件，是总概算的组成部分，一般只包括单项工程的工程费用。单项工程综合概算的组成内容如图5.2所示。

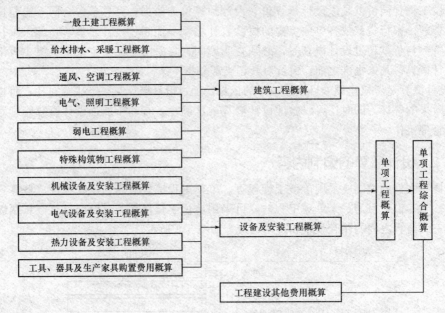

**图 5.2 单项工程综合概算的组成内容**

### 3. 建设项目总概算

建设项目是指按一个总体规划或设计进行建设的，由一个或若干个互有内在联系的单项工程组成的工程总和，也称为基本建设项目。

建设项目总概算是以初步设计文件为依据，在单项工程综合概算的基础上计算建设项目概算总投资的成果文件。总概算是设计概算书的主要组成部分。它是由各单项工程综合概算、工程建设其他费用概算、预备费和建设期利息概算等汇总编制而成的，如图5.3所示。

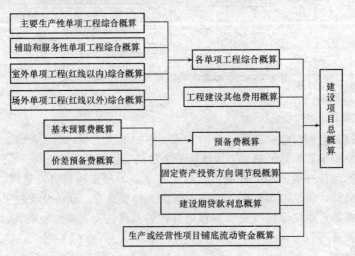

**图 5.3 建设项目总概算的组成内容**

若干个单位工程概算汇总后成为单项工程概算，若干个单项工程概算和工程建设其他费用、预备费、建设期利息等概算文件汇总成为建设项目总概算。单项工程概算和建设项目总概算仅是一种归纳、汇总性文件，因此最基本的计算文件是单位工程概算书。一个建设项目若仅包括一个单项工程，则建设项目总概算书与单项工程综合概算书可合并编制。

### 5.3.3　设计概算的编制方法

**1. 单位工程概算的编制方法**

单位工程概算书是概算文件的基本组成部分，是编制单项工程综合概算（或项目总概算）的依据，应根据单项工程中所属的每个单体按专业分别编制，一般分为建筑工程和设备及安装工程两大类。建筑及安装单位工程概算投资由人工费、材料费、施工机具使用费、企业管理费、利润、增值税组成。

单位工程概算应根据单项工程中所属的每个单体按专业分别编制，一般分为土建、装饰、采暖通风、给水排水、照明、工艺安装、自控仪表、通信、道路、总图竖向等专业或工程分别编制。总体而言，单位工程概算包括单位建筑工程概算和单位设备及安装工程概算两类。其中，建筑工程概算的编制方法有概算定额法、概算指标法、类似工程预算法等，设备及安装工程概算的编制方法有预算单价法、扩大单价法、设备价值百分比法和综合吨位指标法。

（1）建筑工程单位工程概算的编制方法。《建设项目设计概算编审规程》（CECA/GC 2—2015）规定，建筑工程概算应按构成单位工程的主要分部分项工程编制，根据初步设计工程量按工程所在省、市、自治区颁发的概算定额（指标）或行业概算定额（指标），以及工程费用定额计算。对通用结构建筑可采用"造价指标"编制概算；对于特殊或重要的建筑物，必须按构成单位工程的主要分部分项工程编制，必要时结合施工组织设计进行计算。在实务操作中，可视概算编制时具备的条件选用以下方法：

1）概算定额法。概算定额法又称扩大单价法或扩大结构定额法，是套用概算定额编制建筑工程概算的方法。运用概算定额法，首先根据设计图纸资料和概算定额的项目划分计算出工程量，然后套用概算定额单价（基价）。计算汇总后，再计取有关费用，便可得出单位工程概算造价。

概算定额法适用于设计达到一定深度，建筑结构尺寸比较明确，能按照设计平面、立面、剖面图纸计算出楼地面、墙身、门窗和屋面等分部工程（或扩大分项工程或扩大结构构件）工程量的项目。这种方法编制出的概算精度较高，但是编制工作量大，需要大量的人力和物力。

利用概算定额法编制概算的步骤如下：

①熟悉图纸，了解设计意图、施工条件和施工方法。

②按照概算定额的分部分项顺序，列出分部工程（或扩大分项工程或扩大结构构件）的项目名称，并计算工程量。

③确定各分部工程项目的概算定额单价。

④根据分部工程的工程量和相应的概算定额单价计算人工、材料、机械费用。

⑤计算企业管理费、利润和增值税。

⑥计算单位工程概算造价。

⑦编写概算编制说明。

单位建筑工程概算按照规定的表格形式进行编制，具体格式参见表5.11，所使用的综合单价应编制综合单价分析表，见表5.12。

**【应用案例5.7】**　某市拟建一座12 000 m² 教学楼，请按给出的工程量和扩大单价表5.11编制出该数学楼土建工程设计概算造价和平方米造价。企业管理费费率为人工、材料、机械费用之和的 15%，利润率为人工、材料、机械费用与企业管理费之和的 8%，增值税税率为 10%。

表 5.11　某教学楼土建工程量和扩大单价

| 分部工程名称 | 单位 | 工程量 | 扩大单价/元 |
|---|---|---|---|
| 基础工程 | 10 m³ | 250 | 3 600 |
| 混凝土及钢筋混凝土 | 10 m³ | 260 | 7 800 |
| 砌筑工程 | 100 m² | 470 | 3 900 |
| 地面工程 | 100 m² | 54 | 2 400 |
| 楼面工程 | 100 m² | 90 | 2 700 |
| 屋面工程 | 100 m² | 60 | 5 500 |
| 门窗工程 | 100 m² | 65 | 9 500 |
| 石材饰面 | 10 m² | 150 | 3 600 |
| 脚手架 | 100 m² | 280 | 900 |
| 措施 | 100 m² | 120 | 2 200 |
| 注：表中价格为人工、材料、机械费用，均不含管理费、利润、增值税。 |||||

**解：** 根据已知条件和表 5.11 数据及扩大单价，求得该教学楼土建工程概算造价见表 5.12。

表 5.12　某教学楼土建工程概算造价计算表

| 序号 | 分部工程和费用名称 | 单位 | 工程量 | 扩大单价/元 | 合价/元 |
|---|---|---|---|---|---|
| 1 | 基础工程 | 10 m³ | 250 | 3 600 | 900 000 |
| 2 | 混凝土及钢筋混凝土 | 10 m³ | 260 | 7 800 | 2 028 000 |
| 3 | 砌筑工程 | 100 m² | 470 | 3 900 | 1 833 000 |
| 4 | 地面工程 | 100 m² | 54 | 2 400 | 129 600 |
| 5 | 楼面工程 | 100 m² | 90 | 2 700 | 243 000 |
| 6 | 屋面工程 | 100 m² | 60 | 5 500 | 330 000 |
| 7 | 门窗工程 | 100 m² | 65 | 9 500 | 617 500 |
| 8 | 石材饰面 | 10 m² | 150 | 3 600 | 540 000 |
| 9 | 脚手架 | 100 m² | 280 | 900 | 252 000 |
| 10 | 措施 | 100 m² | 120 | 2 200 | 264 000 |
| A | 人工、材料、机械费用小计 | 以上 10 项之和 | | | 7 137 100 |
| B | 管理费 | A×15% | | | 1 070 565 |
| C | 利润 | (A+B)×8% | | | 656 613 |
| D | 增值税 | (A+B+C)×10% | | | 886 428 |
| 概算造价 | | A+B+C+D | | | 9 750 706 |
| 平方米造价/(元·m⁻²) | | 9 750 706/12 000 | | | 812.56 |

2）概算指标法。概算指标法是利用概算指标编制单位工程概算的方法，是用拟建的厂房、住宅的建筑面积（或体积）乘以技术条件相同或基本相同工程的概算指标，得出人工费、材料费、施工机具使用费合计，然后按规定计算出企业管理费、利润和增值税等，编出单位工程概算的方法。

概算指标法的适用范围是当初步设计深度不够，不能准确地计算出工程量，但工程设计技术比较成熟而又有类似工程概算指标可以利用时，可采用此方法。概算指标法主要适用于初步设计概算编制阶段的建筑物工程土建、给水排水、暖通、照明等，以及较为简单或单一的构筑工程这类单位工程编制，计算出的费用精确度不高，往往只起到控制性作用。这是由于拟建工程（设计对象）往往与类似工程的概算指标的技术条件不尽相同，而且概算指标编制年份的设备、材料、人工等价格与拟建工程当时当地的价格也不会一样。如果想要提高精确度，需对指标进行调整。以下列举几种调整方法：

①设计对象的结构特征与概算指标有局部差异时的调整。

$$结构变化修正概算指标（元/m^2）=J+Q_1P_1-Q_2P_2$$

式中　$J$——原概算指标；

　　　　$Q_1$——概算指标中换入结构的工程量；

　　　　$Q_2$——概算指标中换出结构的工程量；

　　　　$P_1$——换入结构的单价指标；

　　　　$P_2$——换出结构的单价指标。

或

结构变化修正概算指标的人工、材料、机械数量＝原概算指标的人工、材料、机械数量＋换入结构件工程量×相应定额人工、材料、机械消耗量－换出结构件工程量×相应定额人工、材料、机械消耗量

②设备、人工、材料、机械台班费用的调整。

设备、人工、材料、机械台班费用＝原概算指标的设备、人工、材料、机械费用＋$\sum$（换入设备、人工、材料、机械数量×拟建地区相应单价）－$\sum$（换出设备、人工、材料、机械数量×原概算指标设备、人工、材料、机械单价）

以上两种方法，前者是直接修正结构构件指标单价，后者是修正结构构件指标人工、材料、机械数量。

需要特别注意的是，换入部分与其他部分可能存在因建设时间、地点、经济政策等条件不同引起的价格差异。在进行指标修正时，要消除要素价格差异的影响，保证各部分价格是同条件下的可比价格。

**【应用案例5.8】**　假设新建一座职工宿舍，其建筑面积为 3 500 m²，按当地概算指标手册查出同类土建工程单位造价为 880 元/m²（其中人工、材料、机械费为 650 元/m²），采暖工程为 95 元/m²，给水排水工程为 72 元/m²，照明工程为 180 元/m²。但新建职工宿舍设计资料与概算指标相比较，其结构构件有部分变更。设计资料表明，外墙为 1.5 砖外墙，而概算指标中外墙为 1 砖外墙。根据概算指标手册编制期采用的当地土建工程预算价格，外墙带形毛石基础的预算单价为 425.43 元/m²，1 砖外墙的预算单价为 642.50 元/m²，1.5 砖外墙的预算单价为 62.74 元/m²；概算指标中每 100 m² 中含外墙带形毛石基础为 3 m³，1 砖外墙 14.93 m³。新建工程设计资料表明，每 10 m² 中含外墙带形毛石基础为 4 m³，1.5 砖外墙为 22.7 m³。根据当地造价主管部门颁布的新建项目土建、采暖、给水排水、照明等专业工程造价综合调整系数分别为 1.25、1.28、1.23、1.30。

试计算：每平方米土建工程修正概算指标，该新建职工宿舍设计概算金额。

**解：**

（1）土建工程结构变更人工、材料、机械费用修正指标计算，见表5.13。

表 5.13 结构变化引起的单价调整

| 序号 | 结构名称 | 单位 | 数量/m³ | 单价/(元·m⁻³) | 单位面积价格/(元·m⁻²) |
|---|---|---|---|---|---|
| | 土建工程单位面积造价 | | | | 650 |
| 1 | 换出部分 | | | | |
| 1.1 | 外墙带形毛石基础 | m³ | 0.03 | 425.43 | 12.76 |
| 1.2 | 1 砖外墙 | m³ | 0.149 3 | 642.5 | 95.93 |
| | 换出合计 | 元 | | | 108.69 |
| 2 | 换入部分 | | | | |
| 2.1 | 外墙带形毛石基础 | m³ | 0.04 | 425.43 | 17.02 |
| 2.2 | 1.5 砖外墙 | m³ | 0.227 | 662.74 | 150.44 |
| | 换出合计 | 元 | | | 167.46 |

土建工程单位面积人工、材料、机械费用修正指标＝650－108.69＋167.46＝708.77(元/m²)

(2)每平方米土建工程修正概算指标＝708.77×(880/650)×1.25＝1 199.46(元/m²)

(3)该新建职工设计概算金额＝(1 199.46＋95×1.28＋72×1.23＋180×1.30)×3 500
＝5 752 670(元)

③类似工程预算法。类似工程预算法是利用技术条件相类似工程的预算或结算资料，编制拟建单位工程概算的方法。类似工程预算法适用于拟建工程设计与已完工程或在建工程的设计相类似而又没有可用的概算指标时采用，但必须对建筑结构差异和价差进行调整。建筑结构差异的调整方法与概算指标法的调整方法相同，类似工程造价的价差调整有两种方法：

a. 类似工程造价资料有具体的人工、材料、机械台班的用量时，可按类似工程预算造价资料中的主要材料用量、工日数量、机械台班用量乘以拟建工程所在地的主要材料预算价格、人工单价、机械台班单价，计算出人工、材料、机械费用合计，再计取相关费税，即可得出所需的造价指标。

b. 类似工程预算成本包括人工费、材料费、施工机具使用费和其他费(指管理等成本支出)时，可按下面公式调整：

$$D＝A \cdot K$$
$$K＝a\%K_1＋b\%K_2＋c\%K_3＋d\%K_4$$

式中 $D$——拟建工程成本单价；

$A$——类似工程成本单价；

$K$——成本单价综合调整系数；

$a\%$，$b\%$，$c\%$，$d\%$——类似工程预算的人工费、材料费、施工机具使用费、其他费占预算造价的比重，如：$a\%＝$类似工程人工费(或工资标准)/类似工程预算造价×100%，$b\%$，$c\%$，$d\%$类同；

$K_1$，$K_2$，$K_3$，$K_4$——拟建工程地区与类似工程预算造价在人工费、材料费、施工机具使用费和其他费之间的差异系数，如：$K_1＝$拟建工程概算的人工费(或工资标准)/类似工程预算人工费(或地区工资标准)，$K_2$、$K_3$、$K_4$类同。

【应用案例 5.9】 新建一幢教学大楼，建筑面积为 6 000 m²，根据下列类似工程施工图预算的有关数据，试用类似工程预算编制概算。已知数据如下：

(1)类似工程的建筑面积为 4 600 m²，预算成本为 7 856 200 元。

(2)类似工程各种费用占预算成本的权重是：人工费 20%、材料费 57%、施工机具使用费

12%、其他费 11%。

(3)拟建工程地区与类似工程地区造价之间的差异系数为 $K_1 = 1.03$、$K_2 = 1.04$、$K_3 = 0.98$、$K_4 = 1.05$。

(4)利润和增值税税率为 18%。

根据上述条件，采用类似工程预算法计算拟建工程的概算造价。

**解：**

(1)综合调整系数为：

$K = 20\% \times 1.03 + 57\% \times 1.04 + 12\% \times 0.98 + 11\% \times 1.05 = 1.032$

(2)类似工程预算单位面积成本 $= 7\ 856\ 200 / 4\ 600 = 1\ 707.87$(元/m²)

(3)拟建教学楼工程单位面积概算成本 $= 1\ 707.87 \times 1.032 = 1\ 762.52$(元/m²)

(4)拟建教学楼工程单方概算造价 $= 1\ 762.52 \times (1 + 18\%) = 2\ 079.77$(元/m²)

(5)拟建教学楼工程的概算造价 $= 2\ 079.77 \times 6\ 000 = 12\ 478\ 620$(元)

(2)设备及安装单位工程概算的编制方法。设备及安装工程概算包括设备购置费用概算和设备安装工程费用概算两大部分。

设备购置费是根据初步设计的设备清单计算出设备原价，并汇总求出设备总原价，然后按有关规定的设备运杂费费率乘以设备总原价，两项相加即为设备购置费概算。

《建设项目设计概算编审规程》(CECA/GC 2—2015)规定，设备及安装工程概算按构成单位工程的主要分部分项工程编制，根据初步设计工程量按工程所在省、市、自治区颁发的概算定额(指标)或行业概算定额(指标)，以及工程费用定额计算。当概算定额或指标不能满足概算编制要求时，应编制"补充单位估价表"。设备安装工程费概算的编制方法应根据初步设计深度和要求所明确的程度而采用，主要编制方法有：

1)预算单价法。当初步设计较深，有详细的设备和具体满足预算定额工程量清单时，可直接按工程预算定额单价编制安装工程概算，或者对于分部分项组成简单的单位工程也可采用工程预算定额单价编制概算，编制程序与施工图预算编制程序基本相同(参见任务 5.4 施工图预算的编制与审查)。该方法具有计算比较具体、精确性较高之优点。

2)扩大单价法。当初步设计深度不够，设备清单不完备，只有主体设备或仅有成套设备重量时，可采用主体设备、成套设备的综合扩大安装单价来编制概算。

上述两种方法的具体操作与建筑工程概算相类似。

3)设备价值百分比法，又叫作安装设备百分比法。当设计深度不够，只有设备出厂价而无详细规格、重量时，安装费可按占设备费的百分比计算。其百分比值(即安装费费率)由相关管理部门制定或由设计单位根据已完类似工程确定。该法常用于价格波动不大的定型产品和通用设备产品，其计算公式为

设备安装费 = 设备原价 × 安装费费率(100%)

4)综合吨位指标法。当设计文件提供的设备清单有规格和设备重量时，可采用综合吨位指标法编制概算，综合吨位指标由主管部门或由设计院根据已完类似工程资料确定。该法常用于设备价格波动较大的非标准设备和引进设备的安装工程概算，或者安装方式不确定，没有定额或指标，其计算公式为

设备安装费 = 设备吨重 × 每吨设备安装费指标(元/t)

**2. 单项工程综合概算的编制方法**

(1)单项工程综合概算的含义。单项工程综合概算(以下简称综合概算)是确定一个单项工程(设计单元)费用的文件，是总概算的组成部分，只包括单项工程的工程费用。

(2)单项工程综合概算的内容。综合概算是以单项工程所属的单位工程概算为基础，采用"综合概算表"(表5.14)进行汇总编制而成。只包括一个单项工程的建设项目，不需要编制综合概算，可直接编制独立的总概算，按二级编制形式编制。工业建设项目综合概算表由建筑工程和设备及安装工程两大部分组成；民用工程项目综合概算表仅建筑工程一项。

### 表5.14  综合概算表

综合概算编号：_____　　　　工程名称(单项工程)：_____　　　单位：　　万元　共　　页　第　　页

| 序号 | 概算编号 | 工程项目或费用名称 | 设计规模或主要工程量 | 建筑工程费 | 设备购置费 | 安装工程费 | 合计 | 其中：引进部分 | | 主要技术经济指标 | | |
|---|---|---|---|---|---|---|---|---|---|---|---|---|
| | | | | | | | | 美元 | 折合人民币 | 单位 | 数量 | 单位价值 |
| 一 | | 主要工程 | | | | | | | | | | |
| 1 | | ××××× | | | | | | | | | | |
| 2 | | ××××× | | | | | | | | | | |
| … | | … | | | | | | | | | | |
| 二 | | 辅助工程 | | | | | | | | | | |
| 1 | | ××××× | | | | | | | | | | |
| 2 | | ××××× | | | | | | | | | | |
| … | | … | | | | | | | | | | |
| 三 | | 配套工程 | | | | | | | | | | |
| 1 | | ××××× | | | | | | | | | | |
| 2 | | ××××× | | | | | | | | | | |
| … | | … | | | | | | | | | | |
| | | 单项工程概算费用合计 | | | | | | | | | | |

编制人：　　　　　　　　　　审核人：　　　　　　　　　　审定人：

#### 3. 建设项目总概算的编制方法

(1)建设项目总概算的含义。总概算是确定一个完整建设项目概算总投资的文件(以下简称总概算)，是在设计阶段对建设项目投资总额度的概算，是设计概算的最终汇总性造价文件。一般来说，一个完整的建设项目应按三级编制设计概算(即：单位工程概算→单项工程综合概算→建设项目总概算)。对于建设单位仅增建一个单项工程项目时，可不需要编制综合概算，直接编制总概算，也就是按二级编制设计概算(即：单位工程概算→单项工程总概算)。

(2)建设项目总概算的内容。总概算文件应包括编制说明、总概算表、各单项工程综合概算书、工程建设其他费用概算表、主要建筑安装材料汇总表。独立装订成册的总概算文件宜加封面、签署页(扉页)和目录。

1)编制说明。编制说明一般应包括以下主要内容：

①项目概况：简述建设项目的建设地点、设计规模、建设性质(新建、扩建或改建)、工程类别、建设期(年限)、主要工程内容、主要工程量、主要工艺设备及数量等。

②主要技术经济指标：项目概算总投资(有引进的给出所需外汇额度)及主要分项投资、主要技术经济指标(主要单位投资指标)等。

③资金来源：按资金来源不同渠道分别说明，发生资产租赁的说明租赁方式及租金。

④编制依据：说明概算主要编制依据。

⑤其他需要说明的问题。

⑥总说明附表(包括建筑、安装工程费用计算程序表、引进设备材料清单及从属费用计算表、具体建设项目概算要求的其他附表及附件)。

编制说明应针对具体项目的独有特征进行阐述,编制依据应不与国家法律法规和各级政府部门、行业颁发的规定制度矛盾,应符合现行的金融、财务、税收制度,应符合国家或项目建设所在地政府经济发展政策和规划;编制说明还应对概算存在的问题和一些其他相关的问题进行说明,比如不确定因素、没有考虑的外部衔接等问题。

2)总概算表。采用三级概算编制形式的总概算见表5.15,采用二级概算编制形式的总概算见表5.16。

### 表5.15 总概算表(三级概算编制形式)

总概算编号:　　　　工程名称:　　　　　　单位:万元　　　共　页　第　页

| 序号 | 概算编号 | 工程项目或费用名称 | 建筑工程费 | 设备购置费 | 安装工程费 | 其他费用 | 合计 | 其中:引进部分 | | 占总投资比例/% |
|---|---|---|---|---|---|---|---|---|---|---|
| | | | | | | | | 美元 | 折合人民币 | |
| 一 | | 工程费用 | | | | | | | | |
| 1 | | 主要工程 | | | | | | | | |
| | | ××× | | | | | | | | |
| | | ××× | | | | | | | | |
| 2 | | 辅助工程 | | | | | | | | |
| | | ××× | | | | | | | | |
| 3 | | 配套工程 | | | | | | | | |
| | | ××× | | | | | | | | |
| 二 | | 其他费用 | | | | | | | | |
| 1 | | ××× | | | | | | | | |
| 2 | | ××× | | | | | | | | |
| 三 | | 预备费 | | | | | | | | |
| | | | | | | | | | | |
| 四 | | 专项费用 | | | | | | | | |
| 1 | | ××× | | | | | | | | |
| 2 | | ××× | | | | | | | | |
| | | 建设工程概算总投资 | | | | | | | | |

编制人:　　　　　　　　审核人:　　　　　　　　审定人:

### 表5.16 总概算表(二级概算编制形式)

总概算编号:　　　　工程名称:　　　　　　单位:万元　　　共　页　第　页

| 序号 | 概算编号 | 工程项目或费用名称 | 设计规模或主要工程量 | 建筑工程费 | 设备购置费 | 安装工程费 | 其他费用 | 合计 | 其中:引进部分 | | 占总投资比例/% |
|---|---|---|---|---|---|---|---|---|---|---|---|
| | | | | | | | | | 美元 | 折合人民币 | |
| 一 | | 工程费用 | | | | | | | | | |
| 1 | | 主要工程 | | | | | | | | | |
| | | ××× | | | | | | | | | |

| 序号 | 概算编号 | 工程项目或费用名称 | 设计规模或主要工程量 | 建筑工程费 | 设备购置费 | 安装工程费 | 其他费用 | 合计 | 其中：引进部分 | | 占总投资比例/％ |
|---|---|---|---|---|---|---|---|---|---|---|---|
| | | | | | | | | | 美元 | 折合人民币 | |
| | | ××× | | | | | | | | | |
| 2 | | 辅助工程 | | | | | | | | | |
| | | ××× | | | | | | | | | |
| 3 | | 配套工程 | | | | | | | | | |
| | | ××× | | | | | | | | | |
| 二 | | 其他费用 | | | | | | | | | |
| 1 | | ××× | | | | | | | | | |
| 2 | | ××× | | | | | | | | | |
| 三 | | 预备费 | | | | | | | | | |
| | | | | | | | | | | | |
| 四 | | 专项费用 | | | | | | | | | |
| 1 | | ××× | | | | | | | | | |
| 2 | | ××× | | | | | | | | | |
| | | 建设工程概算总投资 | | | | | | | | | |

编制人：　　　　　　　　　　　　审核人：　　　　　　　　　　　　审定人：

编制时需注意：

①工程费用按单项工程综合概算组成编制，采用二级概算编制的按单位工程概算组成编制。市政民用建设项目一般排列顺序：主体建（构）筑物、辅助建（构）筑物、配套系统；工业建设项目一般排列顺序：主要工艺生产装置、辅助工艺生产装置、公用工程、总图运输、生产管理服务性工程、生活福利工程和厂外工程。

②其他费用一般按其他费用概算顺序列项。它主要包括建设用地费、建设管理费、勘察设计费、可行性研究费、环境影响评价费、劳动安全卫生评价费、场地准备及临时设施费、工程保险费、联合试运转费、生产准备及开办费、特殊设备安全监督检验费、市政公用设施建设及绿化补偿费、引进技术和引进设备材料其他费、专利及专有技术使用费、研究试验费等。

③预备费包括基本预备费和涨价预备费。基本预备费以总概算第一部分"工程费用"和第二部分"其他费用"之和为基数的百分比计算。

④应列入项目概算总投资中的几项费用一般包括建设期利息、铺底流动资金、固定资产投资方向调节税（暂停征收）等。

### 5.3.4 设计概算文件的组成

设计概算文件是设计文件的组成部分，概算文件编制成册应与其他设计技术文件统一。目录、表格的填写要求，概算文件的编号层次分明、方便查找（总页数应编流水号），由分到合、一目了然。概算文件的编制形式，视项目的功能、规模、独立性程度等因素决定采用三级概算编制（总概算、综合概算、单位工程概算）还是二级概算编制（总概算、单位工程概算）形式。对于采用三级概算编制形式的设计概算文件，一般由封面、签署页及目录、编制说明、总概算表、工程建设其他费用表、单位工程概算表、综合概算表、概算综合单价分析表、附件(其他表)组成总概算册；视情况由封面、单项工程综合概算表、单位工程概算表、附件组成各概算分册；对于采用二级编制形式的设计概算文件，一般由封面、签署页及目录、编制说明、总概算表、工程建设其他费用表、单位工程概算表、综合单价分析表、附件(其他表)组成，可将所有概算文件组成一册。概算文件及各种表格格式详见中国建设工程造价管理协会标准《建设项目设计概算编审规程》(CECA/GC 2—2015)。

### 5.3.5 设计概算的审查

#### 1. 审查设计概算的意义

(1)审查设计概算有利于合理分配投资资金，加强投资计划管理，有助于合理确定和有效控制工程造价。设计概算编制偏高或偏低，不仅影响工程造价的控制，还会影响投资计划的真实性，影响投资资金的合理分配。

(2)审查设计概算有利于促进概算编制单位严格执行国家有关概算的编制规定和费用标准，从而提高概算的编制质量。

(3)审查设计概算有利于促进设计的技术先进性与经济合理性。概算中的技术经济指标，是概算的综合反映，与同类工程相比，便可看出它的先进与合理程度。

(4)审查设计概算有利于核定建设项目的投资规模，可以使建设项目总投资力求做到准确、完整，防止任意扩大投资规模或出现漏项，从而减少投资缺口，缩小概算与预算之间的差距，避免故意压低概算投资，搞"钓鱼"项目，最后导致实际造价大幅度地突破概算。

(5)审查设计概算有利于为建设项目投资的落实提供可靠的依据。打足投资，不留缺口，有助于提高建设项目的投资效益。

#### 2. 设计概算的审查内容

(1)审查设计概算的编制依据。

1)审查编制依据的合法性。采用的各种编制依据必须经过国家和授权机关的批准，符合国家有关的设计概算编制规定，未经批准的不能采用。不能强调情况特殊，擅自提高概算定额、指标或费用标准。

2)审查编制依据的时效性。各种依据，如定额、指标、价格、取费标准等，都应根据国家有关部门的现行规定进行，注意有无调整或新的规定，如有调整或新的规定，应按新的调整规定执行。

3)审查编制依据的适用范围。各种编制依据都有规定的适用范围，如各主管部门规定的各种专业定额及其取费标准，只适用于该部门的专业工程；各地区规定的各种定额及其取费标准，只适用于该地区范围内，特别是地区的材料预算价格区域性更强，如某市有该市区的材料预算价格，又编制了郊区内一个矿区的材料预算价格，在编制该矿区某工程概算时，应采用该矿区的材料预算价格。

(2)审查概算编制深度。

1)审查编制说明。审查编制说明可以检查概算的编制方法、深度和编制依据等重大原则问题，若编制说明有差错，具体概算必有差错。

2)审查概算编制深度。一般大中型项目的设计概算，应有完整的编制说明和"三级概算"(即总概算表、单项工程综合概算表、单位工程概算表)，并按有关规定的深度进行编制。审查是否有符合规定的"三级概算"，各级概算的编制、核对、审核是否按规定签署，有无随意简化，有无把"三级概算"简化为"二级概算"。

3)审查概算的编制范围。审查概算的编制范围及具体内容是否与主管部门批准的建设项目范围及具体工程内容一致；审查分期建设项目的建筑范围及具体工程内容有无重复交叉，是否重复计算或漏算；审查其他费用应列的项目是否符合规定，静态投资、动态投资和经营性项目铺底流动资金是否分别列出等。

(3)审查概算的内容。

1)审查概算的编制是否符合国家的方针、政策，是否根据工程所在地的自然条件编制。

2)审查建设规模(投资规模、生产能力等)、建设标准(用地指标、建筑标准等)、配套工程、设计定员等是否符合原批准的可行性研究报告或立项批文的标准。对总概算投资超过批准投资估算10%以上的，应查明原因，重新上报审批。

3)审查编制方法、计价依据和程序是否符合现行规定，包括定额或指标的适用范围和调整方法是否正确；补充定额或指标的项目划分、内容组成、编制原则等是否与现行的定额精神一致等。

4)审查工程量是否正确，工程量的计算是否根据初步设计图纸、概算定额、工程量计算规则和施工组织设计的要求进行，有无多算、重算和漏算，尤其对工程量大，造价高的项目要重点审查。

5)审查材料用量和价格，审查主要材料(钢材、木材、水泥、砖)的用量数据是否正确，材料预算价格是否符合工程所在地的价格水平，材料价差调整是否符合现行规定及其计算是否正确等。

6)审查设备规格、数量和配置是否符合设计要求，是否与设备清单相一致，设备预算价格是否真实，设备原价和运杂费的计算是否正确，非标准设备原价的计价方法是否符合规定，进口设备的各项费用的组成及其计算程序、方法是否符合国家主管部门的规定。

7)审查建筑安装工程的各项费用的计取是否符合国家或地方有关部门的现行规定，计算程序和取费标准是否正确。

8)审查综合概算、总概算的编制内容、方法是否符合现行规定和设计文件的要求，有无设计文件外项目，有无将非生产性项目以生产性项目列入。

9)审查总概算文件的组成内容，是否完整地包括建设项目从筹建到竣工投产为止的全部费用组成。

10)审查工程建设其他费用项目。工程建设其他费用项目费用内容多、弹性大，占项目总投资15%～25%，要按国家和地区规定逐项审查，不属于总概算范围的费用项目不能列入概算，具体费率或计取标准是否按国家、行业有关部门规定计算，有无随意列项、有无多列、交叉计列和漏项等。

11)审查项目的"三废"治理。拟建项目必须同时安排"三废"(废水、废气、废渣)的治理方案和投资，对于未作安排或漏项或多算、重算的项目，要按国家有关规定核实投资，以满足"三废"排放达到国家标准。

12)审查技术经济指标。技术经济指标计算方法和程序是否正确，综合指标和单项指标与同类型工程指标相比，是偏高还是偏低，其原因是什么，并给予纠正。

13)审查投资经济效果。设计概算是初步设计经济效果的反映，要按照生产规模、工艺流程、产品品种和质量，从企业的投资效益和投产后的运营效益全面分析，是否达到了先进可靠、经济合理的要求。

**3. 审查设计概算的方法**

(1)对比分析法。对比分析法主要是通过建设规模、标准与立项批文对比；工程数量与设计图纸对比；综合范围、内容与编制方法、规定对比；各项取费与规定标准对比；材料、人工单价与统一信息对比；引进设备、技术投资与报价要求对比；技术经济指标与同类工程对比等。通过以上对比，容易发现设计概算存在的主要问题和偏差。

(2)查询核实法。查询核实法是对一些关键设备和设施、重要装置、引进工程图纸不全、难以核算的较大投资进行多方查询核对，逐项落实的方法。主要设备的市场价向设备供应部门或招标公司查询核实；重要生产装置、设施向同类企业（工程）查询了解；引进设备价格及有关税费向进出口公司调查落实；复杂的建筑安装工程向同类工程的建设、承包、施工单位征求意见；深度不够或不清楚的问题直接同原概算编制人员、设计者询问清楚。

（3）联合会审法。联合会审前，可先采取多种形式分头审查，包括设计单位自审，主管、建设、承包单位初审，工程造价咨询公司评审，邀请同行专家预审，审批部门复审等，经层层审查把关后，由有关单位和专家进行联合会审。在会审大会上，首先由设计单位介绍概算编制情况及有关问题，各有关单位、专家汇报初审、预审意见，然后进行认真分析、讨论，结合对各专业技术方案的审查意见所产生的投资增减，逐一核实原概算出现的问题。经过充分协商，认真听取设计单位意见后，实事求是地处理和调整。

对审查中发现的问题和偏差，首先按照单位工程概算、综合概算、总概算的顺序，按设备费、安装费、建筑费和工程建设其他费用分类整理。然后按照静态投资、动态投资和铺底流动资金三大类，汇总核增或核减的项目及其投资额。最后将具体审核数据，按照"原编概算""增减投资""增减幅度""调整原因"四栏列表，并按照原总概算表汇总顺序，将增减项目逐一列出，相应调整所属项目投资合计，再依次汇总审核后的总投资及增减投资额。对于差错较多、问题较大或不能满足要求的，责成编制单位按审查意见修改后，重新报批。

### 5.3.6 设计概算的批准和调整

**1. 设计概算的批准**

经审查合格后的设计概算提交审批部门复核，复核无误后就可以批准，一般以文件的形式正式下达审批概算。审批部门应具有相应的权限，按照国家、地方政府或者行业主管部门规定，不同的部门具有不同的审批权限。

**2. 设计概算的调整**

设计概算批准后，一般不得调整。但由于以下三个原因引起的设计和投资变化可以调整概算，但要严格按照调整概算的有关程序执行。

（1）超出原设计范围的重大变更。凡涉及建设规模、产品方案、总平面布置、主要工艺流程、主要设备型号规格、建筑面积、设计定员等方面的修改，必须由原批准立项单位认可，原设计审批单位复审，经复核批准后方可变更。

（2）超出基本预备费规定范围，不可抗拒的重大自然灾害引起的工程变动或费用增加。

（3）超出工程造价调整预备费，属国家重大政策性变动因素引起的调整。

由于上述原因需要调整概算时，应当由建设单位调查分析变更原因报主管部门，审批同意后，由原设计单位核实编制调整概算，并按有关审批程序报批。由于设计范围的重大变更而需调整概算时，还需要重新编制可行性研究报告，经论证评审可行审批后，才能调整概算。建设单位（项目业主）自行扩大建设规模、提高建设标准等而增加费用则不予调整。

需要调整概算的工程项目，影响工程概算的主要因素已经清楚，工程量完成了一定量后方可进行调整，一项工程只允许调整一次概算。

调整概算编制深度与要求、文件组成及表格形式同原设计概算，调整概算还应对工程概算调整的原因做详尽分析说明，所调整的内容在调整概算总说明中要逐项与原批准概算对比，并编制调整前后概算对比表（表5.17、表5.18），分析主要变更原因；当调整变化内容较多时，调整前后概算对比表，以及主要变更原因分析应单独成册，也可以与设计文件调整原因分析一起编制成册。在上报调整概算时，应同时提供原设计的批准文件、重大设计变更的批准文件、工程已发生的主要影响工程投资的设备和大宗材料采购合同等依据作为调整概算的附件。

### 表 5.17　总概算对比表

总概算编号：　　　　　工程名称：　　　　　单位：万元　　　共　页　第　页

| 序号 | 工程项目或费用名称 | 原批准概算(1) | | | | | 原批准概算(2) | | | | | 差额(2)−(1) | 备注 |
|---|---|---|---|---|---|---|---|---|---|---|---|---|---|
| | | 建筑工程费 | 设备购置费 | 安装工程费 | 其他费用 | 合计 | 建筑工程费 | 设备购置费 | 安装工程费 | 其他费用 | 合计 | | |
| 一 | 工程费用 | | | | | | | | | | | | |
| 1 | 主要工程 | | | | | | | | | | | | |
| | ×× | | | | | | | | | | | | |
| | | | | | | | | | | | | | |
| 2 | 辅助工程 | | | | | | | | | | | | |
| | ××× | | | | | | | | | | | | |
| 3 | 配套工程 | | | | | | | | | | | | |
| | ××× | | | | | | | | | | | | |
| | | | | | | | | | | | | | |
| 二 | 其他费用 | | | | | | | | | | | | |
| 1 | ××× | | | | | | | | | | | | |
| | | | | | | | | | | | | | |
| 三 | 预备费 | | | | | | | | | | | | |
| | | | | | | | | | | | | | |
| 四 | 专项费用 | | | | | | | | | | | | |
| 1 | ××× | | | | | | | | | | | | |
| | | | | | | | | | | | | | |
| | 建设工程概算总投资 | | | | | | | | | | | | |

编制人：　　　　　　　　　　　　　　　　　　　　　　　审核人：

### 表 5.18　综合概算对比表

总概算编号：　　　　　工程名称：　　　　　单位：万元　　　共　页　第　页

| 序号 | 工程项目或费用名称 | 原批准概算(1) | | | | | 原批准概算(2) | | | | | 差额(2)−(1) | 调整的主要原因 |
|---|---|---|---|---|---|---|---|---|---|---|---|---|---|
| | | 建筑工程费 | 设备购置费 | 安装工程费 | 其他费用 | 合计 | 建筑工程费 | 设备购置费 | 安装工程费 | 其他费用 | 合计 | | |
| 一 | 主要工程 | | | | | | | | | | | | |
| 1 | ××× | | | | | | | | | | | | |
| | | | | | | | | | | | | | |
| 2 | ××× | | | | | | | | | | | | |
| 二 | 辅助工程 | | | | | | | | | | | | |
| 1 | ××× | | | | | | | | | | | | |
| | | | | | | | | | | | | | |

| 序号 | 工程项目或费用名称 | 原批准概算(1) | | | | | 原批准概算(2) | | | | | 差额(2)－(1) | 调整的主要原因 |
|---|---|---|---|---|---|---|---|---|---|---|---|---|---|
| | | 建筑工程费 | 设备购置费 | 安装工程费 | 其他费用 | 合计 | 建筑工程费 | 设备购置费 | 安装工程费 | 其他费用 | 合计 | | |
| 2 | ××× | | | | | | | | | | | | |
| 三 | 配套工程 | | | | | | | | | | | | |
| 1 | ××× | | | | | | | | | | | | |
| | | | | | | | | | | | | | |
| 2 | ××× | | | | | | | | | | | | |
| | | | | | | | | | | | | | |
| | 单项工程费用概算合计 | | | | | | | | | | | | |

编制人：　　　　　　　　　　　　　　　　　　　　　　　　　　审核人：

# 任务 5.4　施工图预算的编制与审查

## 5.4.1　施工图预算的概念与作用

### 1. 施工图预算的概念

施工图预算是以施工图设计文件为依据，按照规定的程序、方法和依据，在工程施工对工程项目的工程费用进行的预测与计算。施工图预算的成果文件称作施工图预算书，简称施工图预算。

### 2. 施工图预算的作用

一般的建筑安装工程均是以所采用的设计方案的施工图预算确定工程造价，并以此开展招标投标、签约施工合同和结算工程价款。它对建设工程各方有着不同的目的和作用。

（1）施工图预算对设计方的作用。对设计单位而言，通过施工图预算来检验设计方案的经济合理性。其作用如下：

1）根据施工图预算进行控制投资。根据工程造价的控制要求，施工图预算不得超过设计概算，设计单位完成施工图设计后一般要将施工图预算与设计概算对比、突破概算时要决定该设计方案是否实施或需要修正。

2）根据施工图预算调整、优化设计。设计方案确定后一般以施工图预算经济指标，通过对设计方案进行技术经济分析与评价，寻求进一步调整、优化设计方案。

（2）施工图预算对投资方的作用。对投资单位而言，通过施工图预算控制工程投资，其作用如下：

1）施工图预算是设计阶段控制工程造价的重要环节，是控制工程投资不突破设计概算的重要措施。

2）施工图预算是控制造价及资金合理使用的依据。投资方按施工图预算造价筹集建设资金，合理安排建设资金计划，确保建设资金的有效使用，保证项目建设顺利进行。

3）施工图预算是确定工程招标限价（或标底）的依据。建筑安装工程的招标限价（或标底）可按照施工图预算来确定。招标限价（或标底）通常是在施工图预算的基础上考虑工程的特殊施工措施、工程质量要求、目标工期、招标工程范围以及自然条件等因素进行编制的。

4)施工图预算可以作为确定合同价款、拨付工程进度款及办理工程结算的基础。

（3）施工图预算对施工方的作用。对施工方而言，通过施工图预算进行工程投标和控制分包工程合同价格。其作用如下：

1)施工图预算是投标报价的基础。在激烈的建筑市场竞争中，建筑施工企业需要根据施工图预算，结合企业的投标策略，确定投标报价。

2)施工图预算是建筑工程预算包干的依据和签订施工合同的主要内容。施工方通过与建设方协商，可在施工图预算的基础上，考虑设计或施工变更后可能发生的费用与其他风险因素，增加一定系数作为工程造价一次性包干价。同样，施工方与建设方签订施工合同时，其中工程价款的相关条款也必须以施工图预算为依据。

3)施工图预算是安排调配施工力量、组织材料设备供应的依据。施工企业在施工前，可以根据施工图预算的工、料、机分析，编制资源计划，组织材料、机具、设备和劳动力供应，并编制进度计划，统计完成的工作量，进行经济核算并考核经营成果。

4)施工图预算是控制工程成本的依据。根据施工图预算确定的中标价格是施工方收取工程款的依据，企业只有合理利用各项资源，采取先进技术和管理方法，将成本控制在施工图预算价格以内，才能获得良好的经济效益。

5)施工图预算是进行"两算"对比的依据。可以通过施工预算与施工图预算对比分析，找出施工成本偏差过大的分部分项工程，调整施工方案，降低施工成本。

（4）施工图预算对其他有关方的作用。

1)对于造价咨询企业而言，客观、准确地为委托方作出施工图预算，不仅体现出企业的技术和管理水平、能力，而且能够保证企业信誉、提高企业市场竞争力。

2)对于工程项目管理、监理等中介服务企业而言，客观准确的施工图预算是为业主方提供投资控制咨询服务的依据。

3)对于工程造价管理部门而言，施工图预算是监督、检查定额标准执行情况，测算造价指数以及审定工程招标限价（或标底）的重要依据。

4)如在履行合同的过程中发生经济纠纷，施工图预算还是有关仲裁、管理、司法机关按照法律程序处理、解决问题的依据。

## 5.4.2　施工图预算的编制内容及编制依据

### 1. 编制内容

施工图预算分为单位工程施工图预算、单项工程施工图预算和建设项目总预算。单位工程施工图预算，简称单位工程预算，是根据施工图设计文件、现行预算定额、单位估价表、费用定额以及人工、材料、设备、机械台班等预算价格资料，以单位工程为对象编制的建筑安装工程费用施工图预算；以单项工程为对象，汇总所包含的各个单位工程施工图预算，成为单项工程施工图预算（简称单项工程预算）；再以建设项目为对象，汇总所包含的各个单项工程施工图预算和工程建设其他费用估算，形成最终的建设项目总预算。

单位工程预算包括建筑工程预算和设备安装工程预算。建筑工程预算按其工程性质分为一般土建工程预算、装饰装修工程预算、给水排水工程预算、采暖通风工程预算、煤气工程预算、电气照明工程预算、弱电工程预算、特殊构筑物如炉窑等工程预算和工业管道工程预算等。设备安装工程预算可分为机械设备安装工程预算、电气设备安装工程预算和热力设备安装工程预算等。

**2. 编制依据**

施工图预算的编制依据包括：

(1)国家、行业和地方政府主管部门颁布的有关工程建设和造价管理的法律、法规和规定。

(2)经过批准和会审的施工图设计文件，包括设计说明书、设计图纸及采用的标准图、图纸会审纪要、设计变更通知单及经建设主管部门批准的设计概算文件。

(3)工程地质、水文、地貌、交通、环境及标高测量等勘察、勘测资料。

(4)《建设工程工程量清单计价规范》(GB 50500—2013)和专业工程工程量计算规范或预算定额(单位估价表)、地区材料市场与预算价格等相关信息以及颁布的人工、材料、机械预算价格、工程造价信息，取费标准，政策性调价文件等。

(5)当采用新结构、新材料、新工艺、新设备而定额缺项时，按规定编制的补充预算定额，也是编制施工图预算的依据。

(6)合理的施工组织设计和施工方案等文件。

(7)招标文件、工程合同或协议书。它明确了施工单位承包的工程范围，应承担的责任、权利和义务。

(8)项目有关的设备、材料供应合同、价格及相关说明书。

(9)项目的技术复杂程度，以及新技术、专利使用情况等。

(10)项目所在地区有关的全年季节性气候分布和最高最低气温、最大降雨降雪和最大风力等气象条件。

(11)项目所在地区有关的经济、人文等社会条件。

(12)预算工作手册、常用的各种数据、计算公式、材料换算表、常用标准图集及各种必备的工具书。

## 5.4.3　施工图预算的编制方法

**1. 施工图预算的编制方法综述**

施工图预算是按照单位工程→单项工程→建设项目逐级编制和汇总的，所以施工图预算编制的关键在于单位工程施工图预算。

施工图预算的编制可以采用工料单价法和综合单价法。工料单价法是指分部分项工程的工、料、机单价，以分部分项工程量乘以对应工料单价汇总后另加企业管理费、利润、税金生成单位工程施工图预算造价。按照分部分项工程单价产生的方法不同，工料单价法又可以分为预算单价法和实物量法。而综合单价法是适应市场经济条件的工程量清单计价模式下的施工图预算编制方法。

本部分仅介绍实物量法。

**2. 实物量法**

用实物量法编制单位工程施工图预算，就是根据施工图计算的各分项工程量分别乘以地区定额中人工、材料、施工机械台班的定额消耗量，分类汇总得出该单位工程所需的全部人工、材料、施工机械台班消耗数量，然后再乘以当时当地人工工日单价、各种材料单价、施工机械台班单价，求出相应的人工费、材料费、施工机具使用费。企业管理费、利润及增值税等费用计取方法与预算单价法相同。

单位工程直接工程费的计算可以按照以下公式计算：

$$人工费 = 综合工日消耗量 \times 综合工日单价$$

$$材料费 = \sum(各种材料消耗量 \times 相应材料单价)$$

$$施工机具使用费 = \sum (各种机械消耗量 \times 相应机具台班单价)$$

实物量法的优点是能比较及时地将各种材料、人工、机械的当时当地市场单价计入预算价格，不需调价，反映当时当地的工程价格水平。

实物量法编制施工图预算的基本步骤如下：

1）编制前的准备工作。具体工作内容同预算单价法相应步骤的内容。但此时要全面收集各种人工、材料、机械台班的当时当地的市场价格，应包括不同品种、规格的材料预算单价，不同工种、等级的人工工日单价，不同种类、型号的施工机械台班单价等。要求获得的各种价格应全面、真实、可靠。

2）熟悉图纸等设计文件和预算定额。

3）了解施工组织设计和施工现场情况。

4）划分工程项目和计算工程量。

5）套用定额消耗量，计算人工、材料、机械台班消耗量。根据地区定额中人工、材料、施工机械台班的定额消耗量，乘以各分项工程的工程量，分别计算出各分项工程所需的各类人工工日数量、各类材料消耗数量和各类施工机械台班数量。

6）计算并汇总单位工程的人工费、材料费和施工机械台班费。在计算出各分部分项工程的各类人工工日数量、材料消耗数量和施工机械台班数量后，先按类别相加汇总求出该单位工程所需的各种人工、材料、施工机械台班的消耗数量，再分别乘以当时当地相应人工、材料、施工机械台班的实际市场单价，即可求出单位工程的人工费、材料费、机械使用费。

7）计算其他费用，汇总工程造价。对于企业管理费、利润和增值税等费用的计算，可以采用与预算单价法相似的计算程序，只是有关费率是根据当时当地建设市场的供求情况予以确定。将人工费、材料费、施工机具使用费、企业管理费、利润和增值税等汇总即形成单位工程预算造价。

### 5.4.4　施工图预算的文件组成

施工图预算文件应由封面、签署页及目录、编制说明、建设项目总预算表、其他费用计算表、单项工程综合预算表、单位工程预算表等组成。

编制说明一般包括以下几个方面的内容。

**1. 编制依据**

编制依据包括本预算的设计文件全称、设计单位，所依据的定额名称，在计算中所依据的其他文件名称和文号，施工方案主要内容等。

**2. 图纸变更情况**

图纸变更情况包括施工图中变更部位和名称，因某种原因变更处理的构部件名称；因涉及图纸会审或施工现场所需要说明的有关问题。

**3. 执行定额的有关问题**

执行定额的有关问题包括按定额要求本预算已考虑和未考虑的有关问题；因定额缺项，本预算所作补充或借用定额情况说明；甲乙双方协商的有关问题。

总预算表、其他费用计算表、单项工程综合预算表、单位工程预算表等组成格式可参见设计概算。

### 5.4.5　施工图预算的审查

**1. 审查施工图预算的意义**

施工图预算编完之后，需要认真进行全面、系统地审查。施工图审查的意义如下：

（1）有利于合理确定和有效控制工程造价，克服和防止预算超概算现象发生。

（2）有利于加强固定资产投资管理，合理使用建设资金。

（3）有利于施工承包合同价的合理确定和控制。因为施工图预算对于招标工程，它是编制招标控制价、投标报价、签订工程承包合同价、结算合同价款的基础。

（4）有利于积累和分析各项技术经济指标，不断提高设计水平。通过审查工程预算，核实了预算价值，为积累和分析技术经济指标提供了准确数据，进而通过有关指标的比较，找出设计中的薄弱环节，以便及时改进，不断提高设计水平。

**2. 审查施工图预算的内容**

施工图预算的审查工作应从工程量计算、预算定额套用、设备材料预算价格取定等是否正确，各项费用标准是否符合现行规定，采用的标准规范是否合理，施工组织设计及施工方案是否合理等几个方面进行。

（1）审查工程量。工程量计算是施工图预算的基础，也是施工图预算审查起点。按照施工图预算编制所依据的工程量计算规则，逐项审查各分部分项工程、单价措施项目工程量计算的正确性、准确性。

（2）审查设备、材料的预算价格。设备、材料费用是施工图预算造价中所占比重最大的，一般占 50%～70%，市场上同种类设备或材料价格差别往往较大，应当重点审查。

1）审查设备、材料的预算价格是否符合工程所在地的真实价格及价格水平。若是采用市场价，要核实其真实性、可靠性；若是采用有关部门公布的信息价，要注意信息价的时间、地点是否符合要求，是否要按规定调整等。

2）审查设备、材料的原价确定方法是否正确。定做加工的设备或材料在市场上往往没有价格参考，要通过计算确定其价格，因此要审查价格确定方法是否正确，如对于非标准设备，要对其原价的计价依据、方法是否正确、合理进行审查。

3）设备、材料的运杂费率及其运杂费的计算是否正确。预算价格的各项费用的计算方法是否符合规定，计算结果是否正确，引进设备、材料的从属费用计算是否合理、正确。

（3）审查预算单价的套用。审查预算单价套用是否正确，应注意以下几个方面：

1）各分部分项工程采用的预算单价是否与现行预算定额的预算单价相符，其名称、规格、计量单位和所包括的工程内容是否与设计中分部分项工程要求一致。

2）审查换算的单价，首先要审查换算的分项工程是否是定额中允许换算的，其次要审查换算方法和结果是否正确。

3）审查补充定额和单位估价表的编制是否符合编制原则，单位估价表计算是否正确。补充定额和单位估价表是预算定额的重要补充，同时最容易产生偏差，因此要加强其审查工作。

（4）审查有关费用项目及其取值。有关费用项目计取的审查要注意以下几个方面：

1）措施费的计算是否符合有关的规定标准，企业管理费和利润的计取基础是否符合现行规定，有无不能作为计费基础的费用列入计费的基础。

2）预算外调增的材料差价是否计取了企业管理费。人工费增减后，有关费用是否相应做了调整。

3）有无巧立名目、乱计费、乱摊费用现象。

**3. 审查施工图预算的方法**

审查施工图预算方法较多，主要有全面审查法、标准预算审查法、分组计算审查法、对比审查法、筛选审查法、重点抽查法、利用手册审查法、分解对比审查法等。

(1)全面审查法。全面审查法又叫逐项审查法，就是按预算定额顺序或施工的先后顺序，逐项全部进行审查的方法。其具体计算方法和审查过程与编制施工图预算基本相同。此方法的优点是全面、细致，经审查的工程预算差错比较少，质量比较高；缺点是工作量大。因而在一些工程量比较小、工艺比较简单的工程，编制工程预算的技术力量又比较薄弱的，采用全面审查法的相对较多。

(2)标准预算审查法。标准预算审查法是指对于采用标准图纸或通用图纸施工的工程，先集中力量编制标准预算，然后以此为标准审查预算的方法。按标准图纸设计或通用图纸施工的工程，预算编制和造价基本相同，可集中力量细审一份预算或编制一份预算，作为这种标准图纸的标准预算，或用这种标准图纸的工程量为标准，对照审查，而对局部不同部分作单独审查即可。这种方法的优点是时间短、效果好；缺点是只适应按标准图纸设计的工程，适用范围小，具有局限性。

(3)分组计算审查法。分组计算审查法是一种加快审查工程量速度的方法，把预算中的项目划分为若干组，并把相邻且有一定内在联系的项目编为一组，审查或计算同一组中某个分项工程量，利用工程量之间具有相同或相似计算基础的关系，判断同组中其他几个分项工程量计算的准确程度的方法。

(4)对比审查法。对比审查法是用已建工程的预算或虽未建成但已通过审查的工程预算，对比审查拟建工程预算的一种方法。这种方法一般适用于以下几种情况：

1)拟建工程和已建工程采用同一套设计施工图，但基础部分及现场条件不同，则拟建工程除基础外的上部工程部分可采用与已建工程上部工程部分对比审查的方法。基础部分和现场条件不同部分采用其他方法进行审查。

2)拟建工程和已建工程采用形式和标准相同的设计施工图，仅建筑面积规模不同。根据两项工程建筑面积之比与两项工程分部分项工程量之比基本一致的特点，可查拟建工程各分部分项工程的工程量。或者用两项工程每平方米建筑面积造价或每平方米建筑面积的各分部分项工程量进行对比审查，如果基本相同时，说明拟建工程预算是正确的，反之，说明拟建工程预算有问题，找出差错原因，加以更正。

3)拟建工程和已建工程的面积规模、建筑标准相同，但部分工程内容设计不同时，可把相同的部分，如厂房中的柱子、房架、屋面、砖墙等，进行工程量的对比审查，因设计不同而不能直接对比的部分工程按图纸计算。

(5)筛选审查法。建筑工程虽然有建筑面积和高度的不同，但是它们的各个分部分项工程的工程量、造价、用工量在每个单位面积上的数值变化不大，把这些数据加以汇集、优选，归纳为工程量、造价(价值)、用工三个单方基本值表，并注明其适用的建筑标准。这些基本值犹如"筛子孔"，用来筛选各分部分项工程，筛下去的就不审查了，没有筛下去的就意味着此分部分项的单位建筑面积数值不在基本值范围之内，应对该分部分项工程详细审查。

筛选审查法的优点是简单易懂，便于掌握，审查速度和发现问题快，但解决差错分析其原因需继续审查。

(6)重点抽查法。选择工程结构复杂、工程量大或造价高的工程，重点审查其工程量、单价构成各项费用计费基础及标准等，该方法的优点是重点突出，审查时间短、效果好。

(7)利用手册审查法。把工程中常用的构件、配件，事先整理成预算手册，按手册对照审查。如工程常用的预制构配件梁板、检查井、化粪池等，几乎每个工程都有，把这些按标准图集计算出工程量，套上单价，编制成预算手册使用，利用这些手册对新建工程进行对照审查，可大大简化预结算的编审工作。

(8)分解对比审查法。首先将拟建工程按人工费、材料费、施工机具使用费与企业管理费等进行分解，然后再把人工费、材料费、施工机具使用费按工种和分部工程进行分解，分别与审定的标准预算进行对比分析，这种方法叫作分解对比审查法。分解对比审查法一般有如下三个步骤：

第一步，全面审查某种建筑的定型标准施工图或复用施工图的工程预算，经审定后作为审查其他类似工程预算的对比基础。而且将审定预算按人工费、材料费、施工机具使用费与应取费用分解成两个部分，再把人工费、材料费、施工机具使用费分解为各工种工程和分部工程预算。

第二步，把待审的工程预算与同类型预算单位面积造价进行对比，若出入不在允许范围内，再按分部分项工程进行分解，边分解边对比，对出入较大者进一步深入审查。

第三步，对比审查。

1)经分析对比，如发现应取费用相差较大，应考虑建设项目的投资来源和工程类别及其取费项目、取费标准是否符合现行规定；若材料调价相差较大，则应进一步审查材料调价统计表，将各种调价材料的用量、单位差价及其调增数量等进行对比。

2)经过分解对比，如发现某项工程预算价格出入较大，首先审查差异出现机会较大的项目。然后，再对比其余各个分部工程，发现某一分部工程预算价格相差较大时，再进一步对比各分项工程或工程细目。在对比时，先检查所列工程细目是否正确，预算价格是否一致。发现相差较大者，再进一步审查所套预算单价，最后审查该项工程细目的工程量。

**4. 施工图预算的批准**

经审查合格后的施工图预算提交审批部门复核，复核无误后就可以批准，一般以文件的形式正式下达审批预算。与设计概算的审批不同，施工图预算的审批虽然要求审批部门应具有相应的权限，但其严格程度较低些。

## 项目小结

本项目介绍了建设工程设计阶段工程造价控制的主要内容，为后续项目的学习奠定了基础。

为了提高工程建设投资效果，要对设计方案进行优化选择和限额设计。

设计概算可分为单位工程概算、单项工程综合概算和建设项目总概算三级；建筑工程概算的编制方法有扩大单价法和概算指标法两种。

审查工程概算的内容有审查建设规模和建设标准、编制方法、工程量是否正确、材料用量和价格及技术和投资经济指标等内容，审查设计概算的常用方法有对比分析法、查询核实法、联合会审法等。

施工图预算的编制方法有工料单价法和实物量法。审查施工图预算的内容有审查工程量、审查设备和材料的预算价格、审查预算单价的套用和审查有关费用项目及其取值。审查施工图预算的方法主要有全面审查法、标准预算审查法、分组计算审查法、筛选审查法、重点抽查法、对比审查法、利用手册审查法、分解对比审查法等。

## 一、选择题

1. 关于限额设计的说法中，下列正确的有(　　)。
   A. 尽可能将设计变更控制在设计阶段
   B. 限额设计目标设置的关键环节是提高投资估算的合理性与准确性
   C. 限额设计仅限于初步设计和施工图设计两个阶段
   D. 按批准的投资估算控制初步设计
   E. 各专业在保证使用功能的前提下，按分配的投资限额控制设计

2. 初步设计阶段限额设计控制工作的重点是(　　)。
   A. 设计方案的优化选择　　　　　　B. 工程量清单的编制
   C. 设计预算的审查　　　　　　　　D. 设计变更的审批

3. 初步设计阶段限额设计控制工作的重点是(　　)。
   A. 初步设计方案的比较选择　　　　B. 设计进度的控制
   C. 设计概算的编制　　　　　　　　D. 设计费用的支付

4. 某工程有四个设计方案，方案一的功能系数为 0.61，成本系数为 0.55；方案二的功能系数为 0.63，成本系数为 0.6；方案三的功能系数为 0.62，成本系数为 0.57；方案四的功能系数为 0.64，成本系数为 0.56。根据价值工程原理确定的最优方案为(　　)。
   A. 方案一　　　　B. 方案二　　　　C. 方案三　　　　D. 方案四

5. 某产品的功能系数和成本系数见表 5.19，应列为价值工程优先改进对象的是(　　)功能。

表 5.19　某产品的功能系数和成本系数

| 功能 | $F_1$ | $F_2$ | $F_3$ | $F_4$ |
| --- | --- | --- | --- | --- |
| 功能系数 | 0.36 | 0.2 | 0.25 | 0.19 |
| 成本系数 | 0.3 | 0.2 | 0.26 | 0.24 |

   A. $F_1$　　　　　B. $F_2$　　　　　C. $F_3$　　　　　D. $F_4$

6. 用价值工程原理进行设计方案的优选，就是要从多个备选方案中选出(　　)的方案。
   A. 功能最好　　　B. 成本最低　　　C. 价值最高　　　D. 技术最新

7. 某项目，有甲、乙、丙、丁四个设计方案，通过专业人员测算和分析，四个方案功能得分和单方造价见表 5.20。按照价值工程原理，应选择实施的方案是(　　)。

表 5.20　四个方案功能得分和单方造价

| 方案 | 甲 | 乙 | 丙 | 丁 |
| --- | --- | --- | --- | --- |
| 功能得分 | 98 | 96 | 99 | 94 |
| 单方造价/(元·m$^{-2}$) | 2 500 | 2 700 | 2 600 | 2 450 |

   A. 甲方案，因为其价值系数最高　　　　B. 乙方案，因为其价值系数最低
   C. 丙方案，因为其功能得分最高　　　　D. 丁方案，因为其单方造价最低

8. 在设计阶段,运用价值工程方法的目的是( )。

    A. 提高功能                             B. 提高价值

    C. 降低成本                             D. 提高设计方案施工的便利性

9. 关于价值工程的说法中,下列正确的有( )。

    A. 价值工程的性质属于一种思想方法和管理技术

    B. 价值工程的核心内容是对功能与成本进行系统分析并不断创新

    C. 价值工程的目的是最大限度地提高产品功能

    D. 价值工程以满足使用者的功能需求为出发点

    E. 价值工程通常是产品设计部门独自进行的

10. 某新建大型工业项目由办公楼、生产区、总图运输等部分组成,其办公楼的综合概算包括该楼的( )。

    A. 建筑工程费     B. 土地使用费       C. 设计费            D. 安装工程费

    E. 设备购置费

11. 某建筑工程按扩大单价法编制单位工程概算,由于设计深度的原因,其零星工程如散水、台阶等无设计尺寸。对此部分工程可以按( )计算。

    A. 预算定额中划分的项目           B. 概算定额中划分的项目

    C. 主要工程费用的百分率           D. 主要材料消耗量的百分比

12. 当初步设计达到一定深度、建筑结构比较明确时,宜采用( )编制建筑工程概算。

    A. 预算单价法     B. 概算指标法      C. 类似工程预算法   D. 扩大单价法

13. 某住宅工程项目设计深度不够,其结构特征与概算指标的结构特征局部有差别,编制设计概算时,宜采用的方法是( )。

    A. 扩大单价法     B. 修正概算指标法   C. 概算指标法       D. 预算单价法

14. 用概算指标法计算建筑工程概算价值的主要步骤有:①计算单位直接工程费;②计算概算单价;③计算措施费、间接费、利润、税金;④计算单位工程概算价值。这些步骤正确的顺序是( )。

    A. ①→②→③→④                 B. ①→③→②→④

    C. ①→③→④→②                 D. ②→①→③→④

15. 某学生宿舍建筑面积为 2 400 m²,按概算指标计算每平方米建筑面积的直接费为 850 元。因设计图纸与所选用的概算指标有差异,每 100 m² 建筑面积发生了变化,见表 5.21,则修正后的单位直接费为( )元。

**表 5.21 某学生宿舍概算指标与设计规定**

| 项目名称 | | 单位 | 数量 | 工料单价/元 | 合价/元 |
|---|---|---|---|---|---|
| 概算指标(换出部分) | A | m² | 80 | 12 | 960 |
| | B | m² | 150 | 6 | 900 |
| 设计规定(换入部分) | C | m² | 65 | 18 | 1 170 |
| | D | m² | 45 | 14 | 630 |

    A. 790.00       B. 849.40       C. 849.98          D. 850.60

16. 设备安装工程中,单位工程概算的编制方法包括( )。

    A. 生产能力指数法           B. 资金周转率法

C. 预算单价法　　　　　　　　　　D. 扩大单价法

E. 概算指标法

17. 当初步设计有详细设备清单时，编制设备安装工程概算精确性较高的方法是（　　）。

A. 扩大单价法　　B. 概算指标法　　C. 修正概算指标法　D. 预算单价法

18. 审查设计概算编制依据时，应着重审查编制依据是否（　　）。

A. 经过国家或授权机关批准　　　　B. 具有先进性和代表性

C. 符合工程的适用范围　　　　　　D. 符合国家有关部门的现行规定

E. 满足建设单位的要求

19. 建筑工程概算审查的内容包括（　　）。

A. 设计规范是否合理　　　　　　　B. 工程量计算规则是否合理

C. 工程量计算是否正确　　　　　　D. 费用计算是否正确

E. 定额或指标的采用是否合理

20. 采用实物量法编制单位工程施工图预算，在计算工程量之前，需列出计算工程量的分项工程项目名称，其主要依据是（　　）。

A. 设计概算文件　　　　　　　　　B. 施工图设计文件

C. 工程量计算规则　　　　　　　　D. 施工组织设计文件

E. 预算定额

21. 可较准确地反映实际水平，适用于市场经济条件的施工图预算编制方法是（　　）。

A. 实物量法　　　　　　　　　　　B. 分项详细估算法

C. 单价法　　　　　　　　　　　　D. 综合指标法

22. 当初步设计达到一定深度、建筑结构比较明确时，宜采用（　　）编制建筑工程概算。

A. 预算单价法　　　　　　　　　　B. 概算指标法

C. 类似工程预算法　　　　　　　　D. 扩大单价法

23. 施工图预算审查的具体内容包括（　　）。

A. 各项取费标准是否符合现行规定　B. 是否考虑了施工方案对工程量的影响

C. 工程计量单位是否符合要求　　　D. 施工组织设计是否合理

E. 利润和税金的计取是否符合规定

24. 建筑工程概算审查的内容包括（　　）。

A. 设计规范是否合理　　　　　　　B. 工程量计算规则是否合理

C. 工程量计算是否正确　　　　　　D. 费用计算是否正确

E. 定额或指标的采用是否合理

25. 采用实物量法编制施工图预算涉及的工作内容有（　　）。

A. 套用预算单价计算直接工程费

B. 套用消耗定额计算人、料、机消耗量

C. 套用市场单价确定人工费、材料费、机械使用费

D. 按规定的税率、费率和计价程序计取其他费用

E. 按市场行情计取其他费用

26. 单价法与实物量法编制施工图预算的区别主要在于（　　）不同。

A. 分项工程项目的划分　　　　　B. 工程量的计算方法

C. 直接工程费的计算方法　　　　D. 间接费、利润、税金等的计算方法

27. 施工图预算审查方法中，审查质量高、效果好但工作量大的是（　　）。

A. 标准预算审查法　　　　　　B. 重点审查法

C. 逐项审查法　　　　　　　　D. 对比审查法

28. 某工程在施工图预算审查时，审查人员利用各分部分项工程的单位建筑面积工程量基本指标比较预算中相应分部分项工程的工程量，并据此对部分工程量进行详细审查，这种审查方法称为(　　)。

A. 标准预算审查法　　　　　　B. 筛选审查法

C. 分组计算审查法　　　　　　D. 对比审查法

## 二、简答题

1. 设计方案优选的原则有哪些？

2. 运用综合评价法和价值工程优化设计方案的步骤有哪些？

3. 限额设计的目标和意义有哪些？

4. 设计概算可分为哪些内容？分别包含哪些内容？

5. 设计概算的编制方法有哪些？每个方法的步骤是什么？

6. 审查设计概算的内容和方法分别有哪些？

7. 施工图预算的编制方法和步骤有哪些？

8. 审查施工图预算的内容和方法分别有哪些？

## 三、案例题

1. 某市高新技术开发区有两幢科研楼和一幢综合楼，其设计方案对比项目如下：

A 楼方案：结构方案为大柱网框架轻墙体系，采用预应力大跨度叠合楼板，墙体材料采用多孔砖及移动式可拆装式分室隔墙，窗户采用单框双玻璃钢塑窗，面积利用系数为93%，单方造价为 1 438 元/m²。

B 楼方案：结构方案同 A 方案，墙体采用内浇外砌，窗户采用单框双玻璃空腹钢窗，面积利用系数为87%，单方造价为 1 108 元/m²。

C 楼方案：结构方案采用砖混结构体系，采用多孔预应力板，墙体材料采用标准烧结普通砖，窗户采用单玻璃空腹钢窗，面积利用系数为79%，单方造价为 1 082 元/m²。

方案各功能的权重及各方案的功能得分见表 5.22。

表 5.22　各方案功能的权重与功能得分表

| 方案功能 | 功能权重 | 方案功能得分 | | |
|---|---|---|---|---|
| | | A | B | C |
| 结构体系 | 0.25 | 10 | 10 | 8 |
| 模板类型 | 0.05 | 10 | 10 | 9 |
| 墙体材料 | 0.25 | 8 | 9 | 7 |
| 面积系数 | 0.35 | 9 | 8 | 7 |
| 窗户类型 | 0.10 | 9 | 7 | 8 |

问题：

(1)试应用价值工程方法选择最优设计方案。

(2)为控制工程造价和进一步降低费用，拟针对所选的最优设计方案的土建工程部分，以工程材料费为对象开展价值工程分析。将土建工程划分为 4 个功能项目，各功能项目评分值及其目前成本见表 5.23。按限额设计要求目标成本额应控制为 12 170 万元。

表 5.23 各功能项目评分值及其目前成本

| 序号 | 功能项目 | 功能评分 | 目前成本 |
|------|---------|---------|---------|
| 1 | 桩基围护工程 | 11 | 1 520 |
| 2 | 地下室工程 | 10 | 1 482 |
| 3 | 主体结构工程 | 35 | 4 705 |
| 4 | 装饰工程 | 38 | 5 105 |
| 合计 | | 94 | 12 812 |

2. 某建设项目有 3 个设计方案,试从单位造价指标、基建投资、工期、材料用量和劳动力消耗等指标进行设计方案的优选。其各方案的各项指标得分和评分及计算结果见表 5.24。

表 5.24 各方案的各项指标得分和评分

| 评价指标 | 权重 | 指标等级 | 标准分 | 方案评分($S_i$) | | |
|---------|------|---------|--------|------|------|------|
| | | | | Ⅰ | Ⅱ | Ⅲ |
| 单位造价指标 | 5 | 1. 低于一般水平 | 3 | | 3 | |
| | | 2. 一般水平 | 2 | 2 | | |
| | | 3. 高于一般水平 | 1 | | | 1 |
| 基建投资 | 4 | 1. 低于一般 | 4 | 4 | | |
| | | 2. 一般 | 3 | | 3 | |
| | | 3. 高于一般 | 2 | | | 2 |
| 工期 | 3 | 1. 缩短工期 $x$ 天 | 3 | | 3 | |
| | | 2. 正常工期 | 2 | | | 2 |
| | | 3. 延长工期 $y$ 天 | 1 | 1 | | |
| 材料用量 | 2 | 1. 低于一般用量 | 3 | | 3 | |
| | | 2. 一般水平用量 | 2 | 2 | | |
| | | 3. 高于一般用量 | 1 | | | 1 |
| 劳动力消耗 | 1 | 1. 低于一般耗量 | 3 | | 2 | |
| | | 2. 一般消耗量 | 2 | 2 | | |
| | | 3. 高于一般耗量 | 1 | | | 1 |

# ·项目6·
## 工程施工招标投标阶段造价管理

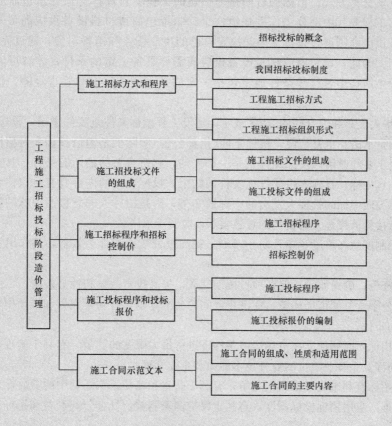

·知识框架·

工程施工招标投标阶段造价管理

- 施工招标方式和程序
  - 招标投标的概念
  - 我国招标投标制度
  - 工程施工招标方式
  - 工程施工招标组织形式
- 施工招投标文件的组成
  - 施工招标文件的组成
  - 施工投标文件的组成
- 施工招标程序和招标控制价
  - 施工招标程序
  - 招标控制价
- 施工投标程序和投标报价
  - 施工投标程序
  - 施工投标报价的编制
- 施工合同示范文本
  - 施工合同的组成、性质和适用范围
  - 施工合同的主要内容

·引　例·

　　浙江A市人民医院综合病房大楼建设工程设计为24层，建筑面积为37 704 m²，工程总造价为9 791万元。属A市重点建设工程。该项目采取公开招标的方式，于1999年11月30日和12月1日在《浙江日报》和《温州日报》上刊登了招标公告。公告发出后，有46家国家一级资质建筑企业报名。最后，由招标单位会同有关部门经筛选、考察后，有5家公司入围参加竞标。

　　在学习本项目的过程中，请思考，该项目应如何进行招标，施工单位如何进行投标，如何确定中标单位，中标后双方应怎样签订合同，以便进行造价控制。

# 任务 6.1 施工招标方式和程序

## 6.1.1 招标投标的概念

招标投标是商品经济中的一种竞争性市场交易方式，通常适用于大宗交易。其特点是由唯一的买主(或卖主)设定标的，招请若干个卖主(或买主)通过报价进行竞争，从中选择优胜者与之达成交易协议，随后按协议实现标的。

工程建设项目招标投标是国际上广泛采用的建设项目业主择优选择工程承包商或材料设备供应商的主要交易方式。招标的目的是为拟建的工程项目选择合适的承包商或材料设备供应商，将全部工程或其中部分工作委托给这个(些)承包商或材料设备供应商负责完成。承包商或材料设备供应商则通过投标竞争，决定自己的生产任务和销售对象，通过完成生产任务，实现营利计划。为此，承包商或材料设备供应商需要具备一定的条件，才有可能在投标竞争中获胜，为业主所选中。这些条件通常包括一定的技术经济实力和管理经验，价格合理、信誉良好等。

根据《中华人民共和国合同法》相关规定，建设工程招标文件是要约邀请，投标文件是要约，中标通知书则是承诺。也就是说，招标文件(招标公告)实际上是邀请投标人对招标人提出要约(即报价)，属于要约邀请。投标文件则是一种要约，它符合要约的所有条件，具有缔结合同的主观目的；一旦中标，投标人将受投标文件的约束；投标文件的内容具有足以使合同成立的主要条件。招标人向中标的投标人发出的中标通知书，则是招标人同意接受中标的投标人的投标条件，即同意接受该投标人的要约的意思表示，应属于承诺。

招标投标制度意在鼓励竞争，防止垄断，提高投资效益和社会效益，其作用主要体现在以下几个方面：

(1)节省资金，确保质量，保证项目按期完成，提高投资效益和社会效益。

(2)创造公平竞争的市场环境，促进企业间的公平竞争，有利于完善和推动中国建立社会主义市场经济的步伐。

(3)依法招标，能够保证在市场经济条件下进行最大限度的竞争，有利于实现社会资源的优化配置，提高涉及企事业单位的业务技术能力和企业管理水平。

(4)依法招标有利于克服不正当竞争，有利于防止和堵住采购活动中的腐败行为。

(5)普遍推广应用招标投标制度，有利于保护国家利益、社会公共利益和招标投标活动当事人的合法利益。

招标投标制度产生的根源是市场中买卖双方存在着信息不对称现象，因为信息不对称，交易可能产生不公平，资源不能得到优化配置。于是，一方构建一个充分竞争的交易环境，迫使对方为赢得合同而相互竞争，这样，招标活动就产生了。

## 6.1.2 我国招标投标制度

### 1. 招标投标法规体系

我国的投标制度起步于20世纪80年代初期。在党的十一届三中全会以前，由于我国实行高度集中的计划经济体制，招标投标作为一种竞争性市场交易方式，缺乏存在和发展所必需的经济体制条件。1980年10月，国务院发布《关于开展和保护社会主义竞争的暂行规定》，提出对一些适宜于承包的生产建设项目可以试行招标投标，开启了我国招标投标的新篇章。随后，吉林省和深圳市于1981年开始工程招标投标试点。1982年，鲁布革水电站引水系统工程是我国第一个利用世界银行货款并按世界银行规定进行项目管理的工程，极大地推动了我国工程建设项目管理方式的改革和发展。1983年，原城乡建设环境保护部出台《建筑安装工程招标投标试行办法》。1984年9月国务发布了《关于改革建筑业和基本建设管理体制若干问题的暂行规定》，规定旨在引入市场经济的做法，提出了推行建设项目投资包干责任制，推行工程招标承包制，建立工程承包公司，建设项目投资拨改贷等16项改革举措。1992年10月，党的十四大提出了建立社会主义市场经济体制的改革目标，进一步解除了束缚招标投标制度向市场化发展的体制障碍。

20世纪80年代初期至90年代后期，伴随着发展，我国招标投标活动中暴露的问题也越来越多，如招标程序不规范、做法不统一、虚假招标、泄漏标底、串通投标、行贿受贿等。针对上述问题，第九届全国人大常委会于1990年8月30日审议通过了《中华人民共和国招标投标法》，这是我国第一部规范公共采购和招标投标活动的专门法律，标志着我国招标投标法规体系的初步建立。此外，为了规范政府采购行为，提高政府采购资金的使用效益，保护政府采购当事人的合法权益，促进廉政建设，第九届全国人大常委会于2002年6月29日审议通过了《中华人民共和国政府采购法》，并于2003年1月正式施行。

《中华人民共和国招标投标法》（以下简称《招标投标法》）和《中华人民共和国政府采购法》是规范我国境内招标采购活动的两大基本法律。在此基础上，2012年2月开始施行的《中华人民共和国招标投标法实施条例》（以下简称《招标投标法实施条例》）和2015年3月开始施行的《中华人民共和国政府采购法实施条例》作为两大法律的配套行政法规，对招标投标制度做了补充细化和完善，进一步健全和完善了我国招标投标制度。

另外，国务院各相关部门结合本部门、本行业的特点和实际情况相应制定了专门的招标投标管理的部门规章、规范性文件及政策性文件，如《工程建设项目施工招标投标办法》《评标委员会和评标方法暂行规定》《招标公告发布暂行办法》《房屋建筑和市政基础设施工程施工招标投标管理办法》等。地方人大及其常委会、人民政府及其有关部门也结合本地区的特点和需要，相继制定了招标投标方面的地方性法规、规章和规范性文件。

从总体来看，这些规章和规范性文件使招标采购活动的主要方面和重点环节实现了有法可依、有章可循，已构成了我国整个招标采购市场的重要组成部分，形成了覆盖全国各领域、各层级的招标采购制度体系，对创造公平竞争的市场环境，规范招标采购行为发挥了重要作用。

**2. 必须招标的建设工程范围**

为了规范招标投标行为，我国相关法规对必须进行招标的项目进行了规定，根据《招标投标法》的规定，国家发展和改革委员会于2018年3月发布了《必须招标的工程项目规定》（发改委第16号令），明确必须招标项目的具体范围和规模标准如下：

(1)全部或者部分使用国有资金投资或者国家融资的项目，包括：

1)使用预算资金200万人民币以上，并且该资金占投资10%以上的项目；

2)使用国有企业事业单位资金，并且该资金占控股或者主导地位的项目。

(2)使用国际组织或者外国政府贷款、援助资金的项目，包括以下几项：

1)使用世界银行、亚洲开发银行等国际组织贷款、援助资金的项目；

2)使用外国政府及其机构货款、援助资金的项目。

(3)不属于以上(1)、(2)规定情形的大型基础设施、公用事业等关系社会公共利益、公众安全的项目，必须招标的具体范围由国务院发展改革部门会同国务院有关部门按照确有必要、严格限定的原则制定，报国务院批准。

（4）以上规定范围内的项目，其勘察、设计、施工、监理以及与工程建设有关的重要设备、材料等采购达到下列标准之一的，必须招标：

1）施工单项合同估算价在 400 万元人民币以上；

2）重要设备、材料等货物的采购，单项合同估算价在 200 万人民币以上；

3）勘察、设计、监理等服务的采购，单项合同估算价在 100 万元人民币以上。同一项目中可以合并进行的勘察、设计、施工、监理以及与工程建设有关的重要设备、材料等采购，合同估算价合计达到前款规定标准的，必须招标。

需要注意的是，在《必须招标的工程项目规定》（发改委第 16 号令）施行以前，必须强制招标的项目范围遵循国家发展计划委员会 2000 年发布的《工程建设项目招标规范和规模标准规定》。《必须招标的工程项目规定》（发改委第 16 号令）发布的《工程建设项目招标范围和规模标准规定》适度缩小了必须招标项目的范围，提高了必须招标项目的规模标准，体现了既要规范招标投标活动、预防腐败，又要提高工作效率、降低企业成本、激发投资主体活力的目的。

涉及国家安全、国家秘密、抢险救灾或者属于利用扶贫资金实行以工代赈、需要使用农民工等特殊情况，不适宜进行招标的项目，按照国家有关规定可以不进行招标。另外，有下列情形之一的，也可以不进行招标：

1）需要采用不可替代的专利或者专有技术；

2）采购人依法能够自行建设、生产或者提供；

3）已通过招标方式选定的特许经营项目投资人依法能够自行建设、生产或者提供；

4）需要向原中标人采购工程、货物或者服务，否则将影响施工或者功能配套要求；

5）国家规定的其他特殊情形。

### 6.1.3　工程施工招标方式

《招标投标法》明确规定，招标可分为公开招标和邀请招标两种方式。公开招标又称无限竞争性招标，是指招标人以招标公告的方式邀请不特定的法人或者其他组织投标。邀请招标又称有限竞争性招标，是指招标人以投标邀请书的方式邀请特定的法人或者其他组织投标。

公开招标的优点是，招标人可以在较广的范围内选择承包商，投标竞争激烈，择优率更高，易于获得有竞争性的商业报价，同时，也可以在较大程度上避免招标过程中的贿标行为。公开招标的缺点是，准备招标、对投标申请者进行资格预审和评标的工作量大，招标时间长、费用高；若招标人对投标人资格条件的设置不当，常导致投标人之间的差异大，导致评标困难，甚至出现恶意报价行为；招标人和投标人之间可能缺乏互信，增大合同履约风险。

邀请招标的优点是，不发布招标公告，不进行资格预审，简化了招标程序，因而节约了招标费用、缩短了招标时间。而且由于招标人比较了解投标人，从而减少了合同履约过程中承包商违约的风险。邀请招标的缺点是，邀请招标的投标竞争激烈程度较差，有可能会提高中标合同价格，也有可能排除某些在技术上或报价上有竞争力的承包商参与投标。

招标人采用公开招标方式的，应当发布招标公告。依法必须进行招标的项目招标公告，应当通过国家指定的报刊、信息网络或者其他媒介发布。招标公告应当载明招标人的名称和地址，招标项目的性质、数量、实施地点和时间以及获取招标文件的办法等事项。招标人可以根据招标项目本身的要求，在招标公告中，要求潜在投标人提供有关资质证明文件和业绩情况，并对潜在投标人进行资格审查；国家对投标人的资格条件有规定的，依照其规定。招标人不得以不合理的条件限制或者排斥潜在投标人，不得对潜在投标人实行歧视待遇。

招标人采用邀请招标方式的，应当向三个以上具备承担招标项目的能力、资信良好的特定法人或者其他组织发出投标邀请书。投标邀请书也应当载明招标人的名称和地址，招标项目的性质、数量、实施地点和时间以及获取招标文件的办法等事项。

### 6.1.4 工程施工招标组织形式

招标可分为招标人自行组织招标和招标人委托招标代理机构代理招标两种组织形式。

具有编制招标文件和组织评标能力的招标人，可自行办理招标事宜，组织招标投标活动，任何单位和个人不得强制其委托招标代理机构办理招标事宜。依法必须进行招标的项目，招标人自行办理招标事宜的，应当向有关行政监督部门备案。

招标人有权自行选择招标代理机构，委托其办理招标事宜，开展招标活动，任何单位和个人不得以任何方式为招标人指定招标代理机构。招标代理机构是依法设立、从事招标代理业务并提供相关服务的中介组织。招标代理机构应当具备下列条件：

(1)有从事招标代理业务的营业场所和相应资金；

(2)有能够编制招标文件和组织评标的相应专业力量；

(3)有符合《招标投标法》规定条件，可以作为评标委员会成员人选的技术、经济等方面的专家库。

招标代理机构代理招标业务，应当遵守《招标投标法》和《招标投标法实施条例》关于招标人的规定。招标代理机构不得在所代理的招标项目中投标或者代理投标，也不得为所代理的招标项目的投标人提供咨询。

### 6.1.5 工程施工招标步骤和工作内容

招标是招标人选择中标人并与其签订合同的过程，而投标则是投标人力争获得实施合同的竞争过程。招标人和投标人均需按照招标投标法律和法规的规定进行招标投标活动。招标程序是指招标单位或委托招标单位开展招标活动全过程的主要步骤、内容及其操作顺序。

公开招标与邀请招标在招标程序上的差异主要是使承包商获得招标信息的方式不同，对投标人资格审查的方式不同。公开招标与邀请招标均要经过招标准备、资格审查与投标、开标评标与授标三个阶段。典型的施工招标程序(主要工作步骤和工作内容)见表6.1。

表6.1　施工招标主要工作步骤和工作内容

| 阶段 | 主要工作步骤 | 主要工作内容 | |
|---|---|---|---|
| | | 招标人 | 投标人 |
| 招标准备 | 项目的招标条件准备 | 招标人需要完成项目前期研究与立项、图纸和技术要求等技术文件准备，项目相关建设手续办理等工作 | 组成投标小组<br>进行市场调查<br>投标机会研究与跟踪 |
| | 招标审批手续办理 | 按照国家有关规定需要履行项目审批、核准手续的依法必须进行招标项目，其招标范围、招标方式、招标组织形式应当报项目审批、核准 | |
| | 组建招标组织 | 自行建立招标组织或招标代理机构 | |

| 阶段 | 主要工作步骤 | 主要工作内容 | |
|---|---|---|---|
| | | 招标人 | 投标人 |
| 招标准备 | 发布招标公告（投资预审公告）或发出投标邀请 | 明确招标公告（资格预审公告）内容发布招标公告（资格预审公告）或者选择确定受邀单位，发出投标邀请函 | 组成投标小组<br>进行市场调查<br>投标机会研究与跟踪 |
| | 编制标底或确定最高投标限价 | 自行或委托专业机构编制标底或最高投标限价，完成相关评审并最终确定 | |
| | 准备招标文件 | 编制资格预审文件和招标文件并完成相关评审或备案手续 | |
| | 策划招标方案 | 施工标段划分，合同计价方式、合同类型选择，潜在竞争程度评价，投标人资格要求，评标方法设置要求等 | |
| 资格审查与投标 | 发售资格预审文件（实行资格预审） | 发售资格预审文件 | 购买资格预审文件<br>填报资格预审资料 |
| | 进行资格预审（实行资格预审） | 分析评价资格预审材料<br>确定资格预审合格<br>通知资格预审结果 | 回函收到资格预审结果 |
| | 发售招标文件 | 发售招标文件 | 购买招标文件<br>参加现场踏勘和标前会议或者自主开展现场踏勘<br>对招标文件提出质疑 |
| | 现场踏勘，标前会议（必要时） | 组织现场踏勘和标前会议（必要时）<br>进行招标文件的澄清和补遗 | |
| | 投标文件的编制、递交和接收 | 接收投标文件（包括投标保证金或投标保函） | 编制投标文件、递交投标文件（包括投标保证金或投标保函） |
| 开标评标与授标 | 开标 | 组织开标会议 | 参加开标会议 |
| | 评标 | 组建评标委员会<br>投标文件初评（符合性鉴定）<br>投标文件详评（技术标、商务标评审）<br>要求投标人提交澄清资料（必要时）<br>资格后审（实行资格后审）<br>编写评语报告 | 提交澄清资料（必要时） |
| | 授标 | 确定中标候选人<br>公示中标候选人<br>发出中标通知书<br>签订施工合同<br>退还投标保证金 | 提交履约保函<br>签订施工合同<br>收回投标保证金 |

# 任务 6.2 施工招标投标文件组成

## 6.2.1 施工招标文件的组成

### 1. 概述

招标文件是指导整个招标投标工作全过程的纲领性文件，是招标人向投标单位提供参加投标所需信息和要求的完整汇编。招标文件由招标人(或者其委托的咨询机构)根据招标项目的特点和需要编制，由招标人发布，它既是投标单位编制投标文件的依据，也是招标人组织评标的依据，还是招标人与将来中标人签订合同的基础。

根据《招标投标法》的规定，招标文件应当包括招标项目的技术要求，对招标人资格审查的标准、投标报价要求和评标标准等所有实质性要求和条件以及拟签订合同的主要条款。就建设项目相关招标而言，招标文件的繁简程度，要视招标工程项目的性质和规模而定。建设项目复杂、规模庞大的，招标文件要力求精练、准确、清楚；建设项目简单、规模小的，文件可以从简，但也要把主要问题交代清楚。

招标文件的编制质量和深度关系着整个招标工作的成败。于是，为了规范招标人的行为，提高招标文件的编制质量和编制效率，《招标投标法》《招标投标法实施条例》等法规对招标文件的编制和管理提出了诸多要求，国家发改委会同其他相关部门也发布了诸多标准招标文件范本，如《标准施工招标资格预审文件》和《标准施工招标文件》暂行规定(2013 修正)、《简明标准施工招标文件》(2012 年版)、《标准设计施工总承包招标文件》(2012 年版)、《标准设备采购招标文件》(2017 年版)、《标准材料采购招标文件》(2017 年版)、《标准勘察招标文件》(2017 年版)、《标准设计招标文件》(2017 年版)、《标准监理招标文件》(2018 年版)等。

《招标投标法》和《招标投标法实施条例》对招标文件的编制还有以下主要规定：

(1)招标文件不得要求或者标明特定的生产供应者以及含有倾向或者排斥潜在投标人的其他内容。

(2)招标人可以对已发出的资格预审文件或者招标文件进行必要的澄清或者修改，该澄清或者修改的内容为招标文件的组成部分。澄清或者修改的内容可能影响资格预审申请文件或者投标文件编制的，招标人应当在提交资格预审申请文件截止时间至少 3 日前，或者投标截止时间至少 15 日前，以书面形式通知所有获取资格预审文件或者招标文件的潜在投标人；不足 3 日或者 15 日的，招标人应当顺延提交资格预审申请文件或者投标文件的截止时间。

(3)潜在投标人或者其他利害关系人对资格预审文件有异议的，应当在提交资格申请文件截止时间 2 日前提出；对招标文件有异议的，应当在投标截止时间 10 日前提出。招标人应当自收到异议之日起 3 日内做出答复；做出答复前，应当暂停招标投标活动。

(4)招标人编制的资格预审文件、招标文件的内容违反法律、行政法规的强制性规定，违反公开、公平、公正和诚实信用原则，影响资格预审结果或者潜在投标人投标的，依法必须进行招标的项目招标人应当在修改资格预审文件或者招标文件后重新招标。

### 2. 施工招标文件的内容

总体而言，施工招标文件的内容主要包括三类：一是告知投标人相关时间规定、资格条件、投标要求、投标注意事项、如何评标等信息的投标须知类内容，如投标人须知、评标办法、投标文件格式等；二是合同条款和格式；三是投标所需要的技术文件，如图纸、工程量清单、技术标准和要求等。

施工招标文件的主要内容包括：

（1）招标公告（或投标请书）。当未进行资格预审时，招标文件中应包括招标公告。当采用邀请招标，或者采用进行资格预审的公开招标时，招标文件中应包括投标邀请书。投标邀请书可代替资格预审通过通知书，以明确投标人已具备了在某具体项目具体标段的投标资格，其他内容包括招标文件的获取、投标文件的递交等。

（2）投标人须知。投标人须知主要包括对于项目概况的介绍和招标过程的各种具体要求，在正文中的未尽事宜可以通过"投标人须知前附表"进行进一步明确，由招标人根据招标项目具体特点和实际需要编制和填写，但务必与招标文件的其他章节相接，并不得与投标人须知正文的内容相抵触，否则抵触内容无效。投标人须知包括以下10个方面的内容：

1）总则。总则主要包括项目概况（项目名称、建设地点以及招标人和招标代理机构的情况等）、资金来源和落实情况、招标范围、计划工期和质量要求的描述，对投标人资格要求的规定，对费用承担、保密、语言文字、计量单位等内容的约定，对踏勘现场、投标预备会的要求，对分包的规定，对投标文件偏离招标文件的范围和幅度的规定等。

2）招标文件。招标文件主要包括招标文件的构成以及澄清和修改的规定。

3）投标文件。投标文件主要包括投标文件的组成，投标报价编制的要求，投标有效期和投标保证金的规定，需要提交的资格预审资料，是否允许提交备选投标方案，以及投标文件编制所应遵循的标准格式要求等。

招标文件应当规定一个适当的投标有效期，以保证招标人有足够的时间完成评标和与中标人签订合同。投标有效期从投标人提交投标文件截止之日起计算。在投标有效期内，投标人不得要求撤销或修改其投标文件。出现特殊情况需要延长投标有效期的，招标人以书面形式通知所有投标人延长投标有效期。投标人同意延长的，应相应延长其投标保证金的有效期，但不得要求或被允许修改或撤销其投标文件，投标人拒绝延长的，其投标失效，但投标人有权收回其投标保证金。

招标人要求递交投标保证金的，应在招标文件中明确。投标保证金不得超过招标项目估算价的2%，且最高不得超过80元人民币。投标保证金有效期应当与投标有效期一致。依法必须进行招标的项目的境内投标单位，以现金或者支票形式提交的投标保证金应当从其基本户转出。招标人不得挪用投标保证金。投标人不按要求提交投标保证金的，其投标文件作废标处理。

4）投标。主要规定投标文件的密封与标识、递交、修改及撤回的各项要求。在此部分中应当确定投标人编制投标文件所需要的合理时间。依法必须进行招标的项目，自招标文件开始发出之日起至投标人提交投标文件截止之日止，最短不得少于20日。投标人在招标文件要求提交投标文件的截止时间前，可以补充、修改、替代或者撤回已提交的投标文件，并书面通知招标人。补充、修改的内容为投标文件的组成部分。

5）开标。规定开标的时间、地点和程序。

6）评标。说明评标委员会的组建方法，评标原则和采取的评标办法。

7）合同授予。说明拟采用的定标方式，中标通知书的发出时间，要求承包人提交的履约担保和合同的签订时限。

8）重新招标和不再招标。规定重新招标和不再招标的条件。

9）纪律和监督。纪律和监督主要包括对招标过程各参与方的纪律要求。

10)需要补充的其他内容。

(3)评标办法。评标办法可选择经评审的最低投标价法和综合评估法。评标办法需要对评价指标、所占分值(权重)、评价标准、评价方法等进行明确的规定。评标委员会必须按照招标文件中的"评标办法"规定的方法、评审因素、标准和程序对投标文件进行评审。招标文件中没有规定的方法、评审因素和标准,不作为评标依据。

(4)合同条款及格式。施工合同明确了承发包双方在履约过程中的权利和义务,对承包商的投入和面临的风险有显著的影响,是投标人投标报价时必须要有的依据。因此招标文件应该包括中标人需要和招标人签订的本工程拟采用的完整施工合同,包括通用合同条款、专用合同条款以及各种合同附件的格式。

(5)工程量清单。采用工程量清单招标的,招标文件应当提供工程量清单。工程量清单是表现拟建工程分部分项工程、措施项目和其他项目名称与相应数量的明细清单,以满足工程项目具体量化和计量支付的需要,是招标人编制最高投标限价(招标控制价)和投标人编制投标报价的重要依据。如按照规定应编制最高投标限价的项目,其最高投标限价也应在招标时一并公布。

(6)图纸。图纸是指应由招标人提供的用于计算最高投标限价和投标人计算投标价所必需的各种详细程度的图纸。

(7)技术标准与要求。招标文件规定的各项技术标准应符合国家强制性规定。招标文件中规定的各项技术标准均不得要求或标明某一特定的专利、商标、名称、设计、原产地或生产供应者,不得含有倾向或者排斥潜在投标人的其他内容。如果必须引用某供应商的技术标准才能准确或清楚地说明拟招标项目的技术标准时,则应当在参照后加上"或相当于"的字样。

(8)投标文件格式。提供各种投标文件编制所应依据的参考格式。

(9)规定的其他材料。如需要其他材料,应在"投标人须知前附表"中予以规定。

## 6.2.2　施工投标文件的组成

### 1. 概述

建设工程投标是工程招标的对称概念,是指具有合法资格和能力的投标人,根据招标条件,在指定期限内填写标书,提出报价,参加开标,接受评审,等候能否中标的经济活动。投标文件是指投标人根据招标文件要求编制的响应性文件。投标文件反映了投标人对招标人各项要求的响应,反映了投标人完成招标项目的能力水平,是投标人希望和招标人订立合同的意思表示。投标文件是招标人判定投标人能力、意愿、完成项目所需条件的最直接、最有效的依据。

一般而言,招标文件除了对价格、质量、安全、环保、工期、人员等招标文件的实质性内容提出要求外,为了规范投标、防止串通,招标文件也会对投标文件的格式、装订要求等进行规定,投标人编制投标文件均需要严格遵循这些要求。

除按照招标文件的要求编制投标文件外,《招标投标法》和《招标投标法实施条例》对投标文件的编制、修改、撤回、递交、评审等还有以下主要规定:

(1)投标人应当按照招标文件的要求编制投标文件,投标文件应当对招标文件提出的实质性要求和条件做出响应。投标文件没有对招标文件的实质性要求和条件做出响应的,评标委员会应当否决其投标。

(2)招标项目属于建设施工的,投标文件的内容应当包括拟派出的项目负责人与主要技术人员的简历、业绩和拟用于完成招标项目的机械设备等。

（3）投标人应当在招标文件要求提交投标文件的截止时间前，将投标文件送达招标地点。招标人收到投标文件后，应当如实记载投标文件的送达时间和密封情况，并备查，开标前不得开启。

（4）未通过资格预审的申请人提交的投标文件，以及逾期送达或者不按照招标文件要求密封的投标文件，招标人应当拒收。投标文件未经投标单位盖章和单位负责人签字的，投标人不符合国家或者招标文件规定的资格条件的，评标委员会应当否决其投标。

（5）投标人在招标文件要求提交投标文件的截止时间前，可以补充、修改或者撤回已提交的投标文件，并书面通知招标人。补充、修改的内容为投标文件组成部分。投标截止后投标人撤销投标文件的，招标人可以不退还投标保证金。

（6）投标文件中有含义不明确的内容、明显文字或者计算错误，评标委员会认为需要投标人作出必要澄清、说明的，应当书面通知该投标人。投标人的澄清、说明应当采用书面形式，并不得超出投标文件的范围或者改变投标文件的实质性内容。

（7）投标报价低于成本或者高于招标文件设定的最高投标限价的，投标联合体没有提交联合体协议书的，同一投标人提交两个以上不同的投标文件或者投标报价的（招标文件要求提交备选投标的除外），评标委员会应当否决其投标。

（8）投标人不得以他人名义投标或者以其他方式弄虚作假，骗取中标。投标人不得相互串通投标报价，不得排挤其他投标人的公平竞争，损害招标人或者其他投标人的合法权益。投标人不得与招标人串通投标，损害国家利益、社会公共利益或者他人的合法权益。禁止投标人以向招标人或者评标委员会成员行贿的手段谋取中标。投标人有串通投标、弄虚作假等违法行为的，评标委员会应当否决其投标。

### 2. 施工投标文件的内容

（1）投标函及投标函附录。投标函是指由投标人填写的名为投标函的文件，包括其签署的向招标人提交的工程报价、工期目标、质量标准及相关文件。投标函及其他与其一起提交的文件构成了投标文件。投标函附录是对投标函相关重要内容做出的进一步信息补充和确认。投标函及其附录需要由投标人盖章并由投标人法定代表人或其委托代理人签字。投标函未经投标单位盖章和法定代表人或其委托代理人签字的，评标委员会应当否决其投标。

投标函范例

（2）法定代表人身份证明或附有法定代表人身份证明的授权委托书。投标文件必须包括企业法定代表人身份证明或附有法定代表人身份证明的授权委托书，以确保投标系企业行为，企业愿意承担由此产生的收益和风险。

（3）联合体协议书。招标文件载明接受联合体投标的，两个以上法人或者其他组织可以组成一个联合体，以一个投标人的身份共同投标。联合体各方均应当具备承担招标项目的相应能力；国家有关规定或者招标文件对投标人资格条件有规定的，联合体各方均应当具备规定的相应资格条件。由同一专业的单位组成的联合体，按照资质等级较低的单位确定资质等级。联合体各方应当签订联合体协议书（共同投标协议），明确约定联合体指定牵头人以及各方拟承担的工作和责任，授权指定牵头人代表所有联合体成员负责投标

联合体协议书
范本

和合同实施阶段的主办、协调工作，并将由所有联合体成员法定代表人签署的联合体协议书连同投标文件一并提交招标人。联合体中标的，联合体各方应当共同与招标人签订合同，就中标项目向招标人承担连带责任。联合体各方签订共同投标协议后，不得再以自己名义单独投标，

也不得组成新的联合体或参加其他联合体在同一项目中投标。投标联合体没有提交联合体协议书的，评标委员会应当否决其投标。

招标文件规定不接受联合体投标的，或投标人没有组成联合体的，投标文件不包括联合体协议书。

(4)投标保证金。投标人需要按照招标文件的要求在投标截止日前向招标人递交投标保证金或投标保函。

(5)已标价工程量清单。由投标人按照招标文件规定的格式和要求，在招标人提供的工程量清单上填写并标明价格的工程量清单。已标价工程量清单是由投标人填写并签字的用于投标的文件，属于双方施工合同文件的组成。

(6)施工组织设计。施工组织设计是体现投标人技术能力的重要技术文件，也是呈现施工方案(包括施工方法、施工顺序、施工机械设备的选择等)、施工进度计划及总平面图的技术文件，而项目的施工方案、施工进度计划、施工总平面图都会显著影响项目的施工成本，成为评价投标人投标报价合理性的重要依据，所有投标人的投标文件应当包括施工组织设计。

鉴于投标人是在尚未中标的情况下编制施工组织设计，此阶段的施工组织设计应该包括的主要内容为：施工方法说明；计划开工、开工日期和施工进度网络图；施工总平面图；拟投入本标段的主要施工设备情况、拟配备本标段的试验和检测仪器设备情况、劳动力计划等；结合工程特点提出切实可行的工程质量、安全生产、文明施工、工程进度、技术组织措施，同时，应对关键工序、复杂环节重点提出相应技术措施，如冬、雨期施工技术，减少噪声，降低环境污染，地下管线及其他地上地下设施的保护加固措施；临时用地表等。

(7)项目管理机构。项目管理机构的水平和能力是决定项目管理成败的关键，在建设项目的评标指标和评价方法中，一般都有对项目管理机构进行评价的内容。所有投标人的投标文件中需要有介绍项目管理机构的内容。

(8)拟分包项目情况表。投标人根据招标文件载明的项目实际情况，拟在中标后将中标项目的部分非主体、非关键性工作进行分包的，应当在投标文件中载明。

(9)资格审查资料。确保投标人，尤其是中标的投标人，符合招标文件明确的投标人资格是招标成果的关键。无论是资格后审，还是资格预审，资格审查资料都是投标文件应包含的资料。

(10)投标人须知前附表规定的其他材料。投标人需要向招标人递交投标人须知前附表规定的其他材料，确保投标全面响应招标人的各项要求。


# 任务6.3　施工招标程序和招标控制价


## 6.3.1　施工招标程序

### 1. 编制招标文件

招标文件是招标单位向投标单位介绍招标工程情况和招标的具体要求的综合性文件。因此，招标文件的编制必须做到系统、完整、准确、明晰，即提出要求的目标明确，使投标者一目了然。建设单位也可以根据具体情况，委托具有相应资质的咨询、监理单位代理招标。招标文件一般包括以下内容：

(1)工程综合说明书，包括项目名称、地址、工程内容、承包方式、建设工期、工程质量检验标准、施工条件等；

(2)施工图纸和必要的技术资料；

(3)工程款的支付方式；

(4)实物工程量清单；

(5)材料供应方式及主要材料、设备的订货情况；

(6)投标的起止日期和开标时间、地点；

(7)对工程的特殊要求及对投标企业的相应要求；

(8)合同主要条款；

(9)其他规定和要求。

招标文件一经发出，招标单位不得擅自改变，否则，应赔偿由此给投标单位造成的损失。

**2. 编制招标控制价**

招标控制价是招标单位编制的招标工程的最高限价。其是招标文件的核心部分，是择优选择承包单位的重要依据。所有投标报价不得高于招标控制价，否则其投标应予拒绝。

**3. 公布招标消息**

采取公开招标的可以在广播、电视、报纸和专门刊物上登广告和通知。采取邀请招标的，要以向有能力的施工企业发出招标通知书。采取议标的，可以邀请两家有能力的施工企业直接协商。

**4. 投标单位资格审查**

审查投标单位的资格素质，要看是否符合招标工程的条件。参加投标单位，应按招标广告或通知规定的时间报送申请书，并附企业状况表或说明。其内容应包括企业名称、地址、负责人姓名、开户银行及账号、企业所有制性质和隶属关系、营业执照和资质等级证书(复印件)、企业简历等。投标单位应按有关规定填写表格。

招标单位收到投标单位的申请后，即审查投标企业的等级、承包任务的能力、财产赔偿能力以及保证人等，确定投标企业是否具备投标的资格。资格审查合格的投标单位，向招标单位购买招标文件。

**5. 组织现场勘察并答疑**

在投标单位初步熟悉招标文件后，由招标单位组织投标单位勘查现场，并解答招标文件中的疑问。

**6. 接受投标单位的标书**

各投标单位编制完标书后应在规定时间内报送招标单位。

**7. 开标、评标、决标**

(1)开标。招标单位按招标文件规定的时间、地点，在有投标单位、建设项目主管部门、建设银行和法定公证人参加下，当众启封有效标函，宣布各投标单位的报价和标函中的其他内容。

开标时应确认标书的有效性。标书也有无效情况，如标函未密封；投标单位未按规定的格式填写或填写字迹模糊，辨认不清；未加盖本单位公章和单位负责人的印鉴；寄达时间超过规定日期等。

(2)评标、决标。招标单位对所有有效标书进行综合分析评比，从中确定最理想的中标单位。

确定中标企业的主要依据是标价合理，有一整套完整的保证质量、安全、工期等的技术组织措施，社会信誉高，经济效益好。

评标决标的方法，可采用多目标决策中的打分法。首先确定评价项目和评价标准，将评价的内容具体分解成若干目标并确定打分标准；然后按各项目标的重要程度决定权数；最后由评委会成员给各个项目分别打分，用评分乘以相应的权数汇总后得出总分，以总分最高的作为中标单位。

**8. 签订工程承包合同**

招标单位与中标单位双方，就招标的商定条款用具有法律效力的合同形式固定下来，以便双方共同遵守。合同一般应包括的条款主要有：工程名称和地点；工程范围和内容；开、竣工日期及中间交工工程开、竣工日期；工程质量保证及保修条件；工程预付款；工程款的支付、结算及交工验收办法；设计文件及概、预算和技术资料提供日期；材料和设备的供应和进厂期限；双方相互协作事项；违约责任等。

📖**知识链接**

评标是在严格保密状态下，完全按照招标文件规定的标准和方法进行的。评标由招标人依法组建的评标委员会负责。

《招标投标法》第37条规定：依法必须进行招标的项目，其评标委员会由招标人的代表和有关技术、经济等方面的专家组成，成员人数为五人以上单数，其中技术、经济等方面的专家不得少于成员总数的三分之二。前款专家应当从事相关领域工作满八年并具有高级职称或者具有同等专业水平，由招标人从国务院有关部门或者省、自治区、直辖市人民政府有关部门提供的专家名册或者招标代理机构的专家库内的相关专业的专家名单中确定；一般招标项目可以采取随机抽取方式，特殊招标项目可以由招标人直接确定。与投标人有利害关系的人不得进入相关项目的评标委员会；已经进入的应当更换。评标委员会成员的名单在中标结果确定前应当保密。

在可行的情况下，招标文件规定了把投标文件的每个方面以货币形式量化的方法。或者招标文件说明各条标准的相对重要性，并对每条标准给予加权。具有最低评标报价的投标人并不一定是报价最低的投标人。招标文件规定的评标标准常常包括价格以外的因素，如包括性能、零配件供应或维修服务方面的条款。另外，提供国内制造的货物的国内承包商和投标人有时会得到一定的国内优惠。招标文件都会明确说明所有的评标标准和比较程序。

不符合招标文件规定的商业和技术要求的投标文件会被拒绝。投标人如发现招标文件规定的标准不清楚或属于专利范围，须在投标前提请招标人注意，在投标截止日之后再对评标标准提出质疑就太晚了。

## 6.3.2　招标控制价

**1. 招标控制价的概念**

招标控制价是指招标人根据国家或省级、行业建设主管部门颁发的有关计价依据和办法，按设计施工图纸计算的，对招标工程限定的最高工程造价。国有资金投资的工程建设项目应实行工程量清单招标，并应编制招标控制价。

招标控制价应在招标文件中注明，不应上调或下浮，招标人应将招标控制价及有关资料报送工程所在地工程造价管理机构备查。招标控制价超过批准的概算时，招标人应将其报原概算审批部门审核。投标人的投标报价高于招标控制价的，其投标应予拒绝。

**2. 招标控制价的作用**

(1)招标人有效控制项目投资，防止恶性投标带来的投资风险。

(2)增强招标过程的透明度，有利于正常评标。

(3)利于引导投标方投标报价，避免投标方无标底情况下的无序竞争。

(4)招标控制价反映的是社会平均水平，为招标人判断最低投标价是否低于成本提供参考依据。

(5)可为工程变更新增项目确定单价提供计算依据。

(6)作为评标的参考依据，避免出现较大偏离。

(7)投标人根据自己的企业实力、施工方案等报价，不必揣测招标人的标底，以提高市场交易效率。

(8)减少了投标人的交易成本，使投标人不必花费人力、财力去套取招标人的标底。

(9)招标人把工程投资控制在招标控制价范围内，

(10)提高了交易成功的可能性。

**3. 招标控制价的编制依据**

(1)《建设工程工程量清单计价规范》(GB 50500—2013)。

(2)国家或省级、行业建设主管部门颁发的计价定额和计价办法。

(3)建设工程设计文件及相关资料。

(4)招标文件中的工程量清单及有关要求。

(5)与建设项目相关的标准、规范、技术资料。

(6)工程造价管理机构发布的工程造价信息；工程造价信息没有发布的参照市场价。

(7)其他相关资料。其他相关资料主要是指施工现场情况、工程特点及常规施工方案等。

按上述依据进行招标控制价编制，应注意以下事项：

(1)使用的计价标准、计价政策应是国家或省级、行业建设主管部门颁布的计价定额和相关政策规定。

(2)采用的材料价格应是工程造价管理机构通过工程造价信息发布的材料单价，工程造价信息未发布材料单价的材料，其材料价格应通过市场调查确定。

(3)国家或省级、行业建设主管部门对工程造价计价中费用或费用标准有规定的，应按规定执行。

**4. 招标控制价的编制**

(1)分部分项工程费应根据招标文件中的分部分项工程量清单项目的特征描述及有关要求，按规定确定综合单价进行计算。综合单价中应包括招标文件中要求投标人承担的风险费用。招标文件提供了暂估单价的材料，按暂估的单价计入综合单价。

(2)措施项目费应按招标文件中提供的措施项目清单确定，措施项目采用分部分项工程综合单价形式进行计价的工程量，应按措施项目清单中的工程量，并按规定确定综合单价；以"项"为单位的方式计价的，按规定确定除规费、税金以外的全部费用。措施项目费中的安全文明施工费应当按照国家或省级、行业建设主管部门的规定标准计价。

(3)其他项目费应按下列规定计价：

1)暂列金额。暂列金额由招标人根据工程特点，按有关计价规定进行估算确定。为保证工程施工建设的顺利实施，在编制招标控制价时应对施工过程中可能出现的各种不确定因素对工程造价的影响进行估算，列出一笔暂列金额。暂列金额可根据工程的复杂程度、设计深度、工程环境条件(包括地质、水文、气候条件等)进行估算，一般可按分部分项工程费的 10%～15%作为参考。

2)暂估价。暂估价包括材料暂估价和专业工程暂估价。暂估价中的材料单价应按照工程造价管理机构发布的工程造价信息或参考市场价格确定；暂估价中的专业工程暂估价应分不同专业，按有关计价规定估算。

3）计日工。计日工包括计日工人工、材料和施工机械。在编制招标控制价时，对计日工中的人工单价和施工机械台班单价应按省级、行业建设主管部门或其授权的工程造价管理机构公布的单价计算；材料应按工程造价管理机构发布的工程造价信息中的材料单价计算，工程造价信息未发布材料单价的材料，其价格应按市场调查确定的单价计算。

4）总承包服务费。招标人应根据招标文件中列出的内容和向总承包人提出的要求，参照下列标准计算：

①招标人要求对分包的专业工程进行总承包管理和协调时，按分包的专业工程估算造价的1.5%计算。

②招标人要求对分包的专业工程进行总承包管理和协调，并同时要求提供配合服务时，根据招标文件中列出的配合服务内容和提出的要求，按分包的专业工程估算造价的3%～5%计算。

③招标人自行供应材料的，按招标人供应材料价值的1%计算。

（4）招标控制价的规费和税金必须按国家或省级、行业建设主管部门的规定计算。

**5. 招标控制价编制的注意事项**

（1）招标控制价的作用决定了招标控制价不同于标底，无须保密。为体现招标的公平、公正，防止招标人有意抬高或压低工程造价，招标人应在招标文件中如实公布招标控制价，不得对所编制的招标控制价进行上浮或下调。招标人在招标文件中公布招标控制价时，应公布招标控制价各组成部分的详细内容，不得只公布招标控制价总价。同时，招标人应将招标控制价报工程所在地的工程造价管理机构备查。

（2）投标人经复核认为招标人公布的招标控制价未按照《建设工程工程量清单计价规范》（GB 50500—2013）的规定进行编制的，应在开标前5天向招标投标管理机构或（和）工程造价管理机构投诉。

招标投标管理机构应会同工程造价管理机构对投诉进行处理，发现确有错误的，应责令招标人修改。

**【应用案例6.1】** 某办公楼的招标人于2002年10月11日向具备承担该项目能力的A、B、C、D和E 5家投标单位发出投标邀请书。其中说明，10月17—18日9—16时在该招标人总工程师室领取招标文件，11月8日14时为投标截止时间。该5家投标单位均接受邀请，并按规定时间提交了投标文件。但投标单位A在送出投标文件后发现报价估算有较严重的失误，遂赶在投标截止时间前10分钟递交了一份书面声明，撤回已提交的投标文件。

开标时，由招标人委托的市公证处人员检查投标文件的密封情况，确认无误后由工作人员当众拆封。由于投标单位A已撤回投标文件，故招标人宣布有B、C、D和E 4家投标单位投标，并宣读该4家投标单位的投标价格、工期和其他主要内容。

评标委员会委员由招标人直接确定，共由7人组成，其中招标人代表2人、本系统技术专家2人、经济专家1人、外系统技术专家1人、经济专家1人。

在评标过程中，评标委员会要求B、D两投标人分别对其施工方案作详细说明，并对若干技术要点和难点提出问题，要求其提出具体、可靠的实施措施。作为评标委员会的招标人代表希望投标单位B再适当考虑一下降低报价的可能性。按照招标文件中确定的综合评标标准，4个投标人综合得分从高到低的顺序依次为B、D、C、E，故评标委员会确定投标单位B为中标人。由于投标单位B为外地企业，招标人于11月10日将中标通知书以挂号信方式寄出，投标单位B于11月14日收到中标通知书。

由于从报价情况来看，4 个投标人的报价从低到高的顺序依次为 D、C、B、E，因此，从 11 月 16 日至 12 月 11 日招标人又与投标单位 B 就合同价格进行了多次谈判，结果投标单位 B 将价格降到略低于投标单位 C 的报价水平，最终双方于 12 月 12 日签订了书面合同。

问题：

从所介绍的背景资料来看，在该项目的招标投标程序中，哪些方面不符合《招标投标法》的有关规定？请逐一说明。

分析：

从所介绍的背景资料来看，在该项目的招标投标程序中，以下方面不符合《招标投标法》的有关规定：

(1)招标人不应仅宣布 4 家投标单位参加投标。《招标投标法》规定：招标人在招标文件要求提交投标文件的截止时间前收到的所有投标文件，开标时都应当众拆封、宣读。

这一规定是比较模糊的，仅按字面理解，已撤回的投标文件也应当宣读，但这显然与有关撤回投标文件的规定的初衷不符。按国际惯例，虽然投标单位 A 在投标截止时间前已撤回投标文件，但仍应作为投标人宣读其名称，但不宣读其投标文件的其他内容。

(2)评标委员会委员不应全部由招标人直接确定。按规定，评标委员会中的技术、经济专家，一般招标项目应采取从专家库中随机抽取方式，特殊招标项目可以由招标人直接确定。本项目显然属于一般招标项目。

(3)评标过程中不应要求投标单位考虑降价问题。按规定，评标委员会可以要求投标人对投标文件中含义不明确的内容作必要的澄清或者说明，但是澄清或者说明不得超出投标文件的范围或者改变投标文件的实质性内容；在确定中标人之前，招标人不得与投标人就投标价格、投标方案的实质性内容进行谈判。

(4)中标通知书发出后，招标人不应与中标人就价格进行谈判。按规定，招标人和中标人应按照招标文件和投标文件订立书面合同，不得再订立背离合同实质性内容的其他协议。

(5)订立书面合同的时间过迟。按规定，招标人和中标人应当自中标通知书发出之日(不是中标人收到中标通知书之日)起 30 天内订立书面合同，而本案例为 32 天。

【应用案例 6.2】 某工程进行招标，规定各投标单位递交投标文件截止期及开标时间为中午 12 点。有 6 个投标人出席，共递交 37 份投标文件，其中有一个出席者同时代表两个投标人。业主通知此人，他只能投一份投标文件而应撤回一份投标文件。

另一名投标人晚到了 10 分钟，原因是门口警卫搞错了人，把他阻拦了。随后警卫向他表示了歉意，并出面证实他迟到的原因。但业主拒绝考虑他交来的投标文件。

问题：

业主的做法对不对？

分析：

同一个投标人只能单独或作为合伙人投一份投标文件。但他不一定亲自递交，可以委托别人代他递交投标文件并出席开标会。一名代表可同时被授权代表不止一名投标人递交投标文件并出席开标会。案例中第一种情况业主的做法是不对的。

在预定递交投标文件截止期及开标时间已过的情况下，无论由于何种原因，业主可以拒绝迟交的投标文件。理由是，开标时间已到，部分投标文件的内容可能已宣读，迟交投标文件的投标人就有可能作有利于自己的修改。这样，对已在开标前递交投标文件的投标人不公平。但按惯例只要不影响招标程序的完整性，而又无损于有关各方的利益，递交投标文件时间稍有延迟也不必拘泥于刻板的时间。因此，在本案例中，如果任何投标文件都未开封、宣读，业主也可以接受其投标文件。但是《招标投标法》第二十八条中明文规定：在招标文件要求提交投标文件的截止时间后送达的投标文件，招标人应当拒收。

《FIDIC招标程序》要求：不应启封在规定的时间之后收到的投标书，并应立即将其退还投标人，同时附上一说明函，说明收到的日期和时间。

# 任务 6.4　施工投标程序及投标报价

## 6.4.1　施工投标概述

### 1. 施工投标的概念

建设工程投标，是指承建单位依据有关规定和招标单位拟定的招标文件参与竞争，并按照招标文件的要求，在规定的时间内向招标人填报投标书、并争取中标，以图与建设工程项目法人单位达成协议的经济法律活动。

《招标投标法》第二十五条规定："投标人是响应招标、参加投标竞争的法人或者其他组织。"所谓响应投标，主要是指投标人对招标文件中提出的实质性要求和条件做出响应。

### 2. 投标人的资格要求

《招标投标法》第二十六条规定："投标人应当具备承担招标项目的能力；国家有关规定对投标人资格条件或者招标文件对投标人资格条件有规定的，投标人应当具备规定的资格条件。"

（1）投标人应当具备承担招标项目的能力。就建筑企业来说，这种能力主要体现在有关不同的资质等级的认定上。如根据"建筑企业资质管理规定"，房屋建筑工程施工总承包资质等级分为特级、一级、二级、三级；施工企业承包资质等级分为一、二、三、四级。

（2）招标人在招标文件中对投标人的资格条件有规定的，投标人应当符合招标文件规定的资格条件；国家对投标人的资格条件有规定的，依照其规定。

## 6.4.2　施工投标程序

（1）获取招标信息。承包商根据招标广告或通知，分析招标工程条件，再结合自己的实力，选择投标工程。

（2）申请投标。按照招标广告或通知的规定向招标单位提出投标申请，提交有关资料。

（3）接受招标单位的资格审查。

（4）审查合格的企业购买招标文件及有关资料。

（5）参加现场勘察，并就招标中的问题向招标单位提出质疑。

（6）编制标书。标书是投标单位用于投标的综合性技术经济文件。它是承包商技术水平和管理水平的综合体现，也是招标单位选择承包商的主要依据，中标的标书又是签订工程承包合同的基础。标书的内容应包括：

1）标函的综合说明；

2）按招标文件的工程量填写单价、单位工程造价和总造价；

3）计划开、竣工日期及日历施工天数；

4）工程质量达到的等级以及保证安全与质量的主要措施；

5）施工方案以及技术组织措施和工程进度；

6)主要工程的施工方法和施工机械的选择；

7)临时设施需用占地数量和主要材料耗用量等。

编制标书是一项很复杂的工作，投标单位必须认真对待。在取得招标文件后，首先应组织人员仔细阅读全部内容，然后对现场进行实地勘察，向建设单位询问并了解有关问题，把招标工程各方面情况弄清楚，在此基础上完成标书。

(7)封送投标书。

(8)参加开标、评标、决标。

(9)中标后，与建设单位签订工程承包合同。

### 6.4.3　施工投标报价的编制

**1. 投标报价的原则**

投标报价的编制主要是投标单位对承建招标工程所要发生的各种费用的计算。在进行投标计算时，必须首先根据招标文件进一步复核工程量。作为投标计算的必要条件，应预先确定施工方案和施工进度，此外，投标计算还必须与采用的合同形式相协调。报价是投标的关键性工作，报价是否合理直接关系到投标的成败。

(1)以招标文件中设定的发承包双方责任划分，作为考虑投标报价费用项目和费用计算的基础；根据工程发承包模式考虑投标报价的费用内容和计算深度。

(2)以施工方案、技术措施等作为投标报价计算的基本条件。

(3)以反映企业技术和管理水平的企业定额作为计算人工、材料和机械台班消耗量的基本依据。

(4)充分利用现场考察、调研成果、市场价格信息和行情资料，编制基价，确定调价方法。

(5)报价计算方法要科学严谨、简明适用。

**2. 投标报价的计算依据**

(1)招标单位提供的招标文件。

(2)招标单位提供的设计图纸、工程量清单及有关的技术说明书等。

(3)国家及地区颁发的现行建筑、安装工程预算定额及与之相配套执行的各种费用定额规定等。

(4)地方现行材料预算价格、采购地点及供应方式等。

(5)因招标文件及设计图纸等不明确经咨询后由招标单位书面答复的有关资料。

(6)企业内部制定的有关计费、价格等的规定、标准。

(7)其他与报价计算有关的各项政策、规定及调整系数等。

在标价的计算过程中，对于不可预见费用的计算必须慎重考虑，不要遗漏。

**3. 投标报价的编制方法**

(1)以定额计价模式投标报价。一般是先采用预算定额来编制，即按照规定的分部分项工程子目逐项计算工程量，套用定额基价或根据市场价格确定直接费，然后再按规定的费用定额计取各项费用，最后汇总形成标价。

(2)以工程量清单计价模式投标报价。这是与市场经济相适应的投标报价方法，也是国际通用的竞争性招标方式所要求的。一般是先由标底编制单位根据业主委托，将拟建招标工程全部项目和内容按相关的计算规则计算出工程量，列在清单上作为招标文件的组成部分，供投标人逐项填报单价，计算出总价，作为投标报价，然后通过评标竞争，最终确定合同价。工程量清单报价由招标人给出工程量清单，投标者填报单价，单价应完全依据企业技术、管理水平等企业实力而定，以满足市场竞争的需要。

## 4. 投标报价的编制程序

建设工程项目投标报价的编制程序如图 6.1 所示。

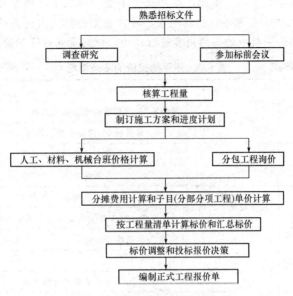

图 6.1 投标报价的编制程序

知识链接

常用的投标策略主要有：

(1)根据招标项目的不同特点采用不同报价，见表 6.2。

表 6.2 投标策略

| 投标策略 | 项目情况(投标人情况) |
| --- | --- |
| 报价可高一些 | 施工条件差的工程，专业要求高的技术密集型工程(投标人又有专长，声望也较高) |
| | 总价低的小工程(投标人自己不愿做、又不方便不投标的工程) |
| | 特殊的工程，如港口码头、地下开挖工程等 |
| | 工期要求急的工程 |
| | 投标对手少的工程 |
| | 支付条件不理想的工程 |
| 报价可低一些 | 施工条件好的工程 |
| | 工作简单、工程量大而其他投标人都可以做的工程 |
| | 投标人目前急于打入某一市场、某一地区，或在该地区面临工程结束，机械设备等无工地转移时的工程 |
| | 投标人在附近有工程，而本项目又可利用该工程的设备、劳务，或有条件短期内突击完成的工程 |
| | 投标对手多，竞争激烈的工程 |
| | 非急需工程 |
| | 支付条件好的工程 |

（2）不平衡报价法。不平衡报价法也叫作前重后轻法。采用不平衡报价一定要建立在对工程量仔细核对分析的基础上，特别是对单价报价偏低的项目，不平衡报价过多或者过于明显，就会引起业主反感，甚至导致废标。因此，在总报价不变的情况下，调整的不平衡报价一般应控制在15%的幅度范围之内。如果不注意这一点，有时业主会挑选出过高的项目，要求投标人进行单价分析，并围绕单价分析中过高的内容进行压价，以致承包商得不偿失，见表6.3。

表6.3　不平衡报价的不同情况

| 序号 | 信息类型 | 变动趋势 | | 不平衡结果 |
|---|---|---|---|---|
| 1 | 资金收入的时间 | 结算早（如前期措施费、基础工程、土石方工程等） | | 单价高 |
| | | 结算晚（如设备安装、装饰工程等） | | 单价低 |
| 2 | 清单工程量不准确 | 可能需要增加工程量 | | 单价高 |
| | | 可能需要减少工程量 | | 单价低 |
| 3 | 设计图纸不明确 | 可能增加工程量 | | 单价高 |
| | | 可能减少工程量或工程内容说明不清楚的 | | 单价低 |
| 4 | 暂定项目 | 自己承包的可能性高 | 肯定要施工的 | 单价高 |
| | | | 不一定要施工的 | 单价低 |
| | | 自己承包的可能性低 | | |
| 5 | 综合单价分析表 | 人工费和机械费（今后有增项往往采用此价格） | | 单价高 |
| | | 材料费（往往采用市场价） | | 单价低 |

（3）计日工单价的报价。如果是单纯报计日工单价，而且不计入总价中，可以报高些；如果计日工单价要计入总报价时，则需具体分析是否报高价，以免抬高总报价。

（4）可供选择的项目的报价。有些工程项目的分项工程，招标人要求按某一方案报价，并再提供几种可供选择方案的比较报价；投标时，投标人应对不同规格情况下的价格都进行调查，以确定投标策略；对于将来有可能被选择使用的规格应适当提高其报价；对于技术难度大或其他原因导致的难以实现的规格，可将价格有意抬高得更多一些，以阻挠招标人选用。

"可供选择项目"并非由投标人任意选择，而是招标人才有权进行选择，决定采用哪种方案。

（5）暂定金额的报价。暂定金额的报价见表6.4。

表6.4　暂定金额的报价

| 清单中列出的内容 | 要求 | 特点 | 价款支付 | 报价策略 |
|---|---|---|---|---|
| 业主规定了暂定工程量的分项内容和暂定总价款 | 所有投标人都必须在总报价中加入这笔固定金额 | 分项工程量不很准确 | 允许投标人按所报单价和实际完成的工程量付款 | 单价适当提高 |
| 只列出项目数量 | 投标人既列出单价，也应按暂定项目的数量计算总价 | 没有限制这些工程量的估价总价款 | 按实际完成的工程量和所报单价支付 | 一般采用正常价格。如果投标人估计今后实际工程量肯定会增大，则可适当提高单价 |
| 只列出固定总金额 | | 这笔金额做什么用，由招标人确定 | | 列入总报价即可 |

(6)多方案报价法。多方案报价法，是先按原招标文件报一个价格，然后再提出，如某某条款做某些变动，报价可降低多少，由此可报出一个较低的价格。这样可以降低总价，吸引招标人。多方案报价法适用于工程范围不很明确，条款不清楚或很不公正，或技术规范要求过于苛刻的情况。

(7)增加建议方案。这种新建议方案可以降低总造价或是缩短工期，或使工程运用更为合理。有时招标文件中规定可以提一个建议方案，即可以修改原设计方案，提出投标者的方案。

注意，对原招标方案一定也要报价。建议方案不要写得太具体，要保留方案的技术关键，防止招标人将此方案交给其他投标人。建议方案一定要比较成熟，有很好的可操作性。

(8)分包商报价的采用。总承包商应在投标前先取得分包商的报价，并增加一定的管理费，作为投标总价的组成部分一并列入报价单中。

总承包商在投标前找两三家分包商分别报价，而后选择其中一家信誉较好、实力较强和报价合理的分包商签订协议，同意该分包商作为本分包工程的唯一合作者，并将分包商的姓名列到投标文件中，但要求该分包商相应地提交投标保函。将分包商的利益同投标人捆在一起，可以防止分包商事后反悔和涨价，还可能迫使分包时报出较合理的价格，以便共同争取得标。

(9)许诺优惠条件。投标人在投标时主动提出提前竣工、免费转让技术专利、低息贷款、免费技术协作、赠给施工设备、代为培训人员、免费转让新技术等优惠条件，吸引招标人，以利于中标。

(10)无利润报价。承包商缺乏竞争优势，或在不得已的情况下，根本不考虑利润，而采用无利润报价。承包商有可能在得标后，将大部分工程分包给索价较低的一些分包商；对于分期建设的项目，先以低价获得首期工程，而后赢得机会创造第二期工程中的竞争优势，并在以后的实施中盈利；较长时期内，投标人没有在建的工程项目，如果再不得标，就难以维持生存。

【应用案例 6.3】 某承包商参与某高层商用办公楼土建工程的投标。为了既不影响中标，又能在中标后取得较好的收益，决定对报价进行调整，现假设各分部工程每月完成的工作量相同且能按月度及时收到工程款(不考虑工程款结算所需要的时间)，具体见表 6.5。

**表 6.5 报价调整前后和工程工期情况表**　　　　　人民币单位：万元

| 分部工程<br>报价工期 | 桩基维护工程 | 主体结构工程 | 装饰工程 | 总价 |
|---|---|---|---|---|
| 调整前(投标估价) | 1 480 | 6 600 | 7 200 | 15 280 |
| 调整后(正式报价) | 1 600 | 7 200 | 6 480 | 15 280 |
| 工期/月 | 4 | 12 | 8 | |

现假设桩基维护工程、主体结构工程、装饰工程的工期分别为 4 个月、12 个月、8 个月，贷款月利率为 1%，并假设各分部工程每月完成的工作量相同且能按月度及时收到工程款(不考虑工程款结算所需要的时间)，具体见表 6.6。

**表 6.6 现值系数表**

| n | 4 | 8 | 12 | 16 |
|---|---|---|---|---|
| $(P/A, 1\%, n)$ | 3.902 0 | 7.651 7 | 11.255 1 | 14.717 9 |
| $(P/F, 1\%, n)$ | 0.961 0 | 0.923 5 | 0.887 4 | 0.852 8 |

(1)该承包商所运用的不平衡报价法是否恰当？为什么？

(2)采用不平衡报价法后，该承包商所得的工程款的现值比原估价增加多少(以开工日期为折现点)？

**解**：(1)恰当。

调整前报价$=\dfrac{1\,480}{4}\times(P/A,1\%,4)+\dfrac{6\,600}{12}\times(P/A,1\%,12)\times(P/F,1\%,4)+\dfrac{7\,200}{8}\times$

$(P/A,1\%,8)\times(P/F,1\%,16)=370\times3.902\,0+550\times11.255\,1\times0.961\,0+900\times7.651\,7\times$

$0.852\,7=1\,443.74+5\,948.88+5\,872.14=13\,264.76(万元)$

调整后报价$=\dfrac{1\,600}{4}\times(P/A,1\%,4)+\dfrac{7\,200}{12}\times(P/A,1\%,12)\times(P/F,1\%,4)+\dfrac{6\,480}{8}\times$

$(P/A,1\%,8)\times(P/F,1\%,16)=400\times3.902\,0+600\times11.255\,1\times0.961\,0+810\times7.651\,7\times$

$0.852\,7=1\,560.8+6\,489.69+5\,284.93=13\,335.42(万元)$

因为：调整后报价＞调整前报价，所以该承包商采用的不平衡报价恰当。

(2)调整后报价－调整前报价$=13\,335.42-13\,264.76=70.17(万元)$

该承包商所得工程款的现值比原估价增加 70.17 万元。

### 6.4.4　开标、评标和定标

在工程项目招投标中，评标是选择中标人、保证招标成功的重要环节。只有做出客观、公正的评标，才能最终正确地选择最优秀、最合适的承包商，从而顺利进入到工程的实施阶段。

**1. 开标**

开标是指招标人将所有投标人的投标文件启封揭晓。我国《招标投标法》规定：开标，应当在招标通告中约定的地点，招标文件确定的提交投标文件截止时间的同一时间公开进行。开标由招标人主持，邀请所有投标人参加。开标时，要当众宣读投标人名称、投标价格、有无撤标情况以及招标单位认为其他合适的内容。

投标单位法定代表人或授权代表未参加开标会议的视为自动弃权。投标文件有下列情形之一的将视为无效：

(1)投标文件未按规定的标志密封；

(2)未经法定代表人签署或未加盖投标单位公章或未加盖法定代表人印鉴；

(3)未按规定的格式填写，内容不全或字迹模糊辨认不清；

(4)投标截止时间以后送达的投标文件。

**2. 评标**

开标后进入评标阶段，即采用统一的标准和方法，对符合要求的投标进行评比，来确定每项投标对招标人的价值，最后达到选定最佳中标人的目的。评标由招标人依法组建的评标委员会负责。依法必须招标的项目，评标委员会由招标人的代表和有关技术、经济等方面的专家组成，成员人数为 5 人以上的单数，其中技术、经济等方面的专家不得少于成员总数的 2/3。

评标只对有效投标进行评审。为保证评标的公正、公平性，评标必须按照招标文件确定的评标标准、步骤和方法，不得采用招标文件中未列明的任何评标标准和方法，也不得改变招标确定的评标标准和方法。

**3. 定标**

评标结束后，评标委员会应写出评标报告，提出中标单位的建议，交招标人审核。招标人以评标委员会提供的评标报告为依据，对评标委员会所推荐的中标候选人进行比较，确定中标人，招标人也可以授权评标委员会直接确定中标人，定标应当择优。评标确定中标人后，招标人应当向中标人发出中标通知书，并同时将中标结果通知所有未中标的投标人。

投标人应当按招标文件要求提交投标文件的截止时间前，将投标文件送达投标地点。招标人收到投标文件后，应当签收保存，不得开启。投标人少于三个的，招标人应当依照本法重新招标。

# 任务 6.5　施工合同示范文本

施工合同示范文本是国家有关部门或行业颁布的，在全国或行业范围内推荐使用的规范性、指导性的合同文件。施工合同示范文本在避免施工合同双方遗漏某些重要条款，平衡合同各方的风险责任，提升合同履行效率，规范化、程式化处理纠纷事件等方面具有积极的作用。

鉴于建设项目的承发包模式众多，施工合同涉及面宽、内容复杂，我国建设领域相关部门发布了多种施工合同示范文本，如《建设工程施工合同(示范文本)》(GF—2017—0201)、《建设工程施工专业分包合同(示范文本)》(GF—2003—0213)、《建设项目工程总承包合同示范文本(试行)》(GF—2011—0216)、《标准施工招标文件》(2013修正)中的施工合同文本、《简明标准施工招标文件》(2011年版)中的施工合同文本等。本书仅介绍行业使用最广泛的《建设工程施工合同(示范文本)》(GF—2017—0201)。

## 6.5.1　《建设工程施工合同(示范文本)》(GF—2017—0201)的组成、性质和适用范围

为了指导建设工程施工合同当事人的签约行为，维护合同当事人的合法权益，住房和城乡建设部、国家工商行政管理总局联合，最早于1991年发布了《建设工程施工合同(示范文本)》(GF—91—0201)，之后又更新发布了《建设工程施工合同(示范文本)》(GF—1999—0201)和《建设工程施工合同(示范文本)》(GF—2013—0201)，最新的《建设工程施工合同(示范文本)》(GF—2017—0201)于2017年发布。

**1.《建筑工程施工合同(示范文本)》(GF—2017—0201)的组成**

《建筑工程施工合同(示范文本)》(GF—2017—0201)由合同协议书、通用合同条款和专用合同条款三部分组成，其中包括11个附件。

合同协议书共计13条，主要包括工程概况、合同工期、质量标准、签约合同价和合同价格形式、项目经理、合同文件构成、承诺以及合同生效条件等重要内容，集中约定了合同当事人基本的合同权利义务。

通用合同条款是合同当事人根据《中华人民共和国建筑法》《中华人民共和国合同法》等法律法规的规定，就工程建设的实施及相关事项，对合同当事人的权利义务做出的原则性约定。通用合同条款共计20条，具体条款分别为：一般约定、发包人、承包人、监理人、工程质量、安全文明施工与环境保护、工期和进度、材料与设备、试验与检验、变更、价格调整、合同价格、计量与支付、验收和工程试车、竣工结算、缺陷责任与保修、违约、不可抗力、保险、索赔和争议解决。

专用合同条款是对通用合同条款原则性约定的细化、完善、补充、修改或另行约定的条款。合同当事人可以根据不同建设工程的特点及具体情况，通过双方的谈判、协商对相应的专用合同条款进行修改补充。专用合同条款的编号应与相应的通用合同条款的编号一致。

**2.《建筑工程施工合同(示范文本)》(GF—2017—0201)的性质和适用范围**

《建筑工程施工合同(示范文本)》(GF—2017—0201)为非强制性使用文本。《建筑工程施工合同(示范文本)》(GF—2017—0201)适用于房屋建筑工程、土木工程、线路管道和设备安装工程、装修工程等建设工程的施工发承包活动,合同当事人可结合建设工程具体情况,根据《建筑工程施工合同(示范文本)》(CF—2017—0201)订立合同,并按照法律法规规定和合同约定承担相应的法律责任及合同权利义务。

**3. 合同文件的优先顺序**

通用合同条款规定,组成合同的各项文件应互相解释,互为说明。除专用合同条款另有约定外,解释合同文件的优先顺序如下:

(1)合同协议书。

(2)中标通知书(如果有)。

(3)投标函及其附录(如果有)。

(4)专用合同条款及其附件。

(5)通用合同条款。

(6)技术标准和要求。

(7)图纸。

(8)已标价工程量清单或预算书。

(9)其他合同文件。

## 6.5.2 《建设工程施工合同(示范文本)》(GF—2017—0201)的主要内容

《建设工程施工合同(示范文本)》(GF—2017—0201)的条款众多、内容丰富,需要行业从业人员,尤其是管理人员予以认真研读。本书仅选择了通用条款中一些和造价工程师工作关联度高的部分内容进行了介绍,如部分词语定义与解释、双向担保、安全文明施工费用、工期延误、暂停施工、提前竣工、变更、价款调整、合同价格、计量与支付、工结算、缺陷责任和保修、不可抗力、索赔等。

**1. 词语定义与解释**

(1)签约合同价。签约合同价是指发包人和承包人在合同协议书中确定的总金额,包括安全文明施工费、暂估价及暂列金额等。

(2)合同价格。合同价格是指发包人用于支付承包人按照合同约定完成承包范围内全部工作的金额,包括合同履行过程中按合同约定发生的价格变化。

(3)费用。费用是指为履行合同所发生的或将要发生的所有必需的开支,包括管理费和应分摊的其他费用,但不包括利润。

(4)暂估价。暂估价是指发包人在工程量清单或预算书中提供的用于支付必然发生但暂时不能确定价格的材料、工程设备的单价、专业工程及服务工作的金额。

(5)暂列金额。暂列金额是指发包人在工程量清单或预算书中暂定并包括在合同价格中的一笔款项,用于工程合同签订时尚未确定或者不可预见的所需材料、工程设备、服务的采购,施工中可能发生的工程变更、合同约定调整因素出现时的合同价格调整以及发生的索赔、现场签证确认等费用。

(6)计日工。计日工是指合同履行过程中,承包人完成发包人提出的零星工作或需要采用计日工计价的变更工作时,按合同中约定的单价计价的一种方式。

（7）质量保证金。质量保证金是指按照合同约定承包人用于保证其在缺陷责任期内履行缺陷修补义务的担保。

**2. 资金来源证明及支付担保**

除专用合同条款另有约定外，发包人应在收到承包人要求提供资金来源证明的书面通知后28天内，向承包人提供能够按照合同约定支付合同价款的相应资金来源证明。

除专用合同条款另有约定外，发包人要求承包人提供履约担保的，发包人应当向承包人提供支付担保。支付担保可以采用银行保函或担保公司担保等形式，具体由合同当事人在专用合同条款中约定。

**3. 履约担保**

发包人需要承包人提供履约担保的，由合同当事人在专用合同条款中约定履约担保的方式、金额及期限等。履约担保可以采用银行保函或担保公司担保等形式，具体由合同当事人在专用合同条款中约定。

因承包人原因导致工期延长的，继续提供履约担保所增加的费用由承包人承担；非因承包人原因导致工期延长的，继续提供履约担保所增加的费用由发包人承担。

**4. 安全文明施工费**

安全文明施工费由发包人承担，发包人不得以任何形式扣减该部分费用。因基准日期后合同所适用的法律或政府有关规定发生变化，增加的安全文明施工费由发包人承担。承包人经发包人同意采取合同约定以外的安全措施所产生的费用，由发包人承担。未经发包人同意的，如果该措施避免了发包人的损失，则发包人在避免损失的额度内承担该措施费。如果该措施避免了承包人的损失，由承包人承担该措施费。

除专用合同条款另有约定外，发包人应在开工后28天内预付安全文明施工费总额的50%，其余部分与进度款同期支付。发包人逾期支付安全文明施工费超过7天的，承包人有权向发包人发出要求预付的催告通知，发包人收到通知后7天内仍未支付的，承包人有权暂停施工，并按合同中"发包人违约的情形"执行。

承包人对安全文明施工费应专款专用，承包人应在财务账目中单独列项备查，不得挪作他用，否则发包人有权责令其限期改正；逾期未改正的，可以责令其暂停施工，由此增加的费用和（或）延误的工期由承包人承担。

**5. 工期延误**

（1）因发包人原因导致工期延误。在合同履行过程中，因下列情况导致工期延误和（或）费用增加的，由发包人承担由此延误的工期和（或）增加的费用，且发包人应支付承包人合理的利润：

1）发包人未能按合同约定提供图纸或所提供图纸不符合合同约定的；

2）发包人未能按合同约定提供施工现场、施工条件、基础资料、许可、批准等开工条件的；

3）发包人提供的测量基准点、基准线和水准点及其书面资料存在错误或疏漏的；

4）发包人未能在计划开工日期之日起7天内同意下达开工通知的；

5）发包人未能按合同约定日期支付工程预付款、进度款或工程结算款的；

6）监理人未按合同约定发出指示、批准等文件的；

7）专用合同条款中约定的其他情形。

因发包人原因未按计划开工日期开工的，发包人应按实际开工日期顺延竣工日期，确保实际工期不低于合同约定的工期总日历天数。

（2）因承包人原因导致工期延误。因承包人原因导致工期延误的，可以在专用合同条款中约定逾期竣工违约金的计算方法和逾期竣工违约金的上限。承包人支付逾期竣工违约金后，不免除承包人继续完成工程及修补缺陷的义务。

### 6. 不利物质条件

不利物质条件是指有经验的承包人在施工现场遇到的不可预见的自然物质条件、非自然的物质障碍和污染物，包括地表以下物质条件和水文条件以及专用合同条款约定的其他情形，但不包括气候条件。

承包人遇到不利物质条件时，应采取克服不利物质条件的合理措施继续施工，并及时通知发包人和监理人。通知应载明不利物质条件的内容以及承包人认为不可预见的理由。监理人经发包人同意后应当及时发出指示，指示构成变更的，按合同中"变更"的约定执行。承包人因采取合理措施而增加的费用和（成）延误的工期由发包人承担。

### 7. 暂停施工

暂停施工包括发包人和承包人原因引起的暂停施工、指示暂停施工及紧急情况下的暂停施工。监理人发出暂停施工指示后 56 天内未向承包人发出复工通知，除该项停工属于承包人原因引起的暂停施工及不可抗力约定的情形外，承包人可向发包人提交书面通知，要求发包人在收到书面通知后 28 天内准许已暂停施工的部分或全部工程继续施工。发包人逾期不予批准的，则承包人可以通知发包人，将工程受影响的部分视为合同约定的变更范围中的可取消工作。暂停施工持续 84 天以上不复工的，且不属于承包人原因引起的暂停施工及不可抗力约定的情形，并影响到整个工程以及合同目的实现的，承包人有权提出价格调整要求，或者解除合同。解除合同的，按照因发包人违约解除合同执行。暂停施工期间，承包人应负责妥善照管工程并提供安全保障，由此增加的费用由责任方承担。

### 8. 提前竣工

发包人要求承包人提前竣工的，发包人应通过监理人向承包人下达提前竣工指示，承包人应向发包人和监理人提交提前竣工建议书，提前竣工建议书应包括实施的方案、缩短的时间、增加的合同价格等内容。发包人接受该提前竣工建议书的，监理人应与发包人和承包人协商采取加快工程进度的措施，并修订施工进度计划，由此增加的费用由发包人承担。承包人认为提前竣工指示无法执行的，应向监理人和发包人提出书面异议，发包人和监理人应在收到异议后 7 天内予以答复。任何情况下，发包人不得压缩合理工期。

### 9. 材料与工程设备的保管与使用

发包人供应的材料和工程设备，承包人清点后由承包人妥善保管，保管费用由发包人承担，但已标价工程量清单或预算书已经列支或专用合同条款另有约定除外。因承包人原因发生丢失毁损的，由承包人负责赔偿；监理人未通知承包人清点的，承包人不负责材料和工程设备的保管，由此导致丢失毁损的由发包人负责。发包人供应的材料和工程设备使用前，由承包人负责检验，检验费用由发包人承担，不合格的不得使用。

承包人采购的材料和工程设备由承包人妥善保管，保管费用由承包人承担。法律规定材料和工程设备使用前必须进行检验或试验的，承包人应按监理人的要求进行检验或试验，检验或试验费用由承包人承担，不合格的不得使用。发包人或监理人发现承包人使用不符合设计或有关标准要求的材料和工程设备时，有权要求承包人进行修复、拆除或重新采购，由此增加的费用和（或）延误的工期，由承包人承担。

### 10. 变更

（1）变更程序。关于变更程序，主要包括发包人提出变更、监理人提出变更建议和变更执行。发包人提出变更的，应通过监理人向承包人发出变更指示，变更指示应说明计划变更的工程范围和变更的内容。监理人提出变更建议的，需要向发包人以书面形式提出变更计划，承包人收到监理人下达的变更指示后，认为不能执行的，应立即提出不能执行该变更指示的理由。承包人认为可以执行变更的，应当书面说明实施该变更指示对合同价格和工期的影响，且合同当事人应当按照合同约定确定变更估价。

(2)变更估价的原则。除专用合同条款另有约定外，变更估价按照本款约定处理：

1)已标价工程量清单或预算书有相同项目的，按照相同项目单价认定；

2)已标价工程量清单或预算书中无相同项目，但有类似项目的，参照类似项目的单价认定；

3)变更导致实际完成的变更工程量与已标价工程量清单或预算书中列明的该项目工程量的变化幅度超过15%的，或已标价工程量清单或预算书中无相同项目及类似项目单价的，按照合理的成本与利润构成的原则，由合同当事人按照合同约定的商定和确定制度确定变更工作的单价。

(3)承包人的合理化建议。承包人提出合理化建议的，应向监理人提交合理化建议说明，说明建议的内容和理由，以及实施该建议对合同价格和工期的影响。除专用合同条款另有约定外，监理人应在收到承包人提交的合理化建议后7天内审查完毕并报送发包人，发现其中存在技术上的缺陷，应通知承包人修改。发包人应在收到监理人报送的合理化建议后7天内审批完毕。合理化建议经发包人批准的，监理人应及时发出变更指示，由此引起的合同价格调整按照合同的"变更估价"约定执行。发包人不同意变更的，监理人应书面通知承包人。

**11. 价格调整**

(1)市场价格波动引起的调整。除专用合同条款另有约定外，市场价格波动超过合同当事人约定的范围，合同价格应当调整。合同当事人可以在专用合同条款中约定选择以下一种方式对合同价格进行调整。

1)第1种方式：采用价格指数进行价格调整。

①价格调整公式。因人工、材料和设备等价格波动影响合同价格时，根据专用合同条款中约定的数据，按以下公式计算差额并调整合同价格：

$$\Delta P = P_0 \left[ A + \left( B_1 \times \frac{F_{t1}}{F_{01}} + B_2 \times \frac{F_{t2}}{F_{02}} + B_3 \times \frac{F_{t3}}{F_{03}} + \cdots + B_n \times \frac{F_{tn}}{F_{0n}} \right) - 1 \right]$$

式中　$\Delta P$——需调整的价格差额；

$P_0$——约定的付款证书中承包人应得到的已完成工程量的金额，此项金额应不包括价格调整、不计质量保证金的扣留和支付、预付款的支付和扣回，约定的变更及其他金额已按现行价格计价的，也不计在内；

$A$——定值权重(即不调部分的权重)；

$B_1$，$B_2$，$B_3$，$\cdots$，$B_n$——各可调因子的变值权重(即可调部分的权重)，为各可调因子在签约合同价中所占的比例；

$F_{t1}$，$F_{t2}$，$F_{t3}$，$\cdots$，$F_{tn}$——各可调因子的现行价格指数，指约定的付款证书相关周期最后一天的前42天的各可调因子的价格指数；

$F_{01}$，$F_{02}$，$F_{03}$，$\cdots$，$F_{0n}$——各可调因子的基本价格指数，指基准日期的各可调因子的价格指数。

以上价格调整公式中的各可调因子、定值和变值权重，以及基本价格指数及其来源在投标函附录价格指数和权重表中约定，非招标订立的合同，由合同当事人在专用合同条款中约定。价格指数应首先采用工程造价管理机构发布的价格指数，无前述价格指数时，可采用工程造价管理机构发布的价格代替。

②暂时确定调整差额。在计算调整差额时无现行价格指数的，合同当事人同意暂用前次价格指数计算。实际价格指数有调整的，合同当事人进行相应调整。

③权重的调整。因变更导致合同约定的权重不合理时，按照合同中"商定或确定"执行。

④因承包人原因工期延误后的价格调整。因承包人原因未按期竣工的，对合同约定的竣工日期后继续施工的工程，在使用价格调整公式时，应采用计划竣工日期与实际竣工日期的两个价格指数中较低的一个作为现行价格指数。

2）第2种方式：采用造价信息进行价格调整。合同履行期间，因人工、材料、工程设备和机械台班价格波动影响合同价格时，人工、机械使用费按照国家或省、自治区、直辖市建设行政管理部门、行业建设管理部门或其授权的工程造价管理机构发布的人工、机械使用费系数进行调整；需要进行价格调整的材料，其单价和采购数量应由发包人审批，发包人确认需调整的材料单价及数量，作为调整合同价格的依据。

①人工单价发生变化且符合省级或行业建设主管部门发布的人工费调整规定，合同当事人应按省级或行业建设主管部门或其授权的工程造价管理机构发布的人工费等文件调整合同价格，但承包人对人工费或人工单价的报价高于发布价格的除外。

②材料、工程设备价格变化的价款调整按照发包人提供的基准价格，按以下风险范围规定执行：

a. 承包人在已标价工程量清单或预算书中载明材料单价低于基准价格的：除专用合同条款另有约定外，合同履行期间材料单价涨幅以基准价格为基础超过5％时，或材料单价跌幅以已标价工程量清单或预算书中载明材料单价为基础超过5％时，其超过部分据实调整。

b. 承包人在已标价工程量清单或预算书中载明材料单价高于基准价格的：除专用合同条款另有约定外，合同履行期间材料单价跌幅以基准价格为基础超过5％时，材料单价张幅以在已标价工程量清单或预算书中载明材料单价为基础超过5％时，其超过部分据实调整。

c. 承包人在已标价工程量清单或预算书中载明材料单价等于基准价格的：除专用合同条款另有约定外，合同履行期间材料单价涨跌幅以基准价格为基础超过±5％时，其超过部分据实调整。

d. 承包人应在采购材料前将采购数量和新的材料单价报发包人核对，发包人确认用于工程时，发包人应确认采购材料的数量和单价。发包人在收到承包人报送的确认资料后5天内不予答复的视为认可，作为调整合同价格的依据。未经发包人事先核对，承包人自行采购材料的，发包人有权不予调整合同价格。发包人同意的，可以调整合同价格。

前述基准价格是指由发包人在招标文件或专用合同条款中给定的材料、工程设备的价格，该价格原则上应当按照省级或行业建设主管部门或其授权的工程造价管理机构发布的信息价编制。

③施工机械台班单价或施工机械使用费发生变化超过省级或行业建设主管部门或其授权的工程造价管理机构规定的范围时，按规定调整合同价格。

3）第3种方式：专用合同条款约定的其他方式。

（2）法律变化引起的调整。基准日期后，法律变化导致承包人在合同履行过程中所需要的费用发生除按照市场价格波动引起的调整的约定以外的增加时，由发包人承担由此增加的费用；减少时，应从合同价格中予以扣减。基准日期后，因法律变化造成工期延误时，工期应予以顺延。因法律变化引起的合同价格和工期调整，合同当事人无法达成一致的，由总监理工程师按商定或确定的约定处理。因承包人原因造成工期延误，在工期延误期间出现法律变化的，由此增加的费用和（或）延误的工期由承包人承担。

**12.** 合同价格、计量与支付

(1)合同价格形式。发包人和承包人应在合同协议书中选择下列一种合同价格形式：

1)单价合同。单价合同是指合同当事人约定以工程量清单及其综合单价进行合同价格计算、调整和确认的建设工程施工合同，在约定的范围内合同单价不做调整。合同当事人应在专用合同条款中约定综合单价包含的风险范围和风险费用的计算方法，并约定风险范围以外的合同价格的调整方法，其中因市场价格波动引起的调整按合同中"市场价格波动引起的调整"约定执行。

2)总价合同。总价合同是指合同当事人约定以施工图、已标价工程量清单或预算书及有关条件进行合同价格计算、调整和确认的建设工程施工合同，在约定的范围内合同总价不做调整。合同当事人应在专用合同条款中约定总价包含的风险范围和风险费用的计算方法，并约定风险范围以外的合同价格的调整方法，其中因市场价格波动引起的调整按合同中"市场价格波动引起的调整"、因法律变化引起的调整按合同中"法律变化引起的调整"约定执行。

3)其他价格形式。合同当事人可在专用合同条款中约定其他合同价格形式。

(2)预付款。预付款的支付按照专用合同条款约定执行，但最迟应在开工通知载明的开工日期7天前支付。预付款应当用于材料、工程设备、施工设备的采购及修建临时工程、组织施工队伍进场等。除专用合同条款另有约定外，预付款在进度付款中同比例扣回。在颁发工程接收证书前，提前解除合同的，尚未扣完的预付款应与合同价款一并结算。发包人逾期支付预付款超过7天的，承包人有权向发包人发出要求预付的催告通知，发包人收到通知后7天内仍未支付的，承包人有权暂停施工，并按合同中"发包人违约的情形"执行。

发包人要求承包人提供预付款担保的，承包人应在发包人支付预付款7天前提供预付款担保，专用合同条款另有约定除外。预付款担保可采用银行保函、担保公司担保等形式，具体由合同当事人在专用合同条款中约定。在预付款完全扣回之前，承包人应保证预付款担保持续有效。发包人在工程款中逐期扣回预付款后，预付款担保额度应相应减少，但剩余的预付款担保金额不得低于未被扣回的预付款金额。

(3)计量。

1)计量原则。工程量计量按照合同约定的工程量计算规则、图纸及变更指示等进行计量。工程量计算规则应以相关的国家标准、行业标准等为依据，由合同当事人在专用合同条款中约定。

2)计量周期。除专用合同条款另有约定外，工程量的计量按月进行。

3)单价合同的计量。除专用合同条款另有约定外，单价合同的计量按照本项约定执行：

①承包人应于每月25日向监理人报送上月20日至当月19日已完成的工程量报告，并附具进度付款申请单、已完成工程量报表和有关资料。

②监理人应在收到承包人提交的工程量报告后7天内完成对承包人提交的工程量报表的审核并报送发包人，以确定当月实际完成的工程量。监理人对工程量有异议的，有权要求承包人进行共同复核或抽样复测。承包人应协助监理人进行复核或抽样复测，并按监理人要求提供补充计量资料。承包人未按监理人要求参加复核或抽样复测的，监理人复核或修正的工程量视为承包人实际完成的工程量。

③监理人未在收到承包人提交的工程量报表后的7天内完成审核的，承包人报送的工程量报告中的工程量视为承包人实际完成的工程量，据此计算工程价款。

4)总价合同的计量。除专用合同条款另有约定外，按月计量支付的总价合同，按照本项约定执行：

①承包人应于每月25日向监理人报送上月20日至当月19日已完成的工程量报告，并附具进度付款申请单、已完成工程量报表和有关资料。

②监理人应在收到承包人提交的工程量报告后7天内完成对承包人提交的工程量报表的审核并报送发包人，以确定当月实际完成的工程量。监理人对工程量有异议的，有权要求承包人进行共同复核或抽样复测。承包人应协助监理人进行复核或抽样复测并按监理人要求提供补充计量资料。承包人未按监理人要求参加复核或抽样复测的，监理人审核或修正的工程量视为承包人实际完成的工程量。

③监理人未在收到承包人提交的工程量报表后的7天内完成复核的，承包人提交的工程量报告中的工程量视为承包人实际完成的工程量。

总价合同采用支付分解表计量支付的，可以按照合同中"总价合同的计量"约定进行计量，但合同价款按照支付分解表进行支付。

5）其他价格形式合同的计量。合同当事人可在专用合同条款中约定其他价格形式合同的计量方式和程序。

（4）工程进度款支付。

1）付款周期。除专用合同条款另有约定外，付款周期应按照合同中"计量周期"的约定与计量周期保持一致。

2）进度付款申请单的编制。除专用合同条款另有约定外，进度付款申请单应包括下列内容：

①截至本次付款周期已完成工作对应的金额；

②根据合同中的"变更"应增加和扣减的变更金额；

③根据合同中的"预付款"约定应支付的预付款和扣减的返还预付款；

④根据合同中的"质量保证金"约定应扣减的质量保证金；

⑤根据合同中的"索赔"应增加和扣减的索赔金额；

⑥对已签发的进度款支付证书中出现错误的修正，应在本次进度付款中支付或扣除的金额；

⑦根据合同约定应增加和扣减的其他金额。

3）进度款审核和支付。除专用合同条款另有约定外，监理人应在收到承包人进度付款申请单以及相关资料后7天内完成审查并报送发包人，发包人应在收到后7天内完成审批并签发进度款支付证书。发包人逾期未完成审批且未提出异议的，视为已签发进度款支付证书。发包人和监理人对承包人的进度付款申请单有异议的，有权要求承包人修正和提供补充资料，承包人应提交修正后的进度付款申请单。监理人应在收到承包人修正后的进度付款申请单及相关资料后7天内完成审查并报送发包人，发包人应在收到监理人报送的进度付款申请单及相关资料后7天内，向承包人签发无异议部分的临时进度款支付证书。存在争议的部分，按照合同中"争议解决"的约定处理。

除专用合同条款另有约定外，发包人应在进度款支付证书或临时进度款支付证书签发后14天内完成支付，发包人逾期支付进度款的，应按照中国人民银行发布的同期同类贷款基准利率支付违约金。发包人签发进度款支付证书或临时进度款支付证书，不表明发包人已同意、批准或接受了承包人完成的相应部分的工作。

### 13. 竣工结算

（1）竣工结算申请。除专用合同条款另有约定外，承包人应在工程竣工验收合格后28天内向发包人和监理人提交竣工结算申请单，并提交完整的结算资料，有关竣工结算申请单的资料清单和份数等要求由合同当事人在专用合同条款中约定。

除专用合同条款另有约定外，竣工结算申请单应包括以下内容：

1)竣工结算合同价格。

2)发包人已支付承包人的款项。

3)应扣留的质量保证金。已缴纳履约保证金的或提供其他工程质量担保方式的除外。

4)发包人应支付承包人的合同价款。

(2)竣工结算审核。

1)除专用合同条款另有约定外，监理人应在收到竣工结算申请单后14天内完成核查并报送发包人。发包人应在收到监理人提交的经审核的竣工结算申请单后14天内完成审批，并由监理人向承包人签发经发包人签认的竣工付款证书。监理人或发包人对竣工结算申请单有异议的，有权要求承包人进行修正和提供补充资料，承包人应提交修正后的竣工结算申请单。

2)发包人在收到承包人提交竣工结算申请书后28天内未完成审批且未提出异议的，视为发包人认可承包人提交的竣工结算申请单，并自发包人收到承包人提交的竣工结算申请单后第29天起视为已签发竣工付款证书。

3)除专用合同条款另有约定外，发包人应在签发竣工付款证书后的14天内，完成对承包人的竣工付款。发包人逾期支付的，按照中国人民银行发布的同期同类贷款基准利率支付违约金；逾期支付超过56天的，按照中国人民银行发布的同期同类贷款基准利率的两倍支付违约金。

4)承包人对发包人签认的竣工付款证书有异议的，对于有异议部分应在收到发包人签认的竣工付款证书后7天内提出异议，并由合同当事人按照专用合同条款约定的方式和程序进行复核，或按照合同中"争议解决"约定处理。对于无异议部分，发包人应签发临时竣工付款证书，并按约定完成付款。承包人逾期未提出异议的，视为认可发包人的审批结果。

**14. 缺陷责任与保修**

(1)缺陷责任期。缺陷责任期从工程通过竣工验收之日起计算，合同当事人应在专用合同条款中约定缺陷责任期的具体期限，但该期限最长不超过24个月。单位工程先于全部工程进行验收，经验收合格并交付使用的，该单位工程缺陷责任期自单位工程验收合格之日起算。因承包人原因导致工程无法按合同约定期限进行竣工验收的，缺陷责任期从实际通过竣工验收之日起计算。因发包人原因导致工程无法按合同约定期限进行竣工验收的，在承包人提交竣工验收报告90天后，工程自动进入缺陷责任期；发包人未经竣工验收擅自使用工程的，缺陷责任期自工程转移占有之日起开始计算。

缺陷责任期内，由承包人原因造成的缺陷，承包人应负责维修，并承担鉴定及维修费用。如承包人不维修也不承担费用，发包人可按合同约定从保证金或银行保函中扣除，费用超出保证金额的，发包人可按合同约定向承包人进行索赔。承包人维修并承担相应费用后，不免除对工程的损失赔偿责任。发包人有权要求承包人延长缺陷责任期，并应在原缺陷责任期届满前发出延长通知。但缺陷责任期(含延长部分)最长不能超过24个月。由他人原因造成的缺陷，发包人负责组织维修，承包人不承担费用，且发包人不得从保证金中扣除费用。

任何一项缺陷或损坏修复后，经检查证明其影响了工程或工程设备的使用性能，承包人应重新进行合同约定的试验和试运行，试验和试运行的全部费用应由责任方承担。

除专用合同条款另有约定外，承包人应于缺陷责任期届满后7天内向发包人发出缺陷责任期届满通知，发包人应在收到缺陷责任期届满通知后14天内核实承包人是否履行缺陷修复义务，承包人未能履行缺陷修复义务的，发包人有权扣除相应金额的维修费用。发包人应在收到缺陷责任期届满通知后14天内，向承包人颁发缺陷责任期终止证书。

(2)质量保证金。在工程项目竣工前，承包人已经提供履约担保的，发包人不得同时预留工程质量保证金。承包人提供质量保证金有以下三种方式：

1）质量保证金保函；

2）相应比例的工程款；

3）双方约定的其他方式。

除专用合同条款另有约定外，质量保证金原则上采用上述第1）种方式。

质量保证金的扣留有以下三种方式：

1）在支付工程进度款时逐次扣留，在此情形下，质量保证金的计算基数不包括预付款的支付、扣回以及价格调整的金额；

2）工程竣工结算时一次性扣留质量保证金；

3）双方约定的其他扣留方式。

除专用合同条款另有约定外，质量保证金的扣留原则上采用上述第1）种方式。发包人累计扣留的质量保证金不得超过工程价款结算总额的3%。如承包人在发包人签发竣工付款证书后28天内提交质量保证金保函，发包人应同时退还扣留的作为质量保证金的工程价款；保函金额不得超过工程价款结算总额的3%。发包人在退还质量保证金的同时按照中国人民银行发布的同期同类贷款基准利率支付利息。

缺陷责任期内，承包人认真履行合同约定的责任，到期后，承包人可向发包人申请返还保证金。发包人在接到承包人返还保证金申请后，应于14天内会同承包人按照合同约定的内容进行核实。如无异议，发包人应当按照约定将保证金返还给承包人。对返还期限没有约定或者约定不明确的，发包人应当在核实后14天内将保证金返还承包人，逾期未返还的，依法承担违约责任。发包人在接到承包人返还保证金申请后14天内不予答复，经催告后14天内仍不予答复，视同认可承包人的返还保证金申请。发包人和承包人对保证金预留、返还以及工程维修质量、费用有争议的，按合同约定的争议和纠纷解决程序处理。

## 15. 不可抗力

不可抗力是指合同当事人在签订合同时不可预见，在合同履行过程中不可避免且不能克服的自然灾害和社会性突发事件，如地震、海啸、瘟疫、骚乱、戒严、暴动、战争和专用合同条款中约定的其他情形。

合同一方当事人遇到不可抗力事件，使其履行合同义务受到阻碍时，应立即通知合同另一方当事人和监理人，书面说明不可抗力和受阻碍的详细情况，并提供必要的证明。不可抗力持续发生的，合同一方当事人应及时向合同另一方当事人和监理人提交中间报告，说明不可抗力和履行合同受阻的情况，并于不可抗力事件结束后28天内提交最终报告及有关资料。

不可抗力引起的后果及造成的损失由合同当事人按照法律规定及合同约定各自承担。不可抗力发生前已完成的工程应当按照合同约定进行计量支付。不可抗力导致的人员伤亡、财产损失、费用增加和（或）工期延误等后果，由合同当事人按以下原则承担：

（1）永久工程、已运至施工现场的材料和工程设备的损坏，以及因工程损坏造成的第三人人员伤亡和财产损失由发包人承担；

（2）承包人施工设备的损坏由承包人承担；

（3）发包人和承包人承担各自人员伤亡和财产的损失；

（4）因不可抗力影响承包人履行合同约定的义务，已经引起或将引起工期延误的，应当顺延工期，由此导致承包人停工的费用损失由发包人和承包人合理分担，停工期间必须支付的工人工资由发包人承担；

（5）因不可抗力引起或将引起工期延误，发包人要求赶工的，由此增加的赶工费用由发包人承担；

（6）承包人在停工期间按照发包人要求照管、清理和修复工程的费用由发包人承担。

不可抗力发生后，合同当事人均应采取措施尽量避免和减少损失的扩大，任何一方当事人没有采取有效措施导致损失扩大的，应对扩大的损失承担责任。因合同一方延迟履行合同义务，在延迟履行期间遭遇不可抗力的，不免除其违约责任。

因不可抗力导致合同无法履行连续超过 84 天或累计超过 140 天的，发包人和承包人均有权解除合同。

### 16. 索赔

（1）承包人的索赔及对承包人索赔的处理。根据合同约定，承包人认为有权得到追加付款和（或）延长工期的，应按以下程序向发包人提出索赔：

1）承包人应在知道或应当知道索赔事件发生后 28 天内，向监理人递交索赔意向通知书，并说明发生索赔事件的事由；承包人未在前述 28 天内发出索赔意向通知书的，丧失要求追加付款和（或）延长工期的权利。

2）承包人应在发出索赔意向通知书后 28 天内，向监理人正式递交索赔报告；索赔报告应详细说明索赔理由以及要求追加的付款金额和（或）延长的工期，并附必要的记录和证明材料。

3）索赔事件具有持续影响的，承包人应按合理时间间隔继续递交延续索赔通知，说明持续影响的实际情况和记录，列出累计的追加付款金额和（或）工期延长天数。

4）在索赔事件影响结束后 28 天内，承包人应向监理人递交最终索赔报告，说明最终要求索赔的追加付款金额和（或）延长的工期，并附必要的记录和证明材料。对承包人索赔的处理如下：

①监理人应在收到索赔报告后 14 天内完成审查并报送发包人。监理人对索赔报告存在异议的，有权要求承包人提交全部原始记录副本。

②发包人应在监理人收到索赔报告或有关索赔的进一步证明材料后的 28 天内，由监理人向承包人出具经发包人签认的索赔处理结果。发包人逾期答复的，则视为认可承包人的索赔要求。

③承包人接受索赔处理结果的，索赔款项在当期进度款中进行支付；承包人不接受索赔处理结果的，按照合同中的"争议解决"约定处理。

（2）发包人的索赔及对发包人索赔的处理。根据合同约定，发包人认为有权得到赔付金额和（或）延长缺陷责任期的，监理人应向承包人发出通知并附有详细的证明。发包人应在知道或应当知道索赔事件发生后 28 天内通过监理人向承包人提出索赔意向通知书，发包人未在前述 28 天内发出索赔意向通知书的，丧失要求赔付金额和（或）延长缺陷责任期的权利。发包人应在发出索赔意向通知书后 28 天内，通过监理人向承包人正式递交索赔报告。

对发包人索赔的处理如下：

1）承包人收到发包人提交的索赔报告后，应及时审查索赔报告的内容、查验发包人证明材料。

2）承包人应在收到索赔报告或有关索赔的进一步证明材料后 28 天内，将索赔处理结果答复发包人。如果承包人未在上述期限内作出答复的，则视为对发包人索赔要求的认可。

3）承包人接受索赔处理结果的，发包人可从应支付给承包人的合同价款中扣除赔付的金额或延长缺陷责任期；发包人不接受索赔处理结果的，按合同中的"争议解决"约定处理。

（3）提出索赔的期限。承包人按合同中的"竣工结算审核"约定接收竣工付款证书后，应被视为已无权再提出在工程接收证书颁发前所发生的任何索赔。承包人按合同中的"最终结清"提交的最终结清申请单中，只限于提出工程接收证书颁发后发生的索赔。提出索赔的期限自接受最终结清证书时终止。

# 任务 6.6　案例分析

**【案例分析 6.1】** 某高层办公楼建筑面积为 3.5 万 $m^2$，地上 28 层，地下 3 层，主体结构类型为框架-剪力墙结构，基础采用箱形基础，建设单位已委托某专业设计单位做了基坑支护方案，采用钢筋混凝土桩悬臂支护。业主进行该工程施工招标时，在招标文件中规定：预付款数额为合同价的 10%，在合同签订并生效后 10 天内支付，上部结构工程完成一半时一次性全额扣回，工程款按季度支付。

某承包商通过资格预审后，购买了招标文件。根据图纸测算和对招标文件的分析，确定该项目总估价为 9 000 万元，总工期为 24 个月，其中，基础工程估价为 1 200 万元，工期为 6 个月；上部结构工程估价为 4 800 万元，工期为 12 个月；装饰和安装工程估价为 3 000 万元，工期为 6 个月。

投标时，该承包商为发挥自己在深基坑施工的经验，建议建设单位将钢筋混凝土桩悬臂支护改为钢筋混凝土桩悬臂加锚杆支护，并对这两种施工方案进行了技术经济分析和比较，证明钢筋混凝土桩悬臂加锚杆支护不仅能保证施工安全性，减少施工对周边影响，而且还可以降低基础工程造价 10%。

另外，该承包商为了既不影响中标，又能在中标后取得较好的效益，决定采用不平衡报价法对原估价做适当调整，基础工程调整为 1 300 万元，结构工程调整为 5 000 万元，装饰和安装工程调整为 2 700 万元。

该承包商还考虑到，该工程虽有预付款，但平时工程款按季度支付不利于资金周转，决定除按上述调整后的数额报价外，还建议业主将支付条件改为：预付款为合同价的 5%，工程款按月支付，其余条款不变。

投标文件编制完成后，该承包商将投标文件封装，并在封口处加盖了本单位公章和项目经理签字，在投标文件规定的投标截止时间将投标文件报送业主。

问题：

(1)招标人对投标单位进行资格预审应包括哪些内容？

(2)该承包商所运用的不平衡报价法是否恰当，为什么？

(3)除不平衡报价法外，该承包商还运用了哪些报价技巧？运用是否恰当？

(4)该承包商递交的投标文件是否有效？为什么？

分析：

(1)招标人对投标单位进行资格预审应包括以下内容：投标单位组织与机构和企业概况；近三年完成工程的情况；目前正在履行的合同情况；资源方面，如财务状况、管理人员情况、劳动力和施工机械设备等方面的情况；其他情况(各种奖励和处罚等)。

(2)该承包商所运用的不平衡报价法恰当。因为该承包商是将属于前期工程的基础工程和主体结构工程的报价调高，而将属于后期工程的装饰和安装工程的报价调低，可以在施工的早期阶段收到较多的工程款，从而可以提高承包商所得工程款的现值；而且，这三类工程单价的调整幅度均在 ±10% 以内，属于合理范围。

(3)该承包商还运用了多方案报价法和增加建议方案法。增加建议方案法运用得当，通过对两种支护施工方案的技术经济分析和比较(这意味着对两个方案均报了价),论证了建议方案的技术可行性和经济合理性,对业主有很强的说服力。

多方案报价法运用得当,因为承包商的报价既适用于原付款条件,也适用于建议的付款条件。

(4)该承包商递交的投标文件是无效的,应作为废标处理。因为该承包商的投标文件仅有单位公章和项目经理签字,而无法定代表人或其代理人的印鉴,所以应作为废标处理。

**【案例分析6.2】** 某省一级公路××路段全长为224 km。本工程采取公开招标的方式,共分20个标段,招标工作从2017年7月2日开始,到8月30日结束,历时60天。招标工作的具体步骤如下:

(1)成立招标组织机构。

(2)发布招标公告和资格预审通告。

(3)进行资格预审。7月16日—20日出售资格预审文件,47家省内外施工企业购买了资格预审文件,其中46家于7月22日递交了资格预审文件。经招标工作委员会审定后,45家单位通过了资格预审,每家被允许投3个以下的标段。

(4)编制招标文件。

(5)编制招标控制价。

(6)组织投标。7月28日,招标单位向上述45家单位发出资格预审合格通知书。7月30日,向各投标人发出招标文件。8月5日,召开标前会。8月8日组织投标人踏勘现场,解答投标人提出的问题。8月20日,各投标人递交投标书,每标段均有5家以上投标人参加竞标。8月21日,在公证员出席的情况下,当众开标。

(7)组织评标。评标小组按事先确定的评标办法进行评标,对合格的投标人进行评分,推荐中标单位和后备单位,写出评标报告。8月22日,招标工作委员会听取评标小组汇报,决定了中标单位,发出中标通知书。

(8)8月30日招标人与中标单位签订合同。

问题:

(1)上述招标工作内容的顺序作为招标工作先后顺序是否妥当?如果不妥当,请确定合理的顺序。

(2)工程建设项目施工招标文件一般包括哪些内容?

(3)简述编制投标文件的步骤。

分析:

(1)不妥当。合理的顺序应该是成立招标组织机构;编制招标文件;编制标底;发放招标公告和资格预审通告;进行资格预审;发放招标文件;组织现场踏勘;召开标前会;接收投标文件;开标;投标;评标;确定中标单位;发出中标通知书;签订承发包合同。

(2)工程建设项目施工招标文件一般包括下列内容:投标邀请书;投标人须知;合同主要条款;投标文件格式;采用工程量清单招标的,应当提供工程量清单;技术条款;设计图纸;评标标准和方法;投标辅助材料等。

(3)编制投标文件的步骤如下:

1)组织投标班子,确定投标文件编制的人员;

2)仔细阅读投标须知、投标书附件等各个招标文件;

3)结合现场踏勘和投标预备会的结果,进一步分析招标文件;

4)校核招标文件中的工程量清单;

5)根据工程类型编制施工规划或施工组织设计；

6)根据工程价格构成进行工程估价，确定利润方针，计算和确定报价；

7)形成投标文件，进行投标担保。

**【案例分析6.3】** 某办公楼的招标人于2017年3月20日向具备承担该项目能力的甲、乙、丙、丁四家承包商发出投标邀请书，其中说明，3月25日在该招标人总工程师室领取招标文件，4月5日14时为投标截止时间。招标文件要求投标单位将技术标和商务标分别装订报送。该四家承包商均接受邀请，并按规定时间提交了投标文件。

开标时，由招标人检查投标文件的密封情况，确认无误后，由工作人员当众拆封，并宣读了这四家承包商的名称、投标价格、工期和其他主要内容。

担任这次评标工作的评标委员会委员由招标人直接确定，共由4人组成，其中招标人代表2人，经济专家1人，技术专家1人。

经招标小组确定的评标原则及方法如下：

(1)从技术、商务两个方面对投标单位进行综合评分，按照得分高低排序推荐两名合格的中标候选人。

(2)技术标共40分，其中施工方案、施工总工期、工程质量、信誉各10分。

(3)商务标共60分，以原标底预算价的70%与投标单位报价算术平均数的30%之和为基准价。但最高(或最低)报价高于(或低于)次高(或次低)报价的10%，则在计算投标单位报价算术平均数时不予考虑，且商务标得分为20分。以基准价为满分(60分)，报价比基准价每下降1%，扣1分，最多扣10分；报价比基准报价每增加1%，扣2分，扣分不保底。

四家投标单位的技术标得分汇总表、报价及标底汇总表，见表6.7。

表6.7 四家投标单位的技术标得分汇总表、报价及标底汇总表

| 投标单位 | 施工方案 | 施工总工期 | 工程质量 | 信誉 |
|---|---|---|---|---|
| 甲 | 8.5 | 8.0 | 9.0 | 10.0 |
| 乙 | 9.5 | 9.0 | 8.0 | 9.0 |
| 丙 | 9.0 | 10.0 | 9.0 | 9.0 |
| 丁 | 8.5 | 7.0 | 8.0 | 8.0 |

| 投标单位 | 甲 | 乙 | 丙 | 丁 | 标底 |
|---|---|---|---|---|---|
| 报价/万元 | 4 100 | 4 200 | 3 950 | 3 900 | 4 000 |

问题：

(1)从所介绍的背景资料来看，该项目的招标投标过程中有哪些方面不符合《招标投标法》的规定？

(2)按照综合得分排序推荐两名合格的中标候选人。

分析：

(1)在该项目招标投标过程中有以下几个方面不符合《招标投标法》的有关规定，分述如下：

1)从3月25日发放招标投标文件到4月5日提交投标文件截止，这段时间太短。根据《招标投标法》第二十四条规定，依法必须进行招标的项目，自招标文件开始发出之日起至投标人提交投标文件截止之日，最短不得少于20天。

2)开标时，不应由招标人检查投保文件的密封情况，根据《招标投标法》第三十六条规定，开标时，由投标人或者其推选的代表检查投标文件的密封情况，也可以由招标人委托的公正机

构检查并公证。

3）评标委员会不应全部由招标人直接确定，而且评标委员会成员组成及人数也不符合规定。根据《招标投标法》第三十七条规定，评标委员会由招标人的代表和有关技术、经济等方面的专家组成，成员人数为 5 人以上单数，其中技术经济等方面的专家不得少于成员总数的 2/3。评标委员会中的技术、经济专家，一般招标项目应采取从专家库中随机抽取方式，特殊招标项目可由招标人直接确定。本项目显然属于一般招标项目。

（2）最高报价高于次高报价的百分比：

$$(4\ 200-4\ 100)\div 4\ 100=2.44\%<10\%$$

最低报价低于次低报价的百分比：

$$(3\ 950-3\ 900)\div 3\ 950=1.27\%<10\%$$

因此，投标单位报价算术平均数为

$$(4\ 200+4\ 100+3\ 950+3\ 900)\div 4=4\ 037.5(万元)$$

基准价为

$$4\ 000\times 70\%+4\ 037.5\times 30\%=4\ 011.25(万元)$$

各投标单位的报价得分见表 6.8。

表 6.8　各投标单位的报价得分表

| 投标单位 | 报价/万元 | 报价与基准价的比例/% | 扣分 | 得分 |
|---|---|---|---|---|
| 甲 | 4 100 | $(4\ 100/4\ 011.25)\times 100=102.21$ | $(102.21-100)\times 2=4.42$ | 55.58 |
| 乙 | 4 200 | $(4\ 200/4\ 011.25)\times 100=104.71$ | $(104.71-100)\times 2=9.42$ | 50.58 |
| 丙 | 3 950 | $(3\ 950/4\ 011.25)\times 100=98.47$ | $(100-98.47)\times 1=1.53$ | 58.47 |
| 丁 | 3 900 | $(3\ 900/4\ 011.25)\times 100=97.23$ | $(100-97.23)\times 1=2.77$ | 57.23 |

各投标单位综合得分见表 6.9。

表 6.9　各投标单位综合得分表

| 投标单位 | 施工方案 | 施工总工期 | 工程质量 | 信誉 | 商务标得分 | 综合得分 |
|---|---|---|---|---|---|---|
| 甲 | 8.5 | 8.0 | 9.0 | 10.0 | 55.58 | 91.08 |
| 乙 | 9.5 | 9.0 | 8.0 | 9.0 | 50.58 | 86.08 |
| 丙 | 9.0 | 10.0 | 9.0 | 9.0 | 58.47 | 95.47 |
| 丁 | 8.5 | 7.0 | 8.0 | 8.0 | 57.23 | 88.73 |

推荐两名合格的中标候选人为丙和甲。

**【案例分析 6.4】**　某房地产公司计划在北京开发某住宅项目，采用公开招标的形式，有 A、B、C、D、E、F 六家施工单位通过了资格预审，并于规定的时间购买了招标文件。本工程招标文件规定：2011 年 1 月 20 日上午 10：30 为投标文件接收终止时间。在提交投标文件的同时，需要投标单位提供投标保证金 20 万元。

在投标截止时间之前，A、B、C、D、E 五家施工单位均提交了投标文件，并按投标文件的规定提供了投标保证金。1 月 20 日，C 施工单位于上午 9 时向投标人书面提出撤回已提交的投标文件，E 施工单位于上午 10 时向招标人递交了一份投标价格下调 5％的书面说明，F 施工单位由于中途堵车于 1 月 20 日上午 11：00 才将投标文件送达。

1月21日下午，由当地招投标监督管理办公室主持进行了公开开标。开标时，由招标人检查投标文件的密封情况，确认无误后，由工作人员当众拆封并宣读各投标单位的名称、投标价格、工期和其他主要内容。

为了在评标时统一意见，根据建设单位的要求，评标委员由6人组成，其中3人是由建设单位的总经理、副总经理和工程部经理参加，3人由建设单位以外的评标专家库中抽取。

评标时发现A施工单位投标报价大写金额与小写金额不一致；B施工单位投标文件中某分项工程的报价有个别漏项；D施工单位投标文件虽无法定代表人签字和委托人授权书，但投保文件均已有项目经理签字并加盖了公章。

建设单位最终确定A施工单位中标，并在中标通知书发出后第35天，与该施工单位签订了施工合同。

问题：

(1)C施工单位提出的撤回投标文件的要求是否合理？其能否收回投标保证金？说明理由。

(2)E施工单位向招标人递交的书面说明是否有效？说明理由。

(3)在此次招标投标过程中，A、B、D、F四家单位的投标是否为有效标？为什么？

(4)通常情况下，废标的条件有哪些？

(5)请指出本工程在开标过程中以及签订施工合同过程中的不妥之处，并说明理由。

(6)请指出本工程招标过程中，评标委员会成员组成的不妥之处，并说明理由。

分析：

(1)C施工单位提出的撤回投标文件的要求是合理的，并有权收回其已缴纳的投标保证金。根据《招标投标法》的规定，投标人在招标文件要求提交投标文件的截止时间前，可以补充、修改或者撤回已提交的投标文件，并书面通知招标人。

(2)E施工单位向招标人递交的书面说明有效。根据《招标投标法》的规定，投标人在招标文件要求提交投标文件的截止时间前，可以补充、修改或者撤回已提交的投标文件，补充、修改的内容作为投标文件的组成部分。

(3)在此次招标投标过程中，D、F两家施工单位的标书为无效标。A、B两家施工单位的投标为有效标，他们的情况不属于重大偏差。D单位的标书无法定代表人签字，也无法定代表人的授权委托书，不符合《招标投标法》的要求，为废标；F单位未能在投标截止时间前送达投标文件，按规定应作为废标处理。

(4)废标的条件如下：

1)逾期送达的或者未送达指定地点的；

2)未按招标文件要求密封的；

3)无单位盖章并无法定代表人签字或盖章的；

4)未按规定格式填写，内容不全或关键字迹模糊、无法辨认的；

5)投标人递交两份或多份内容不同的投标文件，或在一份投标文件中对同一招标项目报有两个或多个报价，且未声明哪一个有效(按招标文件规定提交备选投标方案的除外)；

6)投标人名称或组织机构与资格预审时不一致的；

7)未按招标文件要求提交投标保证金的；

8)联合体投标未附联合体各方共同投标协议的。

(5)本工程在开标过程中的不妥之处如下：

1)根据《招标投标法》规定，开标应当在投标文件确定的提交投标文件的截止时间公开进行，本案招标文件规定的投标截止时间是1月20日上午10：30，但迟至1月21日下午才开标不妥。

2)根据《招标投标法》规定，开标应由招标人主持，本案由属于行政监督部门的当地招投标监督管理办公室主持不妥。

3)根据《招标投标法》规定，开标时由投标人或者其推选的代表检查投标文件的密封情况，也可以由招标人委托的公证机构检查并公证，本案由招标人检查投标文件的密封情况不妥。

(6)评标委员会成员组成不符合规定。根据《招标投标法》规定，评标委员会由招标人的代表和有关技术、经济等方面的专家组成，成员人数为 5 人以上单数，其中招标人以外的技术经济等方面的专家不得少于成员总数的 2/3。

## 项目小结

　　招标投标是造价人员的一项重要工作，也是造价管理的关键环节，希望通过本项目内容的学习，能对将来的招标投标阶段造价管理提供理论支持。

　　本项目介绍了建设工程招标投标的概念和性质，建设项目招标的范围、种类与方式，建设项目招标程序，招标控制价的编制方法。详细阐述了建设项目施工投标程序及投标报价。建设工程施工投标的步骤有资质预审、购买招标文件及有关技术资料、现场踏勘，并对有关疑问提出书面询问、参加答疑会、编制投标书及报价、参加开标会议、开标、评标和定标。还介绍了建设工程施工合同类型以及选择，建设工程施工合同文本的主要条款，在实际工作中根据需要选择正确的合同类型，有利于造价管理。

　　在本项目学习中，要重点理解招标控制价的作用，掌握在清单计价模式下，如何采用招标控制价进行评标。

## 执考训练

### 一、单选题

1. 在施工图不完整或当准备发包的工程项目内容、技术经济指标一时尚不能明确具体地予以规定时，比较适宜的合同形式是(　　　)。
   A. 不变总价合同　　　　　　　　　B. 可调值不变总价合同
   C. 固定总价合同　　　　　　　　　D. 单价合同

2. 没有施工图，工程量不明，却急需开工的紧迫工程应采用(　　　)合同。
   A. 估算工程量单价　　　　　　　　B. 纯单价
   C. 不可调值单价　　　　　　　　　D. 可调值单价

3. 为了降低建筑安装工程费用的风险，建设单位可以采用（　　）合同形式。
   A. 固定总价　　　　B. 固定单价　　　　C. 成本加酬金　　　D. 分包

4. 某住宅楼工程，预计工期八个月，发包时已完成施工图设计，承发包双方采用（　　）形式合同为宜。
   A. 可调值总价合同　　　　　　　　B. 估计工程量单价合同
   C. 不可调值总价合同　　　　　　　D. 成本加酬金合同

5. 作为施工单位，采用（　　）合同形式，可尽量减少风险。
   A. 不可调值总价　　B. 可调值总价　　C. 单价　　　　　D. 成本加酬金

6. 某企业拟建造一幢宿舍楼，预计建设工期为半年，在与承包方签订工程承包合同时已具备了施工详图和详细的设备材料清单，该工程宜采用（　　）形式。
   A. 不可调值不变总价合同　　　　　B. 估计工程量单价合同
   C. 可调值不变总价合同　　　　　　D. 纯单价合同

7. 决定承包商能否中标的关键因素是（　　）。
   A. 招标公告　　　B. 招标邀请书　　　C. 标书　　　　　D. 评标条件

8. 下列情况标书有效的是（　　）。
   A. 投标书封面无投标单位或其代理人印鉴
   B. 投标书未密封
   C. 投标书逾期送达
   D. 投标单位未参加开标会议

9. 招标单位在评标委员会中人员不得超过1/3，其他人员应来自（　　）。
   A. 参与竞争的投标人　　　　　　　B. 招标单位的董事会
   C. 上级行政主管部门　　　　　　　D. 省、市政府部门提供的专家名册

10. 抢险救灾紧急工程应采用（　　）方式选择实施单位。
    A. 公开招标　　　B. 邀请招标　　　C. 议标　　　　　D. 直接委托

## 二、多选题

1. 建设单位决定合同形式，应根据（　　）因素综合考虑。
   A. 设计工作深度　　　　　　　　　B. 工期长短
   C. 质量要求的高低　　　　　　　　D. 工程规模、复杂程度
   E. 施工单位的要求

2. 编制建筑工程招标控制价需要考虑（　　）因素。
   A. 质量　　　　　　　　　　　　　B. 工期
   C. 材料价差　　　　　　　　　　　D. 人工、机械费用差价
   E. 施工条件和工程范围

3. 成本加奖罚合同的优点在于可以（　　）。
   A. 降低成本　　　B. 缩短工期　　　C. 业主风险小　　　D. 承包商风险小
   E. 提高工程质量

4. 根据建设工程施工招标投标文件范本的规定，编制一个合理的招标控制价，应遵循的原则是（　　）。
   A. 招标控制价要考虑承包商的资质等级
   B. 招标控制价要考虑工程的类别
   C. 招标控制价要考虑工程的质量要求（优质优价）

D. 招标控制价价格应力求与市场的实际变化吻合

E. 招标控制价一般应控制在批准的总概算及投资包干的限额以内

5. 招标控制价由( )组成。

    A. 成本　　　　　　B. 利润　　　　　　C. 税金　　　　　　D. 人工费

    E. 材料费

6. 施工招标时,下列情况中( )属于废标。

    A. 投标书未密封　　　　　　　　　　B. 投标书逾期送达

    C. 投标单位未参加开标会　　　　　　D. 投标书未按规定格式填写

    E. 投标单位提送标书后发觉有误,在截止日期前加补充函件的

7. 属于招标文件主要内容的是( )。

    A. 设计文件　　　　　　　　　　　　B. 工程量清单

    C. 施工方案　　　　　　　　　　　　D. 投标书的编制要求

    E. 选用的主要施工机械

8. 我国工程建设施工招标的方式有( )。

    A. 公开招标　　　　　　　　　　　　B. 单价招标

    C. 总价招标　　　　　　　　　　　　D. 成本加酬金招标

    E. 邀请招标

9. 下列属于编制招标控制价应遵循的原则的有( )。

    A. 一个工程只能编制一个招标控制价

    B. 招标控制价应考虑价格变动因素

    C. 根据设计文件、标准、定额等编制招标控制价

    D. 招标控制价应与投标者协商确定

    E. 招标控制价应由成本和利润组成,不包括税金

10. 施工招标文件的主要内容包括( )。

    A. 工程综合说明　　　　　　　　　　B. 必要的图纸和技术资料

    C. 工程量清单　　　　　　　　　　　D. 合同条件

    E. 要求投标单位必须提出的优惠条件

## 三、简答题

1. 我国规定的必须招标投标的项目范围包括哪些?

2. 工程合同价有哪几种形式? 各有何特点和其使用范围有何不同?

3. 某施工单位参加投标,其报价为最低合理价,除提出将固定合同价改为可调合同价的要求外,其余均实质性响应招标文件要求。试问可否将该单位作为中标单位? 为什么?

4. A、B、C三家施工单位参加某项目投标。投标之前签订了联合投标协议,并按三家单位资质最高的A单位的资质等级作为投标资质等级。经过评标,该联合体中标。按照程序,该联合体委托A单位与招标人签订合同。请问,在以上过程中,按《招标投标法》规定有何不妥之处? 为什么?

5. 某工程采用最高限额成本加最大酬金合同。合同规定的最低成本为2 000万元,报价成本为2 300万元,最高限额成本为2 500万元,酬金数额为450万元,同时规定成本节约额合同双方各50%。最后乙方完成工程的实际成本为2 450万元,则乙方能够获得的支付款额应为多少?

## 四、案例题

某大型工程,由于技术难度大,对施工单位的施工设备和同类工程施工经验要求较高,而

且对工期的要求也比较紧迫。业主在对有关单位和在建工程考察的基础上，仅邀请了3家国有一级施工企业参加投标，并预先与咨询单位和该3家施工单位共同研究制订了施工方案。业主要求投标单位将技术标和商务标分别装订报送。经招标领导小组研究确定的评标规定如下：

1. 技术标共30分。其中施工方案10分（因已确定施工方案，各投标单位均得10分）、施工总工期10分、工程质量10分。满足业主总工期要求（36个月）者得4分，每提前1个月加1分，不满足者不得分；自报工程质量合格者得4分，自报工程质量优良者得6分（若实际工程质量未达到优良将扣罚合同价的2%），近3年内获得鲁班工程奖每项加2分，获省优工程奖每项加1分。

2. 商务标共70分。报价不超过标底（35 500万元）的±5%者为有效标，超过者为废标。报价为标底的98%者得满分（70分），在此基础上，报价比标底每下降1%，扣1分，每上升1%，扣2分（计分按四舍五入取整）。

各投标单位的有关情况见表6.10。

表 6.10  各投标单位的有关情况

| 投标单位 | 报价/万元 | 工期/月 | 报工程质量 | 鲁班工程奖 | 省优工程奖 |
|---|---|---|---|---|---|
| A | 35 642 | 33 | 优良 | 1 | 1 |
| B | 34 364 | 31 | 优良 | 0 | 2 |
| C | 33 867 | 32 | 合格 | 0 | 1 |

问题：

(1)该工程采用邀请招标方式且仅邀请3家施工单位投标，是否违反有关规定？为什么？

(2)请按综合评标得分最高者中标的原则确定中标单位。

(3)若改变该工程评标的有关规定，将技术标增加到40分，其中施工方案20分（各投标单位均得20分），商务标减少为60分，是否会影响评标结果，为什么？若影响，应由哪家施工单位中标？

# ·项目7·
## 工程施工阶段造价管理

·知识框架·

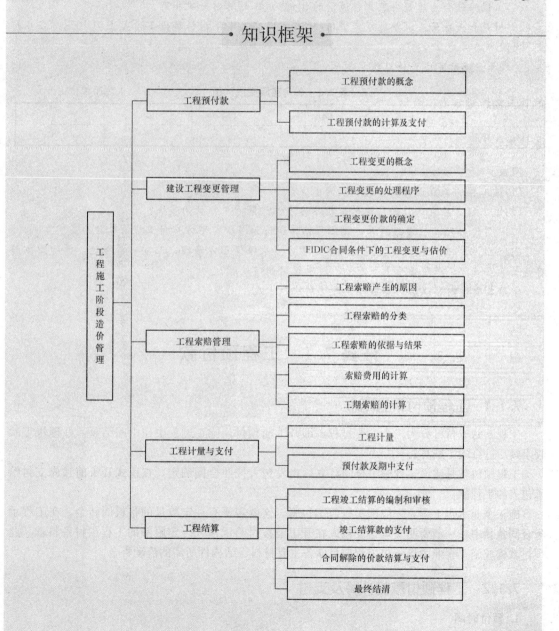

某施工单位承包某工程项目，甲乙双方签订的关于工程价款的合同内容有：

(1)建筑安装工程造价为660万元，建筑材料及设备费占施工产值的比重为60%。

(2)工程预付款为建筑安装工程造价的20%。工程实施后，工程预付款从未施工工程尚需的主要材料及构件的价值相当于工程预付款数额时起扣，从每次结算工程价款中按材料和设备占施工产值的比重扣抵工程预付款，竣工前全部扣清。

(3)工程进度款逐月计算。

(4)工程保修金为建筑安装工程造价的3%，竣工结算月一次扣留。

(5)材料和设备价差调整按规定进行(按有关规定上半年材料和设备价差上调10%，在6月份一次调增)。

工程各月实际完成产值见表7.1。

表 7.1　各月实际完成产值　　　　　　　　人民币单位：万元

| 月份 | 2 | 3 | 4 | 5 | 6 |
|---|---|---|---|---|---|
| 完成产值 | 55 | 110 | 165 | 220 | 110 |

问题：

(1)该工程的工程预付款、起扣点为多少？

(2)该工程2月至5月每月拨付工程款为多少？累计工程款为多少？

(3)6月份办理工程竣工结算，该工程结算造价为多少？甲方应付工程结算款为多少？

(4)该工程在保修期间发生屋面漏水，甲方多次催促乙方修理，乙方一再拖延，最后甲方另请施工单位修理，修理费为1.5万元，该项费用如何处理？

学习本项目内容以后，要求学生能够解决以上几个问题。

# 任务 7.1　工程预付款

## 7.1.1　工程预付款的概念

工程款的支付可分为三个主要过程，即开工前预付，施工过程中作中间结算，办理竣工验收手续后进行竣工结算。

工程预付款是建设工程施工合同订立后由发包人按照合同约定，在正式开工前预先支付给承包人的工程款。

施工企业承包工程，一般都实行包工包料，这就需要有一定数量的备料周转金。在工程承包合同条款中，一般要明文规定发包人在开工前拨付给承包人一定限额的工程预付备料款。此预付款构成施工企业为该承包工程项目储备主要材料、结构件所需的流动资金。

## 7.1.2　工程预付款的计算及支付

### 1. 预付时间

合同签订后的一个月内，或不迟于约定的开工日期前7天。

在承包人向发包人提交金额等于预付款数额（发包人认可的银行开出）的银行保函后，发包人按规定的金额和规定的时间向承包人支付预付款。

工程预付款仅用于承包人支付施工开始时与本工程有关的动员费用。在发包人全部扣回预付款之前，该银行保函将一直有效。

**2. 工程预付款的数额**

包工包料的工程原则上预付比例不低于合同金额的 10%，不高于合同金额的 30%。

**3. 工程预付款的扣回**

发包人拨付给承包人的预付备料款属于预支性质，到了工程实施后，随着工程所需主要材料储备的逐步减少，应以抵充工程价款的方式陆续扣回。即

$$当月实际付款金额＝应签证的工程款－应扣回的预付款$$

【关键问题】

(1)从何时开始起扣？

(2)每次支付工程价款时扣回多少？

**4. 起扣点计算方式**

从未施工工程尚需的主要材料及构件的价值相当于备料款数额时起扣，从每次结算工程价款中，按材料比重扣抵工程价款，竣工前全部扣清。其基本表达公式为

$$T＝P－M/N$$

式中　$T$——起扣点，即预付备料款开始扣回时的累计完成工作量金额；

　　　$M$——预付备料款限额；

　　　$N$——主要材料所占比重。

当工程款支付未达到起扣点时，每月按照应签证的工程款支付。当工程款支付达到起扣点后，从应签证的工程款中按材料比重扣回预付备料款。

承发包双方也可在专用条款中约定不同的扣回方式。例如，在承包人完成金额累计达到合同总价的 10% 后，由承包人开始向发包人还款。

发包人从每次应付给承包人的金额中按约定金额扣回工程预付款，发包人至少在合同规定的完工期前三个月将工程预付款的总计金额按逐次分摊的办法扣回。

【应用案例 7.1】

(1)背景：某业主与承包商签订了某建筑安装工程项目施工总承包合同。承包范围包括土建工程和水、电、通风、设备的安装工程，合同总价为 2 000 万元。工期为 1 年。承包合同规定：

1)业主应向承包商支付当年合同价 25% 的工程预付款。

2)工程预付款应从未施工工程尚需的主要材料及构配件价值相当于工程预付款时起扣，每月以抵充工程款的方式陆续收回。主要材料及构件费比重按 60% 考虑。

3)工程质量保修金为承包合同总价的 3%，经双方协商，业主从每月承包商的工程款中按 3% 的比例扣留。在保修期满后，保修金及保修金利息扣除已支出费用后的剩余部分退还给承包商。

4)除设计变更和其他不可抗力因素外，合同总价不做调整。

5)由业主直接提供的材料和设备应在发生当月的工程款中扣回其费用。

经业主的工程师代表签认的承包商各月计划和实际完成的建筑安装工程工作量以及业主直接提供的材料、设备价值见表 7.2。

表 7.2　工程结算数据表　　　　　　　　　　人民币单位：万元

| 月份 | 1—6 | 7 | 8 | 9 | 10 | 11 | 12 |
|---|---|---|---|---|---|---|---|
| 计划完成建筑安装工程工作量 | 900 | 200 | 200 | 200 | 190 | 190 | 120 |
| 实际完成建筑安装工程工作量 | 900 | 180 | 220 | 205 | 195 | 180 | 120 |
| 业主直供材料设备价值 | 90 | 35 | 24 | 10 | 20 | 10 | 5 |

(2)问题：

1)本例的工程预付款是多少？

2)工程预付款从几月开始起扣？

3)1—6 月以及其他各月工程师代表应签证的工程款是多少？应签发付款凭证金额是多少？

(3)分析：

1)本例的工程预付款计算：工程预付款金额＝2 000×25％＝500(万元)

2)工程预付款的起扣点计算：2 000−500÷60％＝2 000−833.33＝1 166.67(万元)

开始起扣工程预付款的时间为 8 月份，因为 8 月份累计实际完成的建筑安装工程工作量为

$$900＋180＋220＝1 300(万元)＞1 166.67 万元$$

3)1—6 月以及其他各月工程师代表应签证的工程款数额及应签发付款凭证金额：

①1—6 月份：

1—6 月份应签证的工程款为：900×(1−3％)＝873(万元)

1—6 月份应签发付款凭证金额为：873−90＝783(万元)

②7 月份：

7 月份应签证的工程款为：180×(1−3％)＝174.6(万元)

7 月份应签发付款凭证金额为：174.6−35＝139.6(万元)

③8 月份：

8 月份应签证的工程款为：220×(1−3％)＝213.4(万元)

8 月份应扣工程预付款金额为：(1 300−1 166.67)×60％＝80.00(万元)

8 月份应签发付款凭证金额为：213.4−80.00−24＝109.40(万元)

④9 月份：

9 月份应签证的工程款为：205×(1−3％)＝198.85(万元)

9 月份应扣工程预付款金额为：205×60％＝123(万元)

9 月份应签发付款凭证金额为：198.85−123−10＝65.85(万元)

⑤10 月份：

10 月份应签证的工程款为：195×(1−3％)＝189.15(万元)

10 月份应扣工程预付款金额为：195×60％＝117(万元)

10 月份应签发付款凭证金额为：189.15−117−20＝52.15(万元)

⑥11 月份：

11 月份应签证的工程款为：180×(1−3％)＝174.6(万元)

11 月份应扣工程预付款金额为：180×60％＝108(万元)

11 月份应签发付款凭证金额为：174.6−108−10＝56.6(万元)

⑦12 月份：

12 月份应签证的工程款为：120×(1−3％)＝116.4(万元)

12 月份应扣工程预付款金额为：120×60％＝72(万元)

12 月份应签发付款凭证金额为：116.4−72−5＝39.4(万元)

# 任务 7.2  建设工程变更管理

## 7.2.1  工程变更的概念

工程变更包括设计变更、进度计划变更、施工条件变更以及原招标文件和工程量清单中未包括的"新增工程"。工程变更产生的原因，一方面是主观原因，如勘察设计工作粗糙，以致在施工过程中发现许多招标文件中没有考虑或估算不准的工程量，因而不得不改变施工项目或增建工程量；另一方面是客观原因，如发生不可预见的事故，自然或社会原因引起的停工和工期拖延等，致使工程变更不可避免。

根据《建设工程施工合同(示范文本)》(CF-2017-0201)，承包人按照工程师发出的变更通知及有关要求，进行下列需要的变更：

(1)更改工程有关部分的标高、基线、位置和尺寸；

(2)增建合同中规定的工程量；

(3)改变有关工程的施工时间和顺序；

(4)其他有关工程变更需要的附加工作。

施工中承包人不得对原工程设计进行变更。因承包人擅自变更设计发生的费用和由此导致发包人的直接损失，由承包人承担，延误的工期不予顺延。

## 7.2.2  工程变更的处理程序

(1)工程设计变更的程序。

1)发包人提出的变更。

2)承包人提出的变更。承包方要求对原工程进行变更，首先向工程师提出变更申请，工程师批准变更后方可变更。具体规定如下：

①施工中乙方(承包方)不得对原工程设计进行变更。因乙方擅自变更设计发生的费用和由此导致甲方(发包方)的直接损失，由乙方承担，延误的工期不予顺延。

②乙方在施工中提出的合理化建议涉及对设计图纸或施工组织设计的更改及对原材料、设备的换用，须经工程师同意。未经同意擅自更改或换用时，乙方承担由此发生的费用，并赔偿甲方的有关损失，延误的工期不予顺延。

③工程师同意采用乙方合理化建议，所发生的费用和获得的收益，甲乙双方另行约定分担或分享。

3)施工条件引起的变更。

(2)其他变更的程序。

## 7.2.3  工程变更价款的确定

工程变更价款的确定方法从以下两个方面考虑：

(1)《建设工程工程量清单计价规范》(GB 50500—2013)约定的工程变更价款的确定方法。合同中综合单价因工程量变更需调整时，除合同另有约定外，应按照下列方法确定：

1)工程量清单漏项或涉及变更引起新的工程量清单项目，其相应综合单价由承包人提出，经发包人确认后作为结算的依据。

2)由于工程量清单的工程数量有误或设计变更引起工程量增减，属合同约定幅度以内的，应执行原有综合单价；属合同约定幅度以外的，其增加部分的工程量或减少后剩余部分的工程量的综合单价由承包人提出，经发包人确认后，作为结算的依据。

(2)《建设工程施工合同(示范文本)》(GF—2017—0201)约定的工程变更价款的确定方法。

1)变更后合同价款的确定程序，如图7.1所示。

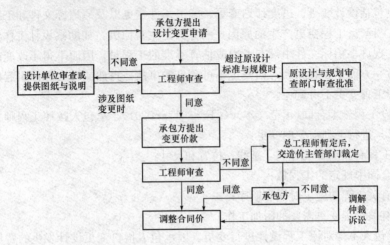

**图7.1 承包商要求的变更及价款确定的一般程序**

①设计变更发生后，承包人在工程设计变更确定后14天内，提出变更工程价款的报告，经工程师确认后调整合同价款。

②工程设计变更确认后14天内，如承包人未提出适当的变更价格，则发包人可根据所掌握的资料决定是否调整合同价款和调整的具体金额。

③重大工程变更涉及工程价款变更报告和确认的时限由发、承包双方协商确定。收到变更工程价款报告一方，应在收到之日起14天内予以确认或提出协商意见，自变更工程价款报告送达之日起14天内，对方未确认也未提出协商意见时，视为变更工程价款报告已被确认。

2)变更后合同价款的确定方法。在工程变更确定后14天内，设计变更涉及工程价款调整的，由承包人向发包人提出，经发包人审核同意后调整合同价款。变更合同价款按照下列方法进行：

①合同中已有适用于变更工程的价格，按合同已有的价格变更合同价款；

②合同中只有类似于变更工程的价格，可以参照类似价格变更合同价款；

③合同中没有适用或类似于变更工程的价格，由承包人或发包人提出适当的变更价格，经对方确认后执行。

确认增(减)的工程变更价款作为追加(减)合同价款与工程进度款同期支付。

【应用案例7.2】 某实施监理的工程项目，采用以直接费为计算基础的全费用综合单价计价，混凝土分项工程的全费用综合单价为446元/m³，直接费为350元/m³，间接费费率为12%，利润率为10%，增值税税率为3%，城市维护建设税税率为7%，教育费附加费费率为3%。施工合同约定：工程无预付款；进度款按月结算；工程量以监理工程师计量的结果为准；工程保留金按工程进度款的3%逐月扣留；监理工程师每月签发进度款的最低限额为25万元。

在施工过程中，按建设单位要求设计单位提出了一项工程变更，施工单位认为该变更使混凝土分项工程量大幅减少，要求对合同中的单价做相应调整。建设单位则认为应按原合同单价执行，双方意见分歧，要求监理单位调解。经调解，各方达成如下共识：若最终减少的该混凝土分项工程量超过原先计划工程量的15%，则该混凝土分项的全部工程量执行新的全费用综合单价，新的全费用综合单价的间接费和利润调整系数分别为1.1和1.2，其余数据不变。该混凝土分项工程的计划工程量和经专业监理工程师计量的变更后实际工程量见表7.3。

表7.3 混凝土分项工程计划工程量和实际工程量表

| 月份 | 1 | 2 | 3 | 4 |
|---|---|---|---|---|
| 计划工程量/m³ | 500 | 1 200 | 1 300 | 1 300 |
| 实际工程量/m³ | 500 | 1 200 | 700 | 800 |

问题：

(1)如果建设单位和施工单位未能就工程变更的费用等达成协议，监理单位将如何处理？该项工程款最终结算时应以什么为依据？

(2)计算新的全费用综合单价，将计算方法和计算结果填入表7.4相应的空格中。

(3)每月的工程应付款是多少？总监理工程师签发的实际付款金额应是多少？

分析：

(1)分析问题(1)。

1)监理单位应提出一个暂定的价格，作为临时支付工程进度款的依据。

2)经监理单位协调：如建设单位和施工单位达成一致，以达成的协议为依据；如建设单位和施工单位不能达成一致，以法院判决或仲裁机构裁决为依据。

(2)分析问题(2)。

计算新的全费用综合单价，见表7.4。

表7.4 新的全费用综合单价

| 序号 | 费用项目 | 全费用综合单价/(元·m⁻³) | |
|---|---|---|---|
| | | 计算方法 | 结果 |
| ① | 直接费 | …… | 350 |
| ② | 间接费 | ①×12%×1.1 | 46.2 |
| ③ | 利润 | (①+②)×10%×1.2 | 47.54 |
| ④ | 计税系数 | {1/[1−3%×(1+7%+3%)]−1}×100% | 3.41% |
| ⑤ | 含税造价 | (①+②+③)×(1+④) | 459 |

注：计税系数的计算方法也可表示为{3%×(1+7%+3%)/[1−3%×(1+7%+3%)]}×100%。

(3)分析问题(3)。

1月：

1)完成工程款：500×446＝223 000(元)；

2)本月应付款：223 000×(1−3%)＝216 310(元)；

3)216 310 元＜250 000 元，不签发付款凭证。

2 月：

1)完成工程款：$1\,200 \times 446 = 535\,200$(元)；

2)本月应付款：$535\,200 \times (1 - 3\%) = 519\,144$(元)；

3)$519\,144 + 216\,310 = 735\,454$(元) $> 250\,000$(元)；

4)应签发的实际付款金额：$735\,454$(元)。

3 月：

1)完成工程款：$700 \times 446 = 312\,200$(元)；

2)本月应付款：$312\,200 \times (1 - 3\%) = 302\,834$(元)；

3)$302\,834$ 元 $> 250\,000$ 元；

4)应签发的实际付款金额：$302\,834$(元)。

4 月：

1)最终累计完成工程量：$500 + 1\,200 + 700 + 800 = 3\,200$($m^3$)；

较计划减少：$(4\,300 - 3\,200) / 4\,300 \times 100\% = 25.6\% > 15\%$。

2)本月应付款：

$3\,200 \times 459 \times (1 - 3\%) - 735\,454 - 302\,834 = 386\,448$(元)；

3)应签发的实际付款金额：$386\,448$(元)。

### 7.2.4　FIDIC 合同条件下的工程变更与估价

**1. 工程变更**

根据 FIDIC 施工合同条件的约定，在颁发工程接受证书前的任何时间，工程师可通过发布指示或要求承包商提交建议书的方式，提出变更。承包商应遵守并执行每项变更，除非承包商立即向工程师发出通知，说明承包商难以取得变更所需要的货物。工程师接到此类通知后，应取消、确认或改变原指示。变更的具体内容可包括以下几项：

(1)合同中包括的任何工作内容的数量改变(但此类改变不一定构成变更)。

(2)任何工作内容的质量或其他特性的改变。

(3)任何部分工程的标高、位置和尺寸的改变。

(4)任何工作的删减，但要交他人实施的工作之外。

(5)永久工作需要的任何附加工作、生产设备、材料或服务，包括任何有关的竣工试验、钻孔和其他试验和勘探工作。

(6)实施工程的顺序或时间安排的改变。

**2. 工程变更的程序**

FIDIC 合同条件下，工程变更的一般程序如下：

(1)提出变更要求。

(2)工程师审查变更。

(3)编制工程变更文件。工程变更文件包括工程变更令、工程量清单、设计图纸(包括技术规范)和其他有关文件等。

(4)发出变更指示。工程师的变更指示应以书面形式发出。如果工程师认为有必要以口头形式发出指示，指示发出后应尽快加以书面确认。

**3. 工程变更的估价**

工程师根据合适的测量方法和适宜的费率、价格，对变更的各项工作内容进行估价，并商定或确定合同价格。

各项工作内容的适宜费率或价格，应为合同对此类工作内容规定的费率或价格，如合同中无某项内容，应取类似工作的费率或价格。但在以下情况下，宜对有关工作内容采用新的费率或价格：

（1）第一种情况：如果此项工作实际测量的工程量比工程量表或其他报表中规定的工程量的变动大于10%；工程量的变化与该项工作规定的费率的乘积超过了中标的合同金额的0.01%；由此工程量的变化直接造成该项工作单位成本的变动超过1%；这项工作不是合同中规定的"固定费率项目"。

（2）第二种情况：此项工作是根据变更与调整的指示进行的；合同没有规定此项工作的费率或价格；由于该项工作与合同中的任何工作没有类似的性质或不在类似的条件下进行，故没有一个规定的费率或价格适用。

每种新的费率或价格应考虑以上描述的有关事项对合同中相关费率或价格加以合理调整后得出。如果没有相关的费率或价格可供推算新的费率或价格，应根据实施该工作的合理成本和合理利润，并考虑其他相关的事项后取得。

# 任务7.3　工程索赔管理

工程索赔是指在工程承包合同履行中，当事人一方因非己方的原因而遭受经济损失或工期延误，按照合同约定或法律规定，应由对方承担责任，而向对方提出工期和（或）费用补偿要求的行为。由于施工现场条件、气候条件的变化，施工进度、物价的变化，以及合同条款、规范、标准文件和施工图纸的变更、差异、延误等因素的影响，使得工程承包中不可避免地出现索赔。

对于施工合同的双方来说，索赔是维护自身合法利益的权利。其与合同条件中双方的合同责任一样，构成严密的合同制约关系。承包商可以向业主提出索赔，业主也可以向承包商提出索赔。

## 7.3.1　工程索赔产生的原因

工程索赔是由于施工过程中发生了非己方能控制的干扰事件。这些干扰事件影响了合同的正常履行，造成了工期延长和（或）费用增加，成为工程索赔的理由。

### 1. 业主方（包括发包人和工程师）违约

在工程实施过程中，由于发包人或工程师没有尽到合同义务，导致索赔事件发生。例如，未按合同规定提供设计资料、图纸，未及时下达指令、答复请示等，使工程延期；未按合同规定的日期交付施工场地和行驶道路、提供水电、提供应由发包人提供的材料和设备，使承包人不能及时开工或造成工程中断；未按合同规定按时支付工程款，或不再继续履行合同；下达错误指令，提供错误信息；发包人或工程师协调工作不力等。

### 2. 合同缺陷

合同缺陷表现为合同文件规定不严谨甚至矛盾，合同条款遗漏或错误，设计图纸错误造成设计修改、工程返工、窝工等。

### 3. 工程环境的变化

如材料价格和人工工日单价的大幅度上涨，国家法令的修改，货币贬值，外汇汇率变化等。

**4. 不可抗力或不利的物质条件**

不可抗力可以分为自然事件和社会事件。自然事件主要是工程施工过程中不可避免发生并不能克服的自然灾害，包括地震、海啸、瘟疫、水灾等；社会事件则包括国家政策、法律、法令的变更，战争、罢工等。不利的物质条件通常是指承包人在施工现场遇到的不可预见的自然物质条件、非自然的物质障碍和污染物，包括地下和水文条件。

**5. 合同变更**

合同变更也有可能导致索赔事件发生，例如，发包人指令增加、减少工作量，增加新的工程，提高设计标准、质量标准；由于非承包人原因，发包人指令中止工程施工；发包人要求承包人采取加速措施，其原因是非承包人责任的工程拖延，或发包人希望在合同工期前交付工程；发包人要求修改施工方案，打乱施工顺序；发包人要求承包人完成合同规定以外的义务或工作（合同变更是否导致索赔事件发生必须依据合同条款来判定）。

### 7.3.2　工程索赔的分类

工程索赔按不同的划分标准，可分为不同类型。

**1. 按索赔的合同依据分类**

按索赔的合同依据分类，工程索赔可分为合同中明示的索赔和合同中默示的索赔。

(1)合同中明示的索赔。合同中明示的索赔是指承包人所提出的索赔要求，在该工程施工合同文件中有文字依据。这些在合同文件中有文字依据的合同条款，称为明示条款。

(2)合同中默示的索赔。合同中默示的索赔是指承包人所提出的索赔要求，虽然在工程施工合同条款中没有专门的文字叙述，但可根据该合同中某些条款的含义，推论出承包人有索赔权。这种索赔要求，同样有法律效力，承包人有权得到相应的经济补偿。这种有经济补偿含义的条款，被称为默示条款或隐含条款。

**2. 按索赔目的分类**

按索赔目的分类，工程索赔可分为工期索赔和费用索赔。

(1)工期索赔。由于非承包人的原因导致施工进度拖延，要求批准延长合同工期的索赔，称为工期索赔。工期索赔形式上是对权利的要求，以避免在原定合同竣工日不能完工时，被发包人追究拖期违约责任。一旦获得批准合同工期延长后，承包人不仅可免除承担拖期违约赔偿费的严重风险，而且可因提前交工获得奖励，最终仍反映在经济收益上。

(2)费用索赔。费用索赔是承包人要求发包人补偿其经济损失。当施工的客观条件改变导致承包人增加开支时，要求对超出计划成本的附加开支给予补偿，以挽回不应由其承担的经济损失。

**3. 按索赔事件的性质分类**

根据索赔事件的性质不同，可以将工程索赔分为以下几项：

(1)工程延误索赔。因发包人未按合同要求提供施工条件，如未及时交付设计图纸、施工现场、道路等，或因发包人指令工程暂停或不可抗力事件等原因造成工期拖延的，承包人对此提出的索赔，称为工程延误索赔。这是工程实施中常见的一类索赔。

(2)工程变更索赔。由于发包人或工程师指令增加或减少工程量或增加附加工程、修改设计、变更工程顺序等，造成工期延长和(或)费用增加，承包人对此提出的索赔，称为工程变更索赔。

(3)合同被迫终止的索赔。由于发包人违约及不可抗力事件等原因造成合同非正常终止，承包人因其蒙受经济损失而向发包人提出的索赔，称为合同被迫终止的索赔。

（4）赶工索赔。由于发包人或工程师指令承包人加快施工速度，缩短工期，引起承包人的人、财、物的额外开支而提出的索赔，称为赶工索赔。

（5）意外风险和不可预见因素索赔。在工程施工过程中，因人力不可抗拒的自然灾害、特殊风险以及一个有经验的承包人通常不能合理预见的不利施工条件或外界障碍，如地下水、地质断层、溶洞、地下障碍物等引起的索赔，称为意外风险和不可预见因素索赔。

（6）其他索赔。如因货币贬值、汇率变化、物价上涨、政策法令变化等原因引起的索赔，称为其他索赔。

**4. 按《建设工程工程量清单计价规范》(GB 50500—2013)规定分类**

《建设工程工程量清单计价规范》(GB 50500—2013)中对合同价款调整规定了法律法规变化、工程变更、项目特征不符、工程量清单缺项、工程量偏差、计日工、物价变化、暂估价、不可抗力、提前竣工(赶工补偿)、误期赔偿、索赔、现场签证、暂列金额以及发承包双方约定的其他调整事项共计15种事项。这些合同价款调整事项，广义上也属于不同类型的费用索赔。其中，法律法规变化引起的价格调整主要是指合同基准日期后，法律法规变化导致承包人在合同履行过程中所需要的费用发生除(市场价格波动引起的调整)约定外的增加时，由发包人承担由此增加的费用；减少时，应从合同价格中予以扣减。基准日期后，因法律变化造成工期延误时，工期应予以顺延。因承包人原因造成工期延误，在工期延误期间出现法律变化的，由此增加的费用和(或)延误的工期由承包人承担。

### 7.3.3 工程索赔的依据与结果

**1. 工程索赔的依据**

提出索赔和处理索赔都要依据下列文件或凭证：

（1）工程施工合同文件。工程施工合同是工程索赔中最关键和最主要的依据。工程施工期间，发承包双方关于工程的洽商、变更等书面协议或文件也是索赔的重要依据。

（2）国家法律、法规。国家制定的相关法律、行政法规是工程索赔的法律依据。工程项目所在地的地方性法规或地方政府规章也可以作为工程索赔的依据，但应当在施工合同专用条款中约定为工程合同的适用法律。

（3）国家、部门和地方有关的标准、规范和定额。对于工程建设的强制性标准，是合同双方必须严格执行的；对于非强制性标准，必须在合同中有明确规定的情况下，才能作为索赔的依据。

（4）工程施工合同履行过程中与索赔事件有关的各种凭证。这是承包人因索赔事件所遭受费用或工期损失的事实依据，它反映了工程的计划情况和实际情况。

**2. 工程索赔成立的条件**

承包人工程索赔成立的基本条件包括以下几项：

（1）索赔事件已造成了承包人直接经济损失或工期延误；

（2）造成费用增加或工期延误的索赔事件是非因承包人的原因发生的；

（3）承包人已经按照工程施工合同规定的期限和程序提交了索赔意向通知、索赔报告及相关证明材料。

**3. 工程索赔的结果**

引起索赔事件的原因不同，工程索赔的结果也不同，对一方当事人提出的索赔可能给予合理补偿工期、费用和(或)利润的情况会有所不同。《建设工程施工合同(示范文本)》(GF—2017—0201)中的通用合同条款中，引起承包人索赔的事件以及可能得到的合理补偿内容见表7.5。

表 7.5 《建设工程施工合同(示范文本)》(GF—2017—0201)中承包人的索赔事件及可补偿内容

| 序号 | 条款号 | 索赔事件 | 可补偿内容 | | |
|---|---|---|---|---|---|
| | | | 工期 | 费用 | 利润 |
| 1 | 1.6.1 | 延迟提供图纸 | √ | √ | √ |
| 2 | 1.9 | 施工中发现文物、古迹 | √ | √ | |
| 3 | 2.4.1 | 延迟提供施工场地 | √ | √ | √ |
| 4 | 7.6 | 施工中遇到不利物质条件 | √ | √ | |
| 5 | 8.1 | 提前向承包人提供材料,工程设备 | | √ | |
| 6 | 8.3.1 | 发包人提供材料 | √ | √ | √ |
| 7 | 7.4 | 承包人依据发包人提供的错误资料导致测量放线错误 | √ | √ | √ |
| 8 | 6.1.9.1 | 因发包人原因造成承包人人员工伤事故 | | √ | |
| 9 | 7.5.1 | 因发包人原因造成工期延误 | √ | √ | √ |
| 10 | 7.7 | 异常恶劣的气候条件导致工期延误 | √ | | |
| 11 | 7.9 | 承包人提前竣工 | | √ | |
| 12 | 7.8.1 | 发包人暂停施工造成工期延误 | √ | √ | √ |
| 13 | 7.8.6 | 工程暂停后因发包人原因无法按时复工 | √ | √ | √ |
| 14 | 5.1.2 | 因发包人原因导致承包人工程返工 | √ | √ | √ |
| 15 | 5.2.3 | 工程师对已经覆盖的隐蔽工程要求重新检查且检查结果合格 | √ | √ | √ |
| 16 | 5.4.2 | 因发包人提供的材料,工程设备造成工程不合格 | √ | √ | √ |
| 17 | 5.3.3 | 承包人应工程师要求对材料工程设备和工程重新检验且检验结果合格 | √ | √ | √ |
| 18 | 11.2 | 基准日期后法律的变化 | | √ | |
| 19 | 13.4.2 | 发包人在工程竣工前提前占用工程 | √ | √ | √ |
| 20 | 13.3.2 | 因发包人的原因导致工程试运行失败 | | √ | √ |
| 21 | 15.2.2 | 工程移交后因发包人原因出现的缺陷修复后的试验和试运行 | | √ | √ |
| 22 | 13.3.2 | 工程移交后因发包人原因出现的缺陷修复后的实验和试运行 | | √ | |
| 23 | 17.3.2(6) | 因不可抗力停工期间应工程师要求照管,清理修复工程 | | √ | |
| 24 | 17.3.2(4) | 因不可抗力造成工期延误 | √ | | |
| 25 | 16.1.1(5) | 因发包人违约导致承包人暂停施工 | √ | √ | √ |

### 7.3.4 索赔费用的计算

**1. 索赔费用的组成**

对于不同原因引起的索赔，承包人可索赔的具体费用内容是不完全一样的。但归纳起来，索赔费用的要素与工程造价的构成基本类似，一般可归结为人工费、材料费、施工机具使用费、分包费、施工管理费、利息、利润、保险费等，如图7.2所示。

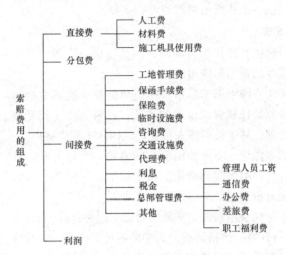

**图 7.2　索赔费用的组成**

(1)人工费。人工费的索赔包括由于完成合同之外的额外工作所花费的人工费用，超过法定工作时间加班劳动，法定人工费增长，非因承包商原因导致工效降低所增加的人工费用，非因承包商原因导致工程停工的人员窝工费和工资上涨费等。

(2)材料费。材料费的索赔包括由于索赔事件的发生造成材料实际用量超过计划用量而增加的材料费，由于发包人原因导致工程延期期间的材料价格上涨和超期储存费用。材料费中应包括运输费、仓储费以及合理的损耗费用。如果由于承包商管理不善造成材料损坏、失效，则不能列入索赔款项内。

(3)施工机具使用费。施工机具使用费的索赔包括由于完成合同之外的额外工作所增加的机具使用费，非因承包人原因导致工效降低所增加的机具使用费，由于发包人或工程师指令错误或迟延导致机械停工的台班停滞费。

(4)现场管理费。现场管理费的索赔包括承包人完成合同之外的额外工作以及由于发包人原因导致工期延期期间的现场管理费，包括管理人员工资、办公费、通信费和交通费等。

(5)总部(企业)管理费。总部管理费的索赔主要是指由于发包人原因导致工程延期期间所增加的承包人向公司总部提交的管理费，包括总部职工工资、办公大楼折旧、办公用品、财务管理、通信设施以及总部领导人员赴工地检查指导工作等开支。

(6)保险费。因发包人原因导致工程延期时，承包人必须办理工程保险、施工人员意外伤害保险等各项保险的延期手续，对于由此而增加的费用，承包人可以提出索赔。

(7)保函手续费。因发包人原因导致工程延期时，承包人必须办理相关履约保函的延期手续，对于由此而增加的手续费，承包人可以提出索赔。

(8)利息。利息的索赔包括发包人拖延支付工程款利息，发包人延迟退还工程质量保证金的利息，承包人垫资施工的垫资利息，发包人错误扣款的利息等。

(9)利润。一般来说，由于工程范围的变更、发包人提供的文件有缺陷或错误、发包人未能提供施工场地以及因发包人违约导致的合同终止等事件引起的索赔，承包人都可以列入利润。另外，对于因发包人原因暂停施工导致的工期延误，承包人也有权要求发包人支付合理的利润。

(10)分包费用。由于发包人的原因导致分包工程费用增加时，分包人只能向总承包人提出索赔，但分包人的索赔款项应当列入总承包人对发包人的索赔款项中。分包费用索赔是指分包人的索赔费用，一般也包括与上述费用类似的内容索赔。

**2. 索赔费用的计算方法**

索赔费用的计算应以赔偿实际损失为原则，包括直接损失和间接损失。索赔费用的计算方法最容易被发承包双方接受的是实际费用法。

实际费用法又称分项法，即根据索赔事件所造成的损失或成本增加，按费用项目逐项进行分析，按合同约定的计价原则计算索赔金额的方法。这种方法比较复杂，但能客观地反映施工单位的实际损失，比较合理，易于被当事人接受，在国际工程中被广泛采用。

由于索赔费用组成的多样化、不同原因引起的索赔，承包人可索赔的具体费用内容有所不同，必须具体问题具体分析，由于实际费用法所依据的是实际发生的成本记录或单据，因此在施工过程中，系统而准确地积累记录资料是非常重要的。

针对市场价格波动引起的费用索赔，常见的有以下两种计算方式：

(1)采用价格指数进行计算。价格调整公式中的各可调因子、定值和变值权重，以及基本价格指数及其来源在投标函附录价格指数和权重表中约定，非招标订立的合同，由合同当事人在专用合同条款中约定。价格指数应首先采用工程造价管理机构发布的价格指数，无前述价格指数时，可采用工程造价管理机构发布的价格代替。

因承包人原因未按期竣工的，对合同约定的竣工日期后继续施工的工程，在使用价格调整公式时，应采用计划竣工日期与实际竣工日期的两个价格指数中较低的一个作为现行价格指数。

(2)采用造价信息进行价格调整。合同履行期间，因人工、材料、工程设备和机械台班价格波动影响合同价格时，人工、机械使用费按照国家或省、自治区、直辖市建设行政管理部门、行业建设管理部门或其授权的工程造价管理机构发布的人工、机械使用费系数进行调整；需要进行价格调整的材料，其单价和采购数量应由发包人审批，发包人确认需调整的材料单价及数量，作为调整合同价格的依据。

**【应用案例 7.3】** 某施工合同约定，施工现场主导施工机械一台，由施工企业租得，台班单价为 300 元/台班，租赁费为 100 元/台班，人工工资为 40 元/工日，窝工补贴为 10 元/工日，以人工费为基数的综合费费率为 35%，在施工过程中，发生了如下事件：①出现异常恶劣天气导致工程停工 2 天，人员窝工 30 个工日；②因恶劣天气导致场外道路中断，抢修道路用工 20 个工日；③场外大面积停电，停工 2 天，人员窝工 10 个工日。为此，施工企业可向业主索赔费用是多少？

**解：** 各事件处理结果如下：

异常恶劣天气导致的停工通常不能进行费用索赔。

抢修道路用工的索赔额 $= 20 \times 40 \times (1 + 35\%) = 1\,080$（元）

停电导致的索赔额 $= 2 \times 100 + 10 \times 10 = 300$（元）

总索赔费用 $= 1\,080 + 300 = 1\,380$（元）

### 7.3.5 工期索赔的计算

工期索赔，一般是指承包人依据合同对因非自身原因导致的工期延误向发包人提出的工期顺延要求。

**1. 工期索赔中应当注意的问题**

在工期索赔中应当特别注意以下问题：

(1)划清施工进度拖延的责任。因承包人的原因造成施工进度滞后，属于不可原谅的延期；只有承包人不应承担任何责任的延误，才是可原谅的延期。有时工程延期的原因中可能包含双方责任，此时工程师应进行详细分析，分清责任比例，只有可原谅延期部分才能批准顺延合同工期。可原谅延期，又可细分为可原谅并给予补偿费用的延期和可原谅但不给予补偿费用的延期；后者是指非承包人责任事件的影响并未导致施工成本的额外支出，大多属于发包人应承担风险责任事件的影响，如异常恶劣的气候条件影响的停工等。

(2)被延误的工作应是处于施工进度计划关键线路上的施工内容。只有位于关键线路上工作内容的滞后，才会影响到竣工日期。但有时也应注意，既要看被延误的工作是否在批准进度计划的关键线路上，又要详细分析这一延误对后续工作的影响。因为若对非关键线路工作的影响时间较长，超过了该工作可用于自由支配的时间，也会导致进度计划中非关键线路转化为关键线路，其滞后将影响总工期的拖延。此时，应充分考虑该工作的自由时间，给予相应的工期顺延，并要求承包人修改施工进度计划。

**2. 工期索赔的具体依据**

承包人向发包人提出工期索赔的具体依据主要包括以下几项：

(1)合同约定或双方认可的施工总进度规划；

(2)合同双方认可的详细进度计划；

(3)合同双方认可的对工期的修改文件；

(4)施工日志、气象资料；

(5)业主或工程师的变更指令；

(6)影响工期的干扰事件；

(7)受干扰后的实际工程进度等。

**3. 工期索赔的计算方法**

(1)直接法。如果某干扰事件直接发生在关键线路上，造成总工期的延误，可以直接将该干扰事件的实际干扰时间(延误时间)作为工期索赔值。

(2)比例计算法。如果某干扰事件仅仅影响某单项工程、单位工程或分部分项工程的工期，要分析其对总工期的影响，可以采用比例计算法。

(3)网络图分析法。网络图分析法是利用进度计划的网络图分析其关键线路。如果延误的工作为关键工作，则延误的时间为索赔的工期；如果延误的工作为非关键工作，当该工作由于延误超过时差限制而成为关键工作时，可以索赔延误时间与时差的差值；若该工作延误后仍为非关键工作，则不存在工期索赔问题。该方法通过分析干扰事件发生前和发生后网络计划的计算工期之差来计算工期索赔值，可以用于各种干扰事件和多种干扰事件共同作用所引起的工期索赔。

**4. 共同延误的处理**

在实际施工过程中，工期拖期很少是只由一方造成的，往往是两三种原因同时发生(或相互

作用)而形成的,故称为"共同延误"。在这种情况下,要具体分析哪一种情况延误是有效的,应依据以下原则:

(1)首先判断造成拖期的哪一种原因是最先发生的,即确定"初始延误"者,它应对工程拖期负责。在初始延误发生作用期间,其他并发的延误者不承担拖期责任。

(2)如果初始延误者是发包人原因,则在发包人原因造成的延误期内,承包人既可得到工期延长,又可得到经济补偿。

(3)如果初始延误者是客观原因,则在客观因素发生影响的延误期内,承包人可以得到工期延长,但很难得到费用补偿。

(4)如果初始延误者是承包人原因,则在承包人原因造成的延误期内,承包人既不能得到工期补偿,也不能得到费用补偿。

# 任务 7.4　工程计量与支付

## 7.4.1　工程计量

对承包人已经完成的合格工程进行计量并予以确认,是发包人支付工程价款的前提工作。因此工程计量不仅是发包人控制施工阶段工程造价的关键环节,还是约束承包人履行合同义务的重要手段。

**1. 工程计量的原则与范围**

(1)工程计量的概念。工程计量是发承包双方根据合同约定,对承包人完成合同工程数量进行的计算和确认。具体地说,就是双方根据设计图纸、技术规范以及施工合同约定的计量方式和计算方式,对承包人已经完成的质量合格的工程实体数量进行测量与计算,并以物理计量单位或自然计量单位进行标识、确认的过程。

招标工程量清单中所列的数量,通常是根据招标时设计图纸计算的数量,是发包人对合同工程的估计工程量。工程施工过程中,通常会由于一些原因导致承包人实际完成工程量与工程量清单中所列工程量的不一致,如招标工程量清单缺项或项目特征描述与实际不符;工程变更,现场施工条件的变化,现场签证,暂估价中的专业工程发包等。因此在工程合同价款结算前,必须对承包人履行合同义务所完成的实际工程进行准确的计量。

(2)工程计量的原则。工程计量的原则包括下列三个方面:

1)不符合合同文件要求的工程不予计量。即工程必须满足设计图纸、技术规范等合同文件对其在工程质量上的要求,同时有关的工程质量验收资料齐全、手续完备,满足合同文件对其在工程管理上的要求。

2)按合同文件所规定的方法、范围、内容和单位计量。工程计量的方法、范围、内容和单位受合同文件所约束,其中工程量清单(说明)、技术规范、合同条款均会从不同角度、不同侧面涉及这方面的内容。在计量中要严格遵循这些文件的规定,并且一定要结合起来使用。

3)因承包人原因造成的超出合同工程范围施工或返工的工程量,发包人不予计量。

(3)工程计量的范围与依据。

1)工程计量的范围。工程计量的范围包括工程量清单及工程变更所修订的工程量清单的内容;合同文件中规定的各种费用支付项目,如费用索赔、各种预付款、价格调整、违约金等。

2)工程计量的依据。工程计量的依据包括工程量清单及说明、合同图纸、工程变更令及其修订的工程量清单、合同条件、技术规范、有关计量的补充协议、质量合格证书等。

**2. 工程计量的方法**

工程计量必须按照相关专业工程工程量计算规范规定的工程量计算规则计算。工程计量可选择按月或按工程形象进度分段计量，具体计量周期在合同中约定。通常区分单价合同和总价合同规定不同的计量方法，成本加酬金合同按照单价合同的计量规定进行计量。

(1)单价合同计量。单价合同工程量必须以承包人完成合同工程应予计量的，按照专业工程工程量计算规范规定的工程量计算规则计算得到的工程量确定。施工中工程计量时，若发现招标工程量清单中出现缺项、工程量偏差，或因工程变更引起工程量的增减，应按承包人在履行合同义务中完成的工程量计算。

(2)总价合同计量。采用工程量清单方式招标形成的总价合同，工程量应按照与单价合同相同的方式计算。采用经审定批准的施工图纸及其预算方式发包形成的总价合同，除按照工程变更规定引起的工程量增减外，总价合同各项目的工程量是承包人用于结算的最终工程量。总价合同约定的项目计量应以合同工程经审定批准的施工图纸为依据，发承包双方应在合同中约定工程计量的形象目标或时间节点进行计量。

## 7.4.2 预付款及期中支付

**1. 预付款**

工程预付款又称材料备料款或材料预付款，是指建设工程施工合同订立后由发包人按照合同约定，在正式开工前预先支付给承包人的用于购买工程所需的材料和设备以及组织施工机械和人员进场所需的款项。

(1)预付款的支付。对于工程预付款额度，各地区、各部门的规定不完全相同，主要是保证施工所需材料和构件的正常储备。工程预付款额度一般是根据施工工期、建筑安装工作量、主要材料和构件费用占建筑安装工程费的比例以及材料储备周期等因素经测算来确定。

1)百分比法。百分比法是发包人根据工程的特点、工期长短、市场行情、供求规律等因素，招标时在合同条件中约定工程预付款的百分比。根据《建设工程价款结算暂行办法》的规定，预付款的比例原则上不低于合同金额的10%，不高于合同金额的30%。

2)公式计算法。公式计算法是根据主要材料(含结构件等)占年度承包工程总价的比重、材料储备定额天数和年度施工天数等因素，通过公式计算预付款额度的一种方法。

其计算公式为

$$工程预付款数额 = \frac{工程总价 \times 材料比例(\%)}{年度施工天数} \times 材料储备定额天数$$

其中，年度施工天数按365天日历天计算；材料储备定额天数由当地材料供应的在途天数、加工天数、整理天数、供应间隔天数、保险天数等因素决定。

(2)预付款的扣回。发包人支付给承包人的工程预付款属于预支性质，随着工程的逐步实施后，原已支付的预付款应以充抵工程价款的方式陆续扣回，抵扣方式应当由双方当事人在合同中明确约定。扣款的方法主要有以下两种：

1)按合同约定扣款。预付款的扣款方法由发包人和承包人通过洽商后在合同中予以确定，一般是在承包人完成金额累计达到合同总价的一定比例后，由承包人开始向发包人还款，发包人从每次应付给承包人的金额中扣回工程预付款，发包人至少在合同规定的完工期前将工程预付款的总金额逐次扣回。国际工程中的扣款方法一般是，当工程进度款累计金额超过合同价格的10%～20%时开始起扣，每月从进度款中按一定比例扣回。

2)起扣点计算法。从未施工工程尚需的主要材料及构件的价值相当于工程预付款数额时起扣，此后每次结算工程价款时，按材料所占比重扣减工程价款，至工程竣工前全部扣清。

起扣点的计算公式如下：

$$T = P - \frac{M}{N}$$

式中　$T$——起扣点(即工程预付款开始扣回时)的累计完成工程金额；

　　　$P$——承包工程合同总额；

　　　$M$——工程预付款总额；

　　　$N$——主要材料及构件所占比重。

该方法对承包人比较有利，最大限度地占用了发包人的流动资金，但是显然不利于发包人的资金使用。

(3)预付款担保。预付款担保是指承包人与发包人签订合同后领取预付款前，承包人正确、合理使用发包人支付的预付款而提供的担保。

预付款担保的主要形式为银行保函。预付款担保的担保金额通常与发包人的预付款是等值的。预付款一般逐月从工程预付款中扣除，预付款担保的担保金额也相应逐月减少。承包人在施工期间，应当定期从发包人处取得同意此保函减值的文件，并送交银行确认。承包人还清全部预付款后，发包人应退还预付款担保，承包人将其退回银行注销，解除担保责任。

(4)安全文明施工费。发包人应在工程开工后的约定期限内预付不低于当年施工进度计划的安全文明施工费总额的60%，其余部分按照提前安排的原则进行分解，与进度款同期支付。

发包人没有按时支付安全文明施工费的，承包人可催告发包人支付；发包人在付款期满后的7天内仍未支付的，若发生安全事故，发包人应承担连带责任。

**2. 期中支付**

合同价款的期中支付，是指发包人在合同工程施工过程中，按照合同约定对付款周期内承包人完成的合同价款给予支付的款项，也就是工程进度款的结算支付。发承包双方应按照合同约定的时间、程序和方法，根据工程计量结果，办理期中价款结算，支付进度款。进度款支付周期应与合同约定的工程计量周期一致。

(1)期中支付价款的计算。

1)已完工程的结算价款。

①已标价工程量清单中的单价项目，承包人应按工程计量确认的工程量与综合单价计算。如综合单价发生调整的，以发承包双方确认调整的综合单价计算进度款。

②已标价工程量清单中的总价项目，承包人应按合同中约定的进度款支付分解，分别列入进度款支付申请中的安全文明施工费和本周期应支付的总价项目的金额中。

2)结算价款的调整。承包人现场签证和得到发包人确认的索赔金额列入本周期应增加的金额中。由发包人提供的材料、工程设备金额应按照发包人签约提供的单价和数量从进度款支付中扣出，列入本周期应扣减的金额中。

3)进度款的支付比例。进度款的支付比例按照合同约定，按期中结算价款总额计，不低于60%，不高于90%。承包人对于合同约定的进度款付款比例较低的工程应充分考虑项目建设的资金流与融资成本。

(2)期中支付的程序。

1)进度款支付申请。承包人应在每个计量周期到期后向发包人提交已完工程进度款支付申请一式四份，详细说明此周期认为有权得到的款额，包括分包人已完工程的价款。支付申请的内容包括：

①累计已完成的合同价款。

②累计已实际支付的合同价款。

③本周期合计完成的合同价款，其中包括本周期已完成单价项目的金额；本周期应支付的总价项目的金额；本周期已完成的计日工价款；本周期应支付的安全文明施工费；本周期应增加的金额。

④本周期合计应扣减的金额，其中包括本周期应扣回的预付款；本周期应扣减的金额。

⑤本周期实际应支付的合同价款。

2)进度款支付证书。发包人应在收到承包人进度款支付申请后，根据计量结果和合同约定对申请内容予以核实，确认后向承包人出具进度款支付证书。若发承包双方对有的清单项目的计量结果出现争议，发包人应对无争议部分的工程计量结果向承包人出具进度款支付证书。

3)支付证书的修正。发现已签发的任何支付证书有错、漏或重复的数额，发包人有权予以修正，承包人也有权提出修正申请。经发承包双方复核同意修正的，应在本次到期的进度款中支付或扣除。

# 任务 7.5　工程结算

工程结算是指发承包双方根据国家有关法律、法规规定和合同约定，对合同工程实施中、终止时、已完工后的工程项目进行的合同价款计算、调整和确认。一般工程结算可以分为定期结算、分段结算、年终结算、竣工结算等方式。

定期结算是指定期由承包方提出已完成的工程进度报表，连同工程价款结算账单，经发包方签证，办理工程价款结算；分段结算是指以单项（或单位）工程为对象，按其施工形象进度划分为若干施工阶段，按阶段进行工程价款结算；年终结算是指单位工程或单项工程不能在本年度竣工，为了正确统计施工企业本年度的经营成果和建设投资完成情况，对正在施工的工程进行已完成和未完成工程量盘点，结清本年度的工程价款。严格意义上讲，工程定期结算、工程分段结算、工程年终结算都属于工程进度款的期中支付结算，期中支付的内容前面已进行了介绍，本节重点介绍工程竣工结算。

工程竣工结算是指工程项目完工并经竣工验收合格后，发承包双方按照施工合同的约定对所完成的工程项目进行的合同价款的计算、调整和确认。工程竣工结算分为建设项目竣工总结算、单项工程竣工结算和单位工程竣工结算。单项工程竣工结算由单位工程竣工结算组成，建设项目竣工总结算由单项工程竣工结算组成。

## 7.5.1　工程竣工结算的编制和审核

单位工程竣工结算由承包人编制，发包人审查；实行总承包的工程，由具体承包人编制，在总包人审查的基础上，发包人审查。单项工程竣工结算或建设项目竣工总结算由总（承）包人编制，发包人可直接进行审查，也可以委托具有相应资质的工程造价咨询机构进行审查。政府投资项目由同级财政部门审查。单项工程竣工结算或建设项目竣工总结算经发包人、承包人签字盖章后有效。承包人应在合同约定期限内完成项目竣工结算编制工作，未在规定期限内完成的，并且提不出正当理由延期的，责任自负。

**1. 工程竣工结算的编制依据**

工程竣工结算由承包人或受其委托具有相应资质的工程造价咨询人编制，由发包人或受其委托具有相应资质的工程造价咨询人核对。工程竣工结算编制的主要依据有：

(1)《建设工程工程量清单计价规范》(GB 50500—2013)；

(2)工程合同；

(3)发承包双方实施过程中已确认的工程量及其结算的合同价款；

(4)发承包双方实施过程中已确认调整后追加(减)的合同价款；

(5)建设工程设计文件及相关资料；

(6)投标文件；

(7)其他依据。

**2. 工程竣工结算的计价原则**

在采用工程量清单计价的方式下，工程竣工结算的编制应当规定的计价原则如下：

(1)分部分项工程和措施项目中的单价项目应依据双方确认的工程量与已标价工程量清单的综合单价计算；如发生调整的，以发承包双方确认调整的综合单价计算。

(2)措施项目中的总价项目应依据合同约定的项目和金额计算；如发生调整的，以发承包双方确认调整的金额计算，其中安全文明施工费必须按照国家或省级、行业建设主管部门的规定计算。

(3)其他项目应按下列规定计价：

1)计日工应按发包人实际签证确认的事项计算；

2)暂估价应按发承包双方按照《建设工程工程量清单计价规范》(GB 50500—2013)的相关规定计算；

3)总承包服务费应依据合同约定金额计算，如发生调整的，以发承包双方确认调整的金额计算；

4)施工索赔费用应依据发承包双方确认的索赔事项和金额计算；

5)现场签证费用应依据发承包双方签证资料确认的金额计算；

6)暂列金额应减去工程价款调整(包括索赔、现场签证)金额计算，如有余额归发包人。

(4)规费和增值税应按照国家或省级、行业建设主管部门的规定计算。

此外，发承包双方在合同工程实施过程中已经确认的工程计量结果和合同价款，在竣工结算办理中应直接进入结算。

采用总价合同的，应在合同总价基础上，对合同约定能调整的内容及超过合同约定范围的风险因素进行调整；采用单价合同的，在合同约定风险范围内的综合单价应固定不变，并应按合同约定进行计量，且应按实际完成的工程量进行计量。

**3. 竣工结算的审核**

(1)国有资金投资建设工程的发包人，应当委托具有相应资质的工程造价咨询机构对竣工结算文件进行审核，并在收到竣工结算文件后的约定期限内向承包人提出由工程造价咨询机构出具的竣工结算文件审核意见；逾期未答复的，按照合同约定处理，合同没有约定的，竣工结算文件视为已被认可。

(2)非国有资金投资的建筑工程发包人，应当在收到竣工结算文件后的约定期限内予以答复，逾期未答复的，按照合同约定处理，合同没有约定的，竣工结算文件视为已被认可；发包人对竣工结算文件有异议的，应当在答复期内向承包人提出，并可以在提出异议之日起的约定期限内与承包人协商；发包人在协商期内未与承包人协商或者经协商未能与承包人达成协议的，应当委托工程造价咨询机构进行竣工结算审核，并在协商期满后的约定期限内向承包人提出由工程造价咨询机构出具的竣工结算文件审核意见。

(3)发包人委托工程造价咨询机构核对竣工结算的，工程造价咨询机构应在规定期限内核对完毕，核对结论与承包人竣工结算文件不一致的，应提交给承包人复核，承包人应在规定期限内将同意核对结论或不同意见的说明提交工程造价咨询机构。工程造价咨询机构收到承包人提出的异议后，应再次复核，复核无异议的，发承包双方应在规定期限内在竣工结算文件上签字确认，竣工结算办理完毕；复核后仍有异议的，对于无异议部分办理不完全竣工结算；有异议部分由发承包双方协商解决，协商不成的，按照合同约定的争议解决方式处理。

承包人逾期未提出书面异议的，视为工程造价咨询机构核对的竣工结算文件已经承包人认可。

(4)接受委托的工程造价咨询机构从事竣工结算审核工作通常应包括下列三个阶段：

1)准备阶段。准备阶段应包括收集、整理竣工结算审核项目的审核依据资料，做好送审资料的交验、核实、签收工作，并应对资料的缺陷向委托方提出书面意见及要求。

2)审核阶段。审查阶段应包括现场踏勘核实，召开审核会议，澄清问题，提出补充依据性资料和必要的弥补性措施，形成会议纪要，进行计量、计价审核与确定工作，完成初步审核报告。

3)审定阶段。审定阶段应包括就竣工结算审核意见与承包人和发包人进行沟通，召开协调会议，处理分歧事项，形成竣工结算审核成果文件，签认竣工结算审定签署表，提交竣工结算审核报告等工作。

(5)竣工结算审核的成果文件应包括竣工结算审核书封面、签署页、竣工结算审核报告、竣工结算审定签署表、竣工结算审核汇总对比表、单项工程竣工结算审核汇总对比表、单位工程竣工结算审核汇总对比表等。

(6)竣工结算审核应采用全面审核法，除委托咨询合同另有约定外，不得采用重点审核法、抽样审核法或类比审核法等其他方法。

**4. 质量争议工程的竣工结算**

发包人对工程质量有异议，拒绝办理工程竣工结算时，应按以下规定执行：

(1)已经竣工验收或已竣工未验收但实际投入使用的工程，其质量争议按该工程保修合同执行，竣工结算按合同约定办理。

(2)已竣工未验收且未实际投入使用的工程以及停工、停建工程的质量争议，双方应就有争议的部分委托有资质的检测鉴定机构进行检测，根据检测结果确定解决方案，或按工程质量监督机构的处理决定执行后办理竣工结算，无争议部分的竣工结算按合同约定办理。

## 7.5.2　竣工结算款的支付

工程竣工结算文件经发承包双方签字确认的，应当作为工程结算的依据，未经对方同意，另一方不得就已生效的竣工结算文件委托工程造价咨询机构重复审核。发包人应当按照竣工结算文件及时支付竣工结算款。竣工结算文件应当由发包人报工程所在地县级以上地方人民政府住房和城乡建设主管部门备案。

**1. 承包人提交竣工结算款支付申请**

承包人应根据办理的竣工结算文件，向发包人提交竣工结算款支付申请。该申请应包括下列内容：

(1)竣工结算合同价款总额；

(2)累计已实际支付的合同价款；

(3)应扣留的质量保证金；

(4)实际应支付的竣工结算款金额。

**2. 发包人签发竣工结算支付证书**

发包人应在收到承包人提交竣工结算款支付申请后约定期限内予以核实，向承包人签发竣工结算支付证书。

**3. 支付竣工结算款**

发包人在签发竣工结算支付证书后的约定期限内，按照竣工结算支付证书列明的金额向承包人支付结算款。

发包人在收到承包人提交的竣工结算款支付申请后规定时间内不予核实，不向承包人签发竣工结算支付证书的，视为承包人的竣工结算款支付申请已被发包人认可；发包人应在收到承包人提交的竣工结算款支付申请规定时间内，按照承包人提交的竣工结算款支付申请列明的金额向承包人支付结算款。

发包人未按照规定的程序支付竣工结算款的，承包人可催告发包人支付，并有权获得延迟支付的利息。发包人在竣工结算支付证书签发后或者在收到承包人提交的竣工结算款支付申请规定时间内仍未支付的，除法律另有规定外，承包人可与发包人协商将该工程折价，也可直接向人民法院申请将该工程依法拍卖。承包人就该工程折价或拍卖的价款优先受偿。

### 7.5.3 合同解除的价款结算与支付

发承包双方协商一致解除合同的，按照达成的协议办理结算和支付合同价款。

**1. 不可抗力解除合同**

由于不可抗力解除合同的，发包人除应向承包人支付合同解除之日前已完成工程但尚未支付的合同价款，还应支付下列金额：

(1)合同中约定应由发包人承担的费用。

(2)已实施或部分实施的措施项目应付价款。

(3)承包人为合同工程合理订购且已交付的材料和工程设备货款。发包人一经支付此项货款，该材料和工程设备即成为发包人的财产。

(4)承包人撤离现场所需的合理费用，包括员工遣送费和临时工程拆除、施工设备运离现场的费用。

(5)承包人为完成合同工程而预期开支的任何合理费用，且该项费用未包括在本款其他各项支付之内。

发承包双方办理结算合同价款时，应扣除合同解除之日前发包人应向承包人收回的价款。当发包人应扣除的金额超过了应支付的金额，则承包人应在合同解除后的约定期限内将其差额退还给发包人。

**2. 违约解除合同**

(1)承包人违约。因承包人违约解除合同的，发包人应暂停向承包人支付任何价款。发包人应在合同解除后规定时间内核实合同解除时承包人已完成的全部合同价款以及按施工进度计划已运至现场的材料和工程设备货款，按合同约定核算承包人应支付的违约金以及造成损失的索赔金额，并将结果通知承包人。发承包双方应在规定时间内予以确认或提出意见，并办理结算合同价款。如果发包人应扣除的金额超过了应支付的金额，则承包人应在合同解除后的规定时间内将其差额退还给发包人。发承包双方不能就解除合同后的结算达成一致的，按照合同约定的争议解决方式处理。

（2）发包人违约。因发包人违约解除合同的，发包人除应按照有关不可抗力解除合同的规定向承包人支付各项价款外，还需按合同约定核算发包人应支付的违约金以及给承包人造成损失或损害的索赔金额费用。该笔费用由承包人提出，发包人核实并与承包人协商确定后的约定期限内向承包人签发支付证书。协商不能达成一致的，按照合同约定的争议解决方式处理。

### 7.5.4　最终结清

所谓最终结清，是指合同约定的缺陷责任期终止后，承包人已按合同规定完成全部剩余工作且质量合格的，发包人与承包人结清全部剩余款项的活动。

**1. 最终结清申请单**

缺陷责任期终止后，承包人已按合同规定完成全部剩余工作且质量合格的，发包人签发缺陷责任期终止证书，承包人可按合同约定的份数和期限向发包人提交最终结清申请单，并提供相关证明材料，详细说明承包人根据合同规定已经完成的全部工程价款金额以及承包人认为根据合同规定应进一步支付的其他款项。发包人对最终结清申请单内容有异议的，有权要求承包人进行修正和提供补充资料，由承包人向发包人提交修正后的最终结清申请单。

**2. 最终支付证书**

发包人收到承包人提交的最终结清申请单后的规定时间内予以核实，向承包人签发最终支付证书。发包人未在约定时间内核实，又未提出具体意见的，视为承包人提交的最终结清申请单已被发包人认可。

**3. 最终结清付款**

发包人应在签发最终结清支付证书后的规定时间内，按照最终结清支付证书列明的金额向承包人支付最终结清款。最终结清付款后，承包人在合同内享有的索赔权利也自行终止。发包人未按期支付的，承包人可催告发包人在合理的期限内支付，并有权获得延迟支付的利息。

最终结清时，如果承包人被扣留的质量保证金不足以抵减发包人工程缺陷修复费用的，承包人应承担不足部分的补偿责任。

最终结清付款涉及政府投资资金的，按照国库集中支付等国家相关规定和专用合同条款的约定办理。

承包人对发包人支付的最终结清款有异议的，按照合同约定的争议解决方式处理。

### 7.5.5　工程质量保证金的处理

**1. 质量保证金的含义**

根据《建设工程质量保证金管理办法》（建质〔2017〕138 号）的规定，建设工程质量保证金是指发包人与承包人在建设工程承包合同中约定，从应付的工程款中预留，用以保证承包人在缺陷责任期内对建设工程出现的缺陷进行维修的资金。缺陷是指建设工程质量不符合工程建设强制标准、设计文件，以及承包合同的约定。缺陷责任期是承包人对已交付使用的合同工程承担合同约定的缺陷修复责任的期限。缺陷责任期一般为 1 年，最长不超过 2 年，由发承包双方在合同中约定。

由于承包人原因导致工程无法按规定期限进行竣工验收的，缺陷责任期从实际通过竣工验收之日起计算。由于发包人原因导致工程无法按规定期限竣工验收的，在承包人提交竣工验收报告 90 天后，工程自动进入缺陷责任期。

### 2. 工程质量保修范围和内容

发承包双方在工程质量保修书中约定的建设工程的保修范围包括地基基础工程、主体结构工程，屋面防水工程、有防水要求的卫生间、房间和外墙面的防渗漏，供热与供冷系统，电气管线、给排水管道、设备安装和装修工程，以及双方约定的其他项目。

具体保修的内容，双方在工程质量保修书中约定。

由于用户使用不当或自行修饰装修、改动结构、擅自添置设施或设备而造成建筑功能不良或损坏者，以及对因自然灾害等不可抗力造成的质量损害，不属于保修范围。

### 3. 工程质量保证金的预留及管理

在《建设工程质量保证金管理暂行办法》(建质〔2017〕138 号)中规定：发包人应按照合同约定方式预留保证金，保证金总预留比例不得高于工程价款结算总额的 3%。合同约定由承包人以银行保函替代预留保证金的，保函金额不得高于工程价款结算总额的 3%。在工程项目竣工前，已经缴纳履约保证金的，发包人不得同时预留工程质量保证金。采用工程质量保证担保、工程质量保险等其他保证方式的，发包人不得再预留保证金。

缺陷责任期内，由承包人原因造成的缺陷，承包人应负责维修，并承担鉴定及维修费用。由他人原因造成的缺陷，发包人负责组织维修，承包人不承担费用，且发包人不得从保证金中扣除费用。

### 4. 质量保证金的返还

缺陷责任期内，承包人认真履行合同约定的责任，到期后，承包人向发包人申请返还保证金。

发包人和承包人对保证金预留、返还以及工程维修质量、费用有争议的，按承包合同约定的争议和纠纷解决程序处理。

# 任务 7.6    案例分析

【案例分析 7.1】  某承包商于某年承包某外资工程项目施工，与业主签订的承包合同要求：工程合同价为 2 000 万元，工程价款采用调值公式动态结算；该工程的人工费占工程价款的 35%，材料费占 50%，不调值费用占 15%；开工前业主向承包商支付合同价 20% 的工程预付款，当工程进度款达到合同价的 60% 时，开始从超过部分的工程结算款中按 60% 抵扣工程预付款，竣工前全部扣清；工程进度款逐月结算，每月月中预支半月工程款。

问题：(1)列出动态结算公式。

(2)工程预付款和起扣点是多少？

**解：**

(1)具体的动态结算调值公式为

$$P = P_0 \times (0.15 + 0.35 A/A_0 + 0.23 B/B_0 + 0.12\ C/C_0 + 0.08 D/D_0 + 0.07 E/E_0)$$

式中　$P$——调值后合同价款或工程实际结算款；

$P_0$——合同价款中工程预算进度款(本例 $P_0$ 为 2 000 万元)；

$A_0$，$B_0$，$C_0$，$D_0$，$E_0$——基期价格指数或价格；

$A$，$B$，$C$，$D$，$E$——工程结算日期的价格指数或价格。

(2)本例的预付备料款为：2 000×20％＝400(万元)；

本例的起扣点为：$T=2\ 000$(万元)×60％＝1 200(万元)。

【案例分析7.2】　某施工单位承包某工程项目，甲乙双方签订的关于工程价款的合同内容有：

(1)建筑安装工程造价为 660 万元，建筑材料及设备费占施工产值的比重为 60％。

(2)工程预付款为建筑安装工程造价的 20％。工程实施后，工程预付款从未施工工程尚需的主要材料及构件的价值相当于工程预付款数额时起扣，从每次结算工程价款中按材料和设备占施工产值的比重扣抵工程预付款，竣工前全部扣清。

(3)工程进度款逐月计算。

(4)工程保修金为建筑安装工程造价的 3％，竣工结算月一次扣留。

(5)材料和设备价差调整按规定进行(按有关规定上半年材料和设备价差上调 10％，在 6 月份一次调增)。

工程各月实际完成产值见表 7.6。

表 7.6　各月实际完成产值

| 月份 | 2 | 3 | 4 | 5 | 6 |
|---|---|---|---|---|---|
| 完成产值/万元 | 55 | 110 | 165 | 220 | 110 |

问题：

(1)该工程的工程预付款、起扣点为多少？

(2)该工程 2 月至 5 月每月拨付工程款为多少？累计工程款为多少？

(3)6 月份办理工程竣工结算，该工程结算造价为多少？甲方应付工程结算款为多少？

(4)该工程在保修期间发生屋面漏水，甲方多次催促乙方修理，乙方一再拖延，最后甲方另请施工单位修理，修理费为 1.5 万元，该项费用如何处理？

**解：**(1)工程预付款：660×20％＝132(万元)。

起扣点：660－132/60％＝440(万元)。

(2)各月拨付工程款为：

2 月：工程款为 55 万元，累计工程款为 55 万元。

3 月：工程款为 110 万元，累计工程款为 165 万元。

4 月：工程款为 165 万元，累计工程款为 330 万元。

5 月：工程款为 220－(220＋330－440)×60％＝154(万元)。

累计工程款为 484 万元。

(3)工程结算总造价为：660＋660×0.6×10％＝699.6(万元)。

甲方应付工程结算款：699.6－484－699.6×3％－132＝62.612(万元)。

(4)1.5 万元维修费应从乙方(承包方)的保修金中扣除。

【案例分析7.3】　某项工程项目业主与承包商签订了工程施工承包合同。合同中估算工程量为 5 300 m³，全费用单价为 180 元/m³。合同工期为 6 个月。有关付款条款如下：

(1)开工前业主应向承包商支付估算合同总价 20% 的工程预付款；

(2)业主自第 1 个月起，从承包商的工程款中，按 5% 的比例扣留保修金；

(3)当累计实际完成工程量超过(或低于)估算工程量的 10% 时，可进行调价，调价系数为 0.9(或 1.1)；

(4)每月支付工程款最低金额为 15 万元；

(5)工程预付款从乙方获得累计工程款超过估算合同价的 30% 以后的下一个月起，至第 5 个月均匀扣除。

承包商每月实际完成并经签证确认的工程量见表 7.7。

表 7.7    每月实际完成工程量

| 月份 | 1 | 2 | 3 | 4 | 5 | 6 |
|---|---|---|---|---|---|---|
| 完成工程量/m³ | 800 | 1 000 | 1 200 | 1 200 | 1 200 | 500 |
| 累计完成工程量/m³ | 800 | 1 800 | 3 000 | 4 200 | 5 400 | 5 900 |

问题：

(1)估算合同总价为多少？

(2)工程预付款为多少？工程预付款从哪个月起扣留？每月应扣工程预付款为多少？

(3)每月工程量价款为多少？业主应支付给承包商的工程款为多少？

**解：**

问题(1)：估算合同总价为：5 300×180＝95.40(万元)。

问题(2)：工程预付款金额为：95.4×20%＝19.08(万元)。

工程预付款应从第 3 个月起扣留，因为第 1、2 两个月累计工程款为：

1 800×180＝32.4(万元)＞95.4×30%＝28.62(万元)。

每月应扣工程预付款为：19.08÷3＝6.36(万元)。

问题(3)：

①第 1 个月工程量价款为：800×180＝14.40(万元)。

应扣留保修金为：14.40×5%＝0.72(万元)。

本月应支付工程款为：14.40－0.72＝13.68 万元＜15.00(万元)。

第 1 个月不予支付工程款。

②第 2 个月工程量价款为：1 000×180＝18.00(万元)。

应扣留保修金为：18.00×5%＝0.90(万元)。

本月应支付工程款为：18.00－0.90＝17.10(万元)。

13.68＋17.1＝30.78(万元)＞15.00(万元)。

第 2 个月业主应支付给承包商的工程款为 30.78 万元。

③第 3 个月工程量价款为：1 200×180＝21.60(万元)。

应扣留保修金为：21.60×5%＝1.08(万元)。

应扣工程预付款为：6.36 万元。

本月应支付工程款为：21.60－1.08－6.36＝14.16(万元)＜15.00 万元。

第 3 个月不予支付工程款。

④第 4 个月工程量价款为：1 200×180＝21.60(万元)。

应扣留保修金为：1.08万元。

应扣工程预付款为：6.36万元。

本月应支付工程款为：14.16万元。

14.16＋14.16＝28.32（万元）＞15.00万元。

第4个月业主应支付给承包商的工程款为28.32万元。

⑤第5个月累计完成工程量为5400 m³，比原估算工程量超出100 m³，但未超出估算工程量的10%，所以仍按原单价结算。

本月工程量价款为：1200×180＝21.60（万元）。

应扣留保修金为：1.08万元。

应扣工程预付款为：6.36万元。

本月应支付工程款为：14.16万元＜15.00万元。

第5个月不予支付工程款。

⑥第6个月累计完成工程量为5900 m³，比原估算工程量超出600 m³，已超出估算工程量的10%，对超出的部分应调整单价。

应按调整后的单价结算的工程量为：5900－5300×(1＋10%)＝70（m³）。

本月工程量价款为：70×180×0.9＋(500－70)×180＝8.874（万元）。

应扣留保修金为：8.874×5%＝0.444（万元）。

本月应支付工程款为：8.874－0.444＝8.43（万元）。

第6个月业主应支付给承包商的工程款为：14.16＋8.43＝22.59（万元）。

【案例分析7.4】 某工程项目，建设单位通过公开招标方式确定某施工单位为中标人，双方签订了工程承包合同，合同工期为3个月。合同中有关工程价款及其支付的条款如下：

(1)分项工程清单中含有两个分项工程，工程量分别为甲项4500 m³，乙项31000 m³，清单报价中，甲项综合单价为200元/m³，乙项综合单价为12.93元/m³，乙项综合单价的单价分析表见表7.8。当某一分项工程实际工程量比清单工程量增加超出10%时，应调整单价，超出部分的单价调整系数为0.9；当某一分项工程实际工程量比清单工程量减少10%以上时，对该分项工程的全部工程量调整单价，单价调整系数为1.1。

表7.8 （乙项工程）工程量清单综合单价分析表（部分）

| | | | | |
|---|---|---|---|---|
| 直接费 | 人工费/(元·m⁻³) | | 0.54 | |
| | 材料费/(元·m⁻³) | | 0 | |
| | 机械费/(元·m⁻³) | 反铲挖掘机 | 1.83 | 10.89 |
| | | 履带式推土机 | 1.39 | |
| | | 轮式装载机 | 1.50 | |
| | | 自卸卡车 | 5.63 | |
| 管理费 | 费率/% | | 12 | |
| | 金额/(元·m⁻³) | | 1.31 | |
| 利润 | 利润率/% | | 6 | |
| | 金额/(元·m⁻³) | | 0.73 | |
| 综合单价/(元·m⁻³) | | | 12.93 | |

(2)措施项目清单共有 7 个项目，其中，环境保护等 3 项措施费用共计 4.5 万元，这三项措施费用以分部分项工程量清单计价合价为基数进行结算。剩余的 4 项措施费用共计 16 万元，一次性包死，不得调价。全部措施项目费在开工后的第 1 个月月末和第 2 个月月末按措施项目清单中的数额分两次平均支付，环境保护措施等三项费用调整部分在最后一个月结清，多退少补。

　　(3)其他项目清单中只包括招标人预留金 5 万元，实际施工中用于处理变更洽商，最后一个月结算。

　　(4)规费综合费费率为 4.89%，其取费基数为分部分项工程量清单计价合计、措施项目清单计价合计、其他项目清单计价合计之和；税金的税率为 3.47%。

　　(5)工程预付款为签约合同价款的 10%，在开工前支付，开工后的前 2 个月平均扣除。

　　(6)该项工程的质量保证金为签约合同价款的 3%，自第 1 个月起，从承包商的进度款中，按 3% 的比例扣留。

　　合同工期内，承包商每月实际完成并经工程师签证确认的工程量见表 7.9。

表 7.9　各月实际完成工程量表

| 月份<br>分项工程 | 1 | 2 | 3 |
|---|---|---|---|
| 甲项工程量/m³ | 1 600 | 1 600 | 1 000 |
| 乙项工程量/m³ | 8 000 | 9 000 | 8 000 |

问题：

(1)该工程签约时的合同价款是多少万元？

(2)该工程的预付款是多少万元？

(3)该工程质量保证金是多少万元？

(4)各月的分部分项工程量清单计价合计是多少万元？并对计算过程做必要的说明。

(5)各月需支付的措施项目费是多少万元？

(6)承包商第 1 个月应得的进度款是多少万元？（计算结果均保留两位小数。）

　　**解**：(1)该工程签约合同价款：$(4\ 500 \times 200 + 31\ 000 \times 12.93 + 45\ 000 + 160\ 000 + 50\ 000) \times (1 + 4.89\%) \times (1 + 3.47\%) = 168.85$(万元)。

　　(2)该工程预付款：$168.85 \times 10\% = 16.89$(万元)。

　　(3)该工程质量保证金：$168.85 \times 3\% = 5.07$(万元)。

　　(4)第 1 个月的分部分项工程量清单计价合计：$1\ 600 \times 200 + 8\ 000 \times 12.93 = 42.34$(万元)。

　　第 2 个月的分部分项工程量清单计价合计：$1\ 600 \times 200 + 9\ 000 \times 12.93 = 43.64$(万元)。

　　截至第 3 个月月末，甲分项工程累计完成工程量为 $1\ 600 + 1\ 600 + 1\ 000 = 4\ 200(\text{m}^3)$，与清单工程量 $4\ 500\ \text{m}^3$ 相比，$(4\ 500 - 4\ 200)/4\ 500 = 6.67\% < 10\%$，应按原价结算；乙分项工程累计完成工程量为 $25\ 000\ \text{m}^3$，与清单工程量 $31\ 000\ \text{m}^3$ 相比，$(31\ 000 - 25\ 000)/31\ 000 = 19.35\% > 10\%$，按合同条款，乙分项工程的全部工程量应按调整后的单价计算，第 3 个月的分部分项工程量清单计价合计应为：$[1\ 000 \times 200 + 25\ 000 \times 12.93 \times 1.1 - (8\ 000 + 9\ 000) \times 12.93] = 33.58$(万元)。

　　(5)第 1 个月措施项目清单计价合计：$(4.5 + 16)/2 = 10.25$(万元)。

　　须支付的措施费：$10.25 \times 1.048\ 9 \times 1.034\ 7 = 11.12$(万元)。

　　第 2 个月须支付的措施费：同第 1 个月，11.12 万元。

环境保护等三项措施费费率为：45 000÷(4 500×200+31 000×12.93)×100%＝3.46%。

第 3 个月措施项目清单计价合计：(42.34+43.64+33.58)×3.46%－4.5＝－0.36(万元)。

须支付的措施费：－0.36×1.048 9×1.034 7＝－0.39(万元)。

按合同多退少补，即应在第 3 个月月末扣回多支付的 0.39 万元的措施费。

(6)施工单位第 1 个月应得进度款为：

(42.34+10.25)×(1+4.89%)×(1+3.47%)×(1－3%)－16.89/2＝46.92(万元)。

【案例分析 7.5】 某工程的施工合同工期为 16 周，项目监理机构批准的施工进度计划如图 7.3 所示(时间单位：周)。各工作均按匀速施工。施工单位的报价单(部分)见表 7.10。

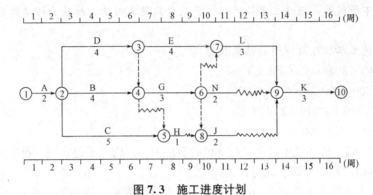

**图 7.3 施工进度计划**

表 7.10 施工单位的报价单

| 序号 | 工作名称 | 估算工程量 | 全费用综合单价/(元·m⁻³) | 合价/万元 |
|---|---|---|---|---|
| 1 | A | 800 m³ | 300 | 24 |
| 2 | B | 1 200 m³ | 320 | 38.4 |
| 3 | C | 20 次 | — | — |
| 4 | D | 1 600 m³ | 280 | 44.8 |

工程施工到第 4 周时进行进度检查，发生如下事件：

事件 1：A 工作已经完成，但由于设计图纸局部修改，实际完成的工程量为 840 m³，工作持续时间未变。

事件 2：B 工作施工时，遇到异常恶劣的天气，造成施工单位的施工机械损坏和施工人员窝工，损失 1 万元，实际只完成估算工程量的 25%。

事件 3：C 工作为检验检测配合工作，只完成估算工程量的 20%，施工单位实际发生检验检测配合工作费用 5 000 元。

事件 4：施工中发现地下文物，导致 D 工作尚未开始，造成施工单位自有设备闲置 4 个台班，台班单价为 300 元/台班、折旧费为 100 元/台班。施工单位进行文物现场保护的费用为 1 200 元。

问题：

(1)若施工单位在第 4 周末就 B、C、D 出现的进度偏差提出工程延期的要求，项目监理机构应批准工程延期多长时间？为什么？

(2)施工单位是否可以就事件 2、4 提出费用索赔？为什么？可以获得的索赔费用是多少？

(3)事件3中C工作发生的费用如何结算?

(4)前4周施工单位可以得到的结算款为多少元?

**解:** 问题(1):批准工程延期2周。

理由:施工中发现地下文物造成D工作拖延,不属于施工单位原因。

问题(2):①事件2不能索赔费用,因异常恶劣的天气造成施工单位机械损坏和施工人员窝工的损失不能索赔。

②事件4可以索赔费用,因施工中发现地下文物属非施工单位原因。

③可获得的费用为:4×100+1 200=1 600(元)。

问题(3):不予结算,因施工单位对C工作的费用没有报价,故认为该项费用已分摊到其他相应项目中。

问题(4):施工单位可以得到的结算款为:

A工作:840×300=252 000(元)。

B工作:1 200×25%×320=96 000(元)。

D工作:4×100+1 200=1 600(元)。

小计:252 000+96 000+1 600=349 600(元)。

**【案例分析7.6】** 某建设项目业主与承包商签订了工程施工承包合同,根据合同及其附件的有关条文,对索赔内容,有如下规定:

(一)因窝工发生的人工费以25元/工日计算,监理方提前一周通知承包方时不以窝工处理,以补偿费支付4元/工日。

(二)机械设备台班费:

塔式起重机:300元/台班;混凝土搅拌机:70元/台班;砂浆搅拌机:30元/台班。

因窝工而闲置时,只考虑折旧费,按台班费70%计算。

(三)因临时停工一般不补偿管理费和利润。

在施工过程中发生了以下情况:

(1)于6月8日至6月21日,施工到第七层时因业主提供的模板未到而使一台塔式起重机、一台混凝土搅拌机和35名支模工停工(业主已于5月30日通知承包方)。

(2)于6月10日至6月21日,因公用网停电停水使进行第四层砌砖工作的一台砂浆搅拌机和30名砌砖工停工。

(3)于6月20日至6月23日,因砂浆搅拌机故障而使在第二层抹灰的一台砂浆搅拌机和35名抹灰工停工。

问题:

承包商在有效期内提出索赔要求时,监理工程师认为合理的索赔金额应是多少?

**解:** 合理的索赔金额如下:

(1)窝工机械闲置费:按合同机械闲置只计取折旧费。

塔式起重机1台:300×70%×14=2 940(元);

混凝土搅拌机1台:70×70%×14=686(元);

砂浆搅拌机1台:30×70%×12=252(元);

因砂浆搅拌机机械故障闲置1天不应给予补偿。

小计:2 940+686+252=3 878(元)。

(2)窝工人工费:因业主已于1周前通知承包商,故只以补偿费支付。

支模工:4×35×14=1 960(元);

砌砖工：25×30×12＝9 000(元)；

因砂浆搅拌机机械故障造成抹灰工停工不予补偿。

小计：1 960＋9 000＝10 960(元)。

(3)临时个别工序窝工一般不补偿管理费和利润，故合理的索赔金额应为：

3 878＋10 960＝14 838(元)。

## 项目小结

　　项目施工阶段工程款的支付可分为三个主要过程，即开工前预付，施工过程中作中间结算，办理竣工验收手续后进行竣工结算。

　　1. 建设项目预付款

　　本节介绍了预付款的概念，预付款的支付与扣回。预付款是施工企业为该承包工程项目储备主要材料、结构件所需的流动资金，也可称为预付备料款。预付备料款属于预支性质，到了工程实施后，随着工程所需主要材料储备的逐步减少，应以抵充工程价款的方式陆续扣回。

　　2. 建设工程变更及合同价款的调整

　　本节介绍了工程变更的概念，工程变更的处理程序和 FIDIC 合同条件下的工程变更与估价。工程变更包括设计变更、进度计划变更、施工条件变更以及原招标文件和工程量清单中未包括的"新增工程"。FIDIC 合同条件下，工程变更的一般程序如下：

　　(1)提出变更要求。

　　(2)工程师审查变更。

　　(3)编制工程变更文件。

　　(4)发出变更指示。

　　3. 建设工程索赔及价款的调整

　　本节介绍了工程索赔的概念、索赔的分类和索赔程序、索赔费用的计算。工程索赔是在工程承包合同履行中，当事人一方由于另一方未履行合同所规定的义务或者出现了应当由对方承担的风险而遭受损失时，向另一方提出赔偿要求的行为。索赔费用包括直接费、间接费和利润，计算方法有实际费用法、总费用法、修正的总费用法。

　　4. 建设工程价款的结算

　　本节介绍了工程进度款和竣工结算款的计算和支付。主要的几种结算方式有按月结算、竣工后一次结算、分段结算、结算双方约定的其他结算方式。

## 执考训练

**一、单选题**

1. 根据《建设工程价款结算暂行办法》的规定，发包人接到承包人提交的已完工程量的报告后（　　）天内核实已完工程量。
   A. 3　　　　　　　B. 7　　　　　　　C. 14　　　　　　　D. 21

2. 关于工程计量程序的说法，下列错误的是（　　）。
   A. 发包人不按约定时间核实工程量，承包人报告的工程量即视为被确认
   B. 发包人对承包人完成的全部工程量必须进行全面的计量
   C. 承包人收到发包人的计量通知后不参加核实，发包人核实的工程量作为支付款的依据
   D. 发包人收到承包人已完工程量报告后，核实前一天通知承包人

3. 以下不属于工程变更范围的是（　　）。
   A. 更改工程有关部位的标高　　　　　B. 调整地方工程管理相关法规
   C. 改变有关施工时间和顺序　　　　　D. 增减合同中规定的工程量

4. 在施工中承包人对原设计进行擅自变更，处理的正确措施是（　　）。
   A. 变更发生的费用由业主承担，工期不顺延
   B. 变更发生的费用由承包商承担，工期顺延
   C. 变更发生的费用由业主承担，工期不顺延
   D. 变更发生的费用由承包商承担，工期不顺延

5. 发包人提出的设计变更导致合同价款的增加和工期，应按（　　）的规定处理。
   A. 发包人承担，工期不予顺延
   B. 发包人承担，工期顺延
   C. 承包人承担，工期不予顺延
   D. 承包人承担，工期顺延

6. 承包方提出的合理化建议涉及设计图纸更改的，必须经（　　）同意。
   A. 业主财务总监　　　　　　　　　B. 施工单位财务总监
   C. 工程师　　　　　　　　　　　　D. 项目经理

7. 某分项工程工程量清单列出的工程量为 $1\,000\,m^3$，单价为 160 元/$m^3$，规定工程量增加幅度超过 10%（含 10%）以上，调整单价，调整系数为 0.9。项目实施过程中，以设计变更该分项工程实际完成量达到 $1\,090\,m^3$，则结算价款应是（　　）万元。
   A. 16　　　　　　　B. 17.44　　　　　　C. 15.7　　　　　　D. 17.6

8. 乙方提出合理化建议，经工程师同意采用所发生的费用和获得的收益，按（　　）原则处理。
   A. 按合同规定甲方承担
   B. 按合同规定乙方承担
   C. 甲乙双方另行约定分担或分享
   D. 经仲裁部门裁定

9. 工程师确认增加的工程变更价款支付时间的正确说法是（　　）。

A. 变更前支付 　　　　　　　　B. 与工程款同期支付

C. 项目竣工后支付 　　　　　　D. 保修期结束后支付

10. FIDIC 合同条件下，工程变更的程序是（　　）。

A. 提出变更要求→编制工程变更文件→工程师审查变更→发出变更指示

B. 提出变更要求→工程师审查变更→编制工程变更文件→发出变更指示

C. 提出变更要求→发出变更指示→编制工程变更文件→工程师审查变更

D. 提出变更要求→工程师审查变更→发出变更指示→编制工程变更文件

11. FIDIC 合同条件下，无论哪一方的工程变更，必须由（　　）审查批准。

A. 业主财务总监 　　　　　　　B. 施工单位总经理

C. 项目经理 　　　　　　　　　D. 工程师

12. 纯属于业主方面引起的工期拖延，按（　　）方式处理。

A. 延长工期，给予费用补偿 　　B. 延长工期，不给予费用补偿

C. 不延长工期，给予费用补偿 　D. 不延长工期，不给予费用补偿

13. 某承包商获取业主结算款 500 万元，合同价款余额还有 500 万元时，不合理放弃工程，业主与新承包商以 600 万元的合同价款签订未施工工程的承包合同，则业主向承包商提出（　　）万元索赔。

A. 500 　　　　　B. 600 　　　　　C. 100 　　　　　D. 1 000

14. （　　）是工程索赔计算中最常用的方法。

A. 实际费用法　　B. 总费用法　　C. 修正的总费用法　D. 定额法

15. 按《建设工程施工合同(示范文本)》(GF—2017—0201)规定，工程预付款的预付时间为（　　）。

A. 不迟于约定的开工日期前 3 天 　　B. 不迟于约定的开工日期前 5 天

C. 不迟于约定的开工日期前 7 天 　　D. 不迟于约定的开工日期前 14 天

16. 发包人不按约定时间支付预付款，承包人（　　）可停止施工。

A. 约定预付时间 7 天后 　　　　　B. 发出催付预付款通知后 7 天

C. 开工 7 天后 　　　　　　　　　D. 开工 14 天后

17. 某项工程合同价款为 1 000 万元，约定预付备料款为 25%，主要材料占工程价款的 60%。预付备料款从未施工工程上需要的主要材料机构配件价值相当于备料款时开始扣回。则该工程备料款为（　　）万元。

A. 600 　　　　　B. 350 　　　　　C. 250 　　　　　D. 850

18. 某项工程合同价款为 1 000 万元，约定预付备料款为 25%，主要材料占工程价款的 60%。预付备料款从未施工工程上需要的主要材料机构配件价值相当于备料款时开始扣回。则该工程备料款的起扣点为（　　）万元。

A. 1 400 　　　　B. 400 　　　　　C. 457.8 　　　　D. 583.3

19. 发包人收到竣工结算报告及竣工结算资料后（　　）天内进行核实，给予确认或提出修改意见。

A. 7 　　　　　　B. 14 　　　　　　C. 28 　　　　　　D. 56

20. 某项目合同价款为 1 000 万元，根据工程造价指标，人工费占工程造价 20%，材料费占 60%。工程款结算时，比签订合同时期人工工资指数上涨 15%，材料价格指数下降 10%，则动态结算价格应为（　　）万元。

A. 1 000 　　　　B. 970 　　　　　C. 960 　　　　　D. 770

## 二、多选题

1. 施工阶段工程造价控制的主要任务有（　　）。
   A. 工程付款控制
   B. 工程变更费用控制
   C. 预防并处理费用索赔
   D. 挖掘节约投资的潜力
   E. 严格审核设计方案

2. 《建设工程施工合同（示范文本）》（GF—2017—0201）规定，变更合同价款的方法主要有（　　）。
   A. 合同中已有适用于变更工程的价格，按合同已有的价格变更合同价款
   B. 合同中只有类似于变更工程的价格，按类似价格变更合同价格
   C. 合同中只有类似于变更工程的价格，参照类似价格变更合同价格
   D. 合同中没有适用或类似于工程变更价格，由发包人提出适当的变更价格，经工程师确认后执行
   E. 合同中没有适用或类似于工程变更价格，由承包人提出适当的变更价格，经工程师确认后执行

3. FIDIC合同条件下，工程变更的具体内容包括（　　）。
   A. 任何工作的质量改变
   B. 任何工程部位的标高改变
   C. 任何工作的删减
   D. 实施工程的时间安排的改变
   E. 任何工作的操作人员的改变

4. 工程变更文件包括（　　）。
   A. 工程变更要求　　B. 工程变更令　　C. 工程量清单　　D. 设计图纸
   E. 政策法规文件

5. 索赔事件发生后，索赔要求成立的条件有（　　）。
   A. 非自身原因
   B. 不是故意行为
   C. 对方承担责任范围
   D. 因自身原因
   E. 必须是对方故意行为

6. 以下属于业主风险的内容有（　　）。
   A. 战争
   B. 暴动
   C. 电离辐射
   D. 法人变化
   E. 承包商雇员造成的混乱

7. 业主提出的工期延误索赔，主要计算（　　）等费用。
   A. 业主盈利损失
   B. 工期延误而引起的贷款利息的增加
   C. 工期拖期带来的施工管理费
   D. 工期拖期带来的附加监理费
   E. 其他建筑物的租赁费

8. 索赔费用计算的常用方法包括（　　）。
   A. 实际费用法
   B. 总费用法
   C. 修正的总费用法
   D. 定额法
   E. 合同管理法

9. 我国常用的工程价款结算方式有（　　）。
   A. 按月结算
   B. 竣工后一次结算
   C. 分段结算
   D. 调整结算
   E. 动态结算

10. 工程进度款的计算方法主要有（　　）。
    A. 工料单价法
    B. 合理计价法

C. 综合单价法　　　　　　　　　　　　D. 材料价差补充法

E. 合同价款调整法

## 三、简答题

1. 什么是工程变更？工程变更处理的程序是什么？

2. 工程变更价款如何确定？

3. 工程索赔的内容有哪些？

4. 工程价款结算有哪几种方式？

5. 我国对工程预付款和工程进度款的支付有哪些规定？

## 四、案例分析题

1. 某项工程，业主与承包商签订了建筑安装工程总包施工合同，承包施工范围包括土建工程和水、电、风等建筑设备安装工程，合同总价为 4 800 万元。工期为 2 年，第一年已完成合同总价的 2 600 万元，第二年应完成合同总价的 2 200 万元。承包合同规定：

(1)业主应向承包商支付当年合同价 25% 的预付备料款。

(2)预付备料款应从未施工工程尚需的主要材料及构配件的价值相当于预付备料款额时起扣，每月以抵充工程款的方式陆续扣回。主材费占总费用比重可按 62.5% 考虑。

(3)工程竣工验收前，工程结算款不应超过承包合同总价的 95%，经双方协商，业主从每月承包商的工程款中按 5% 的比例扣留，作工程款尾数，待竣工验收后进行结算。

(4)当承包商每月实际完成的建筑安装工程工作量少于计划完成建筑安装工程工作量的 10% 以上(含 10%)时，业主可按 5% 的比例扣留工程款。

(5)除设计变更和其他不可抗力因素外，合同总价不做调整。

(6)由业主直供的材料和设备应在发生当月的工程款中扣回其费用。

施工单位计划和实际完成的建筑安装工程工作量以及业主直供的材料设备的价值见表 7.11。

表 7.11　施工单位计划和实际完成的建筑安装工程工作量以及业主直供的材料设备的价值

人民币单位：万元

| 月份 | 1—6 | 7 | 8 | 9 | 10 | 11 | 12 |
|---|---|---|---|---|---|---|---|
| 计划完成建筑安装工程工作量 | 1 100 | 200 | 200 | 200 | 190 | 190 | 120 |
| 实际完成建筑安装工程工作量 | 1 110 | 180 | 210 | 205 | 195 | 180 | 120 |
| 业主供应材料设备价值 | 90.5 | 35.5 | 24.4 | 10.5 | 21 | 10.5 | 5.5 |

问题：

(1)预付备料款是多少？

(2)预付备料款从什么时候开始扣？

(3)1—6 月份以及各月工程师应签证的工程款是多少？实际签发的付款凭证是多少？

2. 某施工项目的施工合同总价为 5 000 万元，合同工期为 12 个月，在施工过程中由于业主提出对原设计进行修改，使施工单位停工待图 1 个月。在基础施工时，施工单位为保证工程质量，自行将原设计要求的混凝土强度由 C18 提高到 C20。工程竣工结算时，施工单位向工程师提出费用索赔如下：

(1)由于业主方修改设计图纸延误 1 个月的有关费用损失：

工人、窝工费用损失＝月工作日×日工作班数×延误月数×工日费×每班工作人数

＝20 天/月×2 班/天×1 月×30 元/工日×30 人/班＝3.6 万元；

机械设备闲置费用损失＝月工作日×日工作班数×每班机械台数×延误月数×机械台班费

$\qquad$＝20 天/月×2 班/天×2 台/班×1 月×600 元/台班＝4.8 万元；

现场管理费＝合同总价÷工期×现场管理费费率×延误时间

$\qquad$＝5 000 万元÷12 月×1.0％×1 月＝4.17 万元；

公司管理费＝合同总价÷工期×公司管理费费率×延误时间

$\qquad$＝5 000 万元÷12 月×6.0％×1 月＝25.0 万元；

利润＝合同总价÷工期×利润率×延误时间

$\qquad$＝5 000 万元÷12 月×5.0％×1 月＝20.83 万元；

费用索赔合计：57.57 万元。

(2)由于基础混凝土强度提高导致费用增加 10 万元。

问题：

(1)按题所给情况，业主是否同意接受其索赔要求？为什么？

(2)施工单位提出的索赔费用的计算是否正确？

# ·项目8·
# 工程竣工验收阶段造价管理

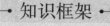

**·知识框架·**

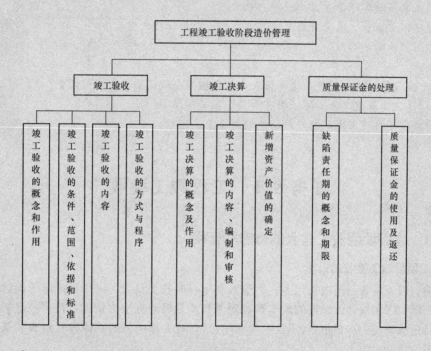

工程竣工验收阶段造价管理
- 竣工验收
  - 竣工验收的概念和作用
  - 竣工验收的条件、范围、依据和标准
  - 竣工验收的内容
  - 竣工验收的方式与程序
- 竣工决算
  - 竣工决算的概念及作用
  - 竣工决算的内容、编制和审核
  - 新增资产价值的确定
- 质量保证金的处理
  - 缺陷责任期的概念和期限
  - 质量保证金的使用及返还

**·引　例·**

　　某市 A 建设项目经过决策、设计、招标投标、施工一级竣工验收等几个阶段后，建设单位准备就所掌握的资料对该项目进行竣工决算的编制。经过一段时间的工作形成了竣工决算文件，主要包括以下内容：

　　(1)建设项目竣工决算报告说明书，包括以下内容：

　　1)建设项目概况。

　　2)资金来源及运用的财务分析，包括工程造价价款结算、会计账务处理、财务物资情况及债权债务的清偿情况。

　　3)建设收入、资金结余及结余资金的分配处理情况。

　　4)工程项目管理及决算中的经验和有待解决的问题。

5)需要说明的其他事项。

(2)建设项目竣工决算报表，包括以下内容：

1)工程项目竣工财务决算审批表。

2)大、中型项目概况表。

3)大、中型项目竣工财务决算表。

4)大、中型项目交付使用资产总表。

5)小型项目概况表。

6)小型项目竣工财务决算总表。

7)工程项目交付使用资产明细表。

8)主要技术经济指标的分析、计算情况。

(3)工程造价比较分析，包括以下内容：

1)工程主要实物工程量、主要材料消耗量。

2)建设单位管理费、建筑安装工程其他费用、现场经费使用分析。

3)竣工工程平面示意图。

问题：

(1)对于建设单位编制的竣工决算报表，有哪些不合适的地方，如何调整？

(2)编制建设项目竣工决算的依据有哪些，应如何编制？

通过对建设项目竣工决算的学习，能够解决上述问题。

# 任务 8.1  工程竣工验收

## 8.1.1  建设项目竣工验收的概念和作用

### 1. 建设项目竣工验收的概念

建设项目竣工验收是指由发包人、承包人和项目验收委员会，以项目批准的设计任务书和设计文件，以及国家或部门颁发的施工验收规范和质量检验标准为依据，按照一定的程序和手续，在项目建成并试生产合格后(工业生产性项目)，对工程项目的总体进行检验和认证、综合评价和鉴定的活动。

建设项目竣工验收，按被验收的对象划分，可以分为单位工程验收、单项工程验收和工程整体验收(称为"动用验收")。通常，建设项目竣工，指的是"动用验收"，是指发包人在建设项目按批准的设计文件所规定的内容全部建成后，向使用单位交工的过程。其验收程序是整个建设项目按设计要求全部建成，经过第一阶段的交工验收，符合设计要求，并具备竣工图、竣工结算、竣工决算等必要的文件资料后，由建设项目主管部门或发包人，按照国家有关部门关于《建设项目竣工验收办法》的规定，及时向负责验收的单位提出竣工验收申请报告，按现行验收组织规定，接受由银行、物资、环保、劳动、统计、消防及其他有关部门组成的验收委员会或验收组的验收，办理固定资产移交手续。验收委员会或验收组负责建设项目的竣工验收工作，听取有关单位的工作报告，审阅工程技术档案资料，并实地查验建筑工程和设备安装情况，对工程设计、施工和设备质量等方面提出全面的评价。

### 2. 建设项目竣工验收的作用

(1)全面考核建设成果，检查设计、工程质量是否符合要求，确保项目按设计要求的各项技术经济指标正常使用。

(2)通过竣工验收办理固定资产使用手续，可以总结工程建设经验，为提高建设项目的经济效益和管理水平提供重要依据。

(3)建设项目竣工验收是项目施工阶段的最后一个程序，是建设成果转入生产使用的标志，审查投资使用是否合理的重要环节。

(4)建设项目建成投产交付使用后，能否取得良好的宏观效益，需要经过国家权威管理部门按照技术规范、技术标准组织验收确认，因此，竣工验收是建设项目转入投产使用的必要环节。

## 8.1.2　建设项目竣工验收的条件、范围、依据和标准

**1. 建设项目竣工验收的条件**

《建设工程质量管理条例》(2019修正)规定，建设工程竣工验收应当具备以下条件：

(1)完成建设工程设计和合同约定的各项内容。主要是指设计文件所确定的、在承包合同中载明的工作范围，也包括监理工程师签发的变更通知单中所确定的工作内容。

(2)有完整的技术档案和施工管理资料。

(3)有工程的主要建筑材料、建筑构配件和设备的进场试验报告。对建设工程使用的主要建筑材料、使用建筑构配件和设备的进场，除具有质量合格证明资料外，还应当有试验、检验报告。试验、检验报告中应当注明其规格、型号、用于工程的哪些部位、批量批次、性能等技术指标，其质量要求必须符合国家规定的标准。

(4)有勘察、设计、施工、工程监理等单位分别签署的质量合格文件。勘察、设计、施工、工程监理等有关单位依据工程设计文件及承包合同所要求的质量标准，对竣工工程进行检查和评定，符合规定的，签署合格文件。

(5)有施工单位签署的工程保修书。

建设工程经验收合格的，方可交付使用。

**2. 建设项目竣工验收的范围**

国家颁布的建设法规规定，凡新建、扩建、改建的基本建设项目和技术改造项目(所有列入固定资产投资计划的建设项目或单项工程)，已按国家批准的设计文件所规定的内容建成，符合验收标准，即工业投资项目经负荷试车考核，试生产期间能够正常生产出合格产品，形成生产能力的；非工业投资项目符合设计要求，能够正常使用的，无论是属于哪种建设性质，都应及时组织验收，办理固定资产移交手续。

有的工期较长、建设设备装置较多的大型工程，为了及时发挥其经济效益，对其能够独立生产的单项工程，也可以根据建成时间的先后顺序，分期分批地组织竣工验收；对能生产中间产品的一些单项工程，不能提前投料试车，可按生产要求与生产最终产品的工程同步建成竣工后，再进行全部验收。

对于某些特殊情况，工程施工虽未全部按设计要求完成，也应进行验收，这些特殊情况主要有以下几项：

(1)因少数非主要设备或某些特殊材料短期内不能解决，虽然工程内容尚未全部完成，但已可以投产或使用的工程项目。

(2)规定要求的内容已完成，但因外部条件的制约，如流动资金不足、生产所需原材料不能满足等，而使已建工程不能投入使用的项目。

(3)有些建设项目或单项工程，已形成部分生产能力，但近期内不能按原设计规模续建，应

从实际情况出发，经主管部门批准后，可缩小规模对已完成的工程和设备组织竣工验收，移交固定资产。

**3. 建设项目竣工验收的依据**

(1)上级主管部门对该项目批准的各种文件。

(2)可行性研究报告。

(3)施工图设计文件及设计变更洽商记录。

(4)国家颁布的各种标准和现行的施工验收规范。

(5)工程承包合同文件。

(6)技术设备说明书。

(7)建筑安装工程统一规定及主管部门关于工程竣工的规定。

(8)从国外引进的新技术和成套设备的项目，以及中外合资建设项目，要按照签订的合同和进口国提供的设计文件等进行验收。

(9)利用世界银行等国际金融机构贷款的建设项目，应按世界银行规定，按时编制项目完成报告。

**4. 建设项目竣工验收的标准**

(1)工业建设项目竣工验收标准。根据国家规定，工业建设项目竣工验收、交付生产使用，必须满足以下要求：

1)生产性项目和辅助性公用设施，已按设计要求完成，能满足生产使用。

2)主要工艺设备配套经联动负荷试车合格，形成生产能力，能够生产出设计文件所规定的产品。

3)有必要的生活设施，并已按设计要求建成合格。

4)生产准备工作能适应投产的需要。

5)环境保护设施，劳动、安全、卫生设施，消防设施已按设计要求与主体工程同时建成使用。

6)设计和施工质量已经过质量监督部门检验并作出评定。

7)工程结算和竣工决算通过有关部门审查和审计。

(2)民用建设项目竣工验收标准。

1)建设项目各单位工程和单项工程，均已符合项目竣工验收标准。

2)建设项目配套工程和附属工程，均已施工结束，达到设计规定的相应质量要求，并具备正常使用条件。

## 8.1.3　建设项目竣工验收的内容

不同的建设项目，其竣工验收的内容不完全相同，但一般均包括工程资料验收和工程内容验收两个部分。

**1. 工程资料验收**

工程资料验收包括工程技术资料验收、工程综合资料验收和工程财务资料验收。

(1)工程技术资料验收。工程技术资料验收的内容如下：

1)工程地质、水文、气象、地形、地貌、建筑物、构筑物及重要设备安装位置、勘察报告、记录；

2)初步设计、技术设计或扩大初步设计、关键的技术试验、总体规划设计；

3)土质试验报告、基础处理；

4)建筑工程施工记录、单位工程质量检验记录、管线强度、密封性试验报告、设备及管线安装施工记录及质量检查、仪表安装施工记录；

5)设备试车、验收运转、维修记录；

6)产品的技术参数、性能、图纸、工艺说明、工艺规程、技术总结、产品检验、包装、工艺图；

7)设备的图纸、说明书；

8)涉外合同、谈判协议、意向书；

9)各单项工程及全部管网竣工图等资料。

(2)工程综合资料验收。工程综合资料验收的内容包括项目建议书及批件，可行性研究报告及批件，项目评估报告，环境影响评估报告书，设计任务书，土地征用申报及批准的文件，承包合同，招标投标文件，施工执照，项目竣工验收报告，验收鉴定书。

(3)工程财务资料验收。工程财务资料验收的内容如下：

1)历年建设资金供应(拨、贷)情况和应用情况；

2)历年批准的年度财务决算；

3)历年年度投资计划、财务收支计划；

4)建设成本资料；

5)支付使用的财务资料；

6)设计概算、预算资料；

7)施工决算资料。

**2. 工程内容验收**

工程内容验收包括建筑工程验收和安装工程验收两个部分。

(1)建筑工程验收。建筑工程验收主要是如何运用有关资料进行审查验收，主要包括以下几项：

1)建筑物的位置、标高、轴线是否符合设计要求；

2)对基础工程中的土石方工程、垫层工程、砌筑工程等资料的审查，因为这些工程在"交工验收"时已验收；

3)对结构工程中的砖木结构、砖混结构、内浇外砌结构、钢筋混凝土结构的审查验收；

4)对屋面工程的木基、望板油毡、屋面瓦、保温层、防水层等的审查验收；

5)对门窗工程的审查验收；

6)对装修工程的审查验收(抹灰、油漆等工程)。

(2)安装工程验收。安装工程验收可分为建筑设备安装工程、工艺设备安装工程、动力设备安装工程验收。

1)建筑设备安装工程是指民用建筑物中的上下水管道、暖气、天然气或煤气、通风、电气照明等安装工程。验收时应检查这些设备的规格、型号、数量、质量是否符合设计要求，检查安装时的材料、材质、材种，检查试压、闭水试验、照明情况。

2)工艺设备安装工程包括生产、起重、传动、实验等设备的安装，以及附属管线敷设和油漆、保温等。检查设备的规格、型号、数量、质量，设备安装的位置、标高、机座尺寸、质量，单机试车、无负荷联动试车、有负荷联动试车，管道的焊接质量，洗清、吹扫、试压、试漏、油漆、保温等及各种阀门。

3)动力设备安装工程验收是指有自备电厂的项目，或变配电室(所)、动力配电线路的验收。

## 8.1.4 建设项目竣工验收的方式与程序

**1. 建设项目竣工验收的组织**

(1)成立竣工验收委员会或验收组。大、中型和限额以上建设项目及技术改造项目，由国家发改委或国家发改委委托项目主管部门、地方政府部门组织验收；小型和限额以下建设项目及技术改造项目，由项目主管部门或地方政府部门组织验收。建设主管部门和建设单位(业主)、接管单位、施工单位、勘察设计及工程监理等有关单位参加验收工作；根据工程规模大小和复杂程度组成验收委员会或验收组，其人员构成应由银行、物资、环保、劳动、统计、消防及其他有关部门的专业技术人员和专家组成。

(2)验收委员会或验收组的职责。

1)负责审查工程建设的各个环节，听取各有关单位的工作报告。

2)审阅工程档案资料，实地考察建筑工程和设备安装工程情况。

3)对工程设计、施工和设备质量、环境保护、安全卫生、消防等方面客观地作出全面的评价。

4)处理交接验收过程中出现的有关问题，核定移交工程清单，签订交工验收证书。

5)签署验收意见，对遗留问题应提出具体解决意见并限期落实完成。不合格工程不予验收，并提出竣工验收工作的总结报告和国家验收鉴定书。

**2. 建设项目竣工验收的方式**

为了保证建设项目竣工验收的顺利进行，验收必须遵循一定的程序，并按照建设项目总体计划的要求以及施工进展的实际情况分阶段进行。建设项目竣工验收，按被验收的对象划分，可分为单位工程验收(中间验收)、单项工程验收(交工验收)及工程整体验收(动用验收)，见表8.1。

表 8.1　建设项目竣工验收的方式

| 类　　型 | 验收条件 | 验收组织 |
|---|---|---|
| 单位工程验收<br>(中间验收) | 1. 按照施工承包合同的约定，施工完成到某一阶段后要进行中间验收；<br>2. 主要的工程部位施工已完成了隐蔽前的准备工作，该工程部位将置于无法查看的状态 | 由监理单位组织，业主和承包人参加，该部位的验收资料将作为最终验收的依据 |
| 单项工程验收<br>(交工验收) | 1. 建设项目中的某个合同工程已全部完成；<br>2. 合同内约定有单项移交的工程已达到竣工标准，可移交给业主投入试运行 | 由业主组织，会同施工单位、监理单位、设计单位及使用单位等有关部门共同进行 |
| 工程整体验收<br>(动用验收) | 1. 建设项目按设计规定全部建成，达到竣工验收条件；<br>2. 初验结果全部合格；<br>3. 竣工验收所需资料已准备齐全 | 大、中型和限额以上项目由国家发改委或由其委托项目主管部门或地方政府部门组织验收；小型和限额以下项目由项目主管部门组织验收；业主、监理单位、施工单位、设计单位和使用单位参加验收工作 |

**3. 建设项目竣工验收的程序**

建设项目全部建成后，经过各单项工程的验收符合设计的要求，并具备竣工图表、竣工决算、工程总结报告等必要的文件资料，由建设项目主管部门或建设单位向负责验收的单位提出竣工验收申请报告，按程序验收，如图8.1所示。

(1)承包商申请交工验收。承包商在完成了合同工程或按合同约定可分布移交工程的，可申请交工验收。在工程达到竣工条件后，应先进行预检验，对不符合合同要求的部位和项目，确定修补措施和标准，修补有缺陷的工程部位。承包商在完成了上述工作和准备好竣工资料后，

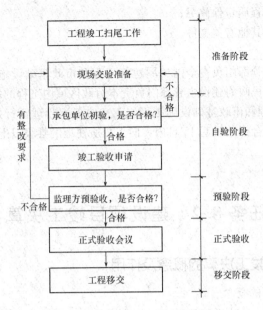

图 8.1　建设项目竣工验收的程序

可提交竣工验收申请报告。

（2）监理工程师现场初验。施工单位通过竣工预验收，对发现的问题进行处理，决定正式提请验收，应向监理工程师提交验收申请报告，监理工程师审查验收申请报告，并组成验收组，对竣工的工程项目进行初验。如果发现质量问题，要及时书面通知施工单位，令其修理甚至返工。

（3）正式验收阶段。由业主或监理工程师组织，有业主、监理单位、设计单位、施工单位、工程质量监督站等参加的正式验收。

1）首次参加工程项目竣工验收的各方对已竣工的工程进行目测检查和逐一核对工程资料所列的内容是否齐备和完整。

2）举行各方参加的现场验收会议，由项目经理负责对工程施工情况、自验情况和竣工情况进行介绍，并出示竣工资料；由项目总监理工程师通报工程监理中的主要内容，发表竣工验收的监理意见；业主根据在竣工项目目测中发现的问题，按照合同规定对施工单位提出限期处理的意见；最后由业主或总监理工程师宣布验收结果。

3）办理竣工验收签证书三方签字盖章。

**4. 建设项目竣工验收的管理与备案**

（1）工程竣工验收报告。建设项目竣工验收合格后，建设单位应当及时提出工程竣工验收报告。工程竣工验收报告主要包括工程概况，建设单位执行基本建设程序情况，对工程勘察、设计、施工、监理等方面的评价，工程竣工验收时间、程序、内容和组织形式，工程竣工验收意见等内容。

工程竣工验收报告还应附有下列文件：

1）施工许可证；

2）施工图设计文件审查意见；

3）验收组人员签署的工程竣工验收意见；

4）市政基础设施工程应附有质量检测和功能性试验资料；

5）施工单位签署的工程质量保修书；

6）法规、规章规定的其他有关文件。

（2）竣工验收的备案。

1）国务院建设行政主管部门负责全国房屋建筑工程和市政基础设施工程的竣工验收备案管理工作。县级以上地方人民政府建设主管部门负责本行政区域内工程的竣工验收备案管理工作。

2）依照《房屋建筑工程和市政基础设施工程竣工验收备案管理暂行办法》的行政规定，建设单位应当自工程竣工验收合格之日起15日内，向工程所在地的县级以上地方人民政府住房和城乡建设主管部门备案。

# 任务 8.2　建设项目竣工决算

## 8.2.1　建设项目竣工决算的概念及作用

### 1. 建设项目竣工决算的概念

项目竣工决算是指所有的建设项目竣工后，建设单位按照国家有关规定在新建、改建和扩建工程建设项目竣工验收阶段编制的竣工决算报告。竣工决算报告是以实物数量和货币指标为计量单位，综合反映竣工项目从筹建开始到项目竣工交付使用为止的全部建设费用、建设成果和财务情况的总结性文件，是竣工验收报告的重要组成部分。竣工决算是正确核定新增固定资产价值，考核分析投资效果，建立健全经济责任制的依据，是反映建设项目实际造价和投资效果的文件。

竣工决算包括从筹划到竣工投产全过程的全部实际费用，即包括建筑工程费用，安装工程费用，设备及工、器具购置费用和工程建设其他费用以及预备费等。

### 2. 建设项目竣工决算的作用

（1）建设项目竣工决算是综合全面地反映竣工项目建设成果及财务情况的总结性文件。它采用货币指标、实物数量、建设工期和各种技术经济指标综合、全面地反映建设项目自开始建设到竣工为止全部建设成果和财务状况。

（2）建设项目竣工决算是办理交付使用资产的依据，也是竣工验收报告的重要组成部分。建设单位与使用单位在办理交付资产的验收交接手续时，通过竣工决算反映了交付使用资产的全部价值，包括固定资产、流动资产、无形资产和其他资产的价值。及时编制竣工决算可以正确核定固定资产价值并及时办理交付使用，可缩短工程建设周期，节约建设项目投资，准确考核和分析投资效果。它可作为建设主管部门向企业使用单位移交财产的依据。

（3）建设项目竣工决算是分析和检查涉及概算的执行情况，考核建设项目管理水平和投资效果的依据。竣工结算反映了竣工项目计划、实际的建设规模、建设工期以及设计和实际的生产能力，反映了概算总投资和实际的建设成本，同时还反映了所达到的主要技术经济指标。通过对这些指标计划数、概算数与实际数进行对比分析，不仅可以全面掌握建设项目计划和概算执行情况，而且可以考核建设项目投资效果，为今后制订建设项目计划，降低建设成本，提高投资效果提供必要的参考资料。

## 8.2.2　建设项目竣工决算的内容

建设项目竣工决算应包括从筹集到竣工投产全过程的全部实际费用，即包括建筑安装工程费、设备及工、器具购置费用，预备费等费用。竣工决算是由竣工财务决算说明书、竣工财务决算报表、工程竣工图和工程造价比较分析四个部分组成。其中，竣工财务决算说明书和竣工财务决算报表两个部分又称为建设项目竣工财务决算，是竣工决算的核心内容。竣工财务决算是正确核定项目资产价值、反映竣工项目建设成果的文件，是办理资产移交和产权登记的依据。

**1. 竣工财务决算说明书**

竣工财务决算说明书主要反映竣工工程建设成果和经验，是对竣工决算报表进行分析和补充说明的文件，是全面考核分析工程投资与造价的书面总结，是竣工决算报告的重要组成部分，其内容主要包括以下几项：

(1)建设项目概况，对工程的总体评价。

(2)会计账务的处理、财产物资清理及债权债务的清偿情况。

(3)项目建设资金计划及到位情况，财政资金支出预算、投资计划及到位情况。

(4)项目建设资金使用、项目结余资金等分配情况。

(5)项目概(预)算执行情况及分析，竣工实际完成投资与概算差异及原因分析。

(6)尾工工程情况。项目一般不得预留尾工工程，确需预留尾工工程的，尾工工程投资不得超过批准的项目概(预)算总投资的5%。

(7)历次审计、检查、审核、检查意见及整改落实情况。

(8)主要技术经济指标的分析、计算情况。概算执行情况分析，根据实际投资完成额与概算进行对比分析；新增生产能力的效益分析，说明交付使用财产占总投资额的比例，不增加固定资产的造价占投资总额的比例，分析有机构成和成果。

(9)项目管理经验、主要问题和建议。

(10)预备费动用情况。

(11)项目建设管理制度执行情况、政府采购情况、合同履行情况。

(12)征地拆迁补偿情况、移民安置情况。

(13)需说明的其他事项。

**2. 竣工财务决算报表**

建设项目竣工财务决算报表要根据大、中型建设项目和小型建设项目分别制定。大、中型建设项目竣工财务决算报表(图8.2)包括建设项目竣工财务决算审批表，大、中型建设项目概况表，大、中型建设项目竣工财务决算表，大、中型建设项目交付使用资产总表，建设项目交付使用资产明细表。小型建设项目竣工财务决算报表(图8.3)包括建设项目竣工财务决算审批表、小型建设项目竣工财务决算总表、建设项目交付使用资产明细表等。

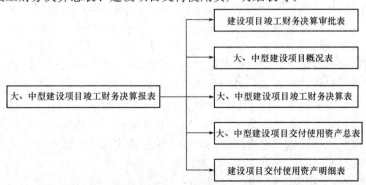

**图8.2 大、中型建设项目竣工财务决算报表分类图**

图8.3　小型建设项目竣工财务决算报表分类图

### 3. 建设工程竣工图

建设工程竣工图是真实地记录各种地上、地下建筑物、构筑物等情况的技术文件，是工程进行交工验收、维护、改建和扩建的依据，是国家的重要技术档案。国家规定：各项新建、扩建、改建的基本建设工程，特别是基础、地下建筑、管线、结构、井巷、桥梁、隧道、港口、水坝以及设备安装等隐蔽部位，都要编制竣工图。为确保竣工图质量，必须在施工过程中(不能在竣工后)及时做好隐蔽工程检查记录，整理好设计变更文件。编制竣工图的形式和深度，应根据不同情况区别对待，其具体要求如下：

(1)凡按图竣工没有变动的，由承包人(包括总包和分包承包人，下同)在原施工图上加盖"竣工图"标志后，即作为竣工图。

(2)凡在施工过程中，虽有一般性设计变更，但能将原施工图加以修改补充作为竣工图的，可不重新绘制，由施工单位负责在原施工图(必须是新蓝图)上注明修改的部分，并附以设计变更通知单和施工说明，加盖"竣工图"标志后，作为竣工图。

(3)凡结构形式改变、施工工艺改变、平面布置改变、项目改变以及有其他重大改变，不宜再在原施工图上修改、补充时，应重新绘制改变后的竣工图。因设计原因造成的，由设计单位负责重新绘图；因施工原因造成的，由施工单位负责重新绘图；由其他原因造成的，由建设单位自行绘图或委托设计单位绘图。施工单位负责在新图上加盖"竣工图"标志，并附以有关记录和说明，作为竣工图。

(4)为了满足竣工验收和竣工决算需要，还应绘制反映竣工工程全部内容的工程设计平面示意图。

(5)重大的改建、扩建工程项目涉及原有的工程项目变更时，应将相关项目的竣工图资料统一整理归档，并在原图案卷内增补必要的说明一起归档。

### 4. 工程造价比较分析

经批准的概(预)算是考核实际建设工程造价的依据。在分析时，可将决算报表中所提供的实际数据和相关资料与批准的概(预)算指标进行对比，以反映出竣工项目总造价和单方造价是节约还是超支，并在比较的基础上，总结经验教训，找出原因，以利于改进。

在考核概(预)算执行情况，正确核实建设工程造价时，财务部门首先应积累概(预)算动态变化资料，如设备材料价差、人工价差、费率价差及设计变更资料等；其次，核查竣工工程实际造价节约或超支的数额。为了便于进行比较分析，可先对比整个项目的总概算，然后对比单项工程的综合概算和其他工程费用概算，最后对比分析单位工程概算，并分别将建筑安装工程费，设备及工、器具费和其他工程费用逐一与竣工决算的实际工程造价对比分析，找出节约或超支的具体内容和原因。在实际工作中，主要分析以下内容：

(1)考核主要实物工程量。对实物工程量出入较大的项目，还必须查明原因。

(2)考核主要材料消耗量。要按照竣工决算表中所列明的三大材料实际超概算的消耗量，查明是在工程的哪一个环节超出量最大，再进一步查明超耗的原因。

(3)考核建设单位管理费、措施费和间接费的取费标准。建设单位管理费、措施费和间接费的取费标准要按照国家和各地的有关规定，根据竣工决算报表中所列的建设单位管理费与概预算所列的建设单位管理费数额进行比较，依据规定查明是否多列或少列的费用项目，确定其节约超支的数额，并查明原因。

### 8.2.3　建设项目竣工决算的编制

**1. 建设项目竣工决算的编制条件**

编制建设项目竣工决算应具备下列条件：

(1)经批准的初步设计所确定的工程内容已完成；

(2)单项工程或建设项目竣工阶段已完成；

(3)收尾工程投资和预留费用不超过规定的比例；

(4)涉及法律诉讼、工程质量纠纷的事项已处理完毕；

(5)其他影响工程竣工决算编制的重大问题已解决。

**2. 建设项目竣工决算的编制依据**

建设项目竣工决算应依据下列资料编制：

(1)《基本建设财务规则》(2017修正)等法律、法规和规范性文件；

(2)项目计划任务书及立项批复文件；

(3)项目总概算书和单项工程概算书文件；

(4)经批准的设计文件及设计交底、图纸会审资料；

(5)招标文件和最高投标限价；

(6)工程合同文件；

(7)项目竣工结算文件；

(8)工程签证、工程索赔等合同价款调整文件；

(9)设备、材料调价文件记录；

(10)会计核算及财务管理资料；

(11)其他有关项目管理的文件。

**3. 建设项目竣工决算的编制步骤**

建设项目竣工决算的编制步骤如图 8.4 所示。

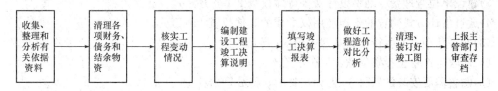

**图 8.4　建设项目竣工决算的编制步骤**

(1)收集、整理和分析有关依据资料。在编制竣工决算文件之前，应系统地整理所有的技术资料、工料结算的经济文件、施工图纸和各种变更与签证资料，并分析它们的准确性。完整、齐全的资料，是准确而迅速编制竣工决算的必要条件。

(2)清理各项财务、债务和结余物资。在收集、整理和分析有关资料中，要特别注意建设工程从筹建到竣工投产或使用的全部费用的各项账务、债权和债务的清理，做到工程完毕账目清晰，既要核对账目，又要查点库存实物的数量，做到账与物相等，账与账相符。对结余的各种材料、工器具和设备，要逐项清点核实，妥善管理，并按规定及时处理，收回资金。对各种往来款项要及时进行全面清理，为编制竣工决算提供准确的数据和结果。

（3）核实工程变动情况。重新核实各单位工程、单项工程造价，将竣工资料与原设计图纸进行查对、核实，必要时可实地测量，确认实际变更情况；根据经审定的承包人竣工结算等原始资料，按照有关规定对原概、预算进行增减调整，重新核定工程造价。

（4）编制建设工程竣工决算说明。按照建设工程竣工决算说明的内容要求，根据编制依据材料填写在报表中的结果，编写文字说明。

（5）填写竣工决算报表。按照建设工程决算表格中的内容，根据编制依据中的有关资料进行统计或计算各个项目和数量，并将其结果填到相应表格的栏目内，完成所有报表的填写。

（6）做好工程造价对比分析。

（7）清理、装订好竣工图。

（8）上报主管部门审查存档。

将上述编写的文字说明和填写的表格经核对无误，装订成册，即为建设工程竣工决算文件。将其上报主管部门审查，并把其中财务成本部分送交开户银行签证。竣工决算在上报主管部门的同时，抄送有关设计单位。大、中型建设项目的竣工决算还应抄送财政部、建设银行总行和省、市、自治区的财政局和建设银行分行各1份。建设工程竣工决算的文件，由建设单位负责组织人员编写，在竣工建设项目办理验收使用1个月之内完成。

**4. 建设项目竣工决算的编制实例**

【应用案例8.1】 某一大、中型建设项目2016年开工建设，2018年年底有关财务核算资料如下：

（1）已经完成部分单项工程，经验收合格后，已经交付使用的资产包括以下几项：

1）固定资产价值为75 540万元。

2）为生产准备的使用期限在一年以内的备品备件、工具、器具等流动资产价值为30 000万元，期限在一年以上，单位价值在1 500元以上的工具为60万元。

3）建造期间购置的专利权、非专利技术等无形资产为2 000万元，摊销期为5年。

（2）基本建设支出的未完成项目包括以下几项：

1）建筑安装工程支出16 000万元。

2）设备工器具投资44 000万元。

3）建设单位管理费、勘察设计费等待摊投资2 400万元。

4）通过出让方式购置的土地使用权形成的其他投资110万元。

（3）非经营项目发生待核销基建支出50万元。

（4）应收生产单位投资借款1 400万元。

（5）购置需要安装的器材50万元，其中，待处理器材16万元。

（6）货币资金470万元。

（7）预付工程款及应收有偿调出器材款18万元。

（8）建设单位自用的固定资产原值60 550万元，累计折旧10 022万元。

（9）反映在"资金平衡表"上的各类资金来源的期末余额如下：

1）预算拨款52 000万元。

2）自筹资金拨款58 000万元。

3）其他拨款440万元。

4)建设单位向商业银行借入的借款 110 000 万元。

5)建设单位当年完成交付生产单位使用的资产价值中，200 万元属于利用投资借款形成的待冲基建支出。

6)应付器材销售商 40 万元贷款和尚未支付的应付工程款 1 916 万元。

7)未交税金 30 万元。

根据上述有关资料编制该项目竣工财务决算表，见表 8.2。

表 8.2　大、中型建设项目竣工财务决算表

建设项目名称：××建设项目　　　　　　　　　　　　　　　　　　人民币单位：万元

| 资金来源 | 金额 | 资金占用 | 金额 | 补充资料 |
|---|---|---|---|---|
| 一、基建拨款 | 110 440 | 一、基本建设支出 | 170 160 | 1. 基建投资借款期末余额 |
| 1. 预算拨款 | 52 000 | 1. 交付使用资产 | 107 600 | |
| 2. 基建基金拨款 | | 2. 在建工程 | 62 510 | |
| 其中：国债专项资金拨款 | | 3. 待核销基建支出 | 50 | |
| 3. 专项建设基金拨款 | | 4. 非经营性项目转出投资 | | |
| 4. 进口设备转账拨款 | | 二、应收生产单位投资借款 | 1 400 | 2. 应收生产单位投资借款期末数 |
| 5. 器材转账拨款 | | 三、拨付所属投资借款 | | |
| 6. 煤代油专用基金拨款 | | 四、器材 | 50 | |
| 7. 自筹资金拨款 | 58 000 | 其中：待处理器材损失 | 16 | 3. 基建结余资金 |
| 8. 其他拨款 | 440 | 五、货币资金 | 470 | |
| 二、项目资本金 | | 六、预付及应收款 | 18 | |
| 1. 国家资本 | | 七、有价证券 | | |
| 2. 法人资本 | | 八、固定资产 | 50 528 | |
| 3. 个人资本 | | 固定资产原值 | 60 550 | |
| 三、项目资本公积 | | 减：累计折旧 | 10 022 | |
| 四、基建借款 | | 固定资产净值 | 50 508 | |
| 其中：国债转贷 | 110 000 | 固定资产清理 | | |
| 五、上级拨入投资借款 | | 待处理固定资产损失 | | |
| 六、企业债券资金 | | | | |
| 七、待冲基建支出 | 200 | | | |
| 八、应付款 | 1 956 | | | |
| 九、未交款 | 30 | | | |
| 1. 未交税金 | 30 | | | |
| 2. 其他未交款 | | | | |
| 十、上级拨入资金 | | | | |
| 十一、留成收入 | | | | |
| 合计 | 222 626 | 合计 | 222 626 | |

### 8.2.4　建设项目竣工决算的审核

#### 1. 审核程序

根据《基本建设项目竣工财务决算管理暂行办法》（财建〔2016〕503号）的规定，基本建设项目完工可投入使用或者试运行合格后，应当在3个月内编报竣工财务决算，特殊情况确需延长的，中、小型项目不得超过2个月，大型项目不得超过6个月。

中央项目竣工财务决算，由财政部制定统一的审核批复管理制度和操作规程。中央项目主管部门本级以及不向财政部报送年度部门决算的中央单位的项目竣工财务决算，由财政部批复；其他中央项目竣工财务决算，由中央项目主管部门负责批复，报财政部备案。国家另有规定的，从其规定。地方项目竣工财务决算审核批复管理职责和程序要求由同级财政部门确定。

财政部门和项目主管部门对项目竣工财务决算实行先审核、后批复的办法，可以委托预算评审机构或者有专业能力的社会中介结构进行审核。

#### 2. 竣工决算的审核内容

财政部门和项目主管部门审核批复项目竣工财务决算时，应当重点审查以下内容：

(1)工程价款结算是否准确，是否按照合同约定和国家有关规定进行，有无多算和重复计算工程量、高估冒算建筑材料价格现象；

(2)待摊费用支出及其分摊是否合理、正确；

(3)项目是否按照批准的概(预)算内容实施，有无超标准、超规模、超概(预)算建设现象；

(4)项目资金是否全部到位，核算是否规范，资金使用是否合理，有无挤占、挪用现象；

(5)项目形成资产是否全面反映，计价是否准确，资产接收单位是否落实；

(6)项目在建设过程中历次检查和审计所提的重大问题是否已经整改落实；

(7)待核销基建支出和转出投资有无依据，是否合理；

(8)竣工财务决算报表所填列的数据是否完整，表间勾稽关系是否清晰、明确；

(9)尾工工程及预留费用是否控制在概算确定的范围内，预留的金额和比例是否合理；

(10)项目建设是否履行基本建设程序，是否符合国家有关建设管理制度要求等；

(11)决算的内容和格式是否符合国家有关规定；

(12)决算资料报送是否完整、决算数据间是否存在错误；

(13)相关主管部门或者第三方专业机构是否出具审核意见。

### 8.2.5　新增资产价值的确定

建设项目竣工投入运营后，所花费的总投资形成相应的资产。按照新的财务制度和企业会计准则，新增资产按资产性质可分为固定资产、流动资产、无形资产、递延资产和其他资产五大类。

#### 1. 新增资产价值的分类

(1)固定资产。固定资产是指使用期限超过一年，单位价值在1 000元、1 500元或2 000元以上，并且在使用过程中保持原有实物形态的资产。

(2)流动资产。流动资产是指可以在一年或者超过一年的营业周期内变现或者耗用的资产。流动资产按资产的占用形态可分为现金、存货、银行存款、短期投资、应收账款及预付账款。

(3)无形资产。无形资产是指特定主体所控制的，不具有实物形态，对生产经营长期发挥作用且能带来经济利益的资源。无形资产主要有专利权、非专利技术、商标权和商誉。

(4)递延资产。递延资产是指不能全部计入当年损益，应当在以后年度分期摊销的各种费用，包括开办费、租入固定资产改良支出等。

(5)其他资产。其他资产是指具有专门用途，但不参加生产经营的经国家批准的特种物资、银行冻结存款和冻结物资、涉及诉讼的财产等。

**2. 新增固定资产价值的确定**

(1)新增固定资产价值的概念和范畴。新增固定资产价值是建设项目竣工投产后所增加的固定资产的价值，是以价值形态表示的固定资产投资最终成果的综合性指标。新增固定资产价值是投资项目竣工投产后所增加的固定资产价值，即交付使用的固定资产价值，是以价值形态表示建设项目的固定资产最终成果的指标。新增固定资产价值的计算是以独立发挥生产能力的单项工程为对象的。单项工程建成经有关部门验收鉴定合格，正式移交生产或使用的，即应计算新增固定资产价值。一次交付生产或使用的工程一次计算新增固定资产价值，分期分批交付生产或使用的工程，应分期分批计算新增固定资产价值。新增固定资产价值的内容包括：已投入生产或交付使用的建筑、安装工程造价；达到固定资产标准的设备、工器具的购置费用；增加固定资产价值的其他费用。

(2)新增固定资产价值计算时应注意的问题。在计算时应注意以下几种情况：

1)对于为了提高产品质量、改善劳动条件、节约材料消耗、保护环境而建设的附属辅助工程，只要全部建成，正式验收交付使用后就要计入新增固定资产价值。

2)对于单项工程中不构成生产系统，但能独立发挥效益的非生产性项目，如住宅、食堂、医务所、托儿所、生活服务网点等，在建成并交付使用后，也要计算新增固定资产价值。

3)凡购置达到固定资产标准不需安装的设备、工具、器具，应在交付使用后计入新增固定资产价值。

4)属于新增固定资产价值的其他投资，应随同受益工程交付使用的同时一并计入。

(3)共同费用的分摊方法。新增固定资产的其他费用，如果是属于整个建设项目或两个以上单项工程的，在计算新增固定资产价值时，应在各单项工程中按比例分摊。一般情况下，建设单位管理费按建筑工程、安装工程、需安装设备价值总额等按比例分摊，而土地征用费、地质勘查和建筑工程设计费等费用则按建筑工程造价比例分摊，生产工艺流程系统设计费按安装工程造价比例分摊。

**【应用案例8.2】** 某工业建设项目及其总装车间的建筑工程费、安装工程费、需安装设备费以及应摊入费用见表8.3，计算总装车间新增固定资产价值。

表8.3 分摊费用计算表　　　　　　　　　　　　　人民币单位：万元

| 项目名称 | 建筑工程 | 安装工程 | 需安装设备 | 建设单位管理费 | 土地征用费 | 建筑设计费 | 工艺设计费 |
|---|---|---|---|---|---|---|---|
| 建设单位竣工决算 | 3 000 | 600 | 900 | 70 | 80 | 40 | 20 |
| 总装车间竣工决算 | 600 | 300 | 450 | | | | |

**解：** 计算如下：

$$应分摊的建设单位管理费 = \left(\frac{600+300+450}{3\,000+600+900}\right) \times 70 = 21(万元)$$

$$应分摊的土地征用费 = \frac{600}{3\,000} \times 80 = 16(万元)$$

$$应分摊的建筑设计费 = \frac{600}{3\,000} \times 40 = 8(万元)$$

$$应分摊的工艺设计费 = \frac{300}{600} \times 20 = 10(万元)$$

$$总装车间新增固定资产价值 = (600 + 300 + 450) + (21 + 16 + 8 + 10)$$
$$= 1\,350 + 55 = 1\,405(万元)$$

**3. 新增流动资产价值的确定**

(1)货币性资金。货币性资金是指现金、各种银行存款及其他货币资金,其中现金是指企业的库存现金,包括企业内部各部门用于周转使用的备用金;各种存款是指企业的各种不同类型的银行存款;其他货币资金是指除现金和银行存款以外的其他货币资金,根据实际入账价值核定。

(2)应收及预付款项。应收账款是指企业因销售商品、提供劳务等应向购货单位或受益单位收取的款项;预付款项是指企业按照购货合同预付给供货单位的购货定金或部分货款。应收及预付款项包括应收票据、应收款项、其他应收款、预付货款和待摊费用。一般情况下,应收及预付款项按企业销售商品、产品或提供劳务时的实际成交金额入账核算。

(3)短期投资,包括股票、债券、基金。股票和债券根据是否可以上市流通分别采用市场法和收益法确定其价值。

(4)存货。存货是指企业的库存材料、在产品、产成品等。各种存货应当按照取得时的实际成本计价。存货的形成,主要有外购和自制两个途径。外购的存货,按照买价加运输费、装卸费、保险费、途中合理损耗、入库前加工、整理及挑选费用以及缴纳的税金等计价;自制的存货,按照制造过程中的各项实际支出计价。

**4. 新增无形资产价值的确定**

根据我国 2008 年颁布的《资产评估准则—无形资产》规定,我国作为评估对象的无形资产通常包括专利权、非专利技术、生产许可证、特许经营权、租赁权、土地使用权、矿产资源勘探权和采矿权、商标权、版权、计算机软件及商誉等。

(1)无形资产的计价原则。

1)投资者按无形资产作为资本金或者合作条件投入时,按评估确认或合同协议约定的金额计价。

2)购入的无形资产,按照实际支付的价款计价。

3)企业自创并依法申请取得的,按开发过程中的实际支出计价。

4)企业接受捐赠的无形资产,按照发票账单所载金额或者同类无形资产市场价作价。

5)无形资产计价入账后,应在其有效使用期内分期摊销,即企业为无形资产支出的费用应在无形资产的有效期内得到及时补偿。

(2)无形资产的计价方法。

1)专利权的计价。专利权可分为自创和外购两类。自创专利权的价值为开发过程中的实际支出,主要包括专利的研制成本和交易成本。研制成本包括直接成本和间接成本。直接成本是指研制过程中直接投入发生的费用(主要包括材料费用、工资费用、专用设备费、资料费、咨询鉴定费、协作费、培训费和差旅费等);间接成本是指与研制开发有关的费用(主要包括管理费、非专用设备折旧费、应分摊的公共费用及能源费用)。交易成本是指在交易过程中的费用支出(主要包括技术服务费、交易过程中的差旅费及管理费、手续费、税金)。由于专利权是具有独占性并能带来超额利润的生产要素,因此,专利权转让价格不按成本估价,而是按照其所能带来的超额收益计价。

2)专有技术(又称非专利技术)的计价。非专利技术具有使用价值和价值,使用价值是非专利技术本身应具有的,非专利技术的价值在于非专利技术的使用所能产生的超额获利能力,应在研究分析其直接和间接的获利能力的基础上,准确计算出其价值。如果非专利技术是自创的,一般不作为无形资产入账,自创过程中发生的费用,按当期费用处理。对于外购非专利技术,应由法定评估机构确认后再进行估价,其方法往往通过能产生的收益采用收益法进行估价。

3)商标权的计价。如果商标权是自创的,一般不作为无形资产入账,而将商标设计、制作、注册、广告宣传等发生的费用直接作为销售费用计入当期损益。只有当企业购入或转让商标时,才需要对商标权计价。商标权的计价一般根据被许可方新增的收益确定。

4)土地使用权的计价。根据取得土地使用权的方式不同,土地使用权可有以下几种计价方式:当建设单位向土地管理部门申请土地使用权并为之支付一笔出让金时,土地使用权作为无形资产核算;当建设单位获得土地使用权是通过行政划拨的,这时土地使用权就不能作为无形资产核算;在将土地使用权有偿转让、出租、抵押、作价入股和投资,按规定补交土地出让价款时,才能作为无形资产核算。

**5. 递延资产和其他资产价值的确定**

(1)开办费的计价。开办费是指在筹集期间发生的费用,不能计入固定资产或无形资产价值的费用,主要包括筹建期间人员工资、办公费、员工培训费、差旅费、印刷费、注册登记费以及不计入固定资产和无形资产购建成本的汇兑损益、利息支出等。根据现行财务制度规定,企业筹建期间发生的费用,应于开始生产经营起一次计入开始生产经营当期的损益。企业筹建期间开办费的价值可按其账面价值确定。

(2)租入固定资产改良支出的计价。以经营租赁方式租入的固定资产改良工程支出的计价,应在租赁有限期限内摊入制造费用或管理费用。

(3)其他资产。其他资产包括特准储备物资等,按实际入账价值核算。

# 任务 8.3 建设项目质量保证金的处理

## 8.3.1 缺陷责任期的概念和期限

**1. 缺陷责任期与保修期的概念**

(1)缺陷责任期。缺陷是指建设工程质量不符合工程建设强制标准、设计文件,以及承包合同的约定。缺陷责任期是指承包人对已交付使用的合同工程承担合同约定的缺陷修复责任的期限。

(2)保修期。建设工程保修期是指在正常使用条件下,建设工程的最低保修期限。其期限长短由《建设工程质量管理条例》(2019修正)规定。

**2. 缺陷责任期与保修期的期限**

(1)缺陷责任期的期限。由于承包人原因导致工程无法按规定期限进行竣工验收的,缺陷责任期从实际通过竣工验收之日起计。由于发包人原因导致工程无法按规定期限进行竣工验收的,在承包人提交竣工验收报告90天后,工程自动进入缺陷责任期。缺陷责任期一般为1年,最长不超过 2 年，由发承包双方在合同中约定。

（2）保修期的期限。

1）基础设施工程、房屋建筑的地基基础工程和主体结构工程，为设计文件规定的该工程的合理使用年限；

2）屋面防水工程、有防水要求的卫生间、房间和外墙面的防渗漏为 5 年；

3）供热与供冷系统为 2 个采暖期和供热期；

4）电气管线、给水排水管道、设备安装和装修工程为 2 年；

5）其他项目的保修期限由承发包双方在合同中规定。

### 8.3.2　质量保证金的使用及返还

**1. 质量保证金的含义**

根据《住房和城乡建设部、财政部关于印发建设工程质量保证金管理办法的通知》（建质〔2016〕138 号）的规定，建设工程质量保证金（以下简称保证金）是指发包人与承包人在建设工程承包合同中约定，从应付的工程款中预留，用以保证承包人在缺陷责任期内对建设工程出现的缺陷进行维修的资金。

**2. 质量保证金的预留及管理**

（1）质量保证金的预留。发包人应按照合同约定方式预留质量保证金，质量保证金总预留比例不得高于工程价款结算总额的 5%，合同约定由承包人以银行保函替代预留质量保证金的，保函金额不得高于工程价款结算总额的 5%。在工程项目竣工前，已经缴纳履约保证金的，发包人不得同时预留工程质量保证金。采用工程质量保证担保、工程质量保险等其他方式的，发包人不得再预留质量保证金。

（2）缺陷责任期内，实行国库集中支付的政府投资项目，质量保证金的管理应按国库集中支付的有关规定执行。其他政府投资项目，质量保证金可以预留在财政部门或发包方，缺陷责任期内，如发包方被撤销，质量保证金随交付使用资产一并移交使用单位，由使用单位代行发包人职责。社会投资项目采用预留质量保证金方式的，发承包双方可以约定将质量保证金交由金融机构托管。

（3）质量保证金的使用。缺陷责任期内，由承包人原因造成的缺陷，承包人应负责维修，并承担鉴定及维修费用，如承包人不维修也不承担费用，发包人可按合同约定从质量保证金或银行保函中扣除，费用超出质量保证金金额的，发包人可按合同约定向承包人进行索赔。承包人维修并承担相应费用后，不免除对工程的损失赔偿责任。由他人及不可抗力原因造成的缺陷，发包人负责组织维修，承包人不承担费用，且发包人不得从质量保证金中扣除费用。发承包双方就缺陷责任有争议时，可以请有资质的单位进行鉴定，责任方承担鉴定费用并承担维修费用。

**3. 质量保证金的返还**

缺陷责任期内，承包人认真履行合同约定的责任，到期后，承包人向发包人申请返还质量保证金。

发包人在接到承包人返还质量保证金申请后，应于 14 天内会同承包人按照合同约定的内容进行核实。如无异议，发包人应当按照约定将质量保证金返还给承包人。对返还期限没有约定或者约定不明确的，发包人应当在核实后 14 天内将质量保证金返还承包人，逾期未返还的，依法承担违约责任。发包人在接到承包人返还质量保证金申请后 14 天内不予答复，经催告后 14 天内仍不予答复的，视同认可承包人的返质量还保证金申请。

# 任务 8.4 案例分析

**【案例分析 8.1】** 某综合楼工程承包合同规定，工程预付款按建筑安装工程产值的 26％ 支付，该工程当年预计产值为 325 万元。

问题：

该工程预付款应为多少？

**解：** 工程预付款＝325×26％＝84.5（万元）

**【案例分析 8.2】** 某建筑工程的合同承包价为 489 万元，工期为 8 个月，工程预付款占合同承包价的 20％，主要材料及预制构件价值占工程总价的 65％，保留金占工程总费的 5％。该工程每月实际完成产值及合同价款调整增加额见表 8.4。

**表 8.4 某工程实际完成产值及合同价款调整增加额**

| 月份 | 1 | 2 | 3 | 4 | 5 | 6 | 7 | 8 | 合同价调整增加额/万元 |
|---|---|---|---|---|---|---|---|---|---|
| 完成产值/万元 | 25 | 36 | 89 | 110 | 85 | 76 | 40 | 28 | 67 |

问题：

(1)该工程应支付多少工程预付款？

(2)该工程预付款起扣点为多少？

(3)该工程每月应结算的工程进度款及累计拨款分别为多少？

(4)该工程应付竣工结算价款为多少？

(5)该工程保留金为多少？

(6)该工程 8 月份实付竣工结算价款为多少？

**解：** (1)工程预付款＝489×20％＝97.8（万元）。

(2)工程预付款起扣点 ＝$489-\dfrac{97.8}{65\%}$＝338.54（万元）。

(3)每月应结算的工程进度款及累计拨款如下：

1 月份应结算工程进度款 25 万元，累计拨款 25 万元。

2 月份应结算工程进度款 36 万元，累计拨款 61 万元。

3 月份应结算工程进度款 89 万元，累计拨款 150 万元。

4 月份应结算工程进度款 110 万元，累计拨款 260 万元。

5 月份应结算工程进度款 85 万元，累计拨款 345 万元。

因 5 月份累计拨款已超过 338.54 万元的起扣点，所以，应从 5 月份的 85 万进度款中扣除一定数额的预付款。

超过部分＝345－338.54＝6.46（万元）。

5 月份结算进度款＝(85－6.46)＋6.46×(1－65％)＝80.80（万元）。

5 月份累计拨款＝260＋80.80＝340.80（万元）。

6 月份应结算工程进度款＝76×(1－65％)＝26.6（万元）。

6 月份累计拨款 367.40 万元。

7 月份应结算工程进度款＝40×(1－65％)＝14（万元）。

7 月份累计拨款 381.40 万元。

8月份应结算工程进度款＝28×(1−65%)＝9.80(万元)。

8月份累计拨款391.2万元，加上预付款97.8万元，共拨付工程款489万元。

(4)竣工结算价款＝合同总价＋合同价调整增加额＝489＋67＝556(万元)。

(5)保留金＝556×5%＝27.80(万元)。

(6)8月份实付竣工结算价款＝9.80＋67−27.80＝49(万元)。

**【案例分析8.3】** 某框架结构工程在年内已竣工，合同承包价为820万元。其中，分部分项工程量清单费为690万元，措施项目清单费为80万元，其他项目清单费为10万元，规费为12万元，税金为28万元。经查得该地区工程造价管理部门发布的该类工程本年度以分部分项工程量清单费为基础的竣工调价系数为1.015。

问题：

(1)求规费占分部分项工程量清单费、措施项目清单费和其他项目清单费的百分比。

(2)求税金占上述四项费用的百分比。

(3)求调价后的竣工工程价款。

**解：**(1)规费占分部分项工程量清单费、措施项目清单费和其他项目清单费百分比＝

$$\frac{12}{690+80+10}\times100\%=1.538\%$$

(2)税金占前四项费用百分比＝$\frac{28}{690+80+10+12}\times100\%=3.535\%$。

(3)调价后的竣工工程价款＝(690×1.015＋80＋10)×(1＋1.538%)×(1＋3.535%)

＝830.874(万元)

**【案例分析8.4】** 某现浇框架结构工程，合同总价为1 230万元，合同签订期为2016年12月30日，工程于2017年12月30日建成交付使用。该地区工程造价管理部门发布的价格指数和该工程各项费用构成比例见表8.5。

表8.5 价格指数与工程各项费用构成比例

| 项目 | 人工费 | | 钢材 | | 木材 | | 水泥 | | 砂 | | 不调价费用 |
|---|---|---|---|---|---|---|---|---|---|---|---|
| 占合同价比 | $a_1$ | 11% | $a_2$ | 20% | $a_3$ | 4% | $a_4$ | 15% | $a_5$ | 6% | 44% |
| 2016年12月30日 | $A_0$ | 101 | $B_0$ | 102 | $C_0$ | 98 | $D_0$ | 103 | $E_1$ | 113 | |
| 2017年12月30日 | $A$ | 105 | $B$ | 110 | $C$ | 107 | $D$ | 109 | $E$ | 105 | |

问题：

用调值公式法计算实际应支付的工程价款。

**解：**实际应支付的工程价款＝$1\,230\times\left(0.44+0.11\times\frac{105}{101}+0.20\times\frac{110}{102}+0.04\times\frac{107}{98}+0.15\times\right.$

$$\left.\frac{109}{103}+0.06\times\frac{105}{113}\right)$$

＝1 264.69(万元)

**【案例分析8.5】** 某业主与承包商签订了某建筑安装工程项目总包施工合同。承包范围包括土建工程和水、电、通风建筑设备安装工程，合同总价为4 800万元。工期为2年，第1年已完成2 600万元，第2年应完成2 200万元。承包合同规定：

(1)业主应向承包商支付当年合同价25%的工程预付款。

(2)工程预付款应从未施工工程尚需的主要材料及构配件价值相当于工程预付款时起扣，每月以抵充工程款的方式陆续收回。主要材料及设备费比重按62.5%考虑。

(3)工程质量保修金为承包合同总价的3％，经双方协商，业主从每月承包商的工程款中按3％的比例扣留，在保修期满后，保修金及保修金利息扣除已支出费用后的剩余部分退还给承包商。

(4)当承包商每月实际完成的建筑安装工作量少于计划完成建筑安装工作量的10％以上(含10％)时，业主可按5％的比例扣留工程款，在工程竣工结算时将扣留工程款退还给承包商。

(5)除设计变更和其他不可抗力因素外，合同总价不做调整。

(6)由业主直接提供的材料和设备应在发生当月的工程款中扣回其费用。

经业主的工程师代表签认的承包商在第2年各月计划和实际完成的建筑安装工作量以及业主直接提供的材料、设备价值见表8.6。

表8.6  工程结算数据表

| 月份 | 1—6 | 7 | 8 | 9 | 10 | 11 | 12 |
|---|---|---|---|---|---|---|---|
| 计划建筑安装工程量 | 110 | 200 | 200 | 200 | 190 | 190 | 120 |
| 实际完成工程量 | 1 110 | 180 | 210 | 205 | 195 | 180 | 120 |
| 业主直供材料设备的价值 | 90.56 | 35.5 | 24.4 | 10.5 | 21 | 10.5 | 5.5 |

问题：

(1)工程预付款是多少？

(2)工程预付款从几月份开始起扣？

(3)1—6月以及其他各月工程师代表应签证的工程款是多少？应签发付款凭证金额是多少？

(4)竣工结算时，工程师代表应签发付款凭证金额是多少？

[提示]本案例考核工程预付款、起扣点、按月结算等知识点。业主对材料提供费用、工程质量保修金扣留方法，对承包商未按计划完成每月工作量的惩罚性处理方法，以及应签证工程款和应签发付款凭证金额的关系等。

**解：**(1)工程预付款金额＝2 200×25％＝550(万元)

(2)工程预付款起扣点＝2 200－550/62.5％＝1 320(万元)

开始起扣工程预付款时间为8月份，因为8月份累计完成的建筑安装工作量为

$$1\ 110+180+210=1\ 500(万元)>1\ 320\ 万元$$

(3)1—6月份：

1—6月份应签证的工程款为：1 110×(1－3％)＝1 076.7(万元)。

1—6月份应签发的付款凭证金额为：1 076.7－90.56＝986.14(万元)。

7月份：

7月份建筑安装工作实际值与计划值比较，未达到计划值，相差(200－180)/200＝10％。

7月份应签证的工程价款为：180－180×(3％＋5％)＝180－14.4＝165.6(万元)。

7月份应签发的付款凭证金额为：165.6－35.5＝130.1(万元)。

8月份：

8月份应签证的工程款为：210×(1－3％)＝203.7(万元)。

8月份应扣工程预付款金额为：(1 500－1 320)×62.5％＝112.5(万元)。

8月份应签发的付款凭证金额为：203.7－112.5－24.4＝66.8(万元)。

9月份：

9月份应签证的工程款为：205×(1－3％)＝198.85(万元)。

9月份应扣工程预付款金额为：205×62.5％＝128.125(万元)。

9月份应签发的付款凭证金额为：198.85－128.125－10.5＝60.225(万元)。

10月份:

10月份应签证的工程款为:195×(1−3%)＝189.15(万元)。

10月份应扣工程预付款金额为:195×62.5%＝121.875(万元)。

10月份应签发的付款凭证金额为:189.15−121.875−21＝46.275(万元)。

11月份:

11月份的建筑安装工程量实际值与计划值比较,未达到计划值,相差:

(190−180)/190＝5.26%＜10%,工程款不扣留。

11月份应签证的工程款为:180×(1−3%)＝174.6(万元)。

11月份应扣工程预付款金额为:180×62.5%＝112.5(万元)。

11月份应签发的付款凭证金额为:174.6−112.5−10.5＝51.6(万元)。

12月份:

12月份应签证的工程款为:120×(1−3%)＝116.4(万元)。

12月份应扣工程预付款金额为:120×62.5%＝75(万元)。

12月份应签发的付款凭证金额为:116.4−75−5.5＝35.9(万元)。

(4)竣工结算时,工程师代表应签发付款凭证金额为:180×5%＝9(万元)。

## 项目小结

　　本项目主要介绍了建设项目竣工决算和质量保证金的处理。

　　建设项目竣工决算是建设项目竣工交付使用的最后一个环节,因此也是建设项目建设过程中进行工程造价控制的最后一个环节。工程竣工决算是建设项目经济效益的全面反映;是建设单位掌握建设项目实际造价的重要文件;也是建设单位核算新增固定资产、新增无形资产、新增流动资产和新增其他资产价值的主要资料。因此,工程竣工决算包括竣工财务决算说明书、竣工财务决算报表、竣工工程平面示意图、工程造价比较分析四个部分。其中,竣工财务决算说明书和竣工财务决算报表是竣工决算的核心部分。编制竣工财务决算报表应该分别按照大、中型项目和小型项目的编制要求进行编写;在编制建设项目竣工决算时,应该按照编制依据、编制步骤进行编写,以保证竣工决算的完整性和准确性;在确定建设项目新增资产价值时,应根据各类资产的确认原则确认其价值。

　　建设项目竣工交付使用后,施工单位还应定期对建设单位和建设项目的使用者进行回访,如果建设项目出现质量问题应及时进行维修和处理。建设项目保修期的期限应当按照保证建筑物在合理寿命正常使用和维护消费者合法权益的原则确定。建设项目保修费用一般按照"谁的责任,由谁负责"的原则处理。

# 执考训练

## 一、单选题

1. 建设项目竣工决算是指所有建设项目竣工后，(　　)按照国家有关规定在新建、改建和扩建工程建设项目竣工验收阶段编制的竣工决算报告。
   A. 建设行政机关　　B. 建设单位　　　C. 开发商　　　　D. 投资者

2. 竣工决算是以实物数量和(　　)为计量单位。综合反映竣工项目从筹建开始到项目竣工交付使用为止的全部建设费用、建设成果和财务情况的总结性文件，是竣工验收报告的重要组成部分。
   A. 数量指标　　　　B. 金额指标　　　C. 货币指标　　　D. 资金指标

3. 为确保竣工图质量，必须在施工过程中及时做好(　　)记录，整理好设计变更文件。
   A. 验收检查　　　　B. 质量检查　　　C. 隐蔽工程检查　D. 阶段检查

4. 在竣工决算报告中必须对控制(　　)所采取的措施、效果及其动态变化进行认真比较分析，总结经验教训。
   A. 工程造价　　　　B. 工程概算　　　C. 工程投资　　　D. 工程预算

5. 缺陷责任期从(　　)之日起计算。
   A. 提交竣工验收报告　　　　　　　　B. 工程竣工验收合格
   C. 工程交付使用　　　　　　　　　　D. 提交竣工验收报告后 90 天

6. 《建设工程质量管理条例》明确规定，在正常使用条件下，最低保修期限为设计文件规定的该工程的合理使用年限的是(　　)。
   A. 地基基础工程和主体结构工程　　　B. 屋面防水工程
   C. 防水要求的卫生间　　　　　　　　D. 外墙面的防渗漏

7. (　　)是指不能全部记入当年损益，应当在以后年度分期摊销的各种费用，包括开办费、租入固定资产改良指出等。
   A. 固定资产　　　　B. 流动资产　　　C. 无形资产　　　D. 递延资产

8. 发承包双方就缺陷责任有争议时，可以请有资质的单位进行鉴定，(　　)承担鉴定费用并承担维修费用。
   A. 双方共同　　　　B. 发包方　　　　C. 责任方　　　　D. 承包方

9. 固定资产是指使用期限超过(　　)年，单位价值在规定标准以上，并且在使用过程中保持原有物质形态的资产。
   A. 0.5　　　　　　B. 1　　　　　　C. 1.5　　　　　　D. 2

10. 在计算新增固定资产价值时，应在各单项工程中按比例分摊，一般情况下，建设单位管理费用按(　　)作比例分摊。
    A. 建筑工程费　　B. 建筑安装工程费　C. 建筑工程造价　D. 建筑勘察设计费

## 二、多选题

1. 竣工决算是建设工程经济效益的全面反映，具体包括(　　)。
   A. 竣工财务决算报表　　　　　　　　B. 工程造价比较分析

C. 建设项目竣工结算  D. 竣工工程平面示意图

E. 竣工财务决算说明

2. 建设项目建成后形成的新增资产按性质可划分为( )。

A. 著作权　　　　B. 无形资产　　　　C. 固定资产　　　　D. 流动资产

E. 其他资产

3. 在竣工决算中，以下属于建设项目新增固定资产价值的有( )。

A. 生产准备费用　　　　　　　B. 建设单位管理费用

C. 研究试验费用　　　　　　　D. 工程监理费用

E. 土地使用权出让金

4. 小型建设项目竣工财务决算报表由( )构成。

A. 小型项目交付使用资产总表　　　B. 建设项目进度结算表

C. 工程项目竣工财务决算审批表　　D. 工程项目交付使用资产明细表

E. 建设项目竣工财务决算总表

5. 大、中型项目竣工财务决算报表与小型项目竣工财务决算报表相同的部分有( )。

A. 大中型项目概况表　　　　　　B. 建设项目交付使用资产总表

C. 工程项目竣工财务决算审批表　　D. 工程项目交付使用资产明细表

E. 建设项目竣工财务决算表

### 三、简答题

1. 简述建设项目竣工验收的内容。

2. 简述竣工验收的程序。

3. 简述竣工决算的内容。

### 四、计算题

1. 某建筑工程即将开工，承包合同约定，工程预付款按当年建筑工程产值的 26% 计算。该工程当年建筑工程计划产值为 400 万元。试计算应拨付的工程预付款为多少？

2. 工程的合同承包价为 1 495 万元，工期为 7 个月，工程预付款占合同承包价的 25%，主要材料及预制构件价值占工程总价的 63%，保留金占工程总价的 5%，该工程每月实际完成产值及合同价调整增加额见表 8.7。

表 8.7　某工程每月实际完成产值及合同价调整增加额

| 月份 | 1 | 2 | 3 | 4 | 5 | 6 | 7 | 合同价调整增加额/万元 |
|---|---|---|---|---|---|---|---|---|
| 完成产值/万元 | 110 | 200 | 250 | 360 | 330 | 180 | 65 | 86 |

问题：

(1)该工程应支付多少工程预付款？

(2)工程预付款的起扣点为多少？

(3)每月应结算的工程进度款及累计拨款分别是多少？

(4)应付竣工结算价款为多少？

(5)保留金为多少？

(6)7 月份实付竣工结算价款为多少？

3. 某建筑工程，合同总价为 780 万元，合同签订期为 2016 年 1 月 30 日，工程于 2017 年 12 月 30 日建成交付使用。该工程各项费用构成比例及工程造价管理部门发布的价格指数见表 8.8。试用调值公式法计算实际应支付的工程价款。

表 8.8　某工程各项费用构成比例及地区价格指数

| 项目 | 人工费 | | 钢材 | | 木材 | | 水泥 | | 砂 | | 不调价费用 |
|---|---|---|---|---|---|---|---|---|---|---|---|
| 占合同价比 | $a_1$ | 13% | $a_2$ | 18% | $a_3$ | 10% | $a_4$ | 16% | $a_5$ | 7% | 36% |
| 2016 年 1 月 30 日 | $A_0$ | 111 | $B_0$ | 102 | $C_0$ | 107 | $D_0$ | 104 | $E_0$ | 110 | |
| 2017 年 12 月 30 日 | $A$ | 109 | $B$ | 114 | $C$ | 105 | $D$ | 115 | $E$ | 106 | |

4. 某工程业主与承包商签订了施工合同，合同中含有两个子项工程，估算工程量 A 项为 25 $m^3$，B 项为 35 $m^3$，经协商合同价 A 项为 200 元/$m^3$，B 项为 170 元/$m^3$，合同还规定：开工前业主应向承包商支付合同价 20% 的预付款；业主自第一个月起，从承包商的工程款中，按 5% 的比例扣留保留金；当子项工程实际工程量超过估算工程量 10% 时，可进行调价，调整系数为 0.9；根据市场情况规定价格调整系数平均按照 1.2 计算；工程师签发月度付款最低金额为 30 万元；预付款在最后两个月扣除，每月扣 50%。承包商每月实际完成并经工程师签证确认的工程量见表 8.9。

表 8.9　某工程每月实际完成并经工程师签证确认的工程量　　　　　　单位：$m^3$

| 月份 | 1 | 2 | 3 | 4 |
|---|---|---|---|---|
| A 项 | 550 | 850 | 850 | 650 |
| B 项 | 800 | 950 | 900 | 650 |

问题：

(1)计算工程预付款。

(2)从第一个月起每月工程量价款、工程师应签证的工程款、实际签发的付款凭证金额各是多少？

# 参 考 文 献

[1]全国造价工程师职业资格考试培训教材编审委员会．建设工程造价管理基础知识[M]．北京：中国计划出版社，2019．

[2]吴学伟，谭德精，郑文建．工程造价确定与控制[M]．7版．重庆：重庆大学出版社，2015．

[3]肖明和，简红，关永冰．建筑工程计量与计价[M]．3版．北京：北京大学出版社，2015．

[4]斯庆．工程造价控制[M]．2版．北京：北京大学出版社，2014．

[5]周和生，尹贻林．建设项目全过程造价管理[M]．天津：天津大学出版社，2008．

[6]车春鹏，杜春艳．工程造价管理[M]．北京：北京大学出版社，2006．

[7]山东省住房和城乡建设厅．SD 01−31−2016山东省建筑工程消耗量定额[S]．北京：中国计划出版社．2016．

[8]中华人民共和国住房和城乡建设部，中华人民共和国国家质量监督检疫总局．GB 50500−2013建设工程工程量清单计价规范[S]．北京：中国计划出版社，2013．

[9]全国造价工程师执业资格考试培训教材编审组．工程造价计价与控制[M]．北京：中国计划出版社，2009．

[10]全国造价工程师执业资格考试培训教材编审组．工程造价案例分析[M]．北京：中国城市出版社，2009．

[11]全国一级建造师执业资格考试用书编写委员会．建设工程法规及相关知识[M]．北京：中国建筑工业出版社，2011．

[12]全国二级建造师执业资格考试用书编写委员会．建设工程施工管理[M]．北京：中国建筑工业出版社，2012．

[13]全国一级建造师执业资格考试用书编写委员会．建筑工程管理与实务[M]．北京：中国建筑出版社，2011．